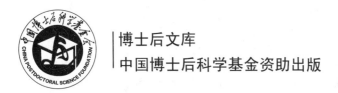

博士后文库

中国博士后科学基金资助出版

多物理耦合场固液两相磨粒流精密加工技术

李俊烨 著

U0340143

科 学 出 版 社

北 京

内 容 简 介

本书系统地介绍了多物理耦合场固液两相磨粒流精密加工技术的原理与方法，主要包括：磨粒流精密加工技术的相关理论，固液两相磨粒流加工过程中的力学特性、热学特性、流动特性和颗粒碰撞特性的研究，分子动力学方法、耗散粒子动力学方法、大涡模拟技术和离散元技术在固液两相磨粒流精密加工中的应用研究，固液两相磨粒流加工微小孔、特殊通道、异形曲面的试验研究与探索。在此基础上，揭示多物理耦合场固液两相磨粒流精密加工机制，并给出固液两相磨粒流精密加工的质量控制技术和可进一步深入研究的相关方向。

本书可供高等院校高年级本科生、研究生和科研单位的工程技术人员，以及航空航天、武器装备、医疗器械、精密机械、车辆工程、精细复杂模具等领域从事精密和超精密加工技术的相关研究人员参考。

图书在版编目（CIP）数据

多物理耦合场固液两相磨粒流精密加工技术 / 李俊烨著. —北京：科学出版社，2018.8

（博士后文库）

ISBN 978-7-03-056057-5

Ⅰ. ①多⋯　Ⅱ. ①李⋯　Ⅲ. ①精密切削　Ⅳ. ①TG506

中国版本图书馆 CIP 数据核字（2017）第 314802 号

责任编辑：张　震　姜　红 / 责任校对：王萌萌
责任印制：师艳茹 / 封面设计：无极书装

科 学 出 版 社 出版

北京东黄城根北街 16 号
邮政编码：100717
http://www.sciencep.com

中国科学院印刷厂 印刷
科学出版社发行　各地新华书店经销

*

2018 年 8 月第 一 版　　开本：720×1000　1/16
2018 年 8 月第一次印刷　　印张：25
字数：504 000

定价：188.00 元

（如有印装质量问题，我社负责调换）

《博士后文库》编委会名单

《博士后文库》序言

1985 年，在李政道先生的倡议和邓小平同志的亲自关怀下，我国建立了博士后制度，同时设立了博士后科学基金。30 多年来，在党和国家的高度重视下，在社会各方面的关心和支持下，博士后制度为我国培养了一大批青年高层次创新人才。在这一过程中，博士后科学基金发挥了不可替代的独特作用。

博士后科学基金是中国特色博士后制度的重要组成部分，专门用于资助博士后研究人员开展创新探索。博士后科学基金的资助，对正处于独立科研生涯起步阶段的博士后研究人员来说，适逢其时，有利于培养他们独立的科研人格、在选题方面的竞争意识以及负责的精神，是他们独立从事科研工作的"第一桶金"。尽管博士后科学基金资助金额不大，但对博士后青年创新人才的培养和激励作用不可估量。四两拨千斤，博士后科学基金有效地推动了博士后研究人员迅速成长为高水平的研究人才，"小基金发挥了大作用"。

在博士后科学基金的资助下，博士后研究人员的优秀学术成果不断涌现。2013年，为提高博士后科学基金的资助效益，中国博士后科学基金会联合科学出版社开展了博士后优秀学术专著出版资助工作，通过专家评审遴选出优秀的博士后学术著作，收入《博士后文库》，由博士后科学基金资助、科学出版社出版。我们希望，借此打造专属于博士后学术创新的旗舰图书品牌，激励博士后研究人员潜心科研，扎实治学，提升博士后优秀学术成果的社会影响力。

2015 年，国务院办公厅印发了《关于改革完善博士后制度的意见》（国办发〔2015〕87 号），将"实施自然科学、人文社会科学优秀博士后论著出版支持计划"作为"十三五"期间博士后工作的重要内容和提升博士后研究人员培养质量的重要手段，这更加凸显了出版资助工作的意义。我相信，我们提供的这个出版资助平台将对博士后研究人员激发创新智慧、凝聚创新力量发挥独特的作用，促使博士后研究人员的创新成果更好地服务于创新驱动发展战略和创新型国家的建设。

祝愿广大博士后研究人员在博士后科学基金的资助下早日成长为栋梁之才，为实现中华民族伟大复兴的中国梦做出更大的贡献。

中国博士后科学基金会理事长

前　言

在军事、航空航天、精密机械、能源等领域很多关键零件都存在微小孔、特殊通道、自由曲面和异形曲面，如坦克及车辆发动机的重要部件喷油嘴和共轨管、航空航天用伺服阀阀芯喷嘴、航空发动机高速旋转的整体叶轮、步兵战车供油系统中的重要零件、卫星姿态控制系统中的特殊曲面、精细复杂模具和自由曲面等，而该类零件的光整加工都属于精密加工范畴。关键零件的表面质量往往可以决定整体使用性能，因此人们迫切需要提高零件的表面质量，以减少零件的磨损、提高其配合精度和疲劳强度以及耐腐蚀性等性能，从而推动光整加工技术的快速发展。而在精密与超精密加工领域，最为棘手的难题是对微小孔、特殊通道、自由曲面、异形曲面表面的精密光整加工。但目前的常规加工技术受加工形状和加工效益的限制，无法有效实现特殊通道、自由曲面和异形曲面表面的光整加工，特别对那些微小孔、异型深孔、自由曲面和复杂异形曲面的超精密加工更是束手无策，而微小孔、特殊通道、自由曲面和异形曲面零件在军工及民用领域应用广泛且用量巨大，其表面质量对整体性能影响巨大，因此迫切需要解决此类零件的光整加工问题并提高其表面质量。磨粒流精密加工技术就是在此背景下产生的，磨粒流精密加工技术对微小孔、特殊通道、自由曲面和异形曲面的超精密加工是行之有效的加工手段。

磨粒流加工技术已广泛应用于机械行业，例如，柴油机喷射系统（共轨管、喷油管）的精密加工；柴油机燃料喷油嘴和喷油器的环面、沉油槽孔的修理；铝制及钢制挤出模具复杂结构的抛光；高清洁度的阀体和医疗器械内表面和通道的抛光；热重铸层的去除；涡轮壳体及涡轮机内部零件、齿轮、制动器的精密光整加工；汽车、工程机械的零部件内部在车削、铣削、磨削、钻削过程中产生的毛刺的去除，零件内通道拐角、边角倒圆孔尺寸控制。经试验验证，磨粒流加工技术具有去毛刺、抛光、倒圆角和光整加工能力，并可有效提高特殊通道、自由曲面和异形曲面的表面质量，改善工件的表面形貌，可满足国家对高性能微小孔、特殊通道、自由曲面和异形曲面工件的大量需求。

本书作者长期从事精密与超精密加工、微摩擦磨损和多相流技术的研究，自2008年开始对多物理耦合场固液两相磨粒流精密加工技术开展研究，利用分子动力学方法、耗散粒子动力学方法、有限元技术及离散元技术等对多物理耦合场固液两相磨粒流精密加工过程中的力学特性、热学特性、流动特性和颗粒碰撞特性进行了研究,提出了固液两相磨粒流加工相关零部件的核心工艺及其质量控制技术,揭示了固液两相磨粒流精密加工机制,并成功研制了磨粒流精密加工机床,部分研究成果已得到实际应用。近年来,作者所在课题组在磨粒流精密加工技术领域已发表论文 80 余篇,获外观专利授权 14 项,获软件著作权授权两项,获得省部级科技进步二等奖和自然科学学术成果奖二等奖各两项。

　　本书主要由李俊烨副教授撰写、张心明研究员统稿,主要参撰人员有王淑坤教授和李学光副教授。全书共 10 章,内容多来自作者及其研究生的研究成果,在写作过程中得到了研究生尹延路、胡敬磊、董坤、周立宾、王兴华、乔泽民、王震、孙凤雨、吴绍菊、郭豪的热情支持,在此表示感谢。同时,要特别感谢多年来一直给予作者大力支持与培养的杨建东导师、杨兆军导师和刘薇娜导师,感谢他们多年来的宽容、理解和关爱。

　　由于作者水平有限,书中难免有不当之处,敬请读者批评指正。

李俊烨

2017 年 12 月于长春

目　录

第1章 绪 论

1.1 多物理耦合场磨粒流精密加工技术的研究价值

磨粒流光整加工技术涉及机械、材料、工程热物理、化学等学科，其实质是固液两相流体对零件表面的碰撞摩擦作用，其光整加工过程属于内流湍流作用范畴。磨粒流加工以其特有的精确性、稳定性和灵活性，不受零件形状限制，可以通达零件复杂而难以进入的部位，研抛表面均匀、批量零件的加工效果重复一致，同时避免繁杂的手工劳动，大大降低劳动强度，使零件性能得到改善，寿命延长。磨粒流抛光可实现喷嘴的超精密光整加工，涉及磨粒流流体材料的选用与特性分析，而流体材料会在磨粒流抛光过程中产生非常复杂的研磨行为，流体材料特性、颗粒的碰撞摩擦特性、颗粒表面特性及其抛光行为都具有重要的科学研究价值。

磨粒流精密加工技术可实现微小孔、特殊通道、自由曲面和异形曲面的超精密光整加工，磨粒流精密加工技术是通过一种载有磨粒的黏弹体软性磨料介质，在压力作用下往复流经零件被加工面来实现光整加工的。利用磨粒流中的磨粒充作无数的切削刀具，以其坚硬锋利的棱角对工件表面进行反复切削，从而达到一定的加工目的。磨粒流所流经的任何部位都将被光整，对于那些一般工具难以接触的特殊通道，磨粒流精密加工技术的优越性尤为突出。当磨粒均匀而渐进地对零件表面或边角进行工作时，产生去毛刺、抛光、倒角等作用，其加工工作原理如图1.1所示。开始研抛时，磨料填充在上磨料缸，在外力作用下，上磨料缸活塞挤压磨料经工件与夹具的通道，到达下磨料缸，工件中的通道表面就是要加工的表面，当上磨料缸到达底部后，下磨料缸开始向上挤压磨料经工件加工表面回到上磨料缸，完成一个加工循环，通常加工需要经过几个循环完成。

磨粒流精密加工技术实质是在多物理耦合场磨粒与壁面的相互碰撞作用，从而达到一定的加工效果。从宏观角度讲，磨粒流精密加工技术可认为是一种精密抛光技术；从微观角度讲，磨粒流精密加工技术可认为是一种精密微切削技术。在磨粒流精密加工过程中，可以把磨粒看作随机点热源，磨粒与零件表面相互作用产生热，热在零件表面和流体材料中传递，弄清两相流力学、生热和传热及流动规律，研制性能较好、性价比合适的磨粒流流体材料，解决其应

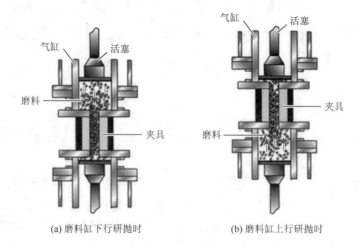

(a) 磨料缸下行研抛时　　　　　　(b) 磨料缸上行研抛时

图 1.1　磨粒流加工原理图

用中的若干机理问题，具有很高的学术价值和应用价值。磨粒流光整加工效果是多种因素随机作用的结果，如不同微观、介观的磨粒与零件表面的相互作用，在不同挤压压力与加工时间条件下磨粒与壁面（零件表面）的相互作用，不同黏度的流体材料对磨粒的包覆程度等。精密与超精密加工技术在制造业和国防工业中蕴藏着巨大的应用价值，磨粒流精密加工技术由于其独特的加工机理成为众多超精加工技术的核心支撑技术，揭示固液两相磨粒流在加工应用中的力学与热学关键技术并应用于实际生产将对超精密加工领域具有重要的理论意义与实用价值。

　　磨粒流精密加工技术现已在研抛各种微小内孔、气缸头、伺服阀阀芯喷嘴、共轨管、磨具、涡轮壳体和叶片中得到了广泛的应用[1,2]。叶轮、气缸盖经磨粒流加工前后的效果对比图如图 1.2 所示。与传统的手工抛光、机械抛光相比较，磨粒流加工最突出的优点是：可不受零件形状尺寸的影响，进入微小孔、夹缝、不规则孔等手工难以触碰的部位对其进行表面抛光、去毛刺等处理，且经其抛光处理后的表面质量具有一致性[3,4]。应用传统的抛光技术在抛光如汽车进气管等形状稍微复杂的工件内表面时，往往需要先将其切割开，抛光完成后再对其进行焊接，工艺烦琐。而磨粒流加工技术可直接对其进行内表面的抛光，具有高效性和灵活性的优点。

　　综上所述，开展多物理耦合场固液两相磨粒流精密加工技术研究可满足国家对高质量表面的大量需求，通过发现热流固耦合场固液两相流力学、流动、生热传热过程中的新现象及其物理本质和固液两相磨粒流加工机理，为磨粒流微切削超精密加工理论的发展奠定基础，适时启动多物理耦合场固液两相磨粒流超精密加工机理的研究是必要而且迫切的，产业、产品及市场对该项目的技术有着巨大的需求。

(a) 叶轮　　　　　　　　　　　(b) 气缸盖

图 1.2　磨粒流加工前后对比图

1.2　磨粒流精密加工技术与装备国内外发展现状分析

1.2.1　磨粒流精密加工技术国外发展现状

在磨粒流精密加工技术研究中，国外发展较快，已有多位学者提出磨粒流精密加工技术的研究报告。Jain 等对材料去除率和表面粗糙度进行了试验性研究，优化了加工参数，利用有限元模拟磨料载体和加工介质黏滞性的变化对工件去除量与表面粗糙度的影响，得出磨粒流加工时材料的主要磨耗方式为磨粒刮除作用，从而达到精加工的目的；开发随机模拟模型研究材料表面活动磨粒密度与工件表面关系，讨论了加工过程中的热传递，预测部分热量进入工件和研磨介质中[3, 4]。Gorana 等讨论了磨粒流加工过程中挤压压力、磨粒粒度、磨料浓度对材料去除率、切削力与运动磨粒密度的影响，建立了单个磨粒作用力理论模型，研究了磨粒流加工过程中的轴向力、径向力和磨粒密度，分析了加工过程中的研磨及耕犁作用[5, 6]。Ali-Tavoli 等[7]运用神经网络数据组处理方法和遗传算法来分析磨粒流加工过程中循环次数和磨料浓度对材料去除率和表面光洁度的影响，并根据帕累托定律实现了加工过程中材料去除率和表面光洁度两个冲突目标的双重优化。Sankar 等探讨了磨粒流旋转加工对工件材料表面形貌的影响，分析了理论和试验螺旋路径长度条件下的工件旋转速度和磨粒在抛光区域有效距离的关系，给出了工件旋转速度与表面粗糙度变化率（磨粒流加工后的表面粗糙度与原始表面粗糙度的比值）和材料去除量之间的关系，对流变参数进行了评估，发现研磨介质的黏弹性是随剪切稀释属性变化的[8, 9]。Tzeng 等[10]利用自配的磨料去加工微通道表面经电火花加工后形成的重铸层，并着重分析了磨料中颗粒尺寸和介质黏度对表面质量的影响。Tzeng 等在试验中发现磨粒尺寸为 150μm 时要比尺寸为 50μm 时的加工效果好很多，这是因为尺寸为 150μm 时，磨粒处于自由态，如果尺寸过小，结合力就会非常轻微，加工效果也极其微弱，这会限制表面质量的提高，而且随着加工时间的延长，磨料介质的黏度也会降低，此时可以通过提高挤压力的方式来提高加工效率。Walia 等[11] 在采用正常方式进行磨粒流加工的同时，为介质添加一个旋转运动，形成离心式辅助磨粒流加工；进行混合磨粒流加工时，在不改变其他加工参数的前提下，只改变旋转速度，分别在 0r/min、18r/min、36r/min、54r/min、72r/min 条件下进行试验，结果发现，转速越高工件表面的显微硬度和压缩残余应力越高，这是旋转时磨粒在离心力作用下剧烈冲击腐蚀工件表面的结果。Mali 等[12]以铝制圆柱筒为试验样件，利用田口试验法设计理论对磨粒尺寸、循环次数、挤压力、磨料浓度百分比、介质黏度等级等试验参数进行试验优化设计，根据测量的粗糙度值和方差建立 Ra、Rt、ΔRa、ΔRt 数学模型来探讨各项参数对工件表面质量的影响。Furumoto 等[13]对注塑模具内表面进行自由磨粒光整加工，表面粗糙度在加工初始阶段提高明显，高速自由流动的磨粒导致磨粒动能增加，从而增加磨粒与内表面碰撞的机会并提高表面质量。Gov 等[14]探讨了不同硬度的工具钢经电火花加工后再利用磨粒流进行精整加工，经几次循环研磨加工，所有工件的表面质量都有所提高并且硬质材料表面的改善程度要好于软质材料。Wan 等[15]研究了双向耦合磨粒流加工的数值模拟和模型的创建，利用非牛顿模型捕捉研磨介质的流动行为，利用壁面模型定义剪切速率，计算壁面与流体的相对运动，建立了描述壁面粗糙度的演化模型并进行了管类零件的试验。Pusavec 等[16]提出在磨粒流加工中增加一可移动芯轴的方法来提高抛光效率并可清洁零件表面，通过对注塑齿轮模具的磨粒流加工，齿轮的性能、能源利用率都有明显提高。Venkatesh 等对材料为 EN8 的锥齿轮进行了超声波辅助磨粒流精整加工，提出了一种适用于超声波辅助磨粒流加工锥齿轮的数值模拟方法，对加工过程中的速度、压力、温度值进行了计算并进行了试验验证[17, 18]。Venkatesh 等[19]对超声波振动辅助磨粒流加工过程中研磨介质的行为进行了数值模拟，分析了工作流体中速度、温度分布及工作表面的壁面剪切力随压力的变化情况。通过数值模拟发现，研磨颗粒是以某一角度撞击壁面进行研磨加工。研究发现，作用力振幅的改变对壁面剪切力有重要影响，温度升高时不影响介质的稳定性。通过计算比较磨料对加工工件的壁面剪切力的作用效果，得出与传统的磨粒流加工相比，超声波辅助磨粒流加工通过产生垂直压力与速度的合力能够在很大程度上提高磨粒流的加工效果。Sushil 等[20]对碳化硅铝复合材料进行磨粒流加工试验研究，观察加工参数对材料去除率的影响、表面粗糙度及表面形貌的变化，通过最终试验分析得出挤压力是影响粗糙度的最主要因素。Singh 等[21]对磨粒流加工中的材料去除机理进行了研究，利用磨粒流方法在同样加工条件下，加工了比较具有代表性的纯铝和黄铜零件，利用电子扫描显微镜来分析加工表面，扫描图像显示了两种材料零件的加工表面磨损模式的差异性，通过探究磨料介质与被加工材料表面的相互作用的本质，得出材料去除机理。Kenda 等[22]以塑料齿轮为研究对象，对其齿面进行磨粒流加工，在 120s 内齿面粗糙度由 0.68μm 降低到 0.08μm，说明了该方法的可行性，最后根据试验结果建立了表面粗糙度和材料去除率的数学预测模型。Harmesh[23]通过试验分析了不同加工参数对磨粒流加工效果的影响。通过田口试验的原理来分析不同输入参数对材料去除率和表面粗糙度方面的影响。通过观察发现，挤出压力是对材料去除率和表面粗糙度影响最显著的因素。通过田口法对材料去除率和表面粗糙度的影响因素进行了优化。Venkatesh 等[24]设计了锥齿轮夹具，并在对锥齿轮进行磨削的过程中施加径向的超声波辅助振动，通过使用计算流体力学（computational fluid dynamics）的方法计算齿轮所受的壁面剪切力，以获得的工件表面光洁度和材料去除率为研究对象，对常规磨粒流磨削和超声波辅助磨粒流磨削进行比较，结果表明超声波辅助磨粒流加工所得到的材料去除率和表面粗糙度更高，且所施加的高频振动对工件的加工效果影响最大。Uhlmann 等[25]针对陶瓷材料的使用越来越频繁以及其精加工成本高的问题，提出了应用磨粒流加工技术对陶瓷类工件进行表面抛光的方法，探究了磨粒流加工陶瓷材料时磨料的流动特性与工件表面、倒圆角之间的关系，通过试验验证了磨粒流技术对提高陶瓷材料表面光滑度的可行性。

经试验验证，磨粒流加工技术确实可提高被加工工件的表面质量，并有效实现了去毛刺、抛光、倒圆角等功能，部分磨粒流加工零件示例图如图 1.3 所示。

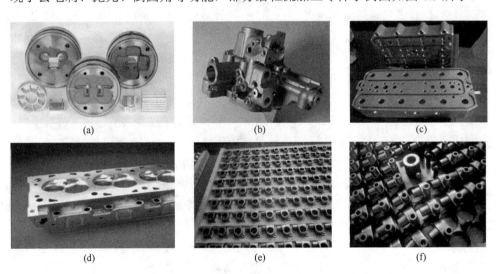

(a)   (b)   (c)

(d)   (e)   (f)

图 1.3 磨粒流加工零件示例图

1.2.2　磨粒流精密加工技术国内发展现状

磨粒流精密加工技术发展至今已受到越来越多国内外学者的关注与研究，目前对磨粒流加工技术的研究主要分为三个方向：一是载体的特性，主要包括磨料载体的浓度、黏度、温度、磨料的入流压力等特性；二是研磨磨粒的属性，主要包括研磨磨粒的种类、颗粒粒径等特性；三是被加工零件的特性，主要包括被加工零件的材料性能、结构特点等特性。

近年来，国内不少学者也对磨粒流精密加工技术进行了研究。汤勇等根据流变学原理建立磨粒流加工圆孔时磨粒流流动形态的数学模型，利用纹影照相法证实磨粒流加工中磨粒相对于壁面存在滑移运动，对磨粒流的光整加工特性进行了研究，通过试验分析了压力与表面粗糙度的关系[26, 27]。Wang 等探讨了磨粒流加工过程特性的某些方面和表面的特征化以及过程建模，研究了如介质黏度、挤压压力和磨料介质挤压往复周期参数对金属去除率和表面粗糙度的影响，得到在恒定压力下的磨粒流速度、应变速率、剪切力对表面的作用行为，确认如果在复杂型腔内不加入约束模块则剪切力和应变速率在整个表面上变化巨大，相同形状的约束模块加入腔孔会获得一致的表面粗糙度[28, 29]；以 AISI1080、AISI1045 和 A36 钢为测试样品进行了磨粒流磨削试验，试验显示，随着工作温度的升高，介质的温度也快速地升高、黏度降低，并呈现周期性变化的趋势，这种周期性的变化使得改善表面粗糙度的效率降低。当使用不同黏度的介质时，采用高黏度的介质能够更有效地提高材料的去除效率，不同介质黏度加工效果的差异随着加工材料粗糙度的改进而降低，为了能够更好地获得材料去除率与温度之间的关系，应用计算流体力学的方法建立了二维模型，对磨粒流的磨削过程进行了仿真模拟，仿真结果同样表明了随着温度的增加，介质黏度下降、工作效率降低[30]。谭援强等对磨粒流加工过程中磨粒流的流动形态进行了数值模拟，从模拟结果可知，通过改变进口压力得到非稳态流场，能够使近壁面处的磨粒数目增多，增大压力差可提高通道中流体的平均速度，增大边界层与壁面流速差可提高加工效率[31]。Fang 等把温度作为磨粒流加工过程的敏感因素进行研究，讨论了温度和黏度的关系并进行了相关的数值模拟；通过研究磨粒在加工中的两种运动形式可知，磨粒外形和材料硬度是影响磨粒运动形式的主要因素[32, 33]。计时鸣等提出一种基于软性磨粒流的模具结构化表面无工具精密光整加工方法，通过磨粒流在约束流道内的湍流壁面效应实现对约束流道内壁面的微量磨削；建立基于应力修正的 Preston 方程，解决柔性基体供力时存在的应力滞后问题；根据磨粒硬度特性进行系数修正，给出材料去除经验公式；利用流体分析软件，在有、无加载超声波两种情况下，对两者流场内的压力、速度及湍动能等相关参数进行对比研究分析，通过流体方程的求解得到流道内磨粒流的压力和速度分布情况[34, 35]。李琛等[36]应用粒子图像测速（particle image velocimetry）技术，建立了磨粒流加工模具类零件的流场测量平台，对磨粒流加工过程中的流体状态进行了测量，对流场内颗粒分布、流场涡流等状态进行了分析，对比了数值模拟与实际测量结果的一致性，其结果表明，软性磨粒流在抛光过程中其流动状态符合湍流特征。王帮艳[37]对某航空发动机高压导向叶片空气流道进行仿真模拟时发现：软性磨粒流颗粒相压力衰减与入口速度成反比，并且颗粒在通道内的运动轨迹呈无序状，这有利于提高通道内表面的光洁度，减少了因毛刺存在造成的空气流量散差与气流振荡，提高了该叶片的工作可靠性。赵涛等[38]和焦佳能等[39]对汽轮机喷嘴环进行磨粒流加工研究，以正交试验法对磨粒粒度、配比、循环次数、温度 4 个参数进行试验，并利用信噪比试验设计方法对以上 4 个参数的试验结果进行分析，得出对表面粗糙度的影响程度依次为磨粒粒度＞配比＞循环次数＞温度，而且喷嘴环叶片表面粗糙度由抛光前的 0.8μm 经抛光后变为 0.37μm，充分验证了该方法的有效性。丁金福等从应力张量的角度对磨粒流加工机理进行分析，并根据 Bowden 理论得出，磨粒黏附于工件表面时，随载体流动前移，在工件表面产生滑移现象，使凹凸不平的工件表面产生塑性变形；此外，磨粒在径向力作用下，会被压嵌入工件表面，产生犁削，从而达到去除材料的目的[40]。王伟等[41]根据摩擦学理论，对影响摩擦效果的工件本身、磨料载体介质、磨料和加工环境等因素间的相互关系进行分析，得出游离态的磨粒通过摩擦去除材料的作用机理。张克华等[42]利用建立的力学模型分析了磨粒流加工的内在因素，其中可控因素包括加工温度、加工压力、活塞的移动速度、磨料黏度、磨粒物理性质等，研究了各可控影响因素与工件表面抛光质量及效率的关系。黄成等[43]提出了一种复合螺旋磨粒流加工方法，通过螺旋约束模块的转动来增加流道内流体湍流性能，通过试验与仿真相结合分析了不同约束间隙对其抛光效果的影响，试验表明在间隙为 1mm、1.5mm、2mm 三种情况下，间隙为 1.5mm 时工件的加工效果最好。沈明等针对微小尺寸、大曲率弯管结构化内表面难以使用工具进行接触式光整加工的问题，提出了一种使用软性磨粒流加工此类型弯管内表面的方法；为了验证理论分析的正确性，基于 RNG k-ε 湍流模型对加工过程中整个流道内部进行仿真试验，并搭建了试验平台进行加工试验，以验证仿真结果的可靠性。仿真的结果表明，磨粒在弯管内处于无规则的运动状态，并且弯管内部的内、外两侧壁面存在着明显的速度差和压力差，并且随着入口压力从 2.0MPa 增大至 3.0MPa，内部压力与速度也随之增大。在加工试验中，工件加工前内表面各点粗糙度都相对较大，因此平均粗糙度也相应较大，大约为 1.072μm。工件加工一段时间后，整个内表面的光整度变好，而且伴随着入口压力的增大，加工效果变好，表面粗糙的均匀程度提高，光整性也逐渐提高，可达0.450μm[44]。高航等针对螺杆类零件多采用手工抛光、抛光效果差、效率低、质量难以保证的问题，提出应用磨粒流加工技术对其进行光整加工的方法，并设计了一种具有螺旋引流的螺杆夹具，消除了回流现象，在其试验条件下经磨粒流加工后的螺旋表面由原粗糙度 10.5μm 降至 0.45μm[45]。周迪锋和刘冬玉对应用磨粒流加工时抛光效果不均匀的问题，提出通过双入口装置来提高磨粒流的湍流能力，并使用 DEM 和 CFD 相耦合的算法模拟了流场中颗粒的运动，分析了加工质量与颗粒撞击次数和撞击速度之间的关系，并从数值模拟和试验的角度验证了双入口加工的可行性，试验结果表明，相比于单入口加工，采用双入口加工装置能够明显提高工件的表面质量[46]。董家广等根据磨粒流的磨削特点以及金属切削理论建立了适用于磨粒流加工的材料去除率计算模型，并依据磨料磨损的经典磨削理论建立了粗糙度分析模型，指出材料去除量与磨粒目数成反比的关系[47]。李俊烨等通过对磨粒流加工原理及运动规律的分析，基于计算流体力学和数值热力学方法对微小孔、特殊通道、异形曲面固液两相磨粒流加工过程中磨粒流的流动形态、力学特性、生热和传热特性进行数值模拟并进行试验验证，对其力学特性和热特性进行了重点研究，获得了温度与速度关系图线；利用六西格玛理论分析确定了影响磨粒流加工质量的关键参数，建立了基于热力学的两相数值模型，对磨粒流中颗粒碰撞问题进行了初步的研究，获得了固液两相磨粒流精密加工核心工艺[48-51]，相关科学问题有待于进一步研究。

1.2.3　磨粒流精密加工装备国外发展现状

自 20 世纪 80 年代以来，国内外的科研工作者坚持不懈地从事磨粒流精密加工技术的研究工作。在该项技术研究中，国外发展较快，先后研制出高档磨粒流加工机床装备并应用于航空、航天、军事等领域。这方面的研究工作分别叙述如下。

1. 美国 EXTRUDE HONE 公司生产的挤压研磨机

美国 EXTRUDE HONE 公司运用磨粒流精密加工技术解决了飞机发动机叶片风翼以及气冷通道的流动阻力调谐问题，提高了发动机的性能。其生产的 Vector 系列挤压研磨机，适用于加工较大的模具和中大批量零件的去毛刺、抛光和倒圆。其磨粒缸直径有 100mm、150mm、200mm、250mm，机床压力为 0.6～20.4MPa。该公司生产的挤压研磨机具有自动预设零件加工程序、夹具识别、自动加工和维护控制等功能，并且具有独立的液压动力机、良好的过程及温度控制、可快速更换研磨介质、同时研磨抛光内外径类零件等优点。Vector 系列磨粒流挤压研磨机如图 1.4 所示。

需要指出的是，美国 EXTRDUE HONE 公司在全球的销售模式以销售抛光介质为主，一公斤抛光介质往往因为专利问题，其售价高达近万美金。

2. 德国 Micro Technical Industries 公司生产的 MicroStream 系列磨粒流研磨机

德国 Micro Technical Industries 公司的 MicroStream 系列磨粒流研磨机是一款

先进的加工微小孔槽的磨粒流加工设备，抛光最小孔直径可达 0.1mm。常用于微型孔去毛刺加工，能够获得高精度的加工表面。MicroStream 系列磨粒流挤压研磨机如图 1.5 所示。

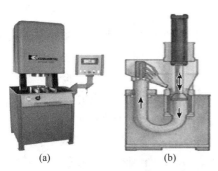

图 1.4　Vector 系列磨粒流挤压研磨机　　图 1.5　MicroStream 系列磨粒流挤压研磨机

该机床可进行磨粒流流量控制并对流量系数进行优化，改善喷射模式，能有效地处理激光钻孔口。磨粒流机床及流体磨料也已经系列化，自动化程度较高，某些型号的机床除配有通常的控制系统外，还有数据记录系统、磨料冷却系统、补料系统、可交换工作台等机构。

3. 德国 PERFECT FINISH GmbH 公司生产的磨粒流研磨机

德国 PERFECT FINISH GmbH 公司生产的磨粒流研磨机主要用于精加工精密零件，该磨粒流研磨机可以清除表面或难以进入的内孔毛刺，可同时加工多内孔或狭缝工件、挤压模具，可在多种形式的孔边上生成半径，如飞机引擎盘的榫头、榫槽及挤压模具。可以改进铣、车、钻孔和浇铸表面上精度，螺旋桨这样复杂的形状也可以均匀地改善，即使是等离子涂层工件也可以精细抛光。可以去除激光、线切割、电子束和电火花加工残留的热铸层。在去除重铸层和受热影响区域时，复合内孔和狭缝被保留并不改变成品的公差。该公司生产的磨粒流研磨机如图 1.6 所示。

此外，美国 DYNATICS 公司为美国某航天发动机数控铣削加工后的整体叶轮表面进行磨粒流加工，解决了该叶轮高速旋转时因应力集中而产生的断裂问题。美国通用电气公司的 T700 发动机 I 级轴流式压气机叶轮，经磨粒流加工后，表面

图 1.6　德国 PERFECT FINISH GmbH 公司生产的磨粒流研磨机

粗糙度从 $Ra2.0\mu m$ 降到 $Ra0.8\mu m$，叶型精度公差 $+0.08\sim +0.1mm$，轮廓公差

±0.04mm。原工艺是数控铣后手工抛光，单件工时 40h，改为磨粒流加工工艺，加工余量 0.0127mm，单件工时 1h，提高了加工精度与效率。

1.2.4 磨粒流精密加工装备国内发展现状

　　磨粒流机床、磨料以及夹具是完成磨粒流加工的三个要素[5]。其中磨粒流机床提供整个抛光过程中磨料的运动压力，通过磨粒流机床上的编程控制器可根据需求来调整其所提供压力值的大小、抛光时间、磨粒流流量等加工参数。磨料为抛光过程中切削工件所需的介质，由载体和研磨颗粒混合而成。根据载体的不同，磨料可分为软性磨料和硬性磨料：软性磨料适合加工结构化表面及小孔类工件，其所产生的磨削力较小，不会破坏工件的形态结构；硬性磨料主要适用于非结构化表面的加工，且其产生的磨削力度通常较大。碳化硅、氮化硼、金刚砂、氧化铝是磨粒流加工技术中几种常用的研磨颗粒，根据被加工材料的不同，可选用不同的研磨颗粒，研磨颗粒的尺寸决定了加工工件切削量的大小且选用不同的磨料会产生不同的加工效果。夹具主要起到固定被加工零件并引导磨料的流向的作用，对于一些需要抛光外表面的工件可通过相应的夹具使磨料进入并接触被加工零件需要加工的表面，根据工件特点以及加工要求可设计出单件加工或多件加工的夹具。磨粒流加工机床及其工作原理图如图 1.7 所示。

　　国内主要磨粒流加工机床生产厂家如下。

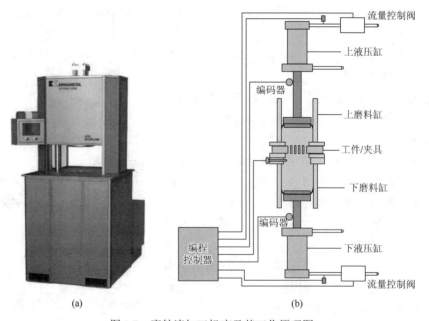

(a)　　　　　　　　　　　　　　(b)

图 1.7　磨粒流加工机床及其工作原理图

1. 西安东方集团投资控股有限公司生产的磨粒流研磨机

西安东方集团投资控股有限公司生产的磨粒流研磨机可去除电火花加工或激光加工后的表面硬化层及微观缺陷，可对零件上隐蔽的交叉孔、异形孔、台阶孔和各类具有较复杂内外形的零件进行抛光，适用于各种原料模、拉伸模、型材挤压模、注射模等复杂型腔表面的抛光工作。该公司生产的磨粒流研磨机如图1.8所示。

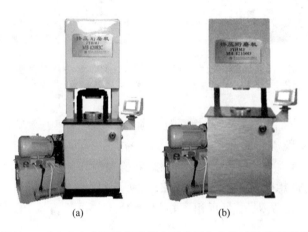

(a)　　　　　　　　　　　　(b)

图 1.8　西安东方集团投资控股有限公司生产的磨粒流研磨机

2. 昆山斯巴克挤压研磨流体抛光机械有限公司生产的流体研磨机

昆山斯巴克挤压研磨流体抛光机械有限公司生产的流体研磨机适用于工件内壁表面抛光、去毛刺、倒角等相关表面加工工作，广泛应用于各种高速冲压凹模、钨钢螺丝模具、钨钢拉丝模具、钨钢拉铜管模具、铝挤型模具、硬质合金钢制药模具、粉末冶金模具、陶瓷精密件、热胶道分流板、不锈钢喷丝板内微孔去毛刺、半导体导管工件、航天内燃机、发动机件及相关工件的研磨抛光工作。昆山斯巴克挤压研磨流体抛光机械有限公司生产的流体研磨机如图1.9所示。

3. 台湾伊品金属有限公司生产的磨粒流挤压研磨机

台湾伊品金属有限公司生产的磨粒流挤压研磨机，可用于去毛刺、改善表面粗糙度等加工，有一定的市场。台湾伊品金属有限公司生产的磨粒流挤压研磨机如图1.10所示。

国内的北京航空工艺研究所、四川长征机床集团有限公司、苏州英华科技有限公司和哈尔滨市汽轮机厂有限责任公司等均可生产磨粒流机床。国内研制出的磨粒流加工机床，介质压力一般在5~8MPa。

图 1.9　昆山斯巴克挤压研磨流体抛光机械 有限公司生产的流体研磨机

图 1.10　台湾伊品金属有限公司生产的 磨粒流挤压研磨机

　　长春理工大学研制的固液两相磨粒流喷嘴研抛机床可有效实现对微小孔的精密加工[52-56]，可实现 ϕ 0.1mm 及以下小孔的精密加工，同时研制了相关试验装置[57-67]和磨粒流加工夹具[68-79]，可有效对微小孔、特殊通道和异形曲面工件进行磨粒流精密加工，可获得理想的表面质量，较好地完成了试验任务。

　　本书课题组成员对固液两相磨粒流加工微小孔、特殊通道和异形曲面过程中的力学特性、热物理特性、流动特性及颗粒碰撞问题进行了基础研究，探讨了异形微小孔流道、特殊通道和异形曲面内流场的计算流体力学数值模型、边界与初始条件、修正算法，模拟可视化磨粒流加工的内流场并进行了相关试验验证，对固液两相磨粒流加工微小孔、特殊通道和异形曲面进行了研究，对磨粒流加工过程中的现象和原理进行了阐述，基本阐明固液两相磨粒流加工机理。

参 考 文 献

[1]　李俊烨,许颖,杨立峰,等. 非直线管零件的磨粒流加工试验研究[J]. 中国机械工程,2014,25(13):1729-1733.

[2]　郭成宇. 微小孔磨粒流加工机理及试验研究[D]. 长春:吉林大学, 2016.

[3]　Jain R K，Jain V K，Dixit P M. Modeling of material removal and surface rough-ness in abrasive flow machining process[J]. International Journal of Machine Tools & Manufacture，1999（39）：1903-1923.

[4]　Jain R K，Jain V K. Stochastic simulation of active grain density in abrasive flow machining[J]. International Journal of Machine Tools & Manufacture，2004（152）：17-22.

[5]　Gorana V K，Jain V K. Experimental investigation into cutting forces and active grin density during abrasive flow maching[J]. International Journal of Machine Tool & Manufacture，2004（44）：201-211.

[6]　Gorana V K，Jain V K，Lal G K. Prediction of surface roughness during abrasive flow machining[J]. The International Journal of Advanced Manufacturing Technology，2006（31）：258-267.

[7]　Ali-Tavoli M，Nariman-Zadeh N，Khakhali A，et al. Multi-objective optimization of abrasive flow machining

processes using polynomial neural networks and genetic algorithms[J]. Machining Science and Technology, 2006, 10（4）: 491-510.

[8] Sankar M R, Jain V K, Ramkumar J. Rotational abrasive flow finishing（R-AFF）process and its effects on finished surface topography[J]. International Journal of Machine Tools & Manufacture, 2010（50）: 637-650.

[9] Sankar M R, Jain V K, Ramkumar J. Rheological characterization of styrene-butadiene based medium and its finishing performance using rotational abrasive flow finishing process[J]. International Journal of Machine Tools & Manufacture, 2011（51）: 947-957.

[10] Tzeng H J, Yan B H, Hsu R T, et al. Self-modulating abrasive medium and its application to abrasive flow machining for finishing micro channel surfaces[J]. International Journal of Advanced Manufacturing Technology, 2007, 32（11）: 1163-1169.

[11] Walia R S, Shan H S, Kumar P. Morphology and integrity of surfaces finished by centrifugal force assisted abrasive flow machining[J]. International Journal of Advanced Manufacturing Technology, 2008, 39（11）: 1171-1179.

[12] Mali H S, Manna A. Optimum selection of abrasive flow machining conditions during fine finishing of Al/15wt%SiC-MMC using Taguchi method[J]. International Journal of Advanced Manufacturing Technology, 2010, 50（9-12）: 1013-1024.

[13] Furumoto T, Ueda T, Amino T, et al. A study of internal face finishing of the cooling channel in injection mold with free abrasive grains[J]. Journal of Materials Processing Technology, 2011（211）: 1742-1748.

[14] Gov K, Eyercioglu O, Cakir M V. Hardness effects on abrasive flow machining[J]. Journal of Mechanical Engineering, 2013, 59（10）: 626-631.

[15] Wan S, Ang Y J, Sato T, et al. Process modeling and CFD simulation of two-way abrasive flow machining[J]. The International Journal of Advanced Manufacturing Technology, 2014（71）: 1077-1086.

[16] Pusavec F, Kenda J. The transition to a clean, dry, and energy efficient polishing process: An innovative upgrade of abrasive flow machining for simultaneous generation of micro-geometry and polishing in the tooling industry[J]. Journal of Cleaner Production, 2014（76）: 180-189.

[17] Venkatesh G, Sharma A K, Kumar P. On ultrasonic assisted abrasive flow finishing of bevel gears[J]. International Journal of Machine Tools & Manufacture, 2014（97）: 320-328.

[18] Venkatesh G, Sharma A K, Singh N, et al. Finishing of bevel gears using abrasive flow machining[J]. Procedia Engineering, 2014（97）: 320-328.

[19] Venkatesh G, Sharma A K, Singh N. Simulation of media behaviour in vibration assisted abrasive flow machining[J]. Simulation Modelling Practice and Theory, 2015（51）: 1-13.

[20] Sushil M, Vinod K, Harmesh K. Experimental investigation and optimization of process parameters of Al/SiC MMCs finished by abrasive flow machining[J]. Materials and Manufacturing Processes, 2015, 30（7）: 902-911.

[21] Singh S, Shan H S, Kumar P. Experimental studies on mechanism of material removal in abrasive flow machining process[J]. Materials & Manufacturing Processes, 2008, 23（23）: 714-718.

[22] Kenda J, Duhovnik J, Tavčar J, et al. Abrasive flow machining applied to plastic gear matrix polishing[J]. International Journal of Advanced Manufacturing Technology, 2014, 71（71）: 141-151.

[23] Harmesh K. Experimental investigation and optimization of process parameters of Al/SiC MMCs finished by abrasive flow machining[J]. Advanced Materials and Manufacturing Processes, 2015, 30（7）: 902-911.

[24] Venkatesh G, Sharma A K, Kumar P. On ultrasonic assisted abrasive flow finishing of bevel gears[J]. International Journal of Machine Tools & Manufacture, 2015, 89: 29-38.

[25]　Uhlmann E，Mihotovic V，Coenen A. Modelling the abrasive flow machining process on advanced ceramic materials[J]. Journal of Materials Processing Technology，2009，209（20）：6062-6066.

[26]　汤勇，陈澄洲，张发英. 磨粒流加工压力特性对加工表面粗糙度的影响[J]. 华南理工大学学报（自然科学版），1997，25（5）：22-25.

[27]　汤勇，周德明，夏伟. 磨粒流加工壁面滑动特性的研究[J]. 华南理工大学学报（自然科学版），2001，29（9）：34-37.

[28]　Wang A C，Liu C H，Liang K Z，et al. Study of the rheological properties and the finishing behavior of abrasive gels in abrasive flow machining[J]. Journal of Mechanical Science and Technology，2007（21）：1593-1598.

[29]　Wang A C，Tsai L，Liang K Z，et al. Uniform surface polished method of complex holes in abrasive flow machining[J]. Transactions of Nonferrous Metals Society of China，2009（19）：520-257.

[30]　Wang A C，Cheng K C，Chen K Y，et al. Enhancing the surface precision for the helical passageways in abrasive flow machining[J]. Advanced Materials and Manufacturing Processes，2014，29（2）：153-159.

[31]　谭援强，李艺. 磨粒加工的固液两相流模型及压力特性模拟[J]. 中国机械工程，2008，19（4）：439-441.

[32]　Fang L，Zhao J，Sun K，et al. Temperature as sensitive monitor for efficiency of work in abrasive flow machining[J]. Wear，2009（266）：678-687.

[33]　Fang L，Zhao J，Li B，et al. Movement patterns of ellipsoidal particle in abrasive flow machining[J]. Journal of Materials Processing Technology，2009（209）：6048-6056.

[34]　计时鸣，唐波，谭大鹏，等. 结构化表面软性磨粒流精密光整加工方法及其磨粒流动力学数值分析[J]. 机械工程学报，2010，46（15）：178-184.

[35]　计时鸣，邱毅，蔡姚杰，等. 软性磨粒流超声强化机理及试验研究[J]. 机械工程学报，2014，50（7）：84-93.

[36]　李琛，善盈盈，厉志安，等. 图像粒子测速技术测量软性磨粒流流场[J]. 农业工程学报，2015，31（5）：71-77.

[37]　王帮艳. 磨粒流工艺在航空发动机修理中的应用[J]. 航空维修与工程，2015（6）：78-80.

[38]　赵涛，史耀耀，蔺小军，等. 汽轮机喷嘴环磨粒流加工工艺参数优化[J]. 计算机集成制造系统，2014，20（9）：2203-2209.

[39]　焦佳能，费群星，白凤民，等. 钛合金表面磨粒流加工工艺研究[J]. 金刚石与磨料磨具工程，2010，30（1）：42-45.

[40]　丁金福，刘润之，张克华，等. 磨粒流精密光整加工的微切削机理[J]. 光学精密工程，2014，22（12）：3324-3331.

[41]　王伟，刘小君，刘焜，等. 利用摩擦学系统理论对磨粒流加工过程的分析[J]. 现代制造工程，2011（12）：6-9.

[42]　张克华，闵力，丁金，等. 磨粒流微去除力学分析与可控因素影响[J]. 中国机械工程，2014，25（18）：2432-2438.

[43]　黄成，袁巧玲，孙建辉，等. 气缸加工中间隙及转速对复合螺旋磨粒流加工特性影响研究[J]. 液压气动与密封，2016，6：38-41.

[44]　沈明，戴勇，褚聪，等. 基于 RNG k-ε 模型的大曲率弯管的软性磨粒流加工仿真与试验[J]. 液压气动与密封，2016，5：39-44.

[45]　高航，付有志，王宣平，等. 螺旋面磨粒流光整加工仿真与试验[J]. 浙江大学学报，2016，50（5）：920-926.

[46]　周迪锋，刘冬玉. 耦合 DEM-CFD 法双入口磨粒流动力学模拟及加工试验[J]. 机电工程，2013，30（12）：1467-1471.

[47]　董家广，张斌，尹国华，等. 磨粒流加工过程材料切除及表面粗糙度分析[J]. 柴油机设计与制造，2016，22（1）：45-56.

[48]　Li J Y，Liu W N，Yang L F，et al. Study of abrasive flow machining parameter optimization based on Taguchi method[J]. Journal of Computational and Theoretical Nanoscience，2013，10（12）：2949-2954.

[49]　Li J Y，Yang Z J，Liu W N，et al. Numerical thermodynamic analysis of two-phase solid-liquid abrasive flow polishing in U-type tube[J]. Advances in Mechanical Engineering，2014：1-17.

[50] Li J Y, Yang L F, Liu W N, et al. Experimental research into technology of abrasive flow machining nonlinear tube runner[J]. Advances in Mechanical Engineering, 2014: 752353.

[51] 李俊烨. 微小孔磨粒流加工装置的研制与工艺研究[D]. 长春: 长春理工大学, 2011.

[52] 李俊烨, 张心明, 张若妍, 等. 一种磨粒流精密加工装置: 201510434756. 1[P]. 2017.

[53] 李俊烨, 李学光, 王淑坤, 等. 一种强度可调的超声波辅助磨粒流抛光加工装置: 201510467814. 0 [P]. 2017.

[54] 李俊烨, 刘建河, 张心明, 等. 一种变口径管磨粒流超精密抛光测控系统: 201410122312. X[P]. 2016.

[55] 李俊烨, 胡敬磊, 周曾炜, 等. 固液两相磨粒流微孔超精密抛光孔机床. 201730024005.2[P]. 2017.

[56] 李俊烨, 刘薇娜, 杨立峰, 等. 固液两相磨粒流超精密抛光机床: 201430072881. 9[P]. 2014.

[57] 李俊烨, 王淑坤, 徐成宇, 等. 一种脉冲式磨粒流抛光加工装置: 201510467815. 5[P]. 2017.

[58] 李俊烨, 王淑坤, 许颖, 等. 一种气液固三相磨粒流供给装置: 201510467931. 7[P]. 2017.

[59] 李俊烨, 吴桂玲, 张心明, 等. 一种高压喷射磨粒流精密抛光加工装置: 201510467932. 1[P]. 2017.

[60] 李俊烨, 张若妍, 张心明, 等. 一种模具加工用磨粒流抛光装置: 201510434669. 6[P]. 2017.

[61] 李俊烨, 王德民, 张若妍, 等. 一种磨粒流去毛刺精密加工装置: 201510433770. X[P]. 2017.

[62] 李俊烨, 张若妍, 张心明, 等. 一种磨粒流微孔抛光加工装置: 201510433762. 5[P]. 2017.

[63] 李俊烨, 张若妍, 张心明, 等. 一种软性磨粒流湍流加工装置: 201510434458. 2[P]. 2017.

[64] 李俊烨, 胡敬磊, 周立宾, 等. 一种固液两相研抛内齿轮的加工装置: 201620552251. 5[P]. 2016.

[65] 李俊烨, 周立宾, 尹延路, 等. 一种基于软性磨粒流抛光叶轮的装置: 201521018871. 2[P]. 2016.

[66] 李俊烨, 王淑坤, 许颖, 等. 一种抛光磨粒流搅拌装置: 201510467933. 6[P]. 2017.

[67] 李俊烨, 胡敬磊, 周立宾, 等. 一种固液两相研抛共轨管的加工装置: 201620968155. 9[P]. 2017.

[68] 李俊烨, 卫丽丽, 张心明, 等. 一种固液两相流研抛不同曲率弯管类零件的夹具: 201710173705. 7 [P]. 2017.

[69] 李俊烨, 卫丽丽, 张心明, 等. 一种坦克柴油发动机喷油嘴磨粒流抛光夹具: 201620845196. 9[P]. 2017.

[70] 李俊烨, 卫丽丽, 周曾炜, 等. 一种磨粒流抛光圆柱内孔表面的夹具: 201620552253. 4[P]. 2016.

[71] 李俊烨, 尹延路, 张心明, 等. 一种直齿锥齿轮齿面磨粒流抛光夹具: 201610155962. 3[P]. 2017.

[72] 李俊烨, 周立宾, 张心明, 等. 一种磨粒流抛光膛线管的夹具: 201620175039. 1[P]. 2016 .

[73] 李俊烨, 周立宾, 张心明. 一种伺服阀阀芯喷嘴磨粒流抛光夹具: 201620064178. 7[P]. 2016.

[74] 李俊烨, 胡敬磊, 周曾炜, 等. 一种固液两相流研抛内小孔的夹具: 201720060388. 3[P]. 2017.

[75] 李俊烨, 胡敬磊, 卫丽丽, 等. 一种固液两相流研抛皮带轮的加工夹具: 201720060387. 9 [P]. 2017.

[76] 李俊烨, 卫丽丽, 胡敬磊, 等. 一种磨粒流抛光多阶变口径内孔的夹具: 201720060386. 4[P]. 2017.

[77] 李俊烨, 胡敬磊, 周立宾, 等. 一种固液两相流加工轴承保持架的夹具装置: 201620760280. 0[P]. 2017.

[78] 李俊烨, 胡敬磊, 周立宾, 等. 固液两相流研抛轴承内外圈的夹具: 201620760279. 8[P]. 2017.

[79] 李俊烨, 周增炜, 胡敬磊, 等. 一种开式叶轮叶片的磨粒流抛光夹具: 201620967832.5[P]. 2017.

第 2 章　多物理耦合场磨粒流精密加工技术理论分析

在多物理耦合场固液两相磨粒流精密加工过程中，由于磨粒颗粒在磨料介质中的随机分布以及加工变量的多样性，同时又因为人们对磨粒流精密加工中流体介质的性能、材料切除的复杂性与随机性缺乏认识，磨粒流精密加工技术的理论与试验研究遭遇发展瓶颈。因此对磨粒流加工机理进行分析研究，有利于人们深入研究磨粒流加工微观切除机制，也有助于固液两相磨粒流精密加工理论与试验研究的进一步发展。

2.1　磨粒流的加工特性分析

磨粒流精密加工不同于传统的切削加工过程，它是利用固液两相流体磨料中的磨粒在挤压力作用下对工件的待加工面进行微力微量切削的一个过程，在进行加工时，需要考虑固液两相间的耦合作用和磨粒间的相互作用以及磨粒与零件表面之间的作用。由流体力学理论可知，在工件被加工面附近的黏性流体内部产生剪切应力，该应力导致靠近工件被加工面处有一速度降低的区域，称为边界层。紧贴工件被加工面的磨粒才有可能产生加工作用，所以说磨粒对工件被加工面的切削作用主要发生在边界层内。对于塑性材料，在边界层内磨粒施加于工件被加工面的切除力使工件材料发生塑性变形，随着变形的增大被加工面材料晶体滑移，使得原塑性变形区域屈服，从而实现被加工面的材料去除目的；在脆性材料方面，则没有了塑性变形区域屈服阶段，而是随着应力的积累工件被加工面产生微裂纹，微裂纹的出现又使得应力集中在所产生的裂缝上，这种应力集中现象会加速被加工面材料的破坏与移除[1]。

磨料加工性能影响因素包括浓度、黏度、磨粒尺寸以及磨料形式等，对于不同的材料，这些因素将会带来不尽相同的材料去除率、毛刺去除率和表面质量等加工效果[1]。磨粒流在加工时几乎不受零件几何形状的限制，无论是圆管内外表面、平面及复杂曲面还是微小孔通道表面，都可以利用磨粒流加工来改善表面质量；不需要应用高精度的平台，也就没有精密设备颤动的困扰；磨料中的磨粒对工件被加工面的研磨是非刚性接触，所以磨料中即使有少数大颗粒与工件被加工面作用，也不会因切削阻力突然变化而刮伤工件表面；磨料的黏弹性赋予它外观可塑的特点，这使得磨粒流极适于微量研磨加工，且研磨时压力分布比较均匀；磨料可重复利用，且符合环保要求。

2.2　描述流体运动的两种方法

基于流体力学微观理论可认为，流体是由无数流体元（流体质团）连续构成的，目前描述流体的运动主要有两种方法——拉格朗日（Lagrange）方法和欧拉（Euler）方法[2]。

2.2.1　Lagrange 方法

Lagrange 方法对一个流体质团的运动行为加以研究，如果把每个质团的运动情况弄清楚，那么整个流体的运动情况也就清楚了。Lagrange 方法是用初始时刻对众多的流体质团中各个流体质团在实空间的不同位置来区分不同的流体质团的。例如，有两个流体质团，初始时刻它们在实空间的位矢分别为 $r_0 = (\xi, \eta, \zeta)$ 和 $r_0' = (\xi', \eta', \zeta')$，则 $r(r_0, t) = r(\xi, \eta, \zeta, t)$ 就是初始时刻位置在 $r_0 = (\xi, \eta, \zeta)$ 处的那个流体质团在 t 时刻的位移矢量；而 $r(r_0', t) = r(\xi', \eta', \zeta', t)$ 就是初始时刻位置在 $r_0' = (\xi', \eta', \zeta')$ 处的那个流体质团在 t 时刻的位移矢量。

Lagrange 方法中，某流体质团所对应的任何流体力学变量（如密度、温度、压强、宏观流速，它们称为流动量）均是独立变量 (r_0, t) 的函数，其中变量 $r_0 = (\xi, \eta, \zeta)$ 是该流体质团初始时刻在实空间的位置，称为 Lagrange 坐标。与质团的流速一样，t 时刻流体质团 $r_0 = (\xi, \eta, \zeta)$ 在实空间的位移矢量 (r_0, t) 也是该质团的一个流体力学变量，可见 Lagrange 方法类似于力学中对多质点系的动力学描述方法。

2.2.2　Euler 方法

与流体描述的 Lagrange 方法不同，Euler 方法则是采用场的观点，而不直接考虑个别流体质团如何运动，该方法采用的独立变量是时空变量 (r, t)，其中变量 r 是实空间坐标，称为 Euler 坐标。在 Euler 方法中，流体对应的力学量均是独立变量的函数。例如，流体力学变量 $u(r, t)$ 代表的是 t 时刻位置在 r 处的流体质团的宏观运动速度，它并不与某个特定的质团相关，而 $u(r, t + \Delta t)$ 代表的则是 $t + \Delta t$ 时刻位置在 r 处的（另一个）流体质团的宏观运动速度，这是因为流体在做宏观运动，$t + \Delta t$ 时刻位置在 r 处的流体质团并不是 t 时刻位置在 r 处的那个流体质团，除非流体在实空间是静止不动的。因此，在 Euler 方法中，要求 t 时刻位置在 r 处的一个特定的流体质团的加速度，应该考虑在 $t \rightarrow t + \Delta t$ 时间间隔内该特定的流体质团在实空间的位移 $\Delta r = u(r,t)\Delta t$。故 t 时刻位置在 r 处的某特定流体质团的加速度为

$$\frac{\mathrm{d}u(r,t)}{\mathrm{d}t} = \lim_{\Delta t \to 0} \frac{u(r+\Delta r, t+\Delta t) - u(r,t)}{\Delta t} = \frac{\partial u}{\partial t} + (u \cdot \nabla)u \tag{2.1}$$

事实上，在 Euler 方法中，t 时刻位置在 r 处的某特定流体质团所对应的任何流体力学量 $L(r,t)$ 的时间变化率均为

$$\frac{\mathrm{d}L(r,t)}{\mathrm{d}t} = \lim_{\Delta t \to 0} \frac{L(r+\Delta r, t+\Delta t) - L(r,t)}{\Delta t} = \frac{\partial L}{\partial t} + (u \cdot \nabla)L \tag{2.2}$$

由此可见，对流体时间微商所看到的是质团流体力学变量随时间的变化。

2.3　流体力学基本方程

在固液两相磨粒流中将磨料介质（液相）视为不可压缩的连续性黏性流体，即认为其体积（或密度）是不会变化的，在全部流动区域中处处相同，采用 Euler 方法来研究流体的运动规律，并建立流体力学方程组[3]。

2.3.1　物理量守恒微分方程

设 $A(r,t)$ 为任意一个矢量，$B(r,t)$ 为任意一个二阶张量，它们均是独立的时空变量 (r,t)（Euler 变量）的函数，二阶张量 $B(r,t)$ 有 9 个分量，可以写为

$$B(r,t) = B_{ij}e_i e_j \tag{2.3}$$

考虑固定在实空间的任意体积 V，其表面为封闭曲面 S。根据高斯定理，矢量 $A(r,t)$ 或张量 $B(r,t)$ 的散度在固定体积 V 上的体积分可以化为 $A(r,t)$ 或 $B(r,t)$ 在封闭曲面 S 上的面积分，即

$$\iiint_V \mathrm{d}r \nabla \cdot A(r,t) = \oiint_S \mathrm{d}S \cdot A(r,t) = \oiint_S \mathrm{d}S n \cdot A(r,t) \tag{2.4}$$

$$\iiint_V \mathrm{d}r \nabla \cdot B(r,t) = \oiint_S \mathrm{d}S \cdot B(r,t) = \oiint_S \mathrm{d}S n \cdot B(r,t) \tag{2.5}$$

式中，$\mathrm{d}S = n\mathrm{d}S$ 为封闭曲面 S 上的一个有向面积元，其大小为 $\mathrm{d}S$，方向为外法线方向；n 为封闭曲面 S 上 $\mathrm{d}S$ 处外法线方向的单位矢量。

下面来导出流体力学量满足的守恒微分方程，考虑固定在实空间的任意体积 V，其表面积为封闭曲面 S，设 $D(r,t)$ 为 t 时刻 r 处单位体积内的某物理量（即物理量的密度，可以是质量密度、动量密度、能量密度），则 $D(r,t)$ 在空间任意固定体积 V 内的守恒方程为

$$\frac{\partial}{\partial t}\iiint_V D\mathrm{d}r + \oiint_S J\cdot\mathrm{d}S + \oiint_S Du\cdot\mathrm{d}S = \iiint_V Q\mathrm{d}r - \iiint_V H\mathrm{d}r \tag{2.6}$$

式中，$J(r,t)$ 为物理量 $D(r,t)$ 的流密度，$J\cdot\mathrm{d}S$ 为单位时间通过空间固定体积 V 表面上的有向面积元 $\mathrm{d}S$ 流出去的物理量，$\oiint_S J\cdot\mathrm{d}S$ 为单位时间从空间固定体积 V 的封闭曲面净流出去的物理量，这是个别粒子的行为导致的流动；$u(r,t)$ 为 t 时刻位置在 r 处的流体质团的宏观运动速度，则 $Du\cdot\mathrm{d}S$ 表示物理量 $D(r,t)$ 随流体运动单位时间通过有向面积元 $\mathrm{d}S$ 离开空间固定体积 V 的物理量，而 $\oiint_S Du\cdot\mathrm{d}S$ 表示单位时间由于流体运动从空间固定体积 V 净流出去的物理量，这是粒子随流体运动的集体行为导致的流动；$Q(r,t)$ 为 t 时刻单位时间 r 处单位体积产生物理量的源，而 $\oiint_V Q\mathrm{d}r$ 表示单位时间在空间固定体积 V 内产生的物理量；$H(r,t)$ 为 t 时刻单位时间 r 处单位体积吸收某物理量的和，而 $\oiint_V H\mathrm{d}r$ 表示单位时间在空间固定体积 V 内消失的物理量。

利用高斯定理（式（2.4））化物理量在封闭曲面 S 上的面积分为其散度在固定体积 V 上的体积分，可得

$$\iiint_V [\frac{\partial D}{\partial t} + \nabla\cdot(J+Du) + H - Q]\mathrm{d}r = 0 \tag{2.7}$$

注意到固定体积 V 的任意性，物理量 D 满足的守恒微分方程为

$$\frac{\partial D}{\partial t} + \nabla\cdot(J+Du) = Q - H \tag{2.8}$$

2.3.2　流体运动控制方程组

根据自然界的运动规律，流体在运动过程中也应遵循一定的物理守恒定律，包括流体质量守恒、动量守恒及能量守恒等相关守恒定律[3]。

1. 流体质量守恒方程（连续性方程）

连续性方程即质量守恒方程，是质量守恒定律的数学表达式，任何流动问题都必须满足质量守恒定律。根据质量守恒定律，在单位时间内，流出控制体的流体净质量总和应等于同一段时间间隔内控制体因密度变化而减少的质量。取 D 为流体的质量密度 $\rho(r,t)$，不考虑流体中个别粒子的扩散引起的质量流失，则质量流 $J(r,t)=0$。不考虑质量的产生和质量的消失，则 $Q=H=0$，则由式（2.8）可得质量守恒方程：

$$\frac{\partial \rho}{\partial t} + \nabla\cdot(\rho u) = 0 \tag{2.9}$$

2. 流体动量守恒方程（流体的运动方程）

动量守恒方程，即 N-S（Navier-Stokes）方程，其满足牛顿第二定律，可描述为：对于给定的一流体微元体，其动量对时间的变化率应等于外界作用于此微元体上的各种力之和。取 D 为流体的动量密度 ρu（单位体积流体的动量），注意到 t 时刻单位时间 r 处的单位体积产生动量密度 ρu 的源 $Q(r,t)$ 是作用在流体上的彻体力密度 f；t 时刻 r 处动量的流密度 $J(r,t)$ 是应力张量 $P(r,t)$，其中 $P(r,t)$ 是单位时间通过单位面积的流体粒子的动量，$P \cdot dS$ 也就是 V 内流体作用在有向面积元 dS 上的表面力；t 时刻单位时间 r 处单位体积吸收动量的和 $H = 0$，根据式（2.8）可得动量守恒方程：

$$\frac{\partial(\rho u)}{\partial t} + \nabla \cdot (P + \rho uu) = f \tag{2.10}$$

对于无黏滞性的理想流体应力张量 $P(r,t)$ 是对角张量，对角元就是流体的压强：

$$P(r,t) = p(r,t)I \tag{2.11}$$

式中，$I = ii + jj + kk$ 为二阶单位张量；$p(r,t)$ 为标量，指理想流体的压强。

此时，流体的应力张量 $P(r,t)$ 的散度就是压强 $p(r,t)$ 的梯度，即

$$\nabla \cdot (p(r,t)I) = \nabla p(r,t) \tag{2.12}$$

故理想流体的运动方程（Euler 方程）为

$$\frac{\partial(\rho u)}{\partial t} + \nabla \cdot (\rho uu) + \nabla p = f \tag{2.13}$$

利用质量守恒方程式（2.9）和质团流体力学量随时间的变化规律，Euler 方程可以写为

$$\rho \frac{du}{dt} + \nabla p = f \tag{2.14}$$

这实际上是单位体积流体元的牛顿第二定律，其中，$-\nabla \cdot P(r,t) = -\nabla p$ 就是作用在单位体积流体上的力。

对非理想流体，应引入流体的黏性应力张量 $\sigma(r,t)$，它明显依赖于流体元的宏观流速 $u(r,t)$，它们的关系为

$$\sigma = -\mu\nabla u - \left(\zeta + \frac{1}{3}\mu\right)I\nabla \cdot u \tag{2.15}$$

式中，μ、ζ 为第一和第二黏性系数。$\sigma \cdot dS$ 为体积 V 内的流体作用在体积 V 的表面上有向面积元上的黏性力。

故对非理想流体，流体的应力张量 $P(r,t)$ 为理想流体的应力张量和流体的黏性力张量之和，即

$$P(r,t) = p(r,t)I + \sigma(r,t) \tag{2.16}$$

则非理想流体的运动方程为

$$\frac{\partial(\rho u)}{\partial t} + \nabla \cdot (\rho u u) + \nabla p + \nabla \cdot \sigma = f \tag{2.17}$$

3. 流体能量守恒方程

能量守恒定律是具有热交换的流动系统需要满足的基本定律，指的是微元体的能量增加等于流入微元体的净热流通量及质量力和表面力对微元体所做的功。

取 D 为流体的能量密度 $D = \frac{1}{2}\rho u^2 + \rho e$（单位体积流体的能量，系动能与内能的

和），其中 $\frac{1}{2}\rho u^2$ 为单位体积流体的动能，e 是单位质量流体的总动能。

假设 w 是 t 时刻单位时间在 r 处单位质量的流体中释放或外界提供的能量，则 t 时刻单位时间 r 处单位体积内的能量为

$$Q(r,t) = \rho\omega + f \cdot u \tag{2.18}$$

式中，$f \cdot u$ 为 t 时刻单位时间 r 处单位体积内彻体力密度 f 所做的功，则空间任意固定体积 V 内的能量守恒方程为

$$\frac{\partial}{\partial t}\iiint\limits_{V}\left(\frac{1}{2}\rho u^2 + \rho e\right)\mathrm{d}r + \oiint\limits_{S}\mathrm{d}S \cdot q(r,t) + \oiint\limits_{S}\left(\frac{1}{2}\rho u^2 + \rho e\right)u \cdot \mathrm{d}S$$

$$+ \oiint\limits_{S}u \cdot P \cdot \mathrm{d}S = \iiint\limits_{V}(\rho\omega + f \cdot u)\mathrm{d}r \tag{2.19}$$

式中，等号左边第一项为单位时间空间固定体积 V 内流体能量的增加；等号左边第二项表示单位时间通过封闭曲面 S 从体积 V 中净流出去的能量，其中 $q(r,t)$ 称为能流密度，$q \cdot \mathrm{d}S$ 表示单位时间通过体积 V 上的有向面积元 $\mathrm{d}S$ 流出去的能量，它是个别流体粒子的运动行为导致的能量损失；等号左边第三项表示由于流体的运动，单位时间从体积 V 中净流出去的能量，它是粒子随流体运动的集体行为引起的能量损失；等号左边第四项是体积 V 内的流体（膨胀）单位时间对外做的功，其中 $P \cdot \mathrm{d}S$ 是体积 V 内的流体作用在 V 的封闭表面上的一个有向面积元 $\mathrm{d}S$ 上的力；等号右边项为单位时间由外能源在体积 V 内提供的能量。S 的单位是 m^2，V 的单位体积是 m^3。

利用高斯定理（式（2.4））化矢量的面积分为其散度的体积分，再注意到固定体积 V 的任意性，有流体的能量密度满足的守恒微分方程：

$$\frac{\partial}{\partial t}\left(\frac{1}{2}\rho u^2 + \rho e\right) + \nabla\left[\left(\frac{1}{2}\rho u^2 + \rho e\right)u\right] + \nabla(q + u \cdot P) = \rho\omega + f \cdot u \tag{2.20}$$

利用质量守恒方程式（2.9）和流体时间微商的定义式（2.3），能量守恒方程式（2.20）可以化为

$$\rho \frac{\mathrm{d}}{\mathrm{d}t}\left(\frac{1}{2}u^2 + e\right) + \nabla \cdot (q + u \cdot P) = \rho \omega + f \cdot u \tag{2.21}$$

同时又有

$$\nabla \cdot (u \cdot P) = u \cdot (\nabla \cdot P) + (P \cdot \nabla) \cdot u \tag{2.22}$$

则能量守恒方程式（2.22）变为

$$\rho \frac{\mathrm{d}}{\mathrm{d}t}\left(\frac{1}{2}u^2 + e\right) + u \cdot (\nabla \cdot P) + (P \cdot \nabla) \cdot u = \rho \omega + f \cdot u \tag{2.23}$$

利用质量守恒方程式（2.9）和流体时间微商的定义式（2.3），动量守恒方程式（2.10）可以化为

$$\rho \frac{\mathrm{d}u}{\mathrm{d}t} + \nabla \cdot P = f \tag{2.24}$$

式（2.24）两边点乘 u，得

$$\rho \frac{\mathrm{d}e}{\mathrm{d}t}\left(\frac{1}{2}u^2\right) + u \cdot (P \cdot \nabla) \cdot u = \rho \omega \tag{2.25}$$

由于 $-\nabla \cdot P(r,t)$ 是外界作用在单位体积流体上的力，因此式（2.25）左边的 $u \cdot (\nabla \cdot P)$ 就是单位体积流体对外做的功。式（2.23）减去式（2.25）消去动能项，得能量守恒方程的最终形式为

$$\rho \frac{\mathrm{d}e}{\mathrm{d}t} + \nabla \cdot q + (P \cdot \nabla) \cdot u = \rho \omega \tag{2.26}$$

从式（2.25）可以发现，单位时间单位体积内彻体力做的功 $f \cdot u$ 全部转化为流体元的动能而不是内能，单位时间单位体积内流体压力做的功 $u \cdot (\nabla \cdot P) + (P \cdot \nabla) \cdot u$ 的一部分 $u \cdot (\nabla \cdot P)$ 也转化为流体元的动能（通过压强差推动流体元运动来实现），而另一部分 $(P \cdot \nabla) \cdot u$ 则转化为流体元的内能（见式（2.26），通过压缩流体元使体积变化来实现）。对于理想流体可明显看出这一点。因为对理想流体，$P(r,t) = p(r,t)I$，$\nabla \cdot P(r,t) = \nabla \cdot p(r,t)$，从而有

$$\begin{cases} u \cdot (\nabla \cdot P) = u \cdot \nabla p \\ (P \cdot \nabla) \cdot u = P : \nabla u = Pe_k e_k : e_i e_j \dfrac{\partial u_j}{\partial x_i} = p \dfrac{\partial u_k}{\partial x_k} = p \nabla \cdot u \end{cases} \tag{2.27}$$

因为质量守恒方程式（2.9）可以写为

$$\rho \frac{\mathrm{d}v}{\mathrm{d}t} = \nabla \cdot u \tag{2.28}$$

式中，$v = 1/\rho$ 为流体的比容，即单位质量的流体所占的体积，故有

$$(P \cdot \nabla) \cdot u = p \nabla \cdot u = \rho p \frac{\mathrm{d}v}{\mathrm{d}t} \tag{2.29}$$

在理想流体下，能量守恒方程式（2.26）变为

$$\frac{\mathrm{d}e}{\mathrm{d}t} + \frac{1}{\rho} \nabla \cdot q + p \frac{\mathrm{d}v}{\mathrm{d}t} = \omega \tag{2.30}$$

即单位质量的流体元内能的增加率，加上单位时间流出该流体元内的能量，再加上单位时间该流体元对外做的功，等于单位时间外界提供给该流体元的能量。在理想流体下，动量守恒方程式（2.24）变为

$$\rho \frac{\mathrm{d}u}{\mathrm{d}t} + \nabla p = f \tag{2.31}$$

即单位体积流体质量乘以其加速度等于作用在单位体积流体上的彻体力和流体压力。

流体力学方程式（2.28）～式（2.31）并不封闭，因为除了 ω、f 由外界提供外，尚有 5 个变量 ρ、u、e、q、p，而此处只有 3 个方程，一般需要补充流体的状态方程 $f(\rho, e, p) = 0$ 和动流 q 的方程，方可封闭。

2.4　磨粒流加工动力学理论分析

磨粒流加工中磨粒与磨粒之间的相互作用以及磨粒运动的脉动流动现象可以运用颗粒动力学理论进行定量的预测分析。颗粒动力学理论分析方法是最近几年发展起来的一种颗粒相应力封闭方法，该思路来源于分子动力学（molecular dynamics，MD）理论。分子动力学理论是连通宏观流体与微观分子的桥梁，它利用统计力学和经典力学知识来预测和解释气体的宏观特性。颗粒之间的碰撞导致颗粒相速度的脉动，进而影响颗粒相的黏度与压力，颗粒之间的非弹性碰撞或者流体与颗粒的摩擦可能会导致颗粒相的能量耗散[4]。

固液两相流中固体颗粒的运动就好比气体分子的热运动，若记固体颗粒的实际速度为 v_s，则该速度由随机脉动速度 v_s' 和局部平均速度 $\bar{v}_s$ 组成。引入"颗粒温度 T_s"的概念，用以反映颗粒的随机脉动强弱：

$$\frac{3}{2} T_s = \frac{1}{2} \langle v_s' \cdot v_s' \rangle \tag{2.32}$$

式中，$\langle\ \rangle$ 表示系统综合平均。

实际上，颗粒运动与分子运动不完全相同：分子与分子之间是弹性碰撞，没有外力做功时，分子的温度不会为零，然而颗粒间的相互摩擦和非弹性碰撞会引起颗粒脉动动能的消耗，导致颗粒的温度降低至零；颗粒运动所需的能量由流体的曳力做功来提供。

颗粒动力学理论认为，颗粒之间的碰撞会影响颗粒相的黏度与压力以及其他输运系数，颗粒相的动能、动量、质量等物理量的输运通过两种机制实现。

（1）单颗粒速度分布函数 $f(v_s,r,t)$ 描述的悬浮传递机制，$f(v_s,r,t)\mathrm{d}v_s\mathrm{d}r$ 表示 t 时刻在 r 附近的体积元 $\mathrm{d}r$ 内，而且在速度 v_s 和 $v_s+\mathrm{d}v_s$ 之间固体颗粒的可能概率数目。

（2）双颗粒共分布函数 $f^{(2)}$ 描述的碰撞传递机制，$f^{(2)}(v_{s1},r_1;v_{s2},r_2;t)\mathrm{d}v_{s1}\mathrm{d}v_{s2}\mathrm{d}r_1\mathrm{d}r_2$ 表示 t 时刻两个相邻的颗粒碰撞的概率，这一对颗粒分别在 r_1 和 r_2 附近的体积元 $\mathrm{d}r_1$ 和 $\mathrm{d}r_2$ 内，它们的速度分别在 v_{s1} 和 $v_{s1}+\mathrm{d}v_{s1}$ 及 v_{s2} 和 $v_{s2}+\mathrm{d}v_{s2}$ 之间变化。

根据碰撞前后颗粒的数目守恒，F 为流体作用于单位质量颗粒的外力，则 $f(v_s,r,t)$ 满足以下方程：

$$[f(v_s+F\mathrm{d}t,r+v_s\mathrm{d}t,t+\mathrm{d}t)-f(v_s,r,t)]\mathrm{d}v_s\mathrm{d}r=\left(\frac{\partial f}{\partial t}\right)_{v_s}\mathrm{d}v_s\mathrm{d}r\mathrm{d}t \qquad (2.33)$$

$f^{(2)}$ 满足以下方程：

$$f^{(2)}(v_{s1},r_1;v_{s2},r+d_{12}k;t)=\chi\left(r+\frac{1}{2}d_{12}k\right)\cdot f(v_{s1},r,t)\cdot f(v_{s2},r+d_{12}k,t) \qquad (2.34)$$

径向分布函数与 χ 关联得到：

$$\chi\left(r+\frac{1}{2}d_{12}k\right)=g_0(\varepsilon_s)=\left[1-\left(\frac{\varepsilon_s}{\varepsilon_{s,\max}}\right)^{\frac{1}{3}}\right]^{-1} \qquad (2.35)$$

式中，对于球形颗粒，$\varepsilon_{s,\max}$ 通常为 $0.6\sim0.65$。

模型化以上机理，并假设 F 与 v_s 没有关系，可推导出 Boltzmann 方程：

$$\frac{\partial f}{\partial t}+v_s\frac{\partial f}{\partial r}+F\frac{\partial f}{\partial v_s}=\left(\frac{\partial f}{\partial t}\right)_{v_s} \qquad (2.36)$$

式中，$\left(\dfrac{\partial f}{\partial t}\right)_{v_s}$ 是颗粒碰撞引起的分布函数 f 的变化速率。

用反映固体颗粒特性的物理量 ϕ 同乘以式（2.36）的两端，然后求系统平均即可得到 Maxwell 传递方程：

$$\frac{\partial}{\partial t}(n\langle\phi\rangle)+\frac{\partial}{\partial r}(n\langle\phi v_s\rangle)-n\left[\left\langle\frac{\partial\phi}{\partial t}\right\rangle+\left\langle v_s\frac{\partial\phi}{\partial r}\right\rangle+F\left\langle\frac{\partial\phi}{\partial v_s}\right\rangle\right]=\int\left(\frac{\partial f}{\partial t}\right)_{v_s}\mathrm{d}v_s \qquad (2.37)$$

式中，$\langle\ \rangle$ 表示平均；n 是固体颗粒数密度 $[f(v_s,r,t)\mathrm{d}v_s]$。式（2.37）的左端反映悬浮传递机制，而右端则反映碰撞传递机制。

在颗粒动力学双流体模型中，假定固体颗粒的剪切黏度是由颗粒碰撞的切向力决定的，而颗粒碰撞的法向力决定颗粒的体积黏度。假定固体颗粒的速度分布函数，并在此基础上计算流体力学的特性参数。

2.5　磨粒流加工力学分析

磨粒流加工过程中，固液两相流处于湍流状态，使得液相和固相间存在耦合作用，导致固液两相磨粒流呈现非线性复杂流动。为研究固相单颗磨粒所受各种力的关系，分析各力的特点，这里简化了计算模型，不考虑固体颗粒对液相的作用，以单颗磨粒为研究对象，探讨它在固液两相流场中的运动规律，进而分析磨粒流的加工机理[5]。

基于具有普适性的颗粒动力学方程，对磨粒进行球形简化假设，可推导出单颗磨粒的运动方程：

$$\frac{1}{6}\pi\rho_s d_s^{\,3}\frac{\mathrm{d}v_s}{\mathrm{d}t}=\sum F \tag{2.38}$$

式中，ρ_s 为固体磨粒的密度，单位是 $\mathrm{kg/m^3}$；d_s 为球形磨粒的直径，单位是 m；$\dfrac{\mathrm{d}v_s}{\mathrm{d}t}$ 为单颗磨粒的加速度，单位是 $\mathrm{m/s^2}$；$\sum F$ 为单颗磨粒所受的各种力的合力，单位是 N，其致使磨粒表现为无规则复杂运动。组成 $\sum F$ 的各种力为重力、浮力、压力梯度、虚拟质量力、Magnus 力、Basset 力、Saffman 力、曳力等。单颗磨粒在流场中的受力分析如图 2.1 所示。

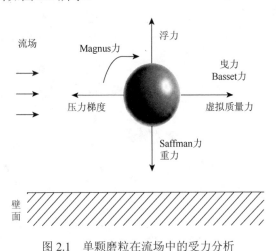

图 2.1　单颗磨粒在流场中的受力分析

1. 重力与浮力

在固液两相流场中，磨粒会受到重力 F_g 和液相对它的浮力 F_f：

$$F_g=\frac{1}{6}\pi\rho_s d_s^{\,3}g \tag{2.39}$$

$$F_f = \frac{1}{6}\pi \rho_l d_s^3 g \tag{2.40}$$

式中，ρ_l 是液相的密度，单位是 kg/m^3；g 是重力加速度，单位是 m/s^2。在上述两力的共同作用下，磨粒在流体内竖直方向产生一定的运动趋势。

2. 压力梯度

在固液两相流场中，由于压力梯度的存在，流场中运动的磨粒会受到压力梯度引起的压力梯度力 F_p，此力的方向与压力梯度 ∇p 的方向相反。F_p 的表达式：

$$F_p = -\frac{1}{6}\pi \rho_s d_s^3 \nabla p = -\frac{1}{6}\pi \rho_s d_s^3 \frac{\partial p}{\partial x} \tag{2.41}$$

式中，p 为单颗磨粒表面因压力梯度而产生的压力分布。

3. 虚拟质量力

当磨粒相对于流体相做加速运动时，由于液相与固相的耦合作用，不但会使磨粒的速度逐渐变大，还会导致磨粒周围流体的运动速度增大，从而液体相的动能也会相应增加，此时加速磨粒本身的惯性力 $\frac{1}{6}\pi \rho_s d_s^3 a_s$ 将会小于液相对磨粒的推动力，就相当于固体磨粒的质量有所增加，用虚拟质量力 F_{vm} 来表示增加的这部分力，其表达式为

$$F_{vm} = \frac{1}{12}\pi \rho_l d_s^3 \left(\frac{dv_i}{dt} - \frac{dv_s}{dt}\right) = \frac{1}{2}\left(\frac{1}{6}\pi \rho_l d_s^3\right)\frac{d}{dt}(v_i - v_s) \tag{2.42}$$

从式（2.42）可知，在理论数值上，作用于磨粒的虚拟质量力与磨粒同体积的流体质量施加在固体磨粒上做加速运动时惯性力的 $\frac{1}{2}$ 相等。试验显示，虚拟质量力一般要大于理论数值，可以用经验系数 K_{vm} 代替 $\frac{1}{2}$：

$$F_{vm} = K_{vm}\left(\frac{1}{6}\pi \rho_l d_s^3\right)\frac{d}{dt}(v_i - v_s) \tag{2.43}$$

式中，

$$K_{vm} = 1.05 - \frac{0.066}{A^2 + 0.12} \tag{2.44}$$

$$A = \frac{|v_i - v_s|}{a_s d_s} \tag{2.45}$$

当固、液两相的密度比较接近时，虚拟质量力对磨粒的作用必须予以考虑；当 $\rho_l \ll \rho_s$ 时，虚拟质量力与磨粒惯性力之比是很小的，尤其是在固、液两相相对运动的加速度较小时，可以忽略虚拟质量力。

4. Magnus 力

在固液两相流场中，当磨粒进入壁面边界层附近时，由于压力梯度的存在，磨粒之间或者磨粒与通道壁面之间产生的碰撞、摩擦以及两相间的耦合作用等因素会导致流场中的磨粒发生旋转运动。固体磨粒的旋转会带动其附近的液体流的运动，此时磨粒的靠近壁面处流体速度降低且静压升高，而另一侧的流体流速升高、静压降低，从而液相对旋转的固体磨粒产生了一垂直于来流方向的横向力，即 Magnus 力。其可用下式描述：

$$F_{M} = \frac{1}{8}\pi\rho_{l}d_{s}^{3}\omega_{s} \times (v_{l} - v_{s}) \tag{2.46}$$

在 Magnus 力的作用下，磨粒的旋转角速度为 ω_{s}，单位是 rad/s。

5. Basset 力

固液两相流是具有一定黏性的流体，当磨粒在流场中做变速运动时，其表面附面层携带着一部分流体，由于流体的惯性，磨料附近的流场不能立刻达到稳定状态。因此，该部分流体的不稳定会使磨粒受到一个瞬时变化的作用力，即 Basset 力，它与磨料的加速历程及流动的不稳定性有关，其可用下式描述：

$$F_{B} = \frac{3}{2}d_{s}^{2}\sqrt{\pi\rho_{l}\mu_{l}}\int_{t_0}^{} \frac{\dfrac{\mathrm{d}}{\mathrm{d}t}(v_{l} - v_{s})}{\sqrt{t - \tau}}\mathrm{d}\tau \tag{2.47}$$

式中，t_0 为磨粒初始变速的时刻，单位是 s。当磨粒流中 $\rho_l \ll \rho_s$ 时，与磨粒的惯性力相比，可以忽略 Basset 力对磨粒运动的影响。

6. Saffman 力

在固液两相流场中存在横向速度梯度，尤其是在近壁区边界层附近该梯度变化较为明显，且其方向垂直于来流方向。磨粒在流场中运动，速度梯度的存在会对其附加一横向作用力，该力称为 Saffman 力，可用下式表示：

$$F_{S} = 1.61d_{s}^{2}\sqrt{\rho_{l}\mu_{l}}(v_{l} - v_{s})\sqrt{\left|\frac{\mathrm{d}v_{l}}{\mathrm{d}y}\right|} \tag{2.48}$$

由式（2.48）可知，Saffman 力依赖于速度梯度 $\dfrac{\mathrm{d}v_{l}}{\mathrm{d}y}$ 的大小，在主流区，速度梯度一般较小，此时可以不考虑 Saffman 力，但在近壁区边界层附近，Saffman 力的作用较为明显，此时必须予以考虑。

7. 曳力

磨粒流在通道内流动时，固、液两相之间会产生速度差异，液相的速度一般会比固相的速度大，从而产生流体相对磨粒的推动力，即曳力。与此同时，磨粒对流体相会产生反作用力，表现为阻力。曳力是两相流中作用力的最基本形式，不可忽略，它与流体的可压缩性、流体的紊流运动、液体与磨粒的温度差异、磨粒的雷诺数、磨粒的形状尺寸以及磨粒群的浓度等因素有关，为精确地描述两相流场中的曳力作用，在这里引入曳力系数，不同研究人员提出的曳力系数模型也不尽相同。

根据磨粒相对雷诺数的不同描述，可以用 Oseen 公式、Stokes 定律和 Newton 公式来表达曳力系数。

磨粒相对雷诺数 Re，描述为

$$Re_s = \frac{\rho |v_i - v_s|}{\mu_i} \tag{2.49}$$

在 Oseen 公式中曳力系数表述为

$$C_D = \frac{24}{Re_s} \tag{2.50}$$

式中，$Re_s < 5$。

在 Stokes 定律中曳力系数表述为

$$C_D = \frac{24}{Re_s}\left(1 + \frac{3}{16}Re_s\right) \tag{2.51}$$

式中，$Re_s < 5$。

在 Newton 公式中曳力系数表述为

$$C_D = 0.44 \tag{2.52}$$

可用下式表述曳力 F_d：

$$F_d = \frac{1}{8}C_D \pi d_s^2 \rho_l |v_l - v_s|(v_l - v_s) \tag{2.53}$$

在上述多种力的综合作用下，磨粒在两相流场中不仅有主流方向的运动，还有垂直于壁面方向的速度和本身的旋转运动，最终磨粒表现为无规则复杂运动。磨粒的受力分析给固相的动量守恒方程提供基础，但在计算过程中无法将磨粒所受的所有力都考虑进去，为了简化计算模型，可以不考虑影响较小的力。本章计算模型中考虑的力主要有压力梯度、重力、流体剪切力、曳力、Saffman 力、Magnus 力等，不考虑虚拟质量力、Basset 力、浮力。

2.6　磨粒流的切削磨损机理分析

磨粒流的切削磨损机理体现在磨粒在多种力的综合作用下，在通道内做无规则运动，从而在工件表面产生无规则磨削作用。通常情况下，固体颗粒对被加工工件的材料去除方式有疲劳磨损去除、腐蚀磨损去除、黏着磨损去除、微动磨损去除、冲蚀磨损去除以及磨粒磨损去除[6]。

磨粒与工件壁面之间产生切削作用时，因湍流形成的不规则运动会导致磨粒与工件壁面之间产生相对运动，磨粒可能会以不同角度与工件壁面碰撞，磨粒的这种运动可能以冲蚀磨损的形式去除材料，也可能以磨粒磨损的形式去除材料，因此磨粒流加工的材料去除是冲蚀磨损和磨粒磨损共同作用的结果。

磨粒磨损是造成材料去除的主要因素，它是由硬性凸起或硬颗粒与工件壁面相对运动所产生的磨损形式。磨粒磨损是由法向作用力将磨粒压入工件表面，然后在水平切削力作用下与工件表面产生相对滑动，磨粒对工件表面犁刨而产生磨屑。磨粒被压入工件表面会产生磨痕，磨粒的滑动又使工件表面产生塑性变形，压痕两侧的材料形态被破坏，极易从工件表面挤出或脱落形成磨屑。磨损主要是由切削磨损和塑性变形磨损两种机理造成的，而且磨粒与加工壁面平行的速度产生切削磨损，与加工壁面垂直的速度产生塑性变形磨损。所以，多物理耦合场下的固液两相流中的固体颗粒在竖直挤压力和水平切削力的共同作用下，导致多磨粒频繁作用于加工壁面同一位置，最终完成对加工壁面的无工具精密加工。此外，磨粒对工件壁面的材料去除作用有一部分是因冲蚀磨损去除产生的，冲蚀磨损是指细小松散颗粒冲击材料表面而产生的磨损。

加工件材料去除率的影响因素简述：由材料去除的 Preston 方程得到材料去除率方程为

$$\frac{\mathrm{d}Q}{\mathrm{d}t} = P_{\mathrm{re}} \times m \times P \times v \tag{2.54}$$

式中，v 为加工区磨粒流与工件壁面的相对速度，单位是 m/s；m 为单位时间内与近壁区作用的磨粒数目；P 为抛光加工时磨粒流的压力，单位是 Pa；P_{re} 为 Preston 加工效果系数，与加工环境、工件材料以及磨粒材料等因素有关。

综上所述，磨粒流加工对工件表面质量的改变是多种材料去除磨损方式共同作用的结果。颗粒速度、颗粒大小和工件表面粗糙度都会影响材料去除磨损。冲蚀去除和磨损去除这两种形式都是依靠磨粒与工件壁面的相对运动从而实现微切削作用。

2.7 固液两相磨粒流热力学理论模型

通常固液两相流中的动力黏度和密度是变化的物理参量，动力黏度主要由流体介质的温度决定，当流体介质温度变化不大或者恒温时，动力黏度的改变可以不考虑。液体的密度与其可压缩性有很大关系，当液体的可压缩性很小时，其密度的变化就可以不考虑[7]。

1. 能量守恒模型

能量守恒定律是具有热交换的流动系统必须满足的基本定律，具体描述为微元体中能量的增加率等于进入微元体的净热流量加上体力与面力对微元体所做的功，这实际上就是热力学第一定律。

$$\frac{\partial(\rho E)}{\partial t} + \nabla \cdot [v(\rho E + P)] = \nabla \cdot \left[k_{\text{eff}} \nabla T - \sum_q h_q J_q + (\tau_{\text{eff}} \cdot v) \right] + S_{\text{h}} \quad (2.55)$$

式中，E 为流体微团的动能与内能之和，$E = h - \dfrac{P}{\rho} + \dfrac{v^2}{2}$；磨粒流的可压缩性较小，所以对于磨粒流的比焓 $h = \sum_q Y_q h_q + \dfrac{P}{\rho}$，这里 Y_q 表示第 q 相的质量分数，第 q 相的比焓可表示为 $h_q = \displaystyle\int_{T_{\text{ref}}}^{T} c_{p,q} \mathrm{d}T$，这里 $c_{p,q}$ 表示第 q 相的比热容，$T_{\text{ref}} = 298.15\text{K}$；$k_{\text{eff}}$ 表示流体有效导热系数；J_q 表示第 q 相的扩散通量；右边前面三项则分别表示因传（导）热、组分扩散以及黏性耗散作用导致的能量传递；S_{h} 表示流体的内热源或者由化学反应引起的放热和吸热，或表示其他自定义的热源项。

2. 颗粒温度模型

随着科技的发展，近年来人们开始运用动力学理论去推导黏性系数、热传导系数、颗粒相的压力以及一些其他参数，由此形成了颗粒温度模型。在磨粒流加工中，磨粒与磨粒之间的相互碰撞以及磨粒与壁面的碰撞导致磨粒的随机不规则运动，这就像流体分子的热运动。磨粒在湍流两相流中不断获得能量，而后在磨粒与磨粒以及磨粒与壁面之间的非弹性碰撞中不断地耗散其能量，所以颗粒温度模型能够很好地描述颗粒相在固液两相流中的能量变化规律。

$$\frac{3}{2} \left[\frac{\partial}{\partial t} (\alpha_s \rho_s T_s) + \nabla \cdot (\alpha_s \rho_s v_s T_s) \right] = (-P_s[I] + \tau_s) \cdot \nabla v_s - \gamma_s + \nabla \cdot (k_s \nabla T_s) - 3C_D \alpha_s T_s \quad (2.56)$$

式中，方程左边为颗粒脉动动能积累项和颗粒温度对流输送项；方程右边第一项为颗粒相应力产生的变形功，第二项表示颗粒之间非完全弹性碰撞引起的能量耗散项，第三项表示颗粒温度的热传导项，最后一项表示液相与固体相间作用所引发的耗散项。式（2.56）中，P_s 和 τ_s 分别表示颗粒相的压应力与剪切应力，单位是 Pa；k_s 表示颗粒温度热传导系数；γ_s 表示颗粒相碰撞能耗散项。

$$k_s = \frac{150\rho_s d_s \sqrt{\pi T_s}}{384(1+\mathrm{e})g_0}\left[1+\frac{6}{5}\alpha_s g_0(1+\mathrm{e})\right]^2 + 2\rho_s \alpha_s^2 d_s(1+\mathrm{e})g_0\sqrt{\frac{T_s}{\pi}} \qquad (2.57)$$

$$\gamma_s = \frac{12(1-\mathrm{e}^2)}{d_s\sqrt{\pi}}\rho_s \alpha_s^2 g_0\sqrt{T_s^3} \qquad (2.58)$$

在颗粒温度方程中可以看出，固体颗粒不断从平均流、湍流脉动以及液体相中获得能量，又通过颗粒与壁面及颗粒之间的非完全弹性碰撞和其他能量耗散方式来消耗能量，维持平衡。这里要把颗粒相的湍流脉动与单颗粒脉动区分开来，单颗粒脉动表征的是颗粒与壁面及颗粒之间的非完全弹性碰撞引起的颗粒随机无规则运动，颗粒相的湍流脉动表示固体颗粒群的湍流脉动行为。颗粒温度是在单颗粒层次上说的，所以颗粒群的湍流脉动动能经由湍动能的耗散率耗散掉以后，同样转变为颗粒温度。颗粒温度的终极耗散态是不可逆地转变为热量，从而表现为热力学意义上的真正颗粒温度。

2.8　连续相运动控制方程

2.8.1　N-S 方程及其无量纲化

N-S 方程即动量方程，人们为了纪念学者 Navier 和 Stokes 而命名。在现代流体力学的计算中，整个流体力学的方程，包括连续方程、动量方程和能量方程，统称为 N-S 方程[8]。

在流体力学计算中，人们通常针对无量纲化的方程进行数值求解，因而本节给出的方程均为无量纲化的方程，本节还将方程写为矢量形式的表达式。对几何参数和流动量可通过对应的参考量进行无量纲化。例如，参数 μ、u、v、ω、T、p 可通过对应的 ρ_∞、U_∞、U_∞、U_∞、T_∞、$\rho_\infty U_\infty^2$ 进行无量纲化，这里的下标 ∞ 表示来流参数。

方便起见，现将张量形式的 N-S 方程集中写为

$$
\begin{cases}
\dfrac{\partial \rho}{\partial t} + \dfrac{\partial \rho u_j}{\partial x_j} = 0 \\[3mm]
\dfrac{\partial \rho u_i}{\partial t} + \dfrac{\partial \rho u_i u_j}{\partial x_j} = -\dfrac{\partial p}{\partial x_i} + \dfrac{\partial \sigma_{ij}}{\partial x_j} \\[3mm]
\dfrac{\partial E}{\partial t} + \dfrac{\partial u_i E}{\partial x_i} = -\dfrac{\partial p u_i}{\partial x_i} + \dfrac{\partial u_i \sigma_{ij}}{\partial x_j} - \dfrac{\partial q_i}{\partial x_i}
\end{cases}
\tag{2.59}
$$

在该方程组中没有考虑体积力。

在流体力学中，人们通常将 N-S 方程写为矢量形式，在笛卡儿坐标系下无量纲化后的 N-S 方程组的矢量形式为

$$
\frac{\partial}{\partial t}U + \frac{\partial}{\partial x}f_1 + \frac{\partial}{\partial y}f_2 + \frac{\partial}{\partial z}f_3 = \frac{\partial}{\partial x}V_1 + \frac{\partial}{\partial y}V_2 + \frac{\partial}{\partial z}V_3
\tag{2.60}
$$

式中，

$$
U = [\rho, \rho u, \rho v, \rho w, E]^{\mathrm{T}}
\tag{2.61}
$$

$$
\begin{cases}
f_1 = [\rho u, \rho u^2 + p, \rho uv, \rho u\omega, u(E + p)]^{\mathrm{T}} \\[2mm]
f_2 = [\rho v, \rho uv, \rho v^2 + p, \rho u\omega, v(E + p)]^{\mathrm{T}} \\[2mm]
f_3 = [\rho \omega, \rho u\omega, \rho v\omega, \rho \omega^2 + p, \omega(E + p)]^{\mathrm{T}}
\end{cases}
\tag{2.62}
$$

$$
\begin{cases}
V_1 = \left[0, \sigma_{11}, \sigma_{21}, \sigma_{31}, u\sigma_{11}, v\sigma_{21}, \omega\sigma_{31} + k\dfrac{\partial T}{\partial x}\right]^{\mathrm{T}} \\[3mm]
V_2 = \left[0, \sigma_{12}, \sigma_{22}, \sigma_{32}, u\sigma_{12}, v\sigma_{22}, \omega\sigma_{32} + k\dfrac{\partial T}{\partial x}\right]^{\mathrm{T}} \\[3mm]
V_3 = \left[0, \sigma_{13}, \sigma_{23}, \sigma_{33}, u\sigma_{13}, v\sigma_{23}, \omega\sigma_{33} + k\dfrac{\partial T}{\partial x}\right]^{\mathrm{T}}
\end{cases}
\tag{2.63}
$$

$$
E = \rho(e + V^2 / 2)
\tag{2.64}
$$

$$
\begin{cases}
\sigma_{11} = 2\mu\dfrac{\partial u}{\partial x} - \dfrac{2}{3}u\,\mathrm{div}(V) \\[3mm]
\sigma_{22} = 2\mu\dfrac{\partial v}{\partial y} - \dfrac{2}{3}u\,\mathrm{div}(V) \\[3mm]
\sigma_{33} = 2\mu\dfrac{\partial \omega}{\partial z} - \dfrac{2}{3}u\,\mathrm{div}(V)
\end{cases}
\tag{2.65}
$$

$$
\begin{cases}
\sigma_{12} = \mu\left(\dfrac{\partial u}{\partial y} + \dfrac{\partial v}{\partial x}\right) \\[2ex]
\sigma_{13} = \mu\left(\dfrac{\partial u}{\partial z} + \dfrac{\partial \omega}{\partial x}\right) \\[2ex]
\sigma_{23} = \mu\left(\dfrac{\partial u}{\partial z} + \dfrac{\partial \omega}{\partial y}\right)
\end{cases}
\tag{2.66}
$$

无量纲化后在黏性系数 μ 中将出现雷诺数 Re，在热传导系数中将出现普朗特数 Pr，它们分别定义为

$$
Re = \rho_\infty U_\infty L_\infty / \mu_\infty
\tag{2.67}
$$

$$
Pr = C_p \mu / k
\tag{2.68}
$$

式中，C_p 为等压比热。在能量方程中，通常假设普朗特数为常数，因而可以有

$$
k = \frac{C_p \mu}{Pr}
\tag{2.69}
$$

即热传导系数可以通过黏性系数来表示，应当指出的是，无量纲形式的选取不是唯一的。

2.8.2　不可压缩的 N-S 方程

当流体的运动速度足够小时，流体的动力黏度系数 μ 和流体密度 ρ（单位是 kg/m^3）近似为常数，这种流动称为不可压缩的黏性流动，这里将给出无量纲化后的直角坐标系下的原始变量不可压缩 N-S 方程。为便于应用，下面给出 N-S 方程的展开形式。

连续方程：

$$
\text{div}(V) = \frac{\partial u}{\partial x} + \frac{\partial v}{\partial y} + \frac{\partial \omega}{\partial z} = 0
\tag{2.70}
$$

动量方程：

$$
\frac{\partial u}{\partial t} + \frac{\partial u^2}{\partial x} + \frac{\partial (uv)}{\partial y} + \frac{\partial (u\omega)}{\partial z} = -\frac{\partial p}{\partial x} + \frac{1}{Re}\nabla^2 u
\tag{2.71}
$$

这里的 ∇^2 为 Laplace 算子

$$
\nabla^2 f = \frac{\partial^2 f}{\partial x^2} + \frac{\partial^2 f}{\partial y^2} + \frac{\partial^2 f}{\partial z^2}
\tag{2.72}
$$

不可压缩 N-S 方程可以用张量形式来表示。

连续方程：

$$\frac{\partial u_j}{\partial x_j} = 0 \tag{2.73}$$

动量方程：

$$\frac{\partial u_i}{\partial t} + \frac{\partial u_i u_j}{\partial x_j} = -\frac{\partial p}{\partial x_i} + \frac{1}{Re}\frac{\partial^2 u_i}{\partial^2 x_j} \tag{2.74}$$

这里有四个未知函数和四个方程，方程组是封闭的，但难以求出压力。方程（2.74）分别对 x、y、z 求导，求导后的三式相加，且考虑连续方程（2.69），可得到关于压力 p（单位是 Pa）的 Poisson 方程：

$$\nabla^2 p = -\left[\frac{\partial^2(u^2)}{\partial x^2} + \frac{\partial^2(v^2)}{\partial y^2} + \frac{\partial^2(\omega^2)}{\partial z^2} + 2\frac{\partial^2(uv)}{\partial x \partial y} + 2\frac{\partial^2(u\omega)}{\partial x \partial z} + 2\frac{\partial^2(v\omega)}{\partial z \partial y}\right] \tag{2.75}$$

能量方程在不可压缩流动中可以独立求解，方程（2.70）和方程（2.71）称为原始变量不可压缩的 N-S 方程。

2.9　固液两相磨粒流主要参数

在磨粒流加工过程中，磨料的两相浓度、两相流体的黏度以及比热和导热系数等参数均能影响其加工效果[9]。

2.9.1　两相浓度

设磨粒流加工技术中所用磨粒的容积为 V_p（单位是 L），磨粒地、质量为 M_p（单位是 kg），磨料载体的容积为 V_f（单位是 L），磨料载体的质量为 M_f（单位是 kg），则以容积来表示磨料的两相容积浓度为

$$C_V = \frac{V_p}{V_f + V_p} \tag{2.76}$$

磨料的两相质量浓度为

$$C_M = \frac{M_p}{M_f + M_p} \tag{2.77}$$

2.9.2　两相流体的黏度

当研磨颗粒的浓度不大时，磨料的黏度 μ_{rp} 近似等于磨料所用载体的黏度，单位是 N/m²·s，但当研磨颗粒的浓度增大时，磨料的黏度也会增大[10]。根据 Einstein 提出的两相流体黏度公式可得磨料黏度与研磨颗粒浓度之间的关系式为

$$\frac{\mu_{\tau p}}{\mu_f} = \frac{1 + 0.5 C_M}{(1 - C_V)^2} \tag{2.78}$$

展开后得到：

$$\frac{\mu_{\tau p}}{\mu_f} = (1 + 0.5 C_V)(1 + a C_V + b C_V^2 + \cdots) \tag{2.79}$$

当研磨颗粒的容积浓度较低时，如 $C_V = 12\%$，则式（2.79）可简化为

$$\frac{\mu_{\tau p}}{\mu_f} = 1 + 2.5 C_V \tag{2.80}$$

当研磨颗粒的容积浓度为 10%～20%时，根据 Guth 提出的公式可得到：

$$\frac{\mu_{\tau 0}}{\mu_f} = 1 + 2.5 C_V + 14.1 C_V^2 \tag{2.81}$$

式中，$\mu_{\tau 0}$ 为 $C_M = 0$ 时的表观黏度。

当研磨颗粒的容积浓度高于 20%时，根据 Thomas 提出的关联式可得到圆球形的研磨颗粒磨料黏度与研磨颗粒浓度之间的关系为

$$\frac{\mu_p}{\mu_f} = 1 + 2.5 C_V + 10.05 C_V^2 + 0.00273 e^{16.6 C_V} \tag{2.82}$$

2.9.3　两相流体的比热和导热系数

在磨粒流加工工件的过程中，会伴随着热量的传递，因此，弄清两相流的比热及导热系数对磨粒流加工性质的研究至关重要。在两相流体中，定压比热和定容比热一般情况下可以根据流体相以及颗粒相之间的质量百分比来平均：

$$C_{pm} = C_{pp} C_M + C_{pf}(1 - C_M) \tag{2.83}$$

$$C_{Vm} = C_{Vp} C_M + C_{Vf}(1 - C_M) \tag{2.84}$$

式中，C_{pp} 及 C_{pf} 分别为颗粒和流体的定压比热；C_{Vp} 及 C_{Vf} 分别为颗粒和流体的定容比热。

（1）两相混合物的比热比为

$$\gamma = \frac{C_{pm}}{C_{Vm}} = \frac{C_{pp} C_M + C_{pf}(1 - C_M)}{C_{Vp} C_M + C_{Vf}(1 - C_M)}$$

$$= K \cdot \frac{1 + \dfrac{C_M}{1 - C_M} \delta}{1 + K \cdot \dfrac{C_M}{1 - C_M} \delta} \tag{2.85}$$

式中，$K = C_{pf} / C_{Vf}$ 为相对比热。故式中 K 以及 δ 均为常数，但是 C_M 为变量。在

平衡流动以及具有恒定速度比 u_p / u_f 的定常流动等情况下，γ 为定值。根据公式可知，γ 的值要小于 K，并且 γ 的值与颗粒相的浓度无关。

（2）两相流体的导热系数为

$$\lambda_m = \lambda_f \left[\frac{2\lambda_f + \lambda_p - \dfrac{2C_V}{100}(\lambda_f - \lambda_p)}{2\lambda_f + \lambda_p + \dfrac{C_V}{100}(\lambda_f - \lambda_p)} \right] \tag{2.86}$$

式中，λ_p 和 λ_f 分别为颗粒相以及流体相的导热系数。

2.10　磨粒的运动条件分析

根据弯管类零件的放置方式，磨粒在弯管中的运动方式有以下几种。

1. 垂直运动

当磨料在弯管的竖直段运动时，驱动力以及携载力的方向与磨粒的重力方向相反[11]。因此，要想具有磨粒磨削所必需的颗粒运动速度，则磨料的平均流速 v 应该大于沉降速度 v_m。故竖直管段若想达到磨削条件则应满足：

$$v > v_m \tag{2.87}$$

2. 水平运动

当磨料在弯管的水平段运动时，磨料会受到多种因素的影响，如横向的紊流交换、物体周围的非对称流、管道壁和颗粒处的非对称流等相互叠加。颗粒在呈悬浮状态运动时除浮力外，还需要其他附加力的作用，在颗粒的运动过程中浮力和紊流所产生的力起主要作用，因此，为避免磨粒发生沉淀，应满足如下条件：

$$\bar{v}' > v_m \tag{2.88}$$

式中，$\bar{v}'$ 为湍流运动的横向脉动分速度，其平均值约为轴向速度的 5%。并且磨料的流动速度应大于颗粒开始沉淀时的临界速度 v_c，即

$$v > v_c \tag{2.89}$$

磨料中若磨粒为细颗粒，当磨粒的浓度较高时，具有非牛顿流体的特性，一般可将其看作宾汉体。且随着磨粒浓度增大，磨粒间会形成絮网结构，黏度快速增加，磨粒沉降速度极慢，整个磨料变为一种均质浆液[11]。当磨粒浓度过高时，由于黏度很高，磨粒运动的惯性阻力可忽略。

若磨料中磨粒为粗颗粒，当磨粒的浓度不是很高时，磨料仍然具有牛顿流体的性质。当磨粒浓度很高时，虽然也会出现宾汉剪切力，但这主要是磨粒在高浓度下没有相互接触，运动时产生的静摩擦力的作用[12]。磨粒主要以推移和悬移的

方式运动。当磨粒浓度越来越大时，紊动强度不断减弱，磨粒与磨料间因剪切运动而产生的离散力变得越来越重要。但在磨粒浓度不是很高的情况下，磨粒主要受到惯性阻力的作用，垂向浓度分布具有明显的梯度。当磨粒浓度特别高时，紊流转化为层流，整个颗粒的重量由离散力支持，垂向浓度分布也会变得十分均匀，但仍然保持固、液分离的两相特性[13,14]。

2.11　湍流数值计算方法

随着计算机技术的快速发展，越来越多的科研人员在进行相关研究时采用数值模拟计算的方法[15]。数值模拟具有高效快速、界面可视化以及分析结果形象直观等优点，因此研究磨粒流的抛光特性可以用数值模拟与试验相结合方法。软性磨料由液态的载体和固态的研磨颗粒组成，属于固液两相流。固液两相流的流动状态可分为湍流流动和层流流动，在磨粒流的抛光过程中，在压力的作用下磨料做湍流运动，湍流运动在流体力学中是一种非常复杂的流动状况[16]。

在管件中判定流体是湍流还是层流的流动状态，主要是根据反映流体物理属性、管件尺寸、流体流动性能综合性能的雷诺数来判定的。其计算公式为

$$Re = \frac{vd}{\mu} \qquad (2.90)$$

式中，v 为管件断面上的平均流速，单位是 m/s；d 为管件的内径，单位是 m；μ 为运动黏度，单位是 N/(m² · s)。

在工程应用中，一般将 $Re < 2000$ 定义为层流运动，将 $Re > 2000$ 定义为湍流运动。对于简单的湍流问题，可以应用分析的方法来得到其主要的流动性能，但是对于复杂湍流，只应用分析是无法获得其特性的。对于复杂的湍流问题，除了应用试验来获得其特性外，数值模拟是现阶段研究的主要方法[17,18]。

目前常用的固液两相流的数值模型可分为 Euler-Euler（欧拉-欧拉）、Euler-Lagrange（欧拉-拉格朗日）两种方法。Euler-Euler 方法是在计算过程中将颗粒相看作连续相即拟流体相，Euler-Lagrange 方法是在计算过程中将颗粒相看作离散相[19]。在流体力学中湍流的计算方法可分为直接数值模拟法、雷诺平均方程法、大涡数值模拟法三种[20]。

2.11.1　直接数值模拟法

湍流运动是流体微团的不规则运动，湍流直接数值模拟的求解方程为

$$\frac{\partial u_i}{\partial t} + u_j \frac{\partial u_i}{\partial x_j} = -\frac{1}{\rho} \frac{\partial p}{\partial x_i} + \upsilon \frac{\partial^2 u_i}{\partial x_j \partial x_j} + f_i \qquad (2.91)$$

$$\frac{\partial u_i}{\partial x_i} = 0 \tag{2.92}$$

将上述方程进行无量纲化，$\rho = 1$，$\upsilon = 1/Re$，其中 $Re = \dfrac{v \cdot d}{\upsilon}$ 为雷诺数，v 为磨料的入口速度，单位是 m/s，d 为管件直径，单位是 m。

当确定了湍流体的初始条件以及边界条件后，对方程（2.91）和方程（2.92）进行数值求解可得到湍流体流动。

初始条件：

$$u_i(x,0) = V_i(x) \tag{2.93}$$

边界条件：

$$u_i / \Sigma = U_i(x,t), \quad p(x_0) = p_0 \tag{2.94}$$

式中，$V_i(x)$、$U_i(x,t)$ 以及 p_0 为已知函数；x_0 为湍流流场中所指定点的具体坐标；Σ 为湍流流动的已知边界。

理想状态下应用直接数值模拟法能够得到湍流流场的所有信息，但在实际的求解过程中，应用直接数值模拟法需要巨大的计算机内存[21]。湍流运动为多尺度的运动且湍流运动具有不规则性，所以要想获得准确的流动特性就需要很小的网格长度和时间步数。根据现阶段计算机技术的发展情况，目前只能够对低雷诺数的湍流流动应用直接数值模拟法。

2.11.2　雷诺平均方程法

雷诺平均方程法是在确定平均运动的初始条件以及边界条件后，对雷诺方程进行数值求解：

$$\frac{\partial \langle u_i \rangle}{\partial t} + \langle u_j \rangle \frac{\partial \langle u_i \rangle}{\partial x_j} = -\frac{1}{\rho} \frac{\partial \langle p \rangle}{\partial x_i} + v \frac{\partial^2 \langle u_i \rangle}{\partial x_j \partial x_j} - \frac{\partial \langle u_i' u_j' \rangle}{\partial x_j} + \langle f_i \rangle \tag{2.95}$$

$$\frac{\partial \langle u_i \rangle}{\partial x_i} = 0 \tag{2.96}$$

初始条件：

$$\langle u_i \rangle(x,0) = V_i(x) \tag{2.97}$$

边界条件：

$$\langle u_i \rangle / \Sigma = U_i(x,t), \quad \langle p \rangle(x_0) = p_0 \tag{2.98}$$

式中，$\langle u_i' u_j' \rangle$ 为未知量，要想对此雷诺方程进行求解，必须对其附加封闭方程。根据以往的研究，可将封闭方程分为两种，一种是微分方程形式，另一种是代数方程形式。其中，微分方程形式还可分为黏涡形式以及雷诺应力微分方程形式。

雷诺平均方程法求解湍流模型的主要优点是所需的计算量比较小，仅就目前的计算机发展水平就可以计算高雷诺数的复杂湍流[22]。雷诺平均方程法的缺点：应用雷诺平均方程法仅能够求得湍流的平均运动，得到平均物理量，但是对所需要的脉动量雷诺平均方程法很难求得；雷诺平均方程法中所用到的封闭模型种类很多，却没有一个是适合所有湍流情况的模型，故应用雷诺平均方程法求解湍流流动时所得结果准确性较差。

2.11.3　大涡数值模拟法

在湍流流动的过程中，可将湍动能传动链分为大尺度脉动和小尺度脉动，其中大尺度脉动几乎包含了所有的湍流动能，小尺度脉动主要为耗散湍动能[23]。据此人们得到了大涡数值模拟的求解思想：湍流数值求解时只计算大尺度脉动，将小尺度脉动对大尺度脉动的作用建立模型。由于大涡数值模拟法放弃了直接计算小尺度脉动，数值模拟时时间以及空间的步长便可以进行放大，因此可以解决计算机资源不足的问题，并且能够减少计算工作量[24]。

根据大涡数值模拟的理论思想，要想实现其数值模拟计算必须对直接计算的大尺度脉动（可解尺度湍流）和小尺度脉动（亚格子尺度湍流）进行分离。将湍流的可解尺度与亚格子尺度进行分离称为过滤。过滤器分类如图 2.2 所示。

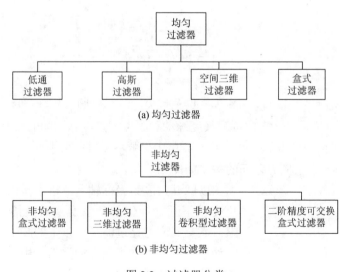

(a) 均匀过滤器

(b) 非均匀过滤器

图 2.2　过滤器分类

对于不可压缩的湍流进行大涡数值模拟时，假定过滤过程运算和求导运算可以交换，将 N-S 方程过滤，可以获得如下方程：

$$\frac{\partial \overline{u}_i}{\partial t} + \frac{\partial \overline{u_i u_j}}{\partial x_j} = -\frac{1}{\rho}\frac{\partial \overline{p}}{\partial x_i} + \upsilon \frac{\partial^2 \overline{u}_i}{\partial x_j \partial x_j} \tag{2.99}$$

$$\frac{\partial \overline{u}_i}{\partial x_i} = 0 \tag{2.100}$$

令 $\overline{u_i u_j} = \overline{u}_i \overline{u}_j + (\overline{u_i u_j} - \overline{u}_i \overline{u}_j)$，则式（2.99）可以写成

$$\frac{\partial \overline{u}_i}{\partial t} + \frac{\partial \overline{u}_i \overline{u}_j}{\partial x_j} = -\frac{1}{\rho}\frac{\partial \overline{p}}{\partial x_i} + \upsilon \frac{\partial^2 \overline{u}_i}{\partial x_j \partial x_j} + \frac{\partial(\overline{u}_i \overline{u}_j - \overline{u_i u_j})}{\partial x_j} \tag{2.101}$$

方程（2.101）和雷诺方程有类似的形式，右端含有不封闭项：

$$\overline{\tau}_{ij} = \overline{u}_i \overline{u}_j - \overline{u_i u_j} \tag{2.102}$$

式中，$\overline{\tau}_{ij}$ 称为亚格子应力，单位是 Pa，亚格子应力是过滤掉的小尺度脉动和可解尺度湍流间的动量输运。要实现大涡数值模拟，必须构造亚格子应力的封闭模式，因此亚格子应力模式决定着大涡数值模拟计算能否顺利完成[25]。

　　将脉动速度表示成可解尺度脉动和不可解尺度脉动，经过简单的代数运算，亚格子应力可以表示为

$$\overline{\tau}_{ij} = \overline{u}_i \overline{u}_j - \overline{\overline{u}_i \overline{u}_j} - \overline{\overline{u}_i u_j''} - \overline{\overline{u}_j u_i''} - \overline{u_i'' u_j''} = L_{ij} + C_{ij} + R_{ij} \tag{2.103}$$

L_{ij}、C_{ij} 和 R_{ij} 分别是

$$L_{ij} = \overline{u}_i \overline{u}_j - \overline{\overline{u}_i \overline{u}_j} \tag{2.104}$$

$$C_{ij} = -\overline{\overline{u}_i u_j''} - \overline{\overline{u}_j u_i''} \tag{2.105}$$

$$R_{ij} = -\overline{u_i'' u_j''} \tag{2.106}$$

式中，L_{ij} 称为 Leonard 应力，单位是 Pa，它由可解尺度间的相互作用产生；C_{ij} 称为交叉应力，单位是 Pa，它由可解尺度脉动和不可解尺度脉动间的相互作用产生；R_{ij} 称为亚格子雷诺应力，单位是 Pa，它由不可解尺度脉动间的相互作用产生。湍流尺度与各项亚格子应力之间的关系如图 2.3 所示。

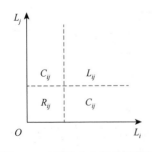

以脉动尺度为坐标轴，亚格子雷诺应力是过滤尺度以下脉动产生的动量交换对亚格子应力的贡献；而交叉应力是过滤尺度以下的脉动和可解尺度间动量交换对亚格子应力的贡献。由于大涡数值模拟不能计算截断尺度以下的脉动，因此亚格子雷诺应力和交叉应力都是不封闭量。

图 2.3　亚格子应力组成示意图

　　根据对三种湍流数值模拟方法的分析，可将这三种湍流模拟方法的基本特点及基本方程归纳为表 2.1。

表 2.1　三种湍流模拟方法的基本特点及基本方程

项目	直接数值模拟	雷诺平均方程模拟	大涡数值模拟
运动方程	$\dfrac{\partial u_i}{\partial t}+u_j\dfrac{\partial u_i}{\partial x_j}=-\dfrac{1}{\rho}\dfrac{\partial p}{\partial x_i}$ $+\upsilon\dfrac{\partial^2 u_i}{\partial x_j\partial x_j}+f_i$	$\dfrac{\partial\langle u_i\rangle}{\partial t}+\langle u_j\rangle\dfrac{\partial\langle u_i\rangle}{\partial x_j}=-\dfrac{1}{\rho}\dfrac{\partial\langle p\rangle}{\partial x_i}$ $+\upsilon\dfrac{\partial^2\langle u_i\rangle}{\partial x_j\partial x_j}-\dfrac{\partial\langle u_i'u_j'\rangle}{\partial x_j}+\langle f_i\rangle$	$\dfrac{\partial\bar{u}_i}{\partial t}+\dfrac{\partial\overline{u_iu_j}}{\partial x_j}=$ $-\dfrac{1}{\rho}\dfrac{\partial\bar{p}}{\partial x_i}+\upsilon\dfrac{\partial^2\bar{u}_i}{\partial x_j\partial x_j}$
连续方程	$\dfrac{\partial u_i}{\partial x_i}=0$	$\dfrac{\partial\langle u_i\rangle}{\partial x_i}=0$	$\dfrac{\partial\bar{u}_i}{\partial x_i}=0$
分辨率	完全分辨	只分辨平均运动	只分辨大尺度脉动
模型	不需要模型	所有尺度动量输运模式	小尺度脉动动量输运模式
存储量	巨大	小	大
计算量	巨大	小	大

　　相比于其他两种数值计算方法，大涡数值模拟在计算耗时以及计算费用方面优于直接数值模拟，在信息完整性方面优于雷诺平均方程模拟。大涡数值模拟较其他模型能够更加精确地反映出复杂湍流中的流体流动细节，能够更加准确地描述流体的流动情况[26-28]。

参 考 文 献

[1]　李俊烨. 微小孔磨粒流加工装置的研制与工艺研究[D]. 长春：长春理工大学，2011.

[2]　王尚武，张树发，马燕云. 粒子输运问题的数值模拟[M]. 北京：国防工业出版社，2013.

[3]　王嘉琦. 固液两相磨粒流中对于颗粒碰撞结构化表面的研究[D]. 杭州：浙江工业大学，2012.

[4]　郭成宇. 微小孔磨粒流加工机理及试验研究[D]. 长春：吉林大学，2016.

[5]　郭豪. 多物理耦合场非直线管磨粒流加工热力学关键技术的数值模拟研究[D]. 长春：长春理工大学，2014.

[6]　吴绍菊. 伺服阀阀芯喷嘴磨粒流加工数值模拟研究[D]. 长春：长春理工大学，2016.

[7]　王震. 磨粒流加工非直线管的黏温特性的研究与试验[D]. 长春：长春理工大学，2016.

[8]　周立宾. 固液两相磨粒流加工异形曲面数值模拟研究[D]. 长春：长春理工大学，2017.

[9]　尹延路. 基于大涡模拟的磨粒流加工弯管表面创成机理研究[D]. 长春：长春理工大学，2017.

[10]　白晓宁，胡寿根. 固液两相流管道水力输送的研究进展[J]. 上海理工大学学报，1999，21（4）：366-372.

[11]　孙明波，汪洪波，梁剑寒，等. 复杂湍流流动的混合 RANS/LES 方法研究[J]. 航空计算技术，2011，41（1）：24-33.

[12]　马坤. 大曲率弯道中拟塑性非牛顿流体的湍流流动研究[D]. 上海：华东理工大学，2016.

[13]　Liu W，Li J，Yang L，et al. Design analysis and experimental study of common rail abrasive flow machining equipment[J]. Advance Science Letters，2012，5（2）：576-580.

[14]　Li J，Liu W，Yang L，et al. Study of abrasive flow machining parameter optimization based on Taguchi method[J]. Journal of Computational & Theoretical Nanoscience，2013，10（12）：2949-2954.

[15]　Rim G，Ines M，Hatem M，et al. CFD modeling and analysis of the fish-hook effect on the rotor separator's efficiency[J]. Powder Technology，2014，264：149-157.

[16]　王鹏，白敏丽，吕继组，等. 纳米流体圆管内的湍流流动特性[J]. 化工学报，2014，S1：17-26.

[17]　赵君. 沟槽对湍流流动影响研究[J]. 过滤与分离，2014，4：1-3.

[18]　王运涛，孙岩，李松，等. 高阶精度方法下的湍流生成项对跨声速流动数值模拟的影响研究[J]. 空气动力学学报，2015，1：25-30.

[19]　李祥晟，李国强. 湍流模型对数值模拟合成气射流火焰的影响[J]. 燃烧科学与技术，2015，2：124-130.

[20]　王运涛，孙岩，王光学，等. 湍流模型离散精度对数值模拟影响的计算分析[J]. 航空学报，2015，5：1453-1459.

[21]　刘含笑，姚宇平，郦建国. 湍流场中颗粒破碎的数值模拟[J]. 环境工程学报，2015，8：3937-3943.

[22]　吕逸君. 大涡模拟液态金属在环形管道内的湍流传热特性[D]. 合肥：中国科学技术大学，2015.

[23]　于璐. 黏弹性流体湍流减阻流动大涡数值模拟研究[D]. 哈尔滨：哈尔滨工业大学，2015.

[24]　何标，蒋新生，孙国骏，等. 基于大涡模拟的气体羽流分层特性数值模拟[J]. 后勤工程学院学报，2015，1：38-44.

[25]　赵伟文，万德成. 用大涡模拟方法数值模拟 Spar 平台涡激运动问题[J]. 水动力学研究与进展，2015，1：40-46.

[26]　刘祖斌，赵鹏. 结合大涡模拟的格子玻尔兹曼方法模拟高雷诺数流动[J]. 船舶力学，2015，5：484-492.

[27]　尹延路，滕琦，李俊烨，等. 基于大涡数值模拟的磨粒流流场仿真分析[J]. 机电工程，2016，5：537-541.

[28]　王世明，任成，杨星团，等. 90°弯头内流体压力脉动特性的大涡数值模拟[J]. 原子能科学技术，2016，8：1375-1380.

第 3 章　基于耗散粒子动力学的磨粒加工技术研究

耗散粒子动力学方法属于一种介观模拟方法，介观尺度的模拟技术最初是气体格子法和格子-玻尔兹曼法，之后 Hooger-brugge 和 Koelman 结合分子动力学与气体格子法的优点，保留了体系运动方程积分关键部分，率先进行了最小空间自由度的积分，找到了一个能够在介观时间与空间尺度内模拟复杂流体的方法。其体系中，假定粒子某一区域符合牛顿定律（粒子之间通过软势相互作用），即粒子所受合力为粒子间作用力、耗散力及随机力之和，对运动方程进行积分，其体系动力学行为是抛物线运动，从而由该轨迹计算。

3.1　耗散粒子动力学模拟技术研究现状

耗散粒子动力学作为介观尺度的研究方法，在复杂流体体系方面已经有了一定的研究，并应用于多领域的研究，其在材料学、生物医学等学科已经有了扎实的理论基础。

3.1.1　耗散粒子动力学模拟技术国外研究现状

国外学者对耗散粒子动力学的研究，包括对复杂流体到达平衡态、非平衡态的模拟等，而在机械加工方面的研究也已经开始，但还未形成系统的理论。Tomasini 和 Tomassone 对耗散粒子动力学的聚氧化乙烯-乙基乙烯对细胞膜的嵌段共聚物性能的增强破裂能力进行了探讨[1]。Moreno 等通过对血液流动的多尺度建模，分析了光滑耗散粒子动力学的耦合有限元情况，得到了血液流动中红细胞的模拟形态[2]。Larentzos 等通过并行运算实现等温、等能量耗散粒子动力学的分裂算法，等温和等能量实现比积分器的数值有更好的稳定性及性能，通过评估监控温度、压力及总能量为标准的理想耗散粒子动力学（dissipative particle dynamics，DPD）流体模型，验证了 Shardlow 分裂算法（Shardlow splitting algorithm，SSA）多核并行应用程序的稳定时间[3]。Goicochea 等研究了简单液体的总平均压力和与保守力相对应的总压强，类似于特定的介观模型，平均随机力和耗散力不计入模拟，这些力提供了适当的耦合和有限时间步中使用集成的运动方程，当随机力为零时，系统冻结的其他为主作用力[4]。Mai-Duy 等研究人员用一组 DPD 粒子代替耗散粒子动力学模拟的液体（溶剂）和胶体粒子，它们的相对大小（以排斥区为主）可以影响胶体粒子的最大包容分数，通过调配保守力、随机力及耗散力相对比例，配制出一种调制 DPD 参数模型的相溶剂（相同的等温压缩系数）[5]。Pal 等提出了一个数值方案，实现对称边界条件耗散粒子动力学和多体耗散粒子动力学（multibody dissipative particle dynamics，MDPD），选用一个粒子和镜面反射相结合方案。结果表明，该方案可以准确地再现系统属性，如速度、密度和完整的系统数值模拟子系统，最终模拟节省时间 50%，显著减少了计算时间。图 3.1 所示为对一个粒子群边界的模拟过程[6]。

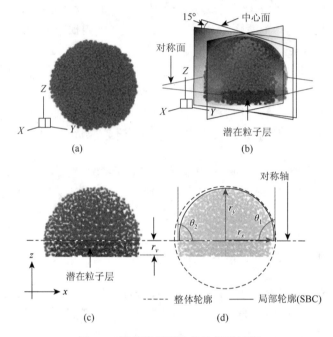

图 3.1　模拟粒子群边界的模拟过程

Leimkuhler 和 Shang 选取耗散粒子动力学模拟方法，在扩展的随机动力学模型与广义恒温器方案随机力对比之后，采用数值模拟方法，使得一组粒子模拟（选用固液混合物模型）服从反馈（动能）控制机制，消除系数作为辅助变量。通过考虑耦合的辅助变量，如 Nose-Hoover-Langevin（NHL）方法，确保随机动态，发现了系综平均融合可以改善，分裂方法开发和研究热力学准确性能够使两点关联函数收敛[7]。Jamali 等通过辅助非稳态温控器 DPD 模拟，基于高斯分布的动态粒子速度的流体，证明了恒温器的能力，通过延长剪切速率窗口，提出了影响 DPD 液体黏度的方法以及性能改善的黏温测量[8]。Kuksenok 等使用耗散粒子动力学方法，开发了一个新的玻璃钢模型计算方法，它的聚合过程是动力学的动态复杂的流体凝聚，这种模型不仅允许捕捉流体动力学之间的相互作用，还在固态混合物存在的条件下，提供了一个有效的模型聚合，证明了增加黏土颗粒的体积分数会导致交联链的数量增加[9]。Abu-Nada 模拟与一个垂直对流传热盖腔驱动结合，结果与有限体积的解决方案相比，DPD 方法显示理查森数偏离阵线的高价值解决方案，这个偏差是由于压缩性 DPD 系统经历了较高的理查森数，通过温度等温线、流线、速度轮廓及速度变量，说明了理查森数的参数对压缩性能的研究的可行性[10]。

还有其他学者在耗散粒子动力学领域具有重要研究成果，对本章的研究具有重要的参考价值，国外其他学者的研究内容如表 3.1 所示。

表 3.1　国外其他学者的研究内容

学者	研究对象和研究方法	研究结果
Kong 等[11]	在高分子溶液下，运用 DPD 研究方法	得到高分子回旋半径对标准尺度的影响，在动力学方面对弛豫时间的作用
Groot 和 Madden[12]	对嵌段共聚高分子进行模拟研究	研究显示当聚合物对称性减小时，介观结构由层状向胶束次序改变
Groot 等[13]	布朗动力学	研究了嵌段共聚物的微相分离，说明了 DPD 系统中的流体力学对介观结构的影响
Jones 等[14]	耗散粒子动力学	模拟了固液两相界面的黏弹性边界，利用 DPD 模拟了液滴受到剪切力，在固体壁面附着时的变形
Shrewsbury 等[15]	微器件中的流动	研究了 DNA 分子在通过微器件时，在拉伸、非均匀剪切和压缩等方面的分析

3.1.2　耗散粒子动力学模拟技术国内研究现状

我国对于耗散粒子动力学的研究起步晚，在流体研究领域比较广泛，DPD 仿真技术在机械工程中的应用也处于研究阶段，还没有形成系统的理论。陈硕等利用耗散粒子动力学对三维微通道中的液滴 DPD 进行了研究。通过设计流固作用函数模型，研究了粗糙结构对接触角影响，在模拟动态液滴中，指出液滴能量转换[16]。孟凡辉等研究了结合自组织耗散理论的粒子群算法，新式算法和原有算法比较，显著地提高了算法的优化能力，并且在高维情况下有更好的收敛性[17]。孔轶华等使用 DPD 方法计算了颗粒的重力下降落过程，通过质量与轨迹研究，验证其数学模型的正确性，因计算方法在流动中的可行性推断，并提出固壁粒子的反弹运动来处理固壁边界。通过设立滑移的边界条件，有效地解决了耗散粒子动力学在固壁附近大量颗粒密度的波动问题[18]。常建忠等对传统的 DPD 方法进行了改进，采用了远距离吸引力与近程排斥势函数，从而使进行模拟多相流动成为可能[19]。李振等研究当流体流动时，其速度对壁面的摩擦来探究微观性原理，在研究微尺度流动时，速度粒子对其影响较为深刻[20]。何彦东通过 DPD 模拟方法对高分子下的物化进行探究，说明其内孔道对高分子的运输，并对其表面的嵌段共聚物相分离与表面图案进行了探究[21]。高慧等通过微通道两相性能探究，对过程速度算法进行了改进，验证了通道内流体的应力分布[22]。周吕文等对多区域大量的高分子链在微观模拟通道内进行流动性的分析，探究了微孔道流体性能变化[23]。刘汉涛等采用光滑函数构造了远距离而引起的排斥模型，而其保守力的势函数影响通道内的多相流运动，计算了函数的不同范围的应力变化，保守力势函数中不同的吸引力强度系数导致系统达到平衡状态后，粒子分布状况不同[24]。

许少锋和汪久根提出由于 DPD 粒子间是软势作用，通过添加能够影响滑移性质的边界，利用微模拟流道，使其模拟结果往往与理论解并行计算，从而验证其可行性，可以得到新的程序；并以介观尺度的 DPD 为主要手段，进行新的数值模拟程序测试，通过对高分子溶液特性分析，提出无滑移壁面边界，并推导出牛顿流体的无规则性，进而分析其流变特性[25]。曹知红等提出创新型的数理建模方式进行边界条件数值模拟，而其管壁的颗粒对于壁面区的波动值降低为最小值，最终通过该模型的计算性能得出新的边界条件[26]。

我国对耗散粒子动力学研究比较晚，但是目前已经应用到多个领域，并且取得了很多有价值的研究成果，然而应用到机械加工领域尚处于起步阶段。长春理工大学的科研人员率先将耗散粒子动力学方法引入磨粒流精密加工技术的研究中，通过在介观尺度内对磨粒流精密加工技术进行研究，从磨料的介观性质推断磨削的宏观变化，具有重要的学术价值[27-32]，可为磨粒流精密加工技术开辟新的方向。

3.2　耗散粒子动力学方法体系

3.2.1　耗散粒子动力学理论模型

耗散粒子动力学系统中，其基本单元是离散的动量载体（即粒子），通过在连续空间和离散时间上运动，与周围粒子相互作用，相互作用力包括保守力、耗散力和随机力 3 种。粒子之间的耗散粒子动力学模拟方法分为两步：一是求解牛顿运动方程，以确定粒子自由运动的速度和位置；二是粒子间的碰撞。

基于牛顿运动方程，耗散粒子动力学系统中粒子的位置和速度随时间的变化规律为式（3.1），式中 r_i，v_i 和 f_i 分别代表第 i 个粒子的位置、速度和它所受到的合外力矢量。t 为时间，耗散粒子动力学系统中单位质量为每个粒子的质量，即 $m_i = 1$，因此作用在每个粒子上的力的大小等于粒子的加速度值。

$$\frac{\mathrm{d}r_i}{\mathrm{d}t} = v_i, \quad m_i \frac{\mathrm{d}v_i}{\mathrm{d}t} = f_i \tag{3.1}$$

式中，f_i 包括保守力（conservative force，F_{ij}^{C}）、耗散力（dissipative force，F_{ij}^{D}）和随机力（random force，F_{ij}^{R}）3 部分，这 3 种力共同作用于每个粒子，从而影响碰撞的结果，见式（3.2）。式（3.2）的右边每一相都表示粒子之间的两两相互作用，式中的求和符号表示对一定的截断半径 r_c 内所有的不包括粒子 i 的其他粒子之间的作用力进行求和（如果粒子之间的距离 $r_{ij} > r_c$，则粒子之间的相互作用为零）。

$$f_i = \sum_{j \neq i}(F_{ij}^{C} + F_{ij}^{D} + F_{ij}^{R}) \tag{3.2}$$

式中，保守力 F_{ij}^{C} 为作用于两个粒子质心连线方向上的粒子之间的排斥力，可表示为式（3.3）。

$$F_{ij}^{C} = \begin{cases} a_{ij}(1 - \dfrac{r_{ij}}{r_c})r_{ij}, & r_{ij} < r_c \\ 0, & r_{ij} \geqslant r_c \end{cases} \tag{3.3}$$

式中，a_{ij} 为保守力系数，表示粒子 i 与粒子 j 之间最大的排斥力值。

$$r_{ij} = r_i - r_j, \quad r_{ij} = |r_{ij}|, \quad \hat{r}_{ij} = r_{ij}/|r_{ij}|$$

与保守力一样，随机力和耗散力也作用在粒子质心的连线方向。粒子 j 作用在粒子 i 上的耗散力（或者阻力）F_{ij}^{D} 可表示为式（3.4），随机力 F_{ij}^{R} 可表示为式（3.5）。

$$F_{ij}^{D} = -\gamma \omega^{D}(r_{ij} \cdot v_{ij})\hat{r}_{ij} \tag{3.4}$$

$$F_{ij}^{R} = \delta \omega^{R}(r_{ij})\theta_{ij}\hat{r}_{ij}\varepsilon_{ij}\Delta t^{-\frac{1}{2}}\hat{r}_{ij} \tag{3.5}$$

式中，γ 为耗散系数，γ 前面的负号表示耗散力的作用方向总是和相对速度 v_{ij} 方向相反；δ 为随机力系数；ω^{D} 和 ω^{R} 都是粒子之间距离 r_{ij} 有关的权重函数；$r_{ij} = r_i - r_j$，当 $r_{ij} > r_c$ 时，ω^{D} 和 ω^{R} 都为 0；ε_{ij} 为随机数，均值为 0，方差为 1，对于每个时间步长，每对粒子相互独立；v_{ij} 为粒子之间相对速度，单位是 m/s；θ_{ij} 为满足高斯分布的随机函数，对于 $i \neq j, k \neq l$，有

$$\langle \theta_{ij}(t) \rangle = 0$$

$$\langle \theta_{ij}(t)\theta_{kl}(t') \rangle = (\delta_{ik}\delta_{jl} + \delta_{il}\delta_{jk})\delta(t - t') \tag{3.6}$$

耗散力 F_{ij}^{D} 使两粒子间的相对速度减小，粒子动能降低，系统降温；随机力 F_{ij}^{R} 使粒子无规则运动加剧，系统增温。Espanol 等的研究表明，ω^{D} 和 ω^{R}、γ 和 δ 相互关联，两者只能取一个，根据随机耗散理论及能量守恒定律，耗散力与随机力需要满足平衡条件，其表达式为式（3.7）和式（3.8）。

$$\omega^{D}(r_{ij}) = [\omega^{R}(r_{ij})]^2 = \begin{cases} (1 - r_{ij})^2, & r_{ij} < r_c \\ 0, & r_{ij} \geqslant r_c \end{cases} \tag{3.7}$$

$$\delta^2 = 2\gamma k_B T \tag{3.8}$$

式中，$k_B T$ 为系统的 Boltzman 温度，将 $k_B T$ 作为能量的单位，将截断半径 r_c 作为单位长度，即 $k_B T = 1, r_c = 1$。

与分子动力学的不同之处在于，体系中粒子之间的相互作用是通过一些唯象力实现的。这等价于以 $\sqrt{mr_c^2 / k_B T}$ 为单位来度量时间。这样处理后，所有的量都是无量纲的。在耗散粒子动力学模拟中，r、v 和 t 是物理单位上的长度（单位是 m）、速度（单位是 m/s）和时间（单位是 s），定义为式（3.9）。这样，一个耗散粒子动力学模拟的结果就能够与许多种物理体系联系起来。

$$\bar{r} = \frac{r}{r_c}, \quad \bar{v} = \frac{v}{\sqrt{k_B T / m}}, \quad \bar{t} = \frac{t}{\sqrt{mr_c^2 / k_B T}} \tag{3.9}$$

3.2.2 耗散粒子动力学数值积分方法

目前，耗散粒子动力学常用的数值积分法是 Groot 和 Warren 提出的修正 Velocity-Verlet 算法，具体见式（3.10），即用粒子当前的位置、速度和力来计算下一时刻的位置和速度，然后用新的位置和速度计算新的力，进而修正速度，每运行一步，力就更新一次，并不多占用计算机内存。当 $\lambda = 0.5$ 时，式（3.10）的积分格式还原为 Velocity-Verlet 积分格式，在 Groot 和 Warren 的工作中发现，在一定条件下取 $\lambda = 0.65$，温度稳定效果较好。

$$\begin{cases} r_i(t + \Delta t) = r_i(t) + \Delta t v_i(t) + \dfrac{1}{2}(\Delta t)^2 f_i(t) \\ \bar{v}_i(t + \Delta t) = v_i(t) + \lambda \Delta t f_i(t) \\ f_i(t + \Delta t) = f_i(ri(t + \Delta t), \bar{v}_i(t + \Delta t)) \\ v_i(t + \Delta t) = v_i(t) + \dfrac{1}{2}\Delta t(f_i(t) + f_i(t + \Delta t)) \end{cases} \tag{3.10}$$

3.3 磨粒流颗粒晶胞数值模拟分析

常见的磨粒流磨料颗粒有碳化硅、三氧化二铝、氮化硼。碳化硅颗粒是纯的无色晶体，硬度大，常用于流体加工中的黏性磨料。三氧化二铝呈白色粉末状，其对工件磨削效果较好，能有效去除小孔周边毛刺及倒圆角。氮化硼磨粒是一种白色松散粉末，它的硬度较大，高于碳化硅粉末的硬度，其切削能力强。因此进行同样的建模分析，所得晶胞团簇模型如图 3.2 所示。

  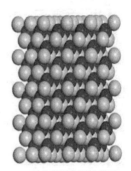

(a) 碳化硅晶胞团簇模型　　　　　(b) 三氧化二铝晶胞团簇模型　　　　　(c) 氮化硼晶胞团簇模型

图 3.2　不同磨粒晶胞团簇模型

通过耗散粒子动力学数值分析，获得不同颗粒晶胞团簇的压力及温度趋势，结合碳化硅磨粒晶胞团簇模型的特性分析，进行三种磨粒的晶胞团簇模型数据对比，对比分析结果如图 3.3 和图 3.4 所示。

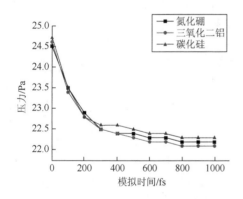 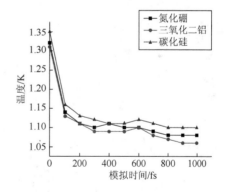

图 3.3　三种颗粒晶胞团簇模型耗散粒子　　　图 3.4　三种颗粒晶胞团簇模型 DPD 仿真温度
　　　　动力学温度变化数值分析　　　　　　　　　　　变化对比

从图 3.3 中能够看出，三种磨粒晶胞团簇模型在模拟时长 1000fs 下，仿真后得到的压力变化呈递减趋势，压力从 25.0Pa 左右递减至 22.5Pa 左右，从初始模拟至 200fs，压力递减率最大，递减至 22.8Pa，之后呈平缓趋势；在初始压力时，碳化硅模型为 24.55Pa，高于三氧化二铝模型（24.53Pa）和氮化硼模型（24.50Pa），最终模拟后碳化硅模型压力为 22.4Pa，仍高于氮化硼模型（22.3Pa）和三氧化二铝模型（22.2Pa）。

　　由图 3.4 可以看出，三种晶胞团簇模型在模拟时长 1000fs 下，仿真后得到的温度变化呈递减趋势，温度从 1.3K 左右递减至 1.10K，从初始模拟至 100fs，温度递减率最大，递减至 1.15K，之后呈平缓趋势；在初始温度时，碳化硅模型为 1.35K，高于氮化硼模型（1.32K）和三氧化二铝模型（1.30K），最终模拟后碳化硅模型温度为 1.11K，仍高于氮化硼模型（1.09K）和三氧化二铝模型（1.06K）。

　　通过以上 DPD 数值分析，对比三种磨粒晶胞团簇模型间受力及温度变化，能够得到碳化硅磨粒的晶胞模型较其他两个模型稳定，可以用它作为仿真模拟的颗粒。因此需对碳化硅颗粒晶胞团簇模型进行深入研究，对它的性质进一步分析。

3.4　碳化硅颗粒性能数值模拟分析

　　为分析颗粒的性能属性，对碳化硅颗粒进行耗散粒子动力学的数值分析，获得了碳化硅颗粒晶胞团簇模型的压力变化曲线、温度变化曲线、直角坐标下的压力张量及压力差异系数曲线，结果如图 3.5～图 3.8 所示。

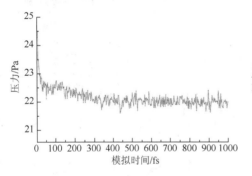

图 3.5　模拟过程中的压力变化曲线

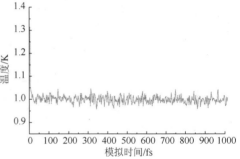

图 3.6　模拟过程中温度变化曲线

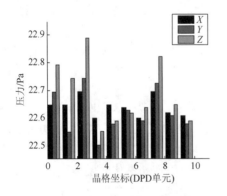

图 3.7　直角坐标下的压力张量

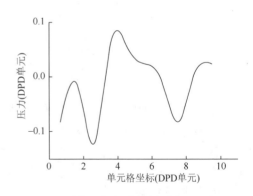

图 3.8　压力差异系数

　　由图 3.5 的压力变化曲线可以看出，在对碳化硅颗粒进行模拟的过程中，模拟 1000fs 时的压力状态呈递减趋势,压力值从最初的 24.5Pa 逐渐减小，在 0~50fs 时，压力递减最为剧烈，加速度曲线明显，从 24.5Pa 递减至 22.8Pa，DPD 颗粒呈现出一定的受压形态；在 50~100fs 模拟过程中，压力维持 22.6Pa 的受力，此刻逐渐趋于稳定状态，碳化硅 DPD 磨粒也逐渐呈现稳定的形态。由此可得，模型内晶胞之间存在相互作用力，初始时相互间受力较大，经过 DPD 模拟后，晶胞间作用趋于稳定，内部原子运动减弱，性质趋于稳定。

　　由图 3.6 可以看出，初始温度选定 1.3K，在进行初始模拟的过程中，在 0~10fs 模拟中，温度从 1.3K 大幅度降至 1.05K，温度也呈现出加速下滑状态，此后在 10~1000fs 模拟中，碳化硅 DPD 粒子逐渐稳定至 1.0K。由此可得，模型晶胞间作用之后的温度也趋于稳定。

　　由图 3.7 可以看出，通过对其压力张量分析，在 X 方向上，压力张量最初维持在 22.65Pa，经过原子单元的变化，呈上下波动状态，最高为 22.70Pa，最低为 22.60Pa，基本维持不变；而在 Y 方向上，压力张量呈现出剧烈的运动状态，在最初的晶格坐标下，由 22.7Pa 下滑到 22.6Pa，并且在 3.5 个单元的晶格坐标状态下，达到最低值为 22.5Pa，其后上下波动幅度减小，维持在 22.5~22.75Pa；而在 Z 方向上，随着晶格坐标浮动，压力张量也呈现出急剧变化的形态，由最初的 22.8Pa 开始，在达到顶峰值 22.9Pa 后,也在 3.5 个单元的晶格坐标下，急剧下滑至 22.55Pa，并且在其后状态中，再次呈现急剧上升状态。

　　由图 3.8 的压力差异系数可知，随着原子单元的增加，耗散粒子动力学粒子的压力单元由最初的 –0.08 增长到 0，在其后开始下降至最低值 –0.12，随着原子单元增加，达到峰值 0.08，并稳定了两个坐标后，开始呈递减趋势，又达到最初的状态，在整个变化过程中，压力差异呈现不稳定的状态。

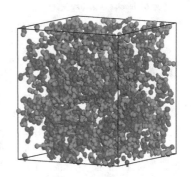

图 3.9　碳化硅晶胞团簇模型的
无定形体系

　　经过以上数值分析可知，碳化硅颗粒晶胞团簇模型形态不断变化，经过一定的时间步后，颗粒晶胞团簇模型的压力波动和温度波动逐渐趋于稳定，最终可获得如图 3.9 所示的碳化硅晶胞团簇模型的无定形体系。

　　由图 3.9 可以看出，晶胞间存在相互作用力，碳化硅晶胞团簇模型经过 DPD 模拟，最终达到稳定状态。稳定后的晶胞分散均匀，压力及温度都达到定值，模拟结果合理。

参 考 文 献

[1]　Tomasini M D，Tomassone M S. Dissipative particle dynamics simulation of poly（ethylene oxide）poly（ethyl ethylene）block copolymer properties for enhancement of cell membrane rupture under stress[J]. Chemical Engineering Science，2012，71：400-408.

[2]　Moreno N，Vignal P，Li J，et al. Multiscale modeling of blood flow：Coupling finite elements with smoothed dissipative particle dynamics[J]. Procedia Computer Science，2013，18：2565-2574.

[3]　Larentzos J P，Brennan J K，Moore J D，et al. Parallel implementation of isothermal and isoenergetic dissipative particle dynamics using Shardlow-like splitting algorithms[J]. Computer Physics Communications，2014，185（7）：1987-1998.

[4]　Goicochea A G，Altamirano M A B，Hernández J D，et al. The role of the dissipative and random forces in the calculation of the pressure of simple fluids with dissipative particle dynamics[J]. Computer Physics Communications，2015（188）：76-81.

[5]　Mai-Duy N，Phan-Thien N，Khoo B C. Investigation of particles size effects in dissipative particle dynamics （DPD）modelling of colloidal suspensions[J]. Computer Physics Communications，2015（189）：37-46.

[6]　Pal S，Lan C J，Li Z，et al. Symmetry boundary condition in dissipative particle dynamics[J]. Journal of Computational Physics，2015（292）：287-299.

[7]　Leimkuhler B，Shang X C. On the numerical treatment of dissipative particle dynamics and related systems[J]. Journal of Computational Physics，2015（280）：72-95.

[8]　Jamali S，Boromand A，Khani S，et al. Gaussian-inspired auxiliary non-equilibrium thermostat（GIANT）for dissipative particle dynamics simulations[J]. Computer Physics Communications，2015（197）：27-34.

[9]　Boryczko K，Dzwinel W，Yuen D A. Dynamical clustering of red blood cells in capillary vessels[J]. Journal of Molecular Modeling，2003（9）：16-33.

[10]　Abu-Nada E. Assessment of dissipative particle dynamics to simulate combined convection heat transfer：Effect of compressibility[J]. International Communications in Heat and Mass Transfer，2015（61）：49-60.

[11]　Kong Y，Manke W，Madden W G，et al. Effect of solvent quality on the conformation and relaxation of polymers via dissipative particle dynanmics[J]. The Journal of Chemical Physics，1997，107：592-602.

[12]　Groot R D，Madden T J. Dynamic simulation of diblock copolymer microphase separation[J]. The Journal of Chemical Physics，1998，108（20）：8713-8724.

[13]　Groot R D，Madden T J，Tidesley D J. On the role of hydrodynamic interactions in block copolymer micro phase separation[J]. The Journal of Chemical Physics，1999，110：9739-9749.

[14]　Jones J L，Lal M，Ruddock J N，et al. Dynamics of a drop at a liquid/solid interface in simple shear fields：A mesoscopic simulation study[J]. Faraday Disc，1999，112：129-142.

[15]　Shrewsbury P J，Muller S J，Liepmann D. Effect of flow on complex biological macromolecules in microfluidic devices[J]. Biomed Microdevices，2001，3：225-238.

[16]　陈硕，赵钧，王丹，等. 微通道中液滴的耗散粒子动力学模拟[J]. 上海交通大学学报，2005，39（11）：1833-1837.

[17]　孟凡辉，王秀坤，赫然，等. 一种改进的耗散粒子群算法[J]. 计算机工程与应用，2005：34-36.

[18]　孔轶华，张楚华，席光，等. 耗散粒子动力学对颗粒沉降问题的研究[J]. 工程热物理学报，2008，29（1）：59-61.

[19]　常建忠，刘谋斌，刘汉涛. 微液滴动力学特性的耗散粒子动力学模拟[J]. 物理学报，2008，57（7）：3954-3961.

[20] 李振，胡国辉，周哲玮. 耗散粒子动力学中实现滑移边界条件的数值模拟[J]. 上海大学学报，2009，15（6）：628-633.

[21] 何彦东. 高分子在受限环境中的结构和动力学的介观模拟研究[D]. 长春：吉林大学，2009.

[22] 高慧，马虎根，谢荣建. 微通道的两相流动的耗散粒子动力学模拟[J]. 数值计算与计算机应用，2012，33（3）：215-220.

[23] 周吕文，刘谋斌，常建忠. 微通道中高分子运动的耗散粒子动力学模拟[J]. 高分子学报，2012，7：720-727.

[24] 刘汉涛，刘谋斌，常建忠，等. 介观尺度通道内多相流动的耗散粒子动力学模拟[J]. 物理学报，2013，62（6）：1-5.

[25] 许少锋，汪久根. 耗散粒子动力学的一种新的固体壁面边界条件[J]. 浙江大学学报，2013，47：1-8.

[26] 曹知红，肖自锋，易红亮，等. 耗散粒子动力学中施加无滑移边界条件的新方法[J]. 工程热物理学报，2014，35（1）：148 151.

[27] 乔泽民. 介观尺度下固液两相磨粒流加工数值模拟与试验研究[D]. 长春：长春理工大学，2016.

[28] 李俊烨，杨兆军，乔泽民，等. 一种研磨液颗粒特性的耗散粒子动力学模拟方法：201610047943. 9[P]. 2016-05-4.

[29] 李俊烨，杨兆军，乔泽民，等. 一种介观尺度条件下研磨液颗粒与工件的磨削模拟方法：201610047945. 8[P]. 2016-06-29.

[30] 李俊烨，乔泽民，李学光，等. 一种研磨液颗粒特性的耗散粒子动力学模拟方法：201510478676. 6[P]. 2015-12-16.

[31] 乔泽民，李俊烨，张雷，等. 磨粒流研磨液颗粒特性的耗散粒子动力学数值模拟[J]. 长春理工大学学报，2016，39（5）：61-64，69.

[32] 李俊烨，乔泽民，杨兆军，等. 介观尺度下磨料浓度对磨粒流加工质量影响研究[J]. 吉林大学学报（工学版），2017，47（3）：837-843.

第 4 章　基于分子动力学的磨粒微切削力学关键技术研究

　　分子动力学模拟是一门研究分子体系结构与性质的重要方法，已被广泛应用于化学化工、机械、材料工程等学科领域。分子动力学模拟最直接的研究结果是分子体系的结构特征，包括生物分子与合成高分子的构型和形貌、分子在固体表面的分布与吸附、分子在一些外力场条件下的取向分布等[1, 2]。

　　分子动力学模拟是研究不同时刻体系中所有粒子运动状态的变化。在一定的统计力学系综下，对粒子进行运动方程的求解，得到粒子不同时刻的位移和速度。分子动力学模拟是由统计力学发展而来的计算机模拟试验，因为它可以生成一系列微观上的组态，此组态是按照统计分布函数来分布的，而微观信息与宏观量之间的联系需用统计力学来处理。分子动力学模拟提供了求解原子运动方程及相应数学公式的方法，而统计力学为微观性质与系统的原子、分子的分布及运动的联系提供了严格的数学表达式。若运行时间足够长，能够生成充分反映出系统的形态，则可以通过分子动力学模拟来得到试验上无法观察到的结构性质、动力学特性和热力学性质[3, 4]。

　　除了分子结构特征外，分子动力学模拟还可以研究分子体系的各种热力学性质，包括体系的动能、势能、焓、热容等。通过分子动力学模拟，还可以得到与体系的状态方程有关的密度、压强、体积、温度等之间的关系。根据体系的能量和自由能，还可以直接或间接地研究体系的相变与平衡性质[5, 6]。

4.1　分子动力学模拟国内外研究现状

4.1.1　分子动力学模拟国外研究现状

　　20 世纪 50 年代，Alder 和 Wainwright 在他们的研究中开创性地使用了分子动力学模拟的方法，限于当时的计算机水平，他们仅模拟了从 32 个到 500 个刚性小球分子系统的运动。随后学者对分子动力学模拟的研究逐渐深入，并且随着计算机水平快速发展，分子动力学的应用范围逐渐得到扩展。20 世纪 80 年代以来，国外许多学者运用分子动力学模拟的方法研究科研中遇到的各种问题，同样在机械研究领域，尤其是在纳米机械的研究方面，分子动力学模拟方法得到了广泛的应用，如纳米切削、压痕、摩擦、裂纹及晶体中的空位生长等。

　　Agrawal 等对金刚磨粒切削单晶硅进行研究，通过设置不同大小的磨粒以及磨粒的切削速度进行分子动力学仿真，通过模拟发现，金刚石刀具对单晶硅中的突起部分进行划擦，从而对硅表面进行切削[7]。Goel 等对金刚石单点切削单晶硅过程进行了分子动力学仿真，通过对模拟结果分析得到，若在金刚石的前后刀面出现温度差，则将会使刀具的后刀面产生磨损，通过切削过程的温度分布图，分析得到对刀具磨损进行分子动力学模拟时，三体势比两体势更有效[8]。James 和 Sundaram 将分子动力学的方法应用到振动辅助软性磨粒的纳米撞击加工上，来研究在加工过程中磨粒的撞击速度、磨粒大小以及磨粒的撞击角度[9]。Goel 等对金刚石单点切削单晶硅过程中，金刚石刀具的磨损机理运用分子动力学模拟的方法进行探究，通过径向分布函数证明在接触区域，碳化硅产生了变形，同时发现在切削过程中，金刚石刀具没有出现金属相变[10]。Olufayo 等研究金刚石单点切削单晶硅时工具和工件表面的原子反应，从而探讨纳米切削过程中的脆韧性转变[11]。Eder 等基于多颗粒的平均速度，以及在模拟中动态识别原子等，提出一套分子动力学模拟的后处理方案[12]。Ghaffarian 等通过原子位移的定量分析，研究多晶渗碳体的变形行为，通过分子动力学模拟结果研究发现，在低温时较大尺寸的晶粒更容易产生位错滑移，由于在低温状态下滑移系统的数量的限制，多晶渗碳体通过在晶界上形成空位来分解[13]。Petisme 等通过分子动力学方法研究高温状态下 WC-Co 成分的硬质合金的晶界滑移，模拟结果分析可知，6 层 Co 原子可以有效地促进晶界滑移[14]。Hasheminasab 等通过分子动力学模拟方法提出了一种间接计算流体力的新方法——分子动量平衡方法[15]。

4.1.2　分子动力学模拟国内研究现状

　　近几年来，我国学者在机械、材料、生物等许多领域使用分子动力学方法研究微观原子作用力。其中在纳米切削、压痕、摩擦等方面，分子动力学研究方法都成功应用，包括切削参数的影响、刀具几何形状、刀具磨损、晶体生长效应、压痕和刮痕以及原子尺度的摩擦等。

　　罗熙淳等进行了单晶铝纳米切削过程分子动力学模拟技术研究，提出在纳米加工过程中，切屑、工件表面和粗糙度的形成与原子作用力有关，过程中伴随着一系列位错的产生和消失[16]。蒋大林采用分子动力学模拟方法研究液体在固体表面的润湿行为，及流体分布对纳米尺度液体流动的影响机制和规律[17]。郭晓光等对固液界面特性进行分子动力学模拟研究与统计分析，通过液氩和金属铂形成的固液界面，分析了在单固壁的情况下固壁对流体的作用[18]。Zhu 等对金属钛的微切削进行分子动力学仿真，研究发现晶格能的释放和位错的不断迁移形成切屑和加工表面[19]。张俊杰进行了基于分子动力学的晶体铜纳米机械加工表层形成机理研究，建立了多种结构的晶体铜（单晶、双晶、纳米晶体）纳米机械加工的分子动力学模型，采用晶体缺陷分析技术结合晶体塑性理论分析纳米机械加工的分子动力学模拟的结果[20]。Zhao 等采用分子动力学模拟方法对非晶态材料的结晶和变形机制进行研究，在纳米铜的模拟中，剪切变形主要发生在非晶态材料，在切削过程中剪切角度小于 45°[21]。文玉华等总结概括了 MD 技术的发展，对分子动力学的基本原理进行了详细介绍，并指出未来分子动力学模拟方法的研究方向[22]。Wang 等对切削过程中单晶铜的亚表面缺陷结构变化进行研究，分析模拟结果可知，缺陷原子的主要部分是位错原子，在切削距离为 7nm 时，该原子数量保持不变[23]。Liu 等对多晶铜刀具微切削过程中晶界迁移引起的变形机理进行了研究，分析结果可知，由于几何硬化的影响，在切削过程中，在晶界部分的切削力产生了峰值[24]。

运用分子动力学方法研究纳米级机械的加工过程是一个多学科交叉的课题，目前在研究纳米加工的微观机理时，分子动力学模拟的方法越来越受到学者的青睐，同时随着分子动力学模拟相关理论和数据逐渐完善，这种方法逐渐成为纳米机械加工模拟仿真的重要手段[25, 26]。

在固液两相磨粒流加工晶体材料的研究中，大多是从宏观方面对磨粒流加工技术进行探讨研究，通过流体的压力、磨粒浓度等宏观磨粒流加工参数，探究磨粒流对研抛表面的影响以及表面粗糙度的变化。这些工作取得了一定的研究成果，但研究角度仅限于宏观方面，并未从微观角度揭示磨粒流在抛光过程中晶体材料表面的微切削去除机制，因此，选择分子动力学模拟的方法研究磨粒流加工过程中材料的去除和变形机理是十分必要的。

4.2　分子动力学模拟方法概述

分子模拟作为一种微观尺度的重要研究方法，是通过计算机以原子水平的分子模型来模拟分子的结构与行为，从而达到对模拟体系中分子的物理化学相关性质进行研究的目的。分子模拟方法种类较多，其中包括分子力学（molecular mechanics，MM）方法、蒙特卡罗（Monte Carlo，MC）模拟方法和分子动力学方法。

在原子尺度上，许多研究学者采用 MD 模拟方法，研究材料的原子构型与排列顺序、体系的热力学与动力学性质等。20 世纪 80 年代，美国的劳伦斯伯克利国家试验室（Lawrence Berkeley National Laboratory）首先将分子动力学模拟应用于机械纳米加工的研究，随着计算机软硬件的飞快发展，分子动力学模拟方法已经成为研究机械纳米加工的一项重要的科研工具。分子动力学模拟作为一种研究分子体系结构与性质的重要方法以及用于计算经典多体系统的平衡和传递特性的技术，可以在纳米尺度的理想条件下研究材料的性质，已经广泛应用于物理、化工、生物医药以及材料科学等领域。综合来说，分子动力学模拟仿真技术将三种理论知识（分子模型、计算机模拟以及统计力学）进行结合，从而形成一种新的研究方法，这种研究方法是基于牛顿运动定律来模拟原子体系与时间、温度等相关物理量的关系和性质，对牛顿方程积分计算原子坐标和速度，从而严格定义原子系统空间。根据体系和计算要求的不同，可以选择如图 4.1 所示的计算方法。

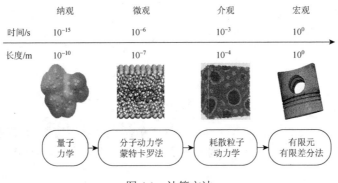

图 4.1　计算方法

这种研究方法的基本思想是，建立多个粒子的系统，并将其放在所设置的温度、压力和边界条件下。通过对粒子建立牛顿运动方程以及原子间的相互作用力，从而得到粒子的瞬时坐标和瞬时速度，进而得到原子在模拟盒子中的运动轨迹，然后根据统计理论得到模拟系综相关宏观特性。

4.2.1　基于牛顿运动方程的数值求解算法

根据分子动力学方法建立的模拟系统，其内部原子之间的相互作用以及所具有的能量符合牛顿运动方程：

$$a_i = \frac{\mathrm{d}^2 r_i}{\mathrm{d}t^2} = \frac{F_i}{m_i} \tag{4.1}$$

$$F_i = -\nabla U_i \tag{4.2}$$

式中，F_i 为第 i 个原子所受到的合力，单位是 N；U_i 为系统在第 i 个原子上所作用的势能，单位是 J。

根据原子之间的相互作用，对牛顿运动方程进行积分，得到每个原子具体的运动信息，从而求解牛顿运动方程。目前发展的算法有以下几种。

1. Verlet 算法

Verlet 算法是在 1967 年被提出的，其计算过程简单，计算结果比较准确并且稳定性较高，是目前求解经典牛顿运动方程最常用的一种算法：

$$\begin{cases} r_i(t_0 + \Delta t) = 2r_i(t_0) - r_i(t_0 - \Delta t) + (\Delta t^2 / m_i) f_i(t_0) \\ v_i(t_0) = [r_i(t_{00} + \Delta t) - r_i(t_0 - \Delta t)] / 2\Delta t \end{cases} \tag{4.3}$$

2. Velocity-Verlet 算法

Verlet 算法有多种衍生形式，其中由 Swope 提出的 Velocity-Verlet 算法就是其中一种，这种算法的优势是将粒子每一时刻的位置 $r_i(t)$、速度 $v_i(t)$、加速度 $a_i(t)$ 全部考虑进去：

$$r_i(t + \delta t) \approx r_i(t) + v_i(t)\delta t + \frac{1}{2}\delta t^2 a_i(t) \tag{4.4}$$

$$v_i(t + \delta t) \approx v_i(t) + \frac{1}{2}[a_i(t + \delta t) + a_i(t)]\delta t^2 \tag{4.5}$$

Velocity-Verlet 算法相对 Verlet 算法在求解结果的精度方面提高很多，并在公式中提出速度因素，这种算法简便可行，计算量适中，本章分子模拟中就采用这种算法。

3. Leap-frog 算法

Verlet 算法的另一种衍生形式——Leap-frog 算法，又称蛙跳算法。这种算法的优点在于避免计算两个大数的差值以及对于速度精度的计算和位置相同，总体计算量相对较小，所得结果的精度又不会随之变差。这种算法的缺点是速度和位置不能同步进行计算，因此无法同时计算动能和势能。

$$r_i(t + \delta t) \approx r_i(t) + v_i\left(t + \frac{1}{2}\delta t\right)\delta t \tag{4.6}$$

$$v_i(t) \approx \frac{1}{2}\left[v_i\left(t + \frac{1}{2}\delta t\right) + v_i\left(t - \frac{1}{2}\delta t\right)\right] \tag{4.7}$$

4.2.2 分子动力学模拟中的边界条件

物质的宏观性质是由组成该物质的大量微观粒子的统计行为决定的，要利用分子动力学的方法准确地预报该物质的宏观性质，模拟体系必须包含足够多的微观粒子，但限于计算机处理水平，不可能模拟实际宏观尺寸，为获得无限大的体系，在分子动力学模拟过程中引入边界条件。边界条件通常分为周期性边界条件（periodic boundary conditions）和非周期性边界条件（non-periodic boundary conditions）。

当模拟体系所使用的系统规模较小时，处于表面附近的原子占总原子数的比例就比较高，这将产生严重的边界效应。为消除因模拟体系的规模限制而引起的边界效应，通常在分子动力学模拟过程中引入边界条件。引入周期性边界条件后，将模拟过程中所使用的模拟盒子在三维空间不断复制，中心元胞的像在三维空间中周期性地重复出现，从而形成了一个无限大的晶格体系，充满整个空间，在这个过程中模拟盒子作为初始域或者称为中心元胞，由模拟盒子复制得到的区域命名为复制域。在对模拟盒子进行分子动力学模拟的过程中，当一个原子在初始域内运动时，在它相邻的复制域内的周期性镜像原子也和它以相同的方式进行运动，当出现一个原子离开初始域时，它的周期镜像原子就会从模拟盒子的另一边进入，保持初始域内原子数的恒定。如此在初始域的边界上就不会出现限制原子运动的"墙壁"，也没有原子位于表面，从而消除了边界效应。因此在整个模拟中虽然只模拟实际物质的很小一部分，但由于所模拟体系的像在三维空间中周期性地出现，整个体系就变成无穷大，如图 4.2 所示的三维周期性系统。除此之外，最小镜像原理的引入可以进一步减少模拟过程中的计算量，这就需要假设一个原子只和其所在元胞内剩余的 $N{-}1$ 个原子或者其最近邻镜像原子相互作用，当符合条件 $r_\mathrm{c} < L/2$（r_c 为截断半径，L 为元胞的边长）时进行计算，若出现 $r_\mathrm{c} > L/2$ 的情况，则相互作用力无须进行计算，通常情况下，为避免尺寸效应，L 应选取较大的值。因此，在分子动力学模拟过程中，只需要关注中心元胞中原子的运动情况，就可以将整个物质系统的运动情况计算出来，无须顾及复制域的镜像原子，由此可以大幅减少计算量。

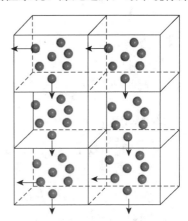

图 4.2　周期性边界条件的三维示意图

4.2.3　模拟体系的势能函数

在 MD 模拟过程中，系综中的每个原子之间全部存在相互作用力，若要准确模拟原子之间的相互作用，最关键是选用比较合适的势函数，这决定着未来 MD 模拟的计算量以及模拟结果的精确性，因此是整个分子动力学模拟仿真的重要环节之一。在整个模拟系综中，存在多种不同的原子，它们之间的相互作用并不相同，因此需要根据不同的作用力选择不同的势函数。

本章采用的势函数都是经验势函数，根据不同的作用对象，可以将势函数分为对势和多体势两种。根据所建立的抛光模型所存在的原子类型（C、Si、O、N、B、Al、Fe 和 Cu），几种原子之间存在多种相互作用：油模型中 C、H、O 三种原子相互作用，使用对势伦纳德-琼斯（Lennard-Jones，LJ）势描述[19]，油模型与多晶铜以及磨粒之间两个模型通过 Morse 势描述其之间的相互作用力[20]；多晶模型中的金属原子之间使用嵌入原子（embedded atom）势描述其相互作用力[21-23]；SiC 颗粒通过 Tersoff 势描述相互作用力[24]。

1. 嵌入原子势函数

嵌入原子势是一种半经验多体势模型，适用于金属原子系统的多体势，能够有效地描述金属原子间的相互作用，一般将粒子之间的相互作用分为两个方面：一是粒子之间的相互作用；二是将微观粒子的多体作用考虑在内。本章采用 Foiles 构建的嵌入原子势函数[25]，该势函数在纳米切削研究中广泛使用，其具体表达形式是通过拟合完整纯金属体系的点阵常数、升华能、弹性常数、空位能、合金潜热等基本物理量来确定：

$$E(a) = -E_{sub}(1 + a^*)\mathrm{e}^{-a^*} \tag{4.8}$$

$$a^* = (a / a_0 - 1) / (E_{sub} / 9B\Omega)^{1/2} \tag{4.9}$$

式中，E_{sub} 是在 0℃和 0Pa 下，升华能的绝对值；a^* 是晶格平衡常数的测量误差；a 为凝聚相的长度尺度特性，可以看作面心立方（face center cubic，FCC）晶体常数；a_0 为晶格平衡常数；B 为弹性模量，单位是 Pa；Ω 为平衡原子体积，单位是 m^3。

2. Morse 势函数

Morse 势函数是一种常见的典型对势函数，工件和颗粒之间的 Cu-C 相互作用，采用 Morse 势函数，其相对嵌入原子势函数来说，计算较为简单，表达形式如下：

$$\phi(r_{ij}) = D\{\exp[-2\alpha(r_{ij} - r_0)] - 2\exp[-\alpha(r_{ij} - r_0)]\} \tag{4.10}$$

式中，$\phi(r_{ij})$ 为对势函数；D、α、r_0 分别为内聚能、弹性系数、平衡时的原子间距。

3. Tersoff 势函数

对于颗粒为金刚石晶体，Tersoff 势函数能很好地描述能量和几何体之间的关系，如式（4.11）~式（4.17）：

$$E = \sum_i E_i = \frac{1}{2}\sum_{i \neq j} V_{ij} \tag{4.11}$$

$$V_{ij} = f_C(r_{ij})[f_R(r_{ij}) + b_{ij}f_A(r_{ij})] \tag{4.12}$$

$$f_R(r_{ij}) = A\mathrm{e}^{(-\lambda r_{ij})}, \quad f_A(r_{ij}) = -B\mathrm{e}^{(-\mu r_{ij})} \tag{4.13}$$

$$f_C(r_{ij}) = \begin{cases} 1, & r_{ij} < R \\ \dfrac{1}{2} + \dfrac{1}{2}\left[\pi\dfrac{r_{ij} - R}{S - R}\right], & R < r_{ij} < S \\ 0, & r_{ij} > R \end{cases} \tag{4.14}$$

$$b_{ij} = (1 + \beta_i^n \zeta_{ij}^n)^{-1/2n} \tag{4.15}$$

$$\zeta_{ij} = \sum_{k \neq i,j} f_C(r_{ik}) g(\theta_{ijk}) \tag{4.16}$$

$$g(\theta_{ijk}) = \frac{(1+c^2)/(d^2-c^2)}{[d^2+(h-\cos\theta_{ijk})^2]} \tag{4.17}$$

式中，E_i 为能量，单位是 J；V_{ij} 是关于所有原子键的键能，单位是 J；i,j,k 为系统中原子下标；r_{ij} 是 ij 键的长度；b_{ij} 为键序；θ_{ijk} 为键 ij 和键 ik 之间的键角；f_R 代表一对排斥势；f_A 代表一对引力势。

4. LJ 势函数

LJ 势是对势中最简单也最经典的一种，在流体中被广泛应用，其表达式为

$$V(r_{ij}) = 4\varepsilon_{ij}\left[\left(\frac{\sigma_{ij}}{r_{ij}}\right)^{12} - \left(\frac{\sigma_{ij}}{r_{ij}}\right)^{16}\right] \tag{4.18}$$

式中，r_{ij} 为原子 i 和原子 j 的距离，单位是 m；σ_{ij} 为长度参数；ε_{ij} 为能量参数。在式（4.18）中 $(\sigma_{ij}/r_{ij})^{12}$ 为排斥力项，$(\sigma_{ij}/r_{ij})^{16}$ 为吸引力项。

物理模型所需要的势函数确定以后，则模型中每个原子 r_{ij} 之间的作用力的大小是将势函数对其进行求导得到，即

$$F_{ij} = -\frac{\mathrm{d}u(r_{ij})}{\mathrm{d}r_{ij}} \tag{4.19}$$

式中，F_{ij} 是原子 i，j 之间的相互作用力，单位是 N。

作用在某个原子 r_{ij} 的总原子力就是该原子周围所有原子对其作用力的合力，即

$$F_i = \sum_j F_{ij} = -\sum_j \frac{\mathrm{d}u(r_{ij})}{\mathrm{d}r_{ij}} \tag{4.20}$$

4.2.4　平衡系统的分子动力学模拟系综

系综是由性质、形状和尺寸方面完全相同，但是又相互独立的体系组成。通过分子动力学的方法来研究某一体系，需要先确定平衡系综的种类。根据宏观约束条件，平衡系综可分为微正则系综、正则系综、等温等压系综等[26]。

1. 微正则系综

根据热力学的内容，体系完全不与外界进行能量或者物质交换，称为孤立系统。换言之，在宏观条件下，该系统存在一个总能量 E 和焓值 H 相等的曲面，系统中粒子的运动状态会限定在该曲面上。在分子动力学研究中，通过将系统设定为微正则系综，来获得孤立的系统，即系统中具有确定的粒子数（N）、体积（V）

和总能量（E），可以看作系综是以恒定能量为基础，在相空间进行演化，故微正则系综简写为 NVE 系综。在本书的研究中，弛豫过程采用了 NVE 系综，同时采用速度标定来固定温度，保持能量处于相对稳定的状态。

2. 正则系综

与外界有能量交换但是物质粒子的数量保持不变，同时温度恒定，即该系综具有确定的粒子数（N）、体积（V）和温度（T），简写为 NVT 系综。在该系综中总动量通常保持为零，为达到这种效果，通常是将系统设定在恒定的温度 T 的热浴中，使系统处于热平衡状态。

该系综为恒温封闭体系，系统之间不存在物质交换，但有能量的交换，由于系统存在热浴中，能量处于涨落状态，因此称为正则系综。

3. 等温等压系综

在等温等压系综中，将体系的外部环境的温度和压力设置为定值，此系综中粒子数（N）、压力（P）和温度（T）均保持不变，简写为 NPT 系综。该系综的条件更接近真实试验条件，在模拟的过程中，通过设定原子的速度或者施加约束条件来实现对温度的控制，以及通过调节与压力共轭的体积 V 来实现压力的控制。

不同的系综中，材料的性质会受到所处宏观环境的影响，如在 NPT 系综环境中，材料由于变形产生的热量会由外部环境吸收，从而热量对材料的变形影响较小。在固液两相磨粒流加工晶体铜的分子动力学模拟中，需要分别对弛豫阶段和加工阶段设定相应的系综，模拟体系在弛豫阶段能否达到平衡状态是影响后续加工阶段的一个关键因素，因为它直接影响工件材料发生塑性形变时缺陷结构的稳定性。

4.2.5 平衡系综的控制方法

在 MD 模拟过程中，体系和外部环境相互作用（温度、压力等），需要对其进行控制，然而对于不同的模拟对象，则需要对原子数（N）、体积（V）、压强（P）、温度（T）等热力学量进行控制，从而实现不同种类的系综。

1. 温度控制方法

在分子动力学模拟过程中，通过设置不同的系综来获得恒定的体系温度，然而在系综中，温度 T 和动能 K 以及速度具有直接的关系：

$$K = \sum_{i=1}^{N} m_i (v_i)^2 / 2 = (3N - N_C) k_B T / 2 \tag{4.21}$$

式中，k_B、v_i 分别为 Boltzmann 常数和第 i 个原子的速度；N 为原子个数；N_C 为约束自由度数。温度控制方法通常有速度标定法、Berendsen 热浴法和 Nose-Hoover

控温方法等。

1）速度标定法

体系中运动粒子的速度与系综的温度有着紧密的联系，要将温度调节到期望值，最简单的方法就是对体系中粒子速度进行标定，即在每一步速度上乘以标度因子 λ 来达到控制温度的效果。

若 t 时刻的系统温度是 T_0，速度乘以标度因子 λ 后，t 时刻的温度变化为

$$\Delta T = (\lambda^2 - 1)T(t) \tag{4.22}$$

$$\lambda = \sqrt{\frac{T_{\text{req}}}{T(t)}} \tag{4.23}$$

式中，T_{req}、λ 分别为期望的参考温度和速度标度因子。

2）Berendsen 热浴法

Berendsen 提出一种通过热浴方式来调节系综温度的方法，这种方法是将系综置于一个以温度为期望值的虚拟热浴中，来对速度进行标度，使温度的变化 ΔT 与系统温度差值 $(T_{\text{bath}} - T_0)$ 呈正比关系：

$$\Delta T = \frac{\delta t}{\tau}(T_{\text{bath}} - T_0) \tag{4.24}$$

速度标度因子：

$$\lambda^2 = 1 + \frac{\delta t}{\tau}\left(\frac{T_{\text{bath}}}{T_0} - 1\right) \tag{4.25}$$

式中，τ 为耦合参数；δt 为时间步长。

3）Nose-Hoover 控温方法

Nose-Hoover 控温方法是将系综放入一个恒温的热浴，使其处于平衡状态，并且通过热浴来调节系统温度使其保持平衡。Nose-Hoover 方法的运动方程如下：

$$\frac{\mathrm{d}\zeta}{\mathrm{d}t} = -\frac{1}{\tau_{\text{NH}}^2}\left(\frac{T}{T_0} - 1\right) \tag{4.26}$$

式中，τ_{NH} 的值趋于无穷时，ζ 为零，此时系统可看作绝热系统，不出现热量交换。在本章中，弛豫过程采用 Nose-Hoover 方法，通过 T_{start} 和 T_{stop} 来实现期望温度值的设定，τ_{NH} 是根据实际模拟情况设定的一定值。

2. 压力控制方法

在 NPT 系综和等压等焓系综（NPH 系综）下，需要在一定压力条件下模拟分子动力学问题，这里主要介绍 Berendsen 压浴法和 Andersen 方法。

1）Berendsen 压浴法

所谓 Berendsen 压浴法是将体积乘以标度因子 C_p，从而控制系综的体积来达

到控制压力的目的：

$$C_p = 1 - k\frac{\Delta t}{t_p}[P_{bath} - P(t)] \tag{4.27}$$

式中，$P(t)$ 和 P_{bath} 分别为系统在 t 时刻的瞬时压力和期望压力；k 和 t_p 为耦合参数。

2）Andersen 方法

Andersen 方法类似于一种质量为 M 的活塞调节压力的方法，如图 4.3 所示，可以通过活动活塞来调节体积变化，从而控制压力。

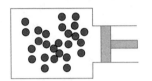

在 Andersen 方法中，需要先建立两个坐标系，即真实坐标系和单位坐标系，两者存在如下关系：

$$s_i = \frac{r_i}{V^{1/3}} \tag{4.28}$$

图 4.3　活塞法调节压力

式中，s_i 为单位坐标系的坐标值；r_i 为真实坐标系的坐标值；V 为系综的体积，单位是 m^3。

在模拟过程中，当外部压强和内部压强出现不平衡状态时，"活塞"就会通过膨胀或压缩元胞系统改变系综的压强，使其达到期望压力值 P，系综的运动方程如下：

$$\dot{S}_i = \frac{F_i}{m_i V^{1/3}} - \frac{2}{3}\dot{S}\frac{\dot{V}}{V} \tag{4.29}$$

$$\ddot{V} = \frac{P - p}{M} \tag{4.30}$$

式中，P 为期望压力，单位是 Pa；p 是实际压力；M 为"活塞"的质量，单位是 kg。

4.2.6　系统弛豫

固液两相磨粒流加工过程属于平衡态的分子动力学模拟[27]，模拟的各种材料的状态变化时刻受所采用的系综制约，因而系综的选择对整个仿真模拟过程最终结果影响较大。在本章的分子动力学模拟中，将固液两相磨粒流加工过程分为平衡和抛光两个阶段，每个阶段的目的不同，需要选用不同的系综来调节体系中各材料的状态。

磨粒流加工分子动力学模拟的平衡阶段是将建模后的初始状态调整到平衡状态的重要步骤，这个步骤将会对抛光过程中材料去除机理产生一定的影响，因此在这个阶段，系统的压力和温度都能最终达到要求的状态。要使体系达到平衡态，就要对所建模型进行弛豫，判断模拟体系在弛豫阶段中是否达到平衡状态可以通过两个方面进行判断，首先是模拟系综的温度与所设定的温度是否一致，其次是系统的压强是否在 0bar①附近小范围波动。本节研究过程中，弛豫阶段选用 NPT

---

① 1bar = 10^5Pa。

系综对模拟系综平衡。

　　磨粒流加工分子动力学模拟的抛光阶段，系统中的温度和能量时刻在改变，但是系统的体积基本不产生变化，因此在这个阶段中，本章选用了微正则系综，对系统中的原子数量、体积和能量进行约束，使其基本不发生变化。要达到该目的，首先要将系统设定一定的初始能量，然后在磨粒抛光过程中，系统通过减小或增加能量向设定值变化，当系统的能量值在设定值范围时，并且粒子的速度分布符合麦克斯韦-玻尔兹曼分布，此时便可以认为系统已经趋于平衡。

4.2.7　晶体缺陷分析方法

　　在理想晶体内部，原子被抽象为固定不动的点，并且认为每一个节点位置均规则地被原子所占据，但在实际晶体中原子不是固定不动的点，而且原子是在进行热运动的。另外，由于晶体的形成条件、冷热加工过程和其他辐射、杂质等因素的影响，实际晶体中原子的排列不可能那样规则、完整，常存在各种偏离理想结构的情况。晶体中原子排列的不规则性及不完整性，称为晶体缺陷。

　　晶体缺陷对晶体性能以及后续加工有十分重要的影响，微观上还会影响材料内部位错形核方式、位错增殖以及运动等，所以材料内部缺陷演变对抛光过程的研究具有很大价值。

　　根据晶体缺陷的几何特征，可以将它们分为三类。

　　（1）点缺陷：在晶体点阵节点上或者邻近的微观区域内一个或几个原子偏离正常排列结构的缺陷，如空位、间隙原子、杂质或者溶质原子等缺陷。

　　（2）线缺陷：分为刃型位错、螺型位错和混合型位错，是晶体原子排列的一种特殊结构，当晶体的一部分沿着一定晶面与晶向发生了某种有规律的错排现象，或者是已滑移区和未滑移区在滑移面上的交界线，称为位错线，一般简称为位错。位错也是柏氏矢量不为零的晶体缺陷，即晶体的线缺陷。

　　（3）面缺陷：界面包括外界面（自由表面）和内界面。外界面是指固体材料和气体或者液体的分界面，这与摩擦、磨损、腐蚀、氧化等密切相关。内界面可以分为晶界和晶内的亚晶界、孪晶界、层错以及相界等。

　　在金属晶体中，以上几种缺陷随着外部载荷而产生的塑性变形而出现。它们之间相互作用、相互影响，对材料的力学性质以及性能有很大的影响。本章将对磨粒流加工过程中工件材料内部所产生的缺陷、分布和运动情况进行研究，建立固液两相磨粒流加工中材料内部缺陷外界条件之间的关联。

　　为了研究工件在磨粒切削作用下的具体变形机理，需要运用位错识别和分析方法对工件在抛光过程中所产生的位错数量和分布进行探讨。通过晶体缺陷分析方法不但可以将发生位错的位置识别出来，还能将不同的位错类型和形态分辨出来。

到目前为止，晶体缺陷分析方法可以分为中心对称参数（centro symmetry parameter，CSP）[28]、径向分布函数（radial distribution function，RDF）[29]、Ackland 键角分布（bond angular distribution，BAD）分析[30]、位错提取算法（dislocation extraction algorithm，DXA）[31]、滑移向量分析（slip vector analysis，SVA）[32]、共近邻分析（common neighbor analysis，CNA）[33]、多面体模板匹配（polyhedral template matching，PTM）[34]等。本章对磨粒流加工晶体的过程进行分子动力学模拟，针对模拟中出现的晶体缺陷进行识别和分析，主要采用了 CSP、RDF、BAD、DXA 和 PTM 的方法分析晶体工件所出现的内部缺陷的种类、分布位置以及运动情况。

1. 中心对称参数

中心对称参数：在中心对称的拓扑结构中，每个原子都具有若干对称关系的近邻原子对。这些原子对距离相等、方向相反。图 4.4 所示为理想的面心立方晶体、体心立方晶体和密排六方结构晶体，每个原子分别具有 6、7、6 个对称关系的近邻原子对[35]。外部载荷的作用，将会导致近邻原子对的方向或距离发生变化。当材料出现弹性变形时，近邻原子对能够保持距离相等和方向相反的对称性。当材料出现塑性变形时，缺陷原子的近邻原子对无法保持这种对称关系。

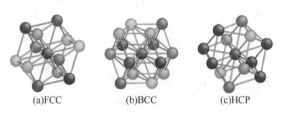

(a)FCC　　　　　(b)BCC　　　　　(c)HCP

图 4.4　不同结构配位数

对于具有面心立方晶格结构（FCC）的晶体材料，通过式（4.30）定义每个原子的中心对称参数：

$$CSP = \sum_{i=1,6} \left| \vec{R}_i - \vec{R}_{i+6} \right|^2 \tag{4.31}$$

式中，$\vec{R}_i$ 为长度相同的近邻原子对；$\vec{R}_{i+6}$ 为方向相反的近邻原子对。

2. 径向分布函数

结构无序化的程度可以用径向分布函数来表示。径向分布函数又称为对相关函数或对分布函数，它是物质宏观热力学性质和分子相互作用力的主要联系，

图 4.5　径向分布函数示意图

其物理意义可以通过图 4.5 显示，原子均匀分布在空

间中。在图 4.5 中，白色球是流体系统中的一个分子，半径 r 到 $r+\mathrm{d}r$ 的球壳内有 $n(r)$ 个原子，r_0 表示理想状态下的原子密度，因此得到径向分布函数为

$$g(r) = \frac{n(r)}{4pr^2 r_0 \mathrm{d}r} \tag{4.32}$$

径向分布函数简单来说即系统的区域密度和平均密度的比，一般是在确定某个粒子坐标的基础上，得到其他粒子的空间分布概率，也就是距给定粒子的距离，因此可通过径向分布函数研究物质的有序性。

4.3　分子动力学模拟运动方程求解

从经典力学角度分析，分子体系是由一组具有分子内和分子间相互作用的原子组成的力学体系。由于原子核集中了原子的主要质量，分子中各个原子可以近似地看成位于相应原子核位置的一组质点，分子体系可以近似为质点力学体系。分子体系的运动方程求解符合牛顿第二定律，同时无论是分子间相互作用，还是原子间相互作用都是保守力，对任何质点构成的保守力可以用哈密顿函数描述。因此，对于体系的运动方程有两种算法，一种是经典的牛顿第二定律算法，另一种是哈密顿函数算法。其中，根据牛顿第二定律，分子体系的运动方程可以写成

$$\begin{cases} f_{i,x} = m_i \dfrac{\mathrm{d}^2 x_i}{\mathrm{d}t^2} = m_i \ddot{x}_i \\[2mm] f_{i,y} = m_i \dfrac{\mathrm{d}^2 y_i}{\mathrm{d}t^2} = m_i \ddot{y}_i \\[2mm] f_{i,z} = m_i \dfrac{\mathrm{d}^2 z_i}{\mathrm{d}t^2} = m_i \ddot{z}_i \end{cases} \tag{4.33}$$

式中，$i=1,2,\cdots,N$，用于标记分子体系中各个原子；m_i 为各个原子的相对原子质量，单位是 kg；t 为时间，单位是 s；(x_i, y_i, z_i) 为原子 i 的位置坐标；$(\ddot{x}_i, \ddot{y}_i, \ddot{z}_i)$ 为位置坐标对时间的二阶导数；$(f_{i,x}, f_{i,y}, f_{i,z})$ 为作用在原子 i 上的力在 x，y，z 坐标方向上的分量。

哈密顿方程和牛顿方程具有类似的形式，但哈密顿方程既可以处理不受约束的力学体系，也可以处理受约束的力学体系，而牛顿方程只能处理不受约束的力学体系。哈密顿函数为

$$H = K + u \tag{4.34}$$

$$K = \frac{1}{2} \sum_{i=1}^{N} m_i (\dot{x}_i^2 + \dot{y}_i^2 + \dot{z}_i^2) \tag{4.35}$$

$$u = u(x_1, y_1, z_1, \cdots, x_j, y_j, z_j, \cdots, x_n, y_n, z_n) \tag{4.36}$$

式中，K 为体系的总动能，单位是 J；u 为总势能，单位是 J；$(\dot{x}_i, \dot{y}_i, \dot{z}_i)$ 为原子 i 的位置对时间的一阶导数。求解哈密顿运动方程组的方法如下。

（1）建立体系的哈密顿运动方程，在直角坐标系中，哈密顿运动方程组为

$$\begin{cases} \dot{x}_i = p_{i,x} / m_i \\ \dot{y}_i = p_{i,y} / m_i \\ \dot{z}_i = p_{i,z} / m_i \\ \dot{p}_{i,x} = f_{i,x} \\ \dot{p}_{i,y} = f_{i,x} \\ \dot{p}_{i,z} = f_{i,x} \end{cases} \tag{4.37}$$

式中，$p_{i,x}, p_{i,y}, p_{i,z}$ 分别表示 i 号粒子在 x, y, z 方向上的动量。

（2）确定运动方程的初始条件，即初始时刻粒子坐标和速度。任何体系一旦确定初始条件和运动方程，体系的运行过程就确定了。

（3）选择适当的差分公式，计算下一时刻粒子的物理量。

（4）重复上述过程，直到完成设定的模拟步骤。

4.4　颗粒微切削分子动力学模型的建立

分子动力学模拟的首要步骤是构建化学模型，即根据实际材料化学组成来定义它的微观结构，这包括体系所包含的原子种类和原子数目。以工件材料为单晶铜为例，单晶铜是面心立方结构晶体，单晶铜的元胞如图 4.6 所示。在分子动力学模拟中粒子数目不能太少，太少就难以满足统计规律，所以在构建好单晶铜的元胞之后，需要在模拟区域填充同样的晶胞。模拟体系包含的总原子数目既要考虑模拟空间尺度又要考虑计算机实际计算能力。如果模拟体系中存在大分子结构，那么模拟体系的空间必须大于这些结构的尺度，否则，在模拟过程中无法实现相应物质结构的模拟。此外，模拟体系太大，对计算机产生超负荷运算，导致运算结果太慢甚至模拟失败，所以模拟体系应该缩小，保证在合理的时间内取得有效的模拟结果。事实上，计算系统的计算能力决定了所模拟体系的总规模。因此，在分子动力学模拟中需要根据模拟体系的特点和计算设备，确定合适的体系规模。

确定好单晶铜的位置尺寸后，在相对单晶铜的合理位置，按照同样的方法建立磨粒碳化硅的体系。在模拟区域确认二者的切削初始位置，如图 4.7 所示。设定工件的模拟规模为 100Å×50Å×30Å，其中存在铜原子个数约为 25000 个，并且把工件原子层分为边界层、恒温层和牛顿层。工件最外层红色区域原子，即最右端和最下层部分区域的原子采用固定边界条件，来保持模拟体系的形状，这部分原子在模拟过程中既不参加计算，也不参与运动。在工件原子中间蓝色区域是

恒温层，恒温层传递热量，对这部分原子设定初始温度为293K。用黄色标定的工件区域是牛顿层，用来模拟粒子的运动状态，它遵循牛顿运动第二定律。为了使有限数目的原子反映宏观性质，减小边界效应，需要对牛顿层原子施加边界条件即在 Z 方向施加周期性边界条件。

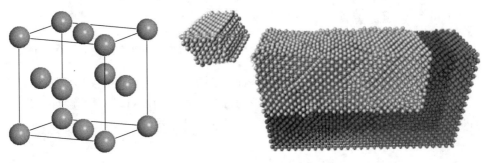

图 4.6　铜晶胞　　　　　　　　　图 4.7　模拟体系仿真模型

建立好模型之后，下一步的任务是对所建立体系的原子之间的力场进行描述。在此过程中主要观察工件被切削加工的变化，因此将刀具设定为刚体。在大多数情况下，需要用不同的力场参数来描述体系内各部分原子的相互作用，以满足分子动力学模拟的需要，得到更符合实际情况的理论结果。在划分不同的运动模式所对应的能量时，同一来源的力场参数采取的方案相同，各参数之间相互自洽。相反，不同来源的力场参数，在划分不同的运动模式所对应的能量时采取的方案不同，各参数之间不能自洽。因此混用不同来源的力场参数进行分子动力学模拟时，必须保证参数之间的自洽性，即保证参数设置合理无矛盾，否则难以得到合理的模拟结果。同时根据第 2 章理论分析，模型中利用 EAM 势描述铜原子之间的力，利用 Morse 势描述工件与磨粒之间的作用力，利用 Tersoff 势描述刀具原子间的作用力。

在磨粒对工件进行加工时，磨粒也会受到工件的反作用力，由此磨粒会受到一定程度的变化。为探究磨粒在此过程中体系的结构是否受到影响，对磨粒进行了分子动力学数值模拟。

碳化硅晶体结构分为六方或菱面体的 α-SiC 和立方体的 β-SiC（称立方碳化硅）。β-SiC 比白刚玉和 α-SiC 研磨效率高很多，而且能大幅提高产品光洁度，构建的 β-SiC 超晶胞如图 4.8 所示。超晶胞尺寸为 $a = b = c = 13.04\text{Å}$，$\alpha = \beta = \gamma = 90°$。

对晶体模型进行能量优化后将模型置于粒子数固定、压力固定、温度也固定的 NPT 系综环境中。由于磨粒与工件间的应力远大于体系所处环境的应力，故压力设为 2GPa，选取温度 293K，进行分子动力学模拟，对比模拟后键角的变化，如图 4.9 所示。

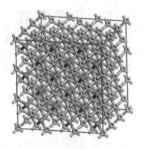

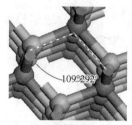

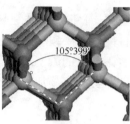

(a) 模拟前　　　　　　　　　　(b) 模拟后

图 4.8　β-SiC 超晶胞　　　　　　　　图 4.9　键角表示图

键角是描述分子立体结构的重要参数。通过分子动力学模拟前后对比 Si-C-Si 的键角发现，颗粒的键角由 109°292′变为 105°399′，由此可以得知颗粒在切削工件时由于受到压力以及外部环境的作用，颗粒晶体结构受到影响。

4.5　颗粒微切削分子动力学数值分析

通过分子动力学数值模拟得到体系的结构信息及相关热力学性质，并对分子动力学的宏观统计量进行计算，寻找合适的加工参数，可为磨粒流加工工艺的发展提供理论依据。

4.5.1　颗粒正交切削与斜切削对磨粒切削影响分析

在磨粒流加工过程中会有多种不确定因素，磨粒的加工方向不完全是正交切削，加工厚度也有可能改变。为此需对比颗粒正交切削和斜切削的加工效果。从俯视角度获取的对已加工表面的局部区域原子位移标定图如图 4.10 所示。

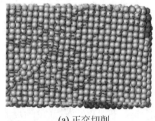

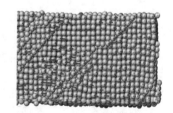

(a) 正交切削　　　　　　　　　　(b) 斜切削

图 4.10　单晶铜表面原子位移标定

通过对比发现，在加工初始阶段，斜切削加工发生位移改变的工件原子数目要比正交切削发生位移改变的原子数目多，这主要是因为斜切削加工磨粒对工件的下表面作用力增强，磨粒与工件之间的摩擦力增大，使工件原子更容易产生位移。

　　斜切削加工时,磨粒与工件接触区域原子之间作用力与正交切削时会有不同,并且工件已加工表面原子标定的位移有所差别,两种加工形式得到的工件表面质量也不同,图 4.11 为斜切削已加工表面效果图。

(a) 长方体磨粒　　　　　　　　(b) 棱柱体磨粒　　　　　　　　(c) 圆柱体磨粒

图 4.11　单晶铜斜切削表面图

　　通过对工件的斜切削发现,当磨粒加工方向斜向下时,已加工表面会出现更多的凹凸状,这是因为磨粒底部与工件接触部分的作用力变大,产生的塑性变形增加,由此当磨粒斜向下切削时,被加工工件表面光洁度降低。

　　在分子动力学方法中可用势能来评价加工工件质量的优劣,颗粒正交切削和斜切削工件时,工件产生的变形程度会有所不同,工件发生应变使势能发生改变。斜切削加工时能量出现增大趋势,但与正交切削不同,图 4.12 所示为磨粒斜切削与正交切削加工时的势能变化图。

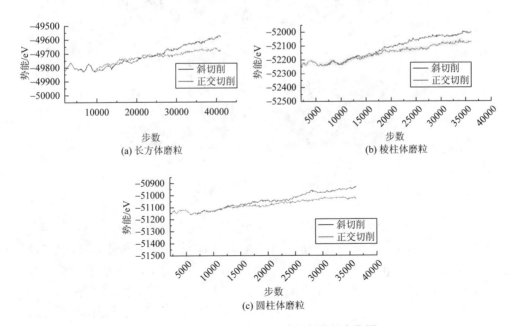

图 4.12　单晶铜斜切削与正交切削势能变化图

通过分析单晶铜的斜切削和正交切削的势能变化图可以发现，随着加工的进行，工件势能都在不断增加，这是因为磨粒对工件的切削能主要消耗在工件的弹性与塑性变形上，随着加工进行，变形能积蓄在工件内部而形成位错能，工件势能不断增加。斜切削加工与正交切削加工在加工初始阶段，势能变化几乎一致，随着微切削的进行，斜切削加工时工件的势能比正交切削的势能大，这是因为加工初始阶段工件内部晶格结构产生的位错程度相差不大，产生的能量相当，之后斜切削工件变形程度较大，产生的应变能多，转化的势能也多。斜切削加工时工件内部晶格结构受破坏程度大，斜切削较正交切削不利于得到光洁的工件表面。

4.5.2　颗粒正交切削分子动力学数值分析

在进行分子动力学切削模拟时对磨粒施加$-x$方向上的速度，进行正交切削模拟，切削深度为2Å。对长方体磨粒切削工件的过程进行分析，利用可视化软件得到不同时刻原子的位移图，探讨单颗磨粒对工件的加工行为，并对工件原子每一时刻的位移进行标定，如图4.13所示。

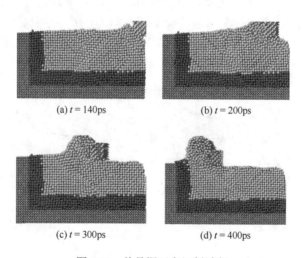

(a) t = 140ps　　　　　　　　(b) t = 200ps

(c) t = 300ps　　　　　　　　(d) t = 400ps

图 4.13　单晶铜正交切削过程

通过对磨粒切削单晶铜分析发现，工件原子开始接触磨粒时，接触区域原子受到挤压力的作用，发生弹性变形，随着磨粒的继续运动，弹性变形过渡到塑性变形，工件原子逐渐成堆积状态依附于磨粒前端，并且随着磨粒运动位移增大，磨粒前端堆积的工件原子增多。同时，工件的已加工表面区域的原子与工件内部原子也发生一定的位移，把磨粒与工件原子接触区域的原子位移进行放大，结果如图4.14所示。

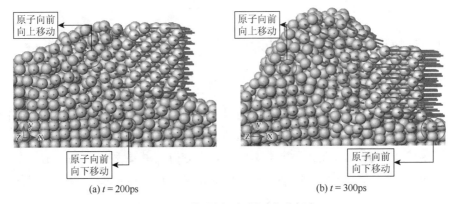

(a) $t = 200\text{ps}$　　　　　　　　　　　　(b) $t = 300\text{ps}$

图 4.14　单晶铜局部原子位移标定

当磨粒开始向工件方向移动时,刀具前端原子与工件原子发生碰触,工件原子首先发生被迫挤压,晶格发生形变。经过一段时间的作用后,工件原子开始产生滑移,与磨粒前端接触的铜原子被迫向前运动,与磨粒下端接触的铜原子被向下挤压,铜原子的晶体结构被破坏,晶格间产生剪切滑移,磨粒前端的铜原子受到周围原子的作用力使发生位错的铜原子在磨粒前端发生堆积。一些堆积的原子沿磨粒向上向前运动形成了切屑并以原子团形式被去除,另一些则被挤入磨粒的下表面,在磨粒加工后,有反弹现象,造成工件表面的不平整,形成已加工表面。为分析已加工表面原子的运动状态,去掉磨粒区域原子,观察工件内部区域原子切削现象得到如图 4.15 所示的单晶铜内部原子位移图。

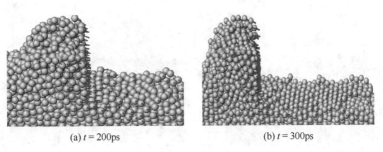

(a) $t = 200\text{ps}$　　　　　　　　　　　　(b) $t = 300\text{ps}$

图 4.15　单晶铜内部原子位移图

从图 4.15 中可以看出,随着磨粒在工件表面的滑动,与磨粒前端接触的工件原子的位移标定线越来越密集。这表明工件原子在被切削的过程中与磨粒前端接触区域原子的堆积效应越来越明显,直至脱离工件表面,形成切削屑。工件内部的原子受到周围原子的挤压,并且原子之间存在斥力作用,形成微小位移,即由于磨粒的碰撞以及原子之间的斥力作用,工件原子发生弹性变形,但这不足以破坏晶格结构,不会形成剪切变形。与磨粒下方接触的工件原子出现随磨粒向前的位移,这是因为此区域的原子受到磨粒的摩擦作用,工件原子出现随磨粒向前移动的现象。

4.5.3　颗粒速度对磨粒切削的影响

1. 分子动力学模拟中动能分析

在分子动力学模拟中可以得到的最直接结果是体系的动能，在磨粒切削工件时，动能的变化主要与磨粒对工件的做功有关，同时在磨粒流加工过程中发生的是微切削，切削厚度的变化不大，所以对动能分析时主要考虑正交切削情况。

根据体系质点在某一时刻的速度，可以计算体系的总动能：

$$K = \sum_{i=1}^{N} \frac{1}{2} m_i (v_{ix}^2 + v_{iy}^2 + v_{iz}^2) \tag{4.38}$$

式中，v_{ix}, v_{iy}, v_{iz} 分别表示粒子 i 在 x，y，z 方向的速度。图 4.16 所示为切削速度为 50m/s 时，工件原子动能的分布图。

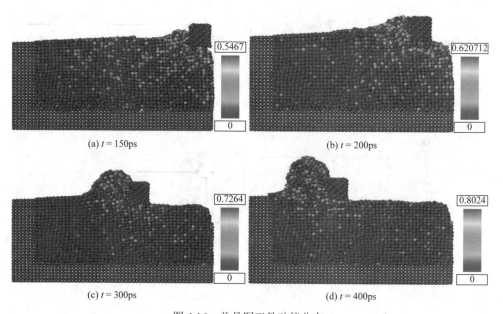

图 4.16　单晶铜工件动能分布

通过对切削过程中动能的变化分析发现，当磨粒开始接触工件时，被挤压区域原子发生晶格变形，原子坐标发生改变，形成运动位移，从而产生动能。随着磨粒移动的位移增大，工件原子动能的峰值呈现增大的趋势，但由于在这过程中动能与势能是相互转化的，系统整体的动能不会出现很大的变化。同时，磨粒的运动迫使工件原子随其一同发生移动，磨粒对工件的切削作用使接触区域的原子温度增加，原子热运动增加，导致原子本身运动更激烈，局部原子团的动能增加，所以工件的动能出现局部较大的情况。由于体系处于正则系统中，体系的温度是波动的，但波动是脉动循环的。磨粒切削中产生的热量迅速传到恒温层原子以及磨粒上，使得工件整体动能总和变化程度不大，同时动能图也能反映工件原子局部的温度分布。

2. 分子动力学模拟中势能分析

在分子动力学模拟中势能能够体现分子体系粒子之间作用势的大小，揭示加工时工件材料发生物理变化的原因。根据体系分子力场及其各个质点在某一时刻的位置，可以计算体系各种分子之间相互作用的势能。体系的总势能是

$$U = \sum_{j=i+1}^{N} \sum_{i=1}^{N-1} u_{ij}(r_{ij}) \tag{4.39}$$

当磨粒速度为 50m/s、体系温度为 293K 时，磨粒切削单晶铜时体系的势能变化如图 4.17 所示。

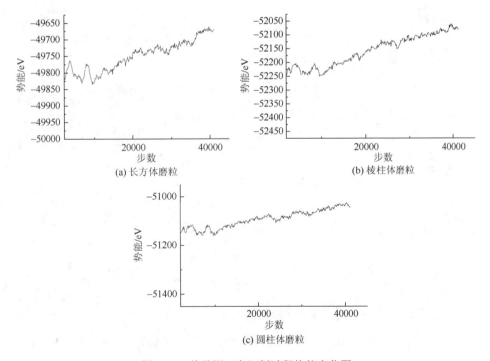

(a) 长方体磨粒　　　　　　　　(b) 棱柱体磨粒

(c) 圆柱体磨粒

图 4.17　单晶铜正交切削过程势能变化图

通过对模拟体系势能变化的分析，系统总势能呈现增加的趋势，并且在磨粒切削初始阶段，势能波动较大，因为磨粒的挤压力使工件发生弹性变形，磨粒对

工件的作用能转换为弹性势能储存在工件原子中,之后由于原子之间的斥力作用,弹性形变减小,弹性势能释放,转化为原子的动能最终以热能的形式释放出去,所以体系能量不断发生波动。随着磨粒原子继续移动,工件发生塑性变形,位错数目越来越多,位错作用变强,这时位错产生的应变能转为势能,势能增加。当速度不同时,体系的势能变化如图4.18所示。

由图4.18可以看出,随着模拟步数的增加,势能增加,这是因为随着切削的进行,工件材料发生变形,应变能变大。磨粒切削速度越小体系势能越小,磨粒速度为50m/s与60m/s时体系的势能基本小于磨粒速度为80m/s与90m/s时体系的势能,但是这一变化并不显著,因为在此过程中一直伴随着能量的转化,大部分能量迅速以热的形式传递出去。

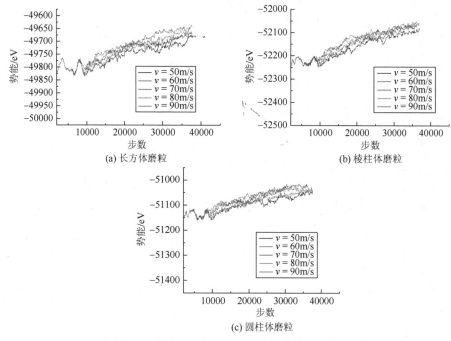

图4.18　单晶铜正交切削不同速度的势能变化图

3. 分子动力学模拟中总能分析

总势能与总动能之和就是体系的总热力学内能,它可以表征外界对工件做功的情况。在加工过程中磨粒对工件作用以两种形式表现:一部分转化为动能,使原子热量增高,在加工时与磨粒接触区域局部动能大;另一部分转化为势能,使工件内部结构发生变化,晶格变形,位错运动发生。模拟体系总能变化如图4.19所示。

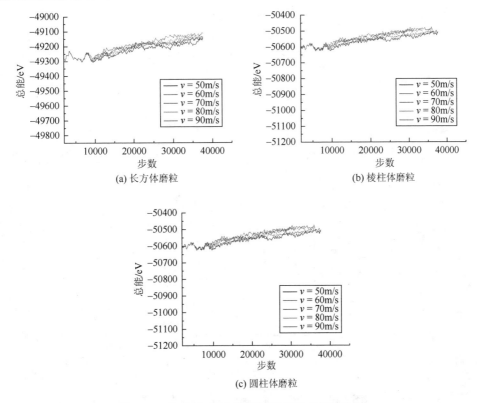

图 4.19　单晶铜正交切削不同速度的总能变化图

　　在分子动力学模拟中，磨粒不断对工件做功使体系总能呈现增加的趋势，工件与磨粒初始接触时，能量波动较大，磨粒与工件之间作用力的波动使得能量发生波动。随着加工的进行，能量增加幅度变缓，磨粒加工趋于稳定。

4.5.4　系综温度对颗粒切削的影响

1. 分子动力学模拟势能分析

　　当体系处于不同温度环境下，体系势能随着温度的改变而改变，本节探究温度对势能的影响。根据已有数据分析，选取磨粒速度为 80m/s 时进行不同温度下的仿真模拟研究，图 4.20 为三种不同形状的磨粒在不同温度下的势能变化。

　　体系温度不同时，体系具有的热能不同，所以从图 4.20 中可以看出，不同形状磨粒的势能都随着温度的增加而增大。这是因为热能的增加使得动能增加，在加工中动能又不断转化为位错能，工件原子发生弹性与塑性变形，使得势能增大。

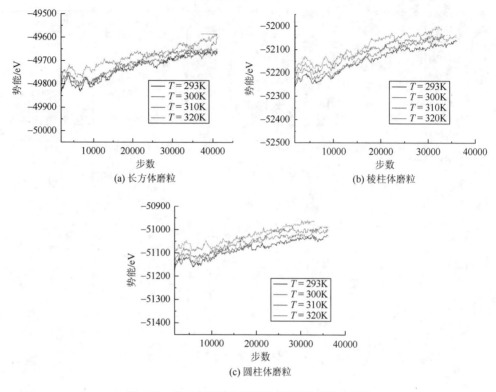

图 4.20　单晶铜正交切削不同温度的势能变化图

2. 分子动力学模拟总能分析

　　分子动力学模拟中得到的体系的总能包含势能与动能，在磨粒切削工件的过程中动能与势能之间是发生转化的，不同温度下不同形状磨粒切削单晶铜时体系总能的变化图如图 4.21 所示。通过分析发现，体系总能的变化随温度的升高而增加，因为温度越高分子平均动能越大。但是总能变化比势能变化平缓，这是因为

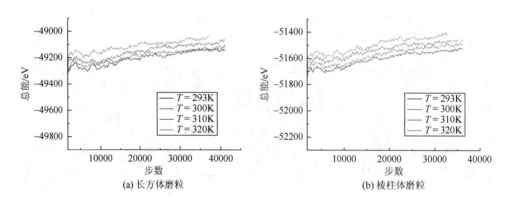

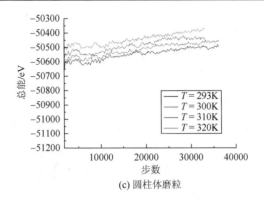

(c) 圆柱体磨粒

图 4.21　单晶铜正交切削不同温度的总能变化图

一部分能量转化为对工件原子做功，实现晶格断裂，一部分生成热量传递出去，所以总能升高且趋势较缓。

3. 分子动力学模拟应力分析

在分子动力学模拟中除了能量外，压力也是模拟体系的一个基本物理量。工件在受到磨粒的切削作用，以及环境温度发生变化时，各个原子之间要产生相互作用力，在分子动力学计算中，压力值为压强张量：

$$P = \begin{bmatrix} p_{xx} & p_{xy} & p_{xz} \\ p_{yx} & p_{yy} & p_{yz} \\ p_{zx} & p_{zy} & p_{zz} \end{bmatrix} \tag{4.40}$$

系统的压力可由体积、温度与维里计算：

$$PV = Nk_BT + \frac{2W}{3V} \tag{4.41}$$

维里定义式为

$$W = \frac{1}{2}\sum_{j=1}^{N} r_j F_j \tag{4.42}$$

求解瞬间压力 P 的平均值，即

$$P = \frac{Nk_BT}{V} + \frac{2W}{3V} \tag{4.43}$$

式中，T 与 W 为系统的瞬间温度与维里。瞬间温度可由动能 K 计算，即

$$T = \frac{2}{3Nk_B}K \tag{4.44}$$

将式（4.44）代入式（4.43）得

$$P = \frac{2}{3V}(K + W) \tag{4.45}$$

压力为张量值，则

$$P = \frac{1}{V}\left(\sum_{j=1}^{N} m_j v_j v_j^{\mathrm{T}} + \sum_{j=1}^{N} m_j r_j F_j^{\mathrm{T}} \right) \tag{4.46}$$

式中，上标 T 为转置向量符号。$\sum_{j=1}^{N} m_j v_j v_j^{\mathrm{T}}$ 表达式为

$$\sum_{j=1}^{N} m_j v_j v_j^{\mathrm{T}} = \begin{bmatrix} \sum_j m_j v_{jx} v_{jx} & \sum_j m_j v_{jx} v_{jy} & \sum_j m_j v_{jx} v_{jz} \\ \sum_j m_j v_{jy} v_{jx} & \sum_j m_j v_{jy} v_{jy} & \sum_j y m_j v_{jy} v_{jz} \\ \sum_j m_j v_{jz} v_{jx} & \sum_j m_j v_{jz} v_{jy} & \sum_j m_j v_{jz} v_{jz} \end{bmatrix} \tag{4.47}$$

$\sum_{j=1}^{N} r_j F_j^{\mathrm{T}}$ 的表达式为

$$\sum_{j=1}^{N} r_j F_j^{\mathrm{T}} = \begin{bmatrix} \sum_j x_j F_{jx} & \sum_j x_j F_{jy} & \sum_j x_j F_{jz} \\ \sum_j y_j F_{jx} & \sum_j y_j F_{jy} & \sum_j y_j F_{jz} \\ \sum_j z_j F_{jx} & \sum_j z_j F_{jy} & \sum_j z_j F_{jz} \end{bmatrix} \tag{4.48}$$

根据式（4.47）和式（4.48）算出瞬间压力张量，最后求得瞬间静压为

$$P = \frac{1}{3}(P_{xx} + P_{yy} + P_{zz}) \tag{4.49}$$

当磨粒速度为 80m/s 时，不同形状磨粒切削单晶铜工件的应力变化如图 4.22 所示。从图 4.22 中可以看出，磨粒切削初始阶段应力波动较大，此时磨粒的挤压力为主要作用形式，同时应力的变化与势函数的选取及原子之间的作用势有关，且结果中包含能量项，在切削加工前期磨粒对工件做的功积蓄为材料的位错能以及热能，存在能量的转化，这就使得模拟结果中应力值出现不稳定、波动幅度较

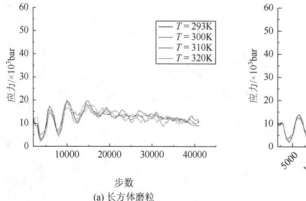
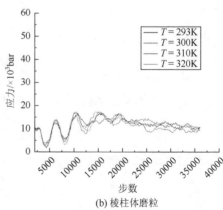

(a) 长方体磨粒　　　　　　　　　　(b) 棱柱体磨粒

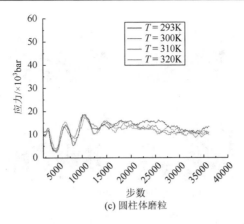

图 4.22　单晶铜正交切削不同温度的应力变化图

大的情况。压力在波动中呈现增加的趋势，因为随着磨粒的运动，被切削的工件原子数目逐渐增多，大量的原子堆积导致应力增大，但是当加工平稳后应力出现回落，应力大小回到正常区域范围内。温度为 310K 与 320K 时的压力曲线基本保持在 300K 与 293K 的应力曲线之下。

　　温度在 300～310K 时，应力值分布较均匀，这时应力波动较小，磨粒切削时较稳定。同时由于温度为 320K 与 310K 时的应力曲线比 300K 和 293K 的低，故在 293～320K 温度范围内 300～310K 较有利于切削加工的进行。

4.5.5　磨粒形状对切削过程的影响

　　在磨粒流加工过程中，大量的磨粒对工件表面进行微切削，磨粒的形貌各异，不同形状的磨粒与工件的接触状态以及加工效果会有不同。磨粒的形状不同对切屑的形成以及工件已加工表面质量也会造成一定影响，现分别对形状为长方体、棱柱体以及圆柱体的磨粒在相同条件下进行分子动力学仿真模拟，探讨磨粒形状对加工的影响。

1. 磨粒形状对切屑形成的影响

　　磨粒形状不同，会导致磨粒与工件之间接触形态以及磨粒与工件表面作用力不同。因此，工件材料去除时，磨粒对工件产生切削会存在一定的影响。图 4.23 和图 4.24 分别为圆柱体磨粒切削模型与棱柱体磨粒切削模型。

　　通过对图 4.23 与图 4.24 的对比分析可以发现，当磨粒形状不同时，工件切屑形状也会不同。从微观状态下观察，可以看出被去除原子团紧贴磨粒切削面，切屑的去除状态取决于磨粒的形状。磨粒与工件刚开始接触时，圆柱体磨粒与长方

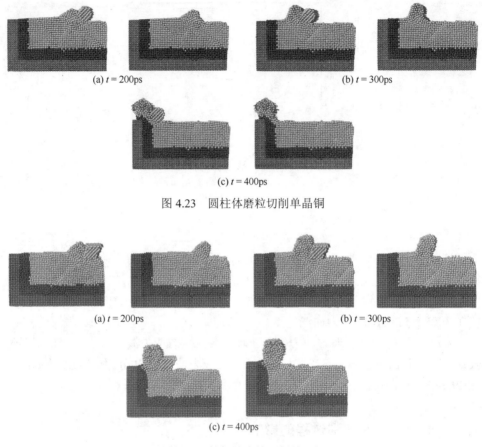

(a) $t = 200$ps   (b) $t = 300$ps

(c) $t = 400$ps

图 4.23　圆柱体磨粒切削单晶铜

(a) $t = 200$ps   (b) $t = 300$ps

(c) $t = 400$ps

图 4.24　棱柱体磨粒切削单晶铜

体磨粒对工件的挤压作用比棱柱体磨粒的作用效果强，而棱柱体磨粒对工件的剪切效果要强于前两者，这就使得加工开始阶段，棱柱体磨粒切削工件产生的切屑体积比圆柱体磨粒和长方体磨粒对工件切削产生的切屑体积大，且其晶格挤压变形程度较小，挤压作用时间短，进而产生剪切作用。圆柱体磨粒与长方体磨粒主要是产生挤压作用，使晶格变形最终产生位错。随着加工的进行，切削体积增大，圆柱体磨粒产生的切屑与工件的粘连效果最小，而棱柱体磨粒产生的切屑与工件粘连作用最强。

2. 磨粒形状对已加工表面的影响

磨粒流加工的主要目的是使工件表面光整，提高工件表面的光洁度，对工件表面质量的分析研究十分必要。不同形状磨粒对工件会产生不同微切削加工效果，图 4.25 所示为不同形状磨粒加工得到的表面效果图。

(a) 长方体磨粒　　　　　　　　(b) 圆柱体磨粒　　　　　　　　(c) 棱柱体磨粒

图 4.25　单晶铜正交切削表面图

通过对图 4.25 的分析，可以发现磨粒对工件加工时，工件会出现不同程度的变形。磨粒前端与工件接触使得此时应力较大且不稳定，加工后形成微凸体，产生剧烈破坏、压碎和塑性变形。磨粒加工后弹性恢复，使得工件表面不平整。由于磨粒形状不同，磨粒与工件接触区域不同。圆柱体磨粒为圆弧面与工件接触，棱柱体磨粒与长方体磨粒接触面为平面接触，但两者切削角度又不同，这就造成磨粒切削工件产生的作用力效果不尽相同。棱柱体磨粒剪切作用强，长方体磨粒与圆柱体磨粒对工件挤压作用大于剪切作用，使工件发生剧烈变形，使得已加工表面更加不平整；圆柱体磨粒加工时，磨粒底端工件原子也会受到挤压成为已加工表面，修复部分区域由磨粒刚开始接触工件造成的挤压变形。因此，圆柱体磨粒切削所得工件表面质量较好。

4.6　颗粒微切削规律探究与模型验证

为了从微观角度探讨磨粒流加工中材料去除的规律，建立多个磨粒对工件的切削模型进行对比分析，本章将选取不同的工件材料进行切削仿真并与之前的磨粒切削单晶铜仿真结果进行对比分析，并且为保障结果的可靠性，还将对所建立的模型进行验证。

4.6.1　磨粒切削单晶铝和单晶镍的分子动力学分析

通过对单晶铝和单晶镍分别进行切削模拟，并且标记原子的位移线，对长方体磨粒切削工件过程进行研究，探讨工件原子去除过程。图 4.26 所示为磨粒切削单晶铝的过程示意图，图 4.27 所示为磨粒切削单晶镍的过程示意图。

对图 4.26 和图 4.27 分析发现，磨粒切削单晶铝和单晶镍时原子的去除形式与磨粒切削单晶铜时原子的去除形式一致。工件原子刚接触磨粒时，接触区域原子受到挤压力的作用，发生弹性变形，工件原子发生微小位移，之后随着磨粒切削作用的进行，弹性变形过渡到塑性变形，工件原子脱离工件表面，逐渐呈堆积状

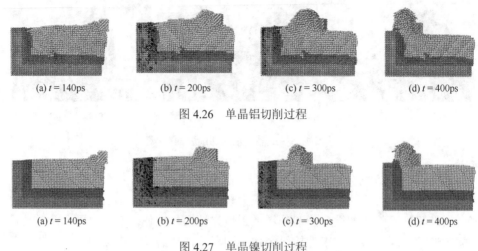

(a) $t = 140\text{ps}$　　(b) $t = 200\text{ps}$　　(c) $t = 300\text{ps}$　　(d) $t = 400\text{ps}$

图 4.26　单晶铝切削过程

(a) $t = 140\text{ps}$　　(b) $t = 200\text{ps}$　　(c) $t = 300\text{ps}$　　(d) $t = 400\text{ps}$

图 4.27　单晶镍切削过程

态依附于磨粒前端，并且随着磨粒的运动，工件原子位移增大，磨粒前端堆积的工件原子增多，材料去除过程中工件均发生弹性变形与塑性变形。

工件的已加工表面区域的原子与工件内部原子也发生一定的位移，图 4.28 和图 4.29 所示分别为单晶铝和单晶镍加工后的原子位移标定图。从图 4.28 和图 4.29 中可以看出，工件表面的原子有位移标线，说明工件表面原子发生迁移现象，这是因为此区域的原子受到磨粒的摩擦作用，工件原子出现随磨粒向前移动的现象。

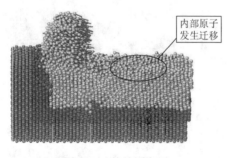

图 4.28　单晶铝表面

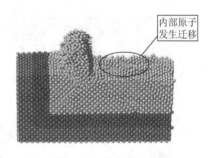

图 4.29　单晶镍表面

4.6.2　磨粒速度对工件切削的影响

1. 分子动力学模拟势能分析

在分子动力学模拟中，分子势能的改变可以表征材料结构发生变化，为探究磨粒速度对工件势能的影响，分别对单晶铝和单晶镍进行切削模拟。图 4.30 所示为不同形状磨粒切削单晶铝时工件势能的变化，图 4.31 所示为不同形状的磨粒切削单晶镍时工件势能的变化。

从图 4.30 和图 4.31 可以看出，随着切削的进行，体系的势能增加并且不断产生波动，并伴随着工件材料位错引起塑性变形，磨粒切削速度越大工件变形越剧烈。因此出现磨粒速度越大体系势能越大的变化趋势，磨粒速度为 50m/s 与 60m/s 时体系的势能基本小于速度为 80m/s 与 90m/s 时体系的势能，但是这一变化对于单晶铜并不显著。

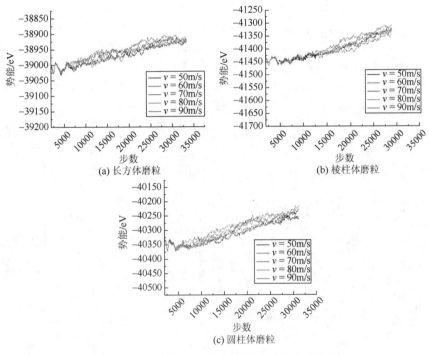

图 4.30　单晶铝正交切削不同速度的势能变化图

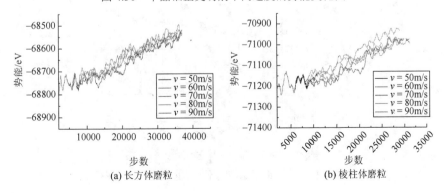

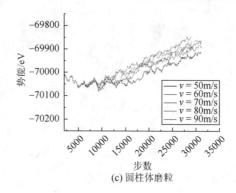

(c) 圆柱体磨粒

图 4.31　单晶镍正交切削不同速度的势能变化图

2. 分子动力学模拟总能分析

体系的总能量反映磨粒对工件的做功情况。为探究磨粒速度对体系总能的影响，本章选取不同形状的磨粒切削单晶材料。图 4.32 和图 4.33 所示分别为磨粒切削单晶铝和单晶镍时工件总能的变化图。

通过分析图 4.32 和图 4.33 发现，不同形状磨粒切削工件时，体系的总能量都增加，因为磨粒加工工件时大部分能量迫使工件晶格发生变形，转为应变能储存在

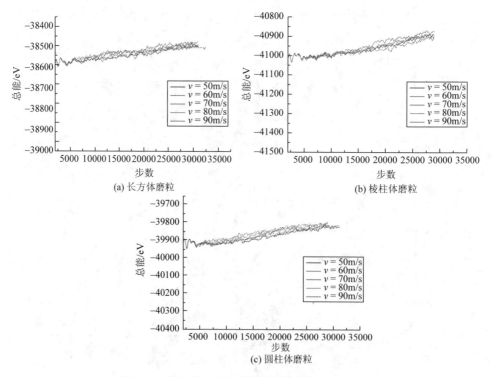

图 4.32　单晶铝正交切削不同速度的总能变化图

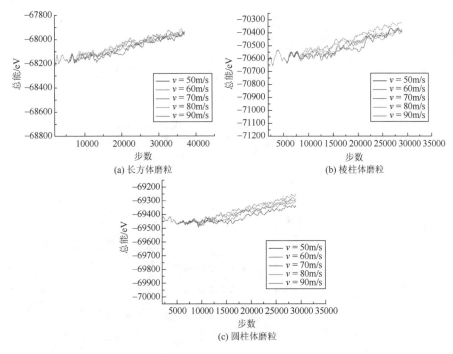

图 4.33　单晶镍正交切削不同速度的总能变化图

晶格中，随着加工的继续，晶格变形数量增加，应变能增加，同时加工后弹性恢复，一部分能量释放，所以总能量增加且有波动。速度对于总能的影响不是十分显著，因为磨粒对工件切削时做的总功一样，但速度大的磨粒使工件晶格变形程度略大，所以速度大导致总能大的现象有些许显现，尤其以磨粒切削单晶镍表现突出。

4.6.3　系综温度对磨粒切削的影响

体系温度的高低与能量的变化有着必然的联系，探究温度对磨粒切削过程的影响，选取速度为 80m/s 的单晶铝磨粒和单晶镍磨粒分别进行切削仿真，体系温度依次设定为 293K、300K、310K、320K。

1. 分子动力学模拟势能分析

温度往往影响着能量的变化，当体系温度不同时，能量会随之改变。不同温度下磨粒切削单晶铝和单晶镍时体系势能的变化如图 4.34 和图 4.35 所示。

温度的高低影响体系势能的大小，温度越高，势能越大。不同材料工件的势能都随着温度的升高而增大。体系温度不同时，具有的热能不同，热能的增加使得动能增加，在加工中动能又不断转化为势能，因此温度越高势能越大。

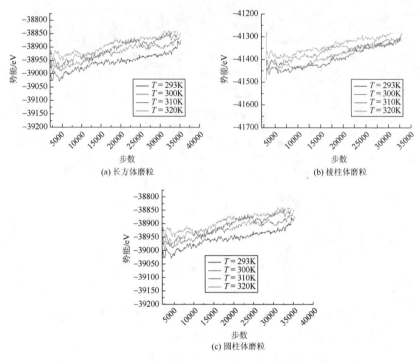

图 4.34　单晶铝正交切削不同温度的势能变化图

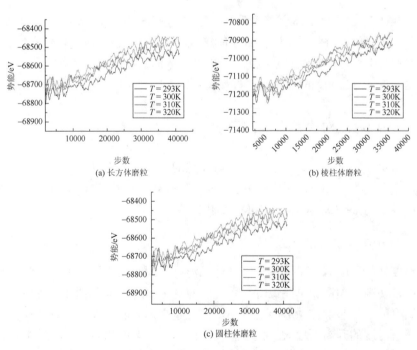

图 4.35　单晶镍正交切削不同温度的势能变化图

2. 分子动力学模拟总能分析

温度对体系能量的影响不仅表现在势能方面，对总能量的影响也很大，图 4.36 和图 4.37 所示分别为不同形状磨粒切削单晶铝和单晶镍时体系总能的变化。通过分析可知，温度对能量的影响十分显著，温度越高，体系的总能量越大。温度直接影响原子的热运动，温度越高体系的平均动能就越大，使得总能量增大。

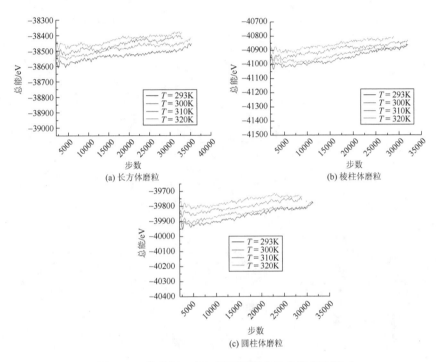

图 4.36　单晶铝正交切削不同温度的总能变化图

3. 分子动力学模拟应力分析

压力能够准确反映出磨粒对工件的作用，为探寻磨粒流加工中环境温度对加工应力的影响，对单晶铝和单晶镍在不同温度下进行切削仿真。图 4.38 所示为磨粒切削单晶铝时不同温度下的应力图，图 4.39 所示为磨粒切削单晶镍时不同温度下的应力图。

通过对图 4.38 和图 4.39 分析可以发现，当磨粒初始切削工件时压力变化较为剧烈，这时切削不稳定，待加工一段时间后，压力趋于平稳，切削进入稳态加工。同时温度为 320K 时，压力值水平略小，但是压力与温度并没有呈现线性关系。

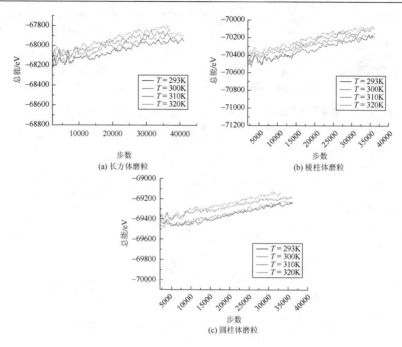

图 4.37　单晶镍正交切削不同温度的总能变化图

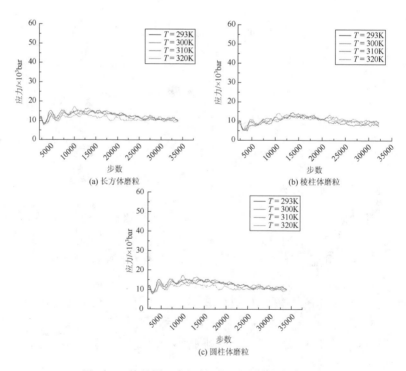

图 4.38　单晶铝正交切削不同温度的应力变化图

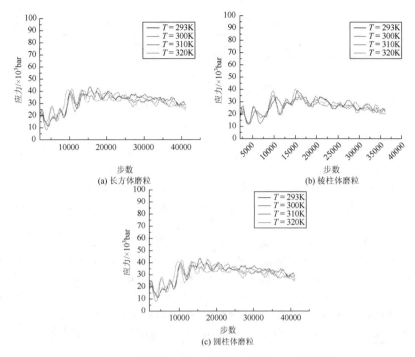

图 4.39 单晶镍正交切削不同温度的应力变化图

通过对工件受到的应力进行统计分析发现，温度为 310K 时压力分布较为均匀，且温度为 310K 和 320K 时，应力较低，故温度在 300~310K 时有利于磨粒流加工的进行。

4.6.4 模型的验证

磨粒流加工中磨粒与被加工零件的表面产生应力接触，无数个磨粒与工件表面发生划擦与碰撞，这就产生磨粒微切削工件的效应，从而达到对零件表面的光整加工。为了从微观角度研究磨粒对工件的切削作用，本章结合分子动力学理论，建立单颗磨粒微切削工件的分子动力学模型。为验证所建立模型的正确性，本章利用 MS 软件计算工件材料的力学性能。

对于微观尺度下的模拟，难以利用实验方法对模拟中出现的现象进行验证，但是可以提取相关物理量进行比较来验证模型的正确性。可通过计算常温下模型的体积模量来验证模型是否正确，表 4.1 为计算得到的单晶铜、单晶铝、单晶镍的体积模量。

由表 4.1 可以看出，利用 MS 软件计算得到的三种材料体积模量的数值均接近材料实际的体积模量值，这说明建立的模型正确可信，可以利用该模型进行分子动力学仿真。

表 4.1 体积模量数值表 （单位：GPa）

体积模量	上限值	下限值	平均值
Cu	115.7539	116.3328	116.0433
Al	76.1431	76.1431	76.1431
Ni	180.1013	180.1013	180.1013

参 考 文 献

[1] Li J Y，Wang X H，Qiao Z M，et al. Molecular dynamics research of mechanical properties of Al$_2$O$_3$ and SiC abrasives[C]. 2015 4th International Conference on Materials Engineering for Advanced Technologies（ICMEAT 2015），2015（6）：247-250.

[2] 李俊烨，王兴华，许颖，等. 固液两相流体流速热力学分析[J]. 制造业自动化，2015，37（6）：82-85.

[3] 王兴华. 基于分子动力学磨粒流加工数值模拟研究[D]. 长春：长春理工大学，2015.

[4] 李俊烨，王兴华，张心明，等. 基于分子动力学磨粒流加工数值模拟方法：201510112567.2[P]. 2017.

[5] Li J Y，Wang B Y，Wang X H，et al. Based on the molecular dynamics of particles in micro grinding numerical simulation[J]. Journal of Computational and Theoretical Nanoscience，2016，13（11）：8652-8657.

[6] 李俊烨，董坤，王兴华，等. 颗粒微切削表面创成的分子动力学仿真研究[J]. 机械工程学报，2016，52（17）：94-104.

[7] Agrawal P M，Raff L M，Bukkapatnam S，et al. Molecular dynamics investigations on polishing of a silicon wafer with a diamond abrasive[J]. Applied Physics A，2010，100（1）：89-104.

[8] Goel S，Luo X C，Reuben R L，et al. Influence of temperature and crystal orientation on tool wear during single point diamond turning of silicon[J]. Wear，2012（284-285）：65-67.

[9] James S，Sundaram M M. A molecular dynamics study of the effect of impact velocity，particle size and angle of impact of abrasive grain in the vibration assisted nano impact-machining by loose abrasives[J]. Wear，2013，303（1）：510-518.

[10] Goel S，Luo X C，Reuben R L. Wear mechanism of diamond tools against single crystal silicon in single point diamond turning process[J]. Tribology International，2013，57（57）：272-281.

[11] Olufayo O A，Abou-El-Hossein K. Molecular dynamics modeling of nanoscale machining of silicon[J]. Procedia CIRP，2013，8：504-509.

[12] Eder S J，Bianchi D，Cihak-Bayr U，et al. An analysis method for atomistic abrasion simulations featuring rough surfaces and multiple abrasive particles[J]. Computer Physics Communications，2014，185（10）：2456-2466.

[13] Ghaffarian H，Taheri A K，Kang K，et al. Molecular dynamics simulation study of the effect of temperature and grain size on the deformation behavior of polycrystalline cementite[J]. Scripta Materialia，2015，95：23-26.

[14] Petisme M V G，Gren M A，Wahnström G. Molecular dynamics simulation of WC/WC grain boundary sliding resistance in WC-Co cemented carbides at high temperature[J]. International Journal of Refractory Metals and Hard Materials，2015，49：75-80.

[15] Hasheminasab S M，Karimian S M H. New indirect method for calculation of flow forces in molecular dynamics simulation[J]. Journal of Molecular Liquids，2015，206：183-189.

[16]　罗熙淳，梁迎春，董申. 单晶铝纳米切削过程分子动力学模拟技术研究[J]. 中国机械工程，2000，11（8）：860-862.

[17]　蒋大林. 固液界面润湿的分子动力学研究及实验[D]. 镇江：江苏大学，2007.

[18]　郭晓光，郭东明，康仁科，等. 单晶硅磨削过程分子动力学仿真并行算法[J]. 机械工程学报，2008，44（2）：108-112.

[19]　Zhu Y，Zhang Y C，Qi S H，et al. Titanium nanometric cutting process based on molecular dynamics[J]. Rare Metal Materials & Engineering，2016，45（4）：897-900.

[20]　张俊杰. 基于分子动力学的晶体铜纳米机械加工表层形成机理研究[D]. 哈尔滨：哈尔滨工业大学，2011.

[21]　Zhao Y，Wei X L，Zhang Y，et al. Crystallization of amorphous materials and deformation mechanism of nanocrystalline materials under cutting loads：A molecular dynamics simulation approach[J]. Journal of Non-Crystalline Solids，2016，439：21-29.

[22]　文玉华，朱如曾，周富信，等. 分子动力学模拟的主要技术[J]. 力学进展，2003，33（1）：65-73.

[23]　Wang Q L，Bai Q S，Chen J X，et al. Subsurface defects structural evolution in nano-cutting of single crystal copper[J]. Applied Surface Science，2015，344：38-46.

[24]　Liu D H，Wang G，Yu J C，et al. Molecular dynamics simulation on formation mechanism of grain boundary steps in micro-cutting of polycrystalline copper[J]. Computational Materials Science，2017，126：418-425.

[25]　李德刚. 基于分子动力学的单晶硅纳米加工机理及影响因素研究[D]. 哈尔滨：哈尔滨工业大学，2008.

[26]　解令令. 基于分子动力学的多晶硅纳米切削加工机理研究[D]. 沈阳：沈阳航空航天大学，2013.

[27]　Li J，Fang Q，Liu Y，et al. A molecular dynamics investigation into the mechanisms of subsurface damage and material removal of monocrystalline copper subjected to nanoscale high speed grinding[J]. Applied Surface Science，2014，303：331-343.

[28]　Kelchner C L，Plimpton S J，Hamilton J C. Dislocation nucleation and defect structure during surface indentation[J]. Physical Review B，1998，58（17）：11085.

[29]　Matteoli E，Mansoori G A. A simple expression for radial distribution functions of pure fluids and mixtures[J]. The Journal of Chemical Physics，1995，103（11）：4672-4677.

[30]　Ackland G J，Jones A P. Applications of local crystal structure measures in experiment and simulation[J]. Physical Review B，2006，73（5）：054104.

[31]　Stukowski A，Bulatov V V，Arsenlis A. Automated identification and indexing of dislocations in crystal interfaces[J]. Modelling and Simulation in Materials Science and Engineering，2012，20（8）：085007.

[32]　Zimmerman J A，Kelchner C L，Klein P A，et al. Surface step effects on nanoindentation[J]. Physical Review Letters，2001，87（16）：165507.

[33]　Honeycutt J D，Andersen H C. Molecular dynamics study of melting and freezing of small Lennard-Jones clusters[J]. Journal of Physical Chemistry，1987，91（19）：4950-4963.

[34]　Larsen P M，Schmidt S，Schiøtz J. Robust structural identification via polyhedral template matching[J]. Modelling and Simulation in Materials Science and Engineering，2016，24（5）：055007.

[35]　Tsuzuki H，Branicio P S，Rino J P. Structural characterization of deformed crystals by analysis of common atomic neighborhood[J]. Computer Physics Communications，2007，177（6）：518-523.

第 5 章　基于分子动力学的固液两相磨粒流加工机理研究

在进行分子动力学固液两相磨粒流加工机理研究过程中，应根据实际磨粒流加工条件进行相应的分子动力学数值模拟[1, 2]。

5.1　固液两相磨粒流加工机理的分子动力学模型构建与分析

在固液两相磨粒流精密加工的分子动力学数值模拟过程中，需要按照磨粒流加工过程中的固液两相建立所需要的各种模型（工件材料模型、液压油模型、磨粒模型）。工件材料模型选用单晶材料模型和多晶材料模型，每种工件模型有 Cu、Al 和 Fe 三种材质，磨粒模型则选用碳化硅（SiC）磨粒、氧化铝（Al_2O_3）磨粒、氮化硼（BN）磨粒和金刚石磨粒[3-5]。

5.1.1　泰森多边形方法

本章中分子动力学模拟磨粒流加工过程中选取的多晶工件材料有多晶铜、多晶铝和多晶铁，生成多晶材料的方法有很多，其中包括泰森多边形方法。在自然界中存在的泰森多边形结构比比皆是（图 5.1），根据此方法生成的多晶材料，更类似于自然结构的多晶材料[6-19]。因此本章选用泰森多边形方法，通过自行编写的 C＋＋程序生成磨粒流加工模型中多晶工件材料模型。

 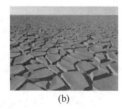  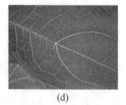

(a)	(b)	(c)	(d)

图 5.1　大自然中的泰森多边形

1. 泰森多边形的定义

泰森多边形，即沃罗诺伊图（Voronoi diagram），将平面或者三维空间，通过一系列点分成许多区域，在计算几何领域内，这种方法被广泛运用。得到泰森多边形的具体方法：首先设定一组 n 个离散点 $\{p_1, p_2, \cdots, p_n\}$，将这 n 个点两两相连，然后作每条连线的中垂线，每条中垂线和其他中垂线相交，则平面或者空间被中垂线组成的多边形分成一个个区域，这些区域就称为 Voronoi 区域 $V(p_r)$，每个包含点 p_r 的 $V(p_r)$ 是到 p_r 距离最近点的集合（图 5.2），这些 Voronoi 区域组成的图称为维诺图。

2. 向量和平面

晶体中每个原子都是通过包含 xyz 坐标的位置向量来表示，并且通过两个向量来表示一个平面：平面上一个点，以及一个以这个点为原点的法向量。如果一个平面将三维空间分为两个部分，即前半部分和后半部分，前半部分的法向量为正，后半部分的法向量为负，这样原子在一个面的前半部分还是后半部分，可以通过法向量的正负表示（图 5.3）。

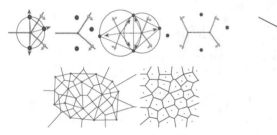

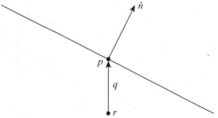

图 5.2　Voronoi 区域组成的维诺图　　　　　图 5.3　平面和向量图

3. 坐标旋转和定位

通过一个二维的例子描述多晶产生中的坐标旋转和定位，坐标轴 x_1，x_2 旋转角度 θ（顺时针为正方向）得到 $\tilde{x}_1$ 和 $\tilde{x}_2$：

$$\tilde{x} = R(\theta)x \tag{5.1}$$

$$R(\theta) = \begin{bmatrix} \cos\theta & \sin\theta \\ -\sin\theta & \cos\theta \end{bmatrix} \tag{5.2}$$

例如，使 $x_1 = i$，$x_2 = j$，逆时针旋转 θ 后，根据式（5.1）可知：

$$\begin{cases} \tilde{x}_1 = \cos\theta i + \sin\theta j \\ \tilde{x}_2 = -\sin\theta i + \cos\theta j \end{cases} \tag{5.3}$$

立方晶体的径向可以通过一个三维旋转基底表示，这些基底是

$$a = a[100], \quad b = a[010], \quad c = a[001]$$

因此晶体的晶向可以通过矩阵 R 旋转三个基底得到，

$$\tilde{a} = Ra, \quad \tilde{b} = Rb, \quad \tilde{c} = Rc$$

$$R \equiv \begin{bmatrix} r_{11} & r_{12} & r_{13} \\ r_{21} & r_{22} & r_{23} \\ r_{31} & r_{32} & r_{33} \end{bmatrix} \tag{5.4}$$

为满足物理方面的旋转，初始状态的旋转矢量必须有相同的长度，以及旋转矩阵 R 必须为正交矩阵，即矩阵 R 满足以下条件[2]：

$$R^{-1} = R^{\mathrm{T}} \text{ 或者 } R^{\mathrm{T}}R = 1 \tag{5.5}$$

除此之外，矩阵 R 也必须是特正交矩阵，即 $\det(R) = 1$。

4. 欧拉角和欧拉参数

根据欧拉旋转定理可知，任何一个旋转都需要三个参数，例如，通过欧拉角（ϕ, θ, ψ）来确定一个旋转，首先 Z 轴自转 ϕ，其次 X 轴自转 θ，最后 Z 轴进行第二次旋转，旋转角度为 ψ，图 5.4 所示为欧拉旋转示意图。

$$R(\phi, \theta, \psi) = R_1(\phi)R_2(\theta)R_3(\psi) \tag{5.6}$$

$$R_1(\phi) = \begin{bmatrix} \cos\phi & \sin\phi & 0 \\ -\sin\phi & \cos\phi & 0 \\ 0 & 0 & 1 \end{bmatrix} \tag{5.7}$$

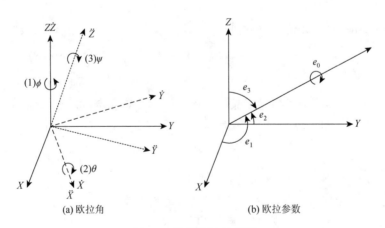

(a) 欧拉角　　　　　　　　　　(b) 欧拉参数

图 5.4　欧拉旋转示意图

$$R_2(\theta) = \begin{bmatrix} 1 & 0 & 0 \\ 0 & \cos\theta & \sin\theta \\ 0 & -\sin\theta & \cos\theta \end{bmatrix} \tag{5.8}$$

$$R_3(\psi) = \begin{bmatrix} \cos\psi & \sin\psi & 0 \\ -\sin\psi & \cos\psi & 0 \\ 0 & 0 & 1 \end{bmatrix} \tag{5.9}$$

整理得到 R 中每一项的表达式：

$$r_{11} = \cos\psi\cos\phi - \cos\theta\sin\phi\sin\psi \tag{5.10}$$

$$r_{12} = \cos\psi\sin\phi + \cos\theta\cos\phi\sin\psi \tag{5.11}$$

$$r_{13} = \sin\psi\sin\theta \tag{5.12}$$

$$r_{21} = -\sin\psi\cos\phi - \cos\theta\sin\phi\cos\psi \tag{5.13}$$

$$r_{22} = -\sin\psi\sin\phi + \cos\theta\cos\phi\cos\psi \tag{5.14}$$

$$r_{23} = \cos\psi\sin\theta \tag{5.15}$$

$$r_{31} = \sin\theta\sin\phi \tag{5.16}$$

$$r_{32} = -\sin\theta\cos\phi \tag{5.17}$$

$$r_{33} = \cos\theta \tag{5.18}$$

尽管描述一个旋转需要三个参数，但仍然可能设计旋转对称的问题，通过欧拉角来计算一个旋转矩阵的其他缺点就是包括许多三角函数，在数值计算中更偏向使用欧拉参数，其通过四个参数（e_0, e_1, e_2, e_3）来定义旋转矩阵，这相当于在任意一个轴上旋转一定角度，如图 5.4(b)所示。欧拉参数通过以下公式定义：

$$e_0 \equiv \cos\frac{\phi}{2} \tag{5.19}$$

$$e \equiv \begin{bmatrix} e_1 \\ e_2 \\ e_3 \end{bmatrix} = \hat{n}\sin\frac{\phi}{2} \tag{5.20}$$

既然四个参数可以描述仅由三个参数定义的旋转矩阵，则它们之间的关系为

$$e_0^2 + e \cdot e = e_0^2 + e_1^2 + e_2^2 + e_3^2 = 1 \tag{5.21}$$

由此可知，旋转矩阵的每个成分可以通过欧拉参数计算：

$$r_{11} = e_0^2 + e_1^2 - e_2^2 - e_3^2 \tag{5.22}$$

$$r_{12} = 2(e_1e_2 + e_0e_3) \tag{5.23}$$

$$r_{13} = 2(e_1e_3 - e_0e_2) \tag{5.24}$$

$$r_{21} = 2(e_1e_2 - e_0e_3) \tag{5.25}$$

$$r_{22} = e_0^2 - e_1^2 + e_2^2 - e_3^2 \tag{5.26}$$

$$r_{23} = 2(e_2e_3 + e_0e_1) \tag{5.27}$$

$$r_{31} = 2(e_1e_3 + e_0e_2) \tag{5.28}$$

$$r_{32} = 2(e_2e_3 - e_0e_1) \tag{5.29}$$

$$r_{33} = e_0^2 - e_1^2 - e_2^2 + e_3^2 \tag{5.30}$$

为得到一组较好的方式生成大量无序的随机旋转矩阵，在本书中，以[100]、[010]、[001]为基底的 1000 个无序旋转矩阵生成，欧拉角的随机选择范围为

$$\phi \in [0, 2\pi] \tag{5.31}$$

$$\theta \in [0, \pi] \tag{5.32}$$

$$\psi \in [0, 2\pi] \tag{5.33}$$

随机选择的四个参数符合以下关系：

$$e_0 \in [-1, 1] \tag{5.34}$$

$$\omega = \arccos e_0 \tag{5.35}$$

$$a \in [-1, 1] \tag{5.36}$$

$$b \in [-1, 1] \tag{5.37}$$

$$c \in [-1, 1] \tag{5.38}$$

$$u = ai + bj + ck \tag{5.39}$$

$$\hat{n} = \frac{u}{|u|} \tag{5.40}$$

$$e \equiv \begin{bmatrix} e_1 \\ e_2 \\ e_3 \end{bmatrix} = \hat{n} \sin \omega \tag{5.41}$$

5.1.2　磨粒流加工分子动力学模拟的仿真流程

为研究微观状态下晶体材料的磨粒流加工机理，需要首先构建磨粒流加工过程中的各种物理模型。将各个物理模型构建完成后对其优化，通过对各个模型弛豫后，分析模型的各种参数是否正确。分子动力学基本模拟流程如图 5.5 所示。

通过 LAMMPS 中分子动力学仿真程序将需要的物理模型进行组合，构成整个磨粒流加工的分子动力学模拟系统，选取合适的模拟参数，对仿真系统进行加载，可得到包含运行信息的日志文件（log 文件）和包含原子坐标信息的 dump 文件，然后对 log 文件和 dump 文件中数据进行提取和处理，选用相应的可视化分子模拟软件以及数据处理软件，对磨粒流加工的分子动力学模拟的仿真结果进行后处理[20, 21]。

5.1.3　多颗粒微切削单晶材料的分子动力学模型构建

在不同切削条件下，多颗粒碰撞微切削单晶材料的分子动力学模型如图 5.6 所示，所有单晶工件材料（铜、铝、铁）模型在 X[100]、Y[010]、Z[001]的尺寸为

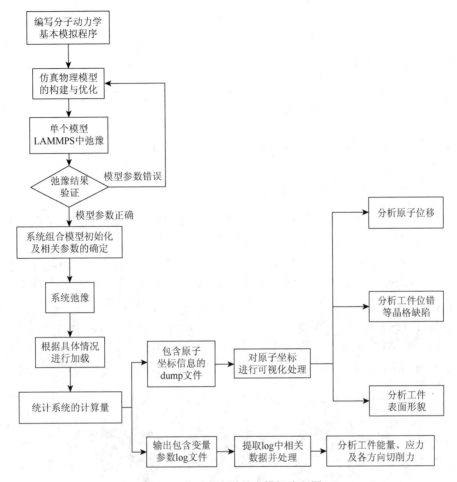

图 5.5　分子动力学基本模拟流程图

87Å×163Å×144Å，毛刺的高度为 7~15Å，选取的铜晶格常数为 0.3614nm，铝晶格常数为 0.40496nm，铁的常数为 0.2863nm。

　　在所有单晶工件材料模型中，模型分为三个区域：固定边界层、恒温层和牛顿层。固定边界层的原子始终保持不动，以减小边界效应和保证晶格的对称性；恒温层是为了将切削区域的热量及时传导出去，该层原子需要被标度以保持该区域温度恒定；牛顿层

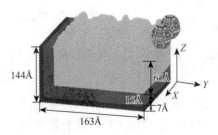

图 5.6　不同条件下的分子动力学模型

的原子运动可由牛顿方程来描述。为了减小边界效应，模型的尺寸应该很大，但随之带来的是计算时间非常长，为了避免这个问题，在模型的 X 方向设置周

期边界条件，不同切削方向选择沿工件表面[0$\overline{1}$0]逆时针 0°~45°，每隔 5°为一个切削角度。

在多颗粒抛光粗糙平面的单晶材料的分子动力学模拟中，选用多种类型磨粒，分别为碳化硅磨粒、氧化铝磨粒、氮化硼磨粒和金刚石磨粒，在整个模拟过程中假定磨粒是绝对刚性的，即不因外力作用而产生变形磨损。

5.1.4　多晶材料磨粒流加工分子动力学模型构建

1. 磨粒流加工多晶工件材料模型构建

根据泰森多边形算法得到包含点 p_r 的 Voronoi 区域，每一个区域对应一个晶粒，然后在每个晶粒内根据指定或者随机的晶体取向填充 FCC 铜原子或者 FCC 铝原子或者 BCC 铁原子，晶体取向是随机的，会导致不同晶体取向的晶粒存在晶格失配，因此在相邻晶粒之间会形成晶界，当某一 Voronoi 区域存在于笛卡儿坐标系的某一坐标轴垂直的平面上时，所需要的多晶工件材料就会得到。图 5.7 表示多晶工件材料的原子结构模型，就是根据 Voronoi 算法得到的。图 5.7(a)中原子为面心立方结构（FCC）的铜原子，图 5.7(b)中原子为面心立方结构（FCC）的铝原子，图 5.7(c)中原子为体心立方结构（BCC）的铁原子，每个图中白色原子为晶界原子。

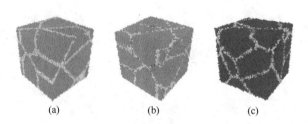

(a)　　　　　　　(b)　　　　　　　(c)

图 5.7　多晶工件材料分子动力学模型

2. 磨粒流加工工件材料的磨粒模型的构建

在固液两相磨粒流分子动力学仿真过程中，磨粒模型选择在实际抛光实验中比较常用的种类，在仿真模拟中选用多种类型的磨粒，包含金刚石磨粒、碳化硅磨粒、氧化铝磨粒和氮化硼磨粒。金刚石磨粒属于一元模型，由金刚石结构的碳原子组成，其在 310K 下的晶格常数为 0.3567nm，结构模型较为简单。磨粒模型的构建有两种方式，一种是通过 Accelrys 公司专为材料科学领域研发的 Materials Studio 软件构建，另一种是通过 LAMMPS 自有的模型建立功能构建金刚石模型。本章构建金刚石模型选用第二种方法。

　　碳化硅磨粒又称金刚砂，根据晶体结构的不同，可以分为 α-SiC 和 β-SiC（又称立方碳化硅），如图 5.8 所示，β-SiC 和 α-SiC 在一定条件下可以互相转化。立方碳化硅一般用于精密和超精密光整加工，由于固液两相磨粒流加工技术是用于工件表面光整加工，因此本章分子动力学数值模拟中碳化硅磨粒选用立方晶体结构的碳化硅（β-SiC）。模型构建选用上述模型构建方法的第一种方法，在 Materials Studio 的 Visualizer 模块中构建碳化硅模型，通过在 Discover 模块中，选用一致性价力场（consistent valence force field，CVFF）对所搭建的模型能量最小化以及空间几何结构最优化，从而消除原子之间的高能量相互作用以及局部不合理结构，再将其导入 VMD（visual molecular dynamics）软件中。通过 VMD 软件实现构建模型数据格式的更改，保证最终的数据格式能导入 LAMMPS，以便后期在 LAMMPS 中实现分子动力学仿真过程。

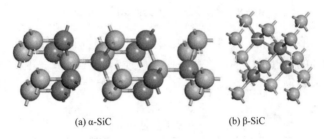

(a) α-SiC　　　　　　　　　　(b) β-SiC

图 5.8　不同种类的碳化硅

　　氧化铝磨粒，又称三氧化二铝，是铝和氧的化合物，常见的是 α、γ 形都是白色晶体。在实际磨粒流加工中通常选用的是刚玉粉，即 α 形晶体，其晶体结构为三方晶系（hex）。在本章分子动力学数值模拟中，氧化铝磨粒模型构建同样选择第一种方法，构建过程与碳化硅磨粒的构建过程类似。

　　氮化硼是由氮原子和硼原子所构成的晶体，根据晶体结构的不同分为四种：六方氮化硼（HBN）、菱方氮化硼（RBN）、立方氮化硼（CBN）和密排六方氮化硼（WBN/纤锌矿氮化硼）。其中立方结构的氮化硼（氮化硼的纤锌矿交替形态）被认为是已知的最硬的物质，立方氮化硼晶体结构即金刚石结构。在多磨粒微切削粗糙表面单晶工件材料的数值模拟中，由于以前学者研究中，磨粒与工件材料接触切削时，弧形表面的磨粒切削效果相对其他几何形状的切削效果较好，因此本章中磨粒形状选用两种直径的球体（直径为 1.5nm 和 0.5nm）。各种材料的物理模型如图 5.9 所示。

3. 磨粒流加工工件材料的液压油模型的构建

　　在固液两相磨粒流加工中，液相通常使用航空机油或液压油，这里选取国产 46#

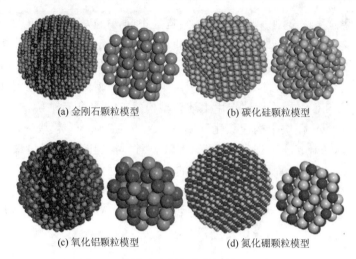

(a) 金刚石颗粒模型　　　　　　　　(b) 碳化硅颗粒模型

(c) 氧化铝颗粒模型　　　　　　　　(d) 氮化硼颗粒模型

图 5.9　分子动力学仿真模拟的颗粒模型

抗磨液压油作为磨粒流加工数值模拟中的液相模型，这种型号的液压油是以石蜡基矿物油为基础油的抗磨液压油，在相关研究的质谱分析中[3]，石蜡基矿物油主要是链烃和烷烃的混合物，并且在混合物中每种成分所占的质量分数如表 5.1 所示。

表 5.1　石蜡基液压油的成分组成

链烃质量分数/%	环烷烃质量分数/%			
	一环烷烃	二环烷烃	三环烷烃	四环烷烃
28.2	21.1	19.8	11.2	4.5

　　根据表 5.1 中所示的各个部分质量分数，在 Materials Studio 的模块 Visualizer 中对液压油模型中的每种组成成分进行构建。然后在 Amorphous Cell 模块中构建基本的液压油模型，共构建 160 组，每组油分子根据质量分数的比例，选取链烃、一环烷烃、二环烷烃、三环烷烃、四环烷烃的分子数为 3、2、2、1、1，密度设定为 $0.88g/cm^3$。然后在 Discover 模块中，选用适合计算聚合物和有机化合物的聚合物一致性力场（polymer consistent force field，PCFF）[4-7]，对所搭建的模型能量最小化以及空间几何结构最优化，从而消除原子之间的高能量相互作用以及局部不合理结构。所构建的液压油模型如图 5.10 所示。根据固液两相磨粒流分子动力学模拟的方案，选取液压油模型的尺寸为 100Å×100Å×20Å，共22521 个原子以及 23016 个键。再对构建的液压油模型进行能量优化并模拟退火，从而保证

图 5.10　液压油模型

其能量趋于稳定，空间结构得到充分优化，最大程度保证所搭建的液压油模型模拟体系和实际的材料相吻合，再将构建的液压油模型导入 LAMMPS 后进行分子动力学模拟，选用 LJ 势函数描述液压油的力场。

5.1.5　基于分子动力学的磨粒流加工模拟方案

根据宏观尺度下磨粒流加工研究，影响工件材料最终抛光表面质量的因素有温度、颗粒速度、压力、颗粒种类等。因此本章基于先前磨粒流微切削的研究[8]，选择的分子动力学模拟系综温度为 310K，单晶抛光模拟中磨粒的碰撞速度为 80m/s，多晶抛光模拟中磨粒的碰撞速度为 50m/s，在多晶材料模拟抛光过程中，磨粒材料的选择为碳化硅、氧化铝、氮化硼（图 5.11）。由于磨粒的棱角在微观条件下，其形状呈圆弧状，因此在模拟过程中选用球体形状的磨粒。

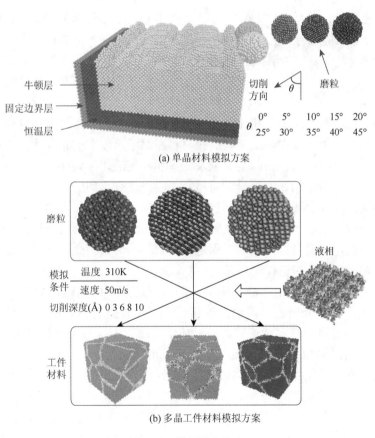

图 5.11　模拟抛光方案

在本章分子动力学模拟中，单晶材料工件模型是通过 LAMMPS 本身所具有的模型建立功能创建的，由于先前研究的单晶材料工件表面为平面，本次深入研究了设置粗糙表面的单晶材料工件，其模拟方案概括为双颗粒碰撞切削单晶工件材料表面，选用四种不同材质属性的磨粒以不同切削角度对单晶工件材料进行磨粒流加工分子动力学数值分析；多晶工件材料模型根据 Voronoi 算法通过自行编写的 C++程序构建，磨粒流加工多晶材料的分子动力学模拟方案如图 5.11(b)所示，在液相模型的影响下，选择三种材质属性的磨粒以不同切削深度对三种材料的工件进行微切削，以期获得固液两相磨粒流加工机制。

5.2　磨粒微切削单晶材料的分子动力学数值分析

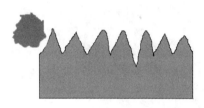

图 5.12　磨粒切削工件示意图

在磨粒流加工的过程中，悬浮在液压油中的磨粒将会随着液相的流动，以一定的速度随机撞击微切削工件表面（图 5.12），磨粒的形状并不是规则的，带有一定的棱角，磨粒的棱角作用在工件的表面，类似于刀具的切削，其切削过程是在原子尺度上相互作用的过程，切削机理明显不同于宏观条件下的材料去除过程。首先，与传统精密切削过程相比较而言，磨粒流光整的去除厚度与磨粒棱角的直径在同一个尺度上。其次，工件与磨粒材料在原子尺度上的相互作用更加剧烈，如微摩擦、微磨损等材料去除现象以及变形和传统的切削条件下表现不相同，工件材料内部的晶格结构和原子排布与材料去除机理有密切的关系，分布在切削工件内部的缺陷和残余应力将对切削过程中材料的变形产生很大的影响。再次，磨粒流加工过程中，多个磨粒同时对表面进行微切削，多个磨粒对切削层的作用相互影响。因此，对磨粒抛光表面过程中微观材料内部结构变形和材料去除机理的研究可以揭示磨粒流对工件材料抛光机制。

在磨粒流加工过程中，液相中磨粒的碰撞切削方向是随机的，其运动轨迹并不是完全沿工件表面，同时磨粒的棱角在对工件进行微切削时，其切削方向也并非与工件表面一直保持正交。在以前学者研究中，与工件材料接触切削时，弧形表面的切削颗粒切削效果相对其他几何形状的切削效果较好，故这里选用球体的切削磨粒作为宏观磨粒与表面相接触的磨粒棱角，进行不同角度的单晶材料碰撞切削的数值模拟分析，在探究磨粒切削工件过程中，分析不同种类磨粒的切削力、切削过程中工件原子的位移及能量变化与切削角度的关系，最后通过工件微切削后的表面形貌可更直观地展现磨粒碰撞切削角度对工件表面质量的影响。

5.2.1　磨粒对粗糙单晶铜表面抛光过程数值分析

1. 碳化硅磨粒不同角度碰撞切削单晶铜材料的分子动力学分析

在磨粒流加工实验中，通常以碳化硅作为磨料对工件进行切削，通过构建碳化硅磨粒模型，完成磨粒碰撞切削工件材料分子动力学仿真，构建两颗碳化硅磨粒以不同角度对单晶铜工件碰撞切削的仿真模型，设置弛豫步数为 10000 步，从而使模拟系综达到平衡，碰撞切削模拟步数为 100000 步，每步模拟 0.001ps，在切削仿真模拟中，碳化硅磨粒沿切削方向的速度为 80m/s，进行磨粒流加工时磨粒碰撞微切削工件的数值分析，探究碳化硅磨粒以不同角度碰撞的分子动力学切削过程。图 5.13 为碳化硅磨粒碰撞切削单晶铜的仿真模型。

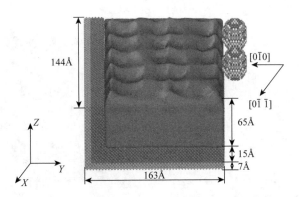

图 5.13　碳化硅磨粒碰撞切削单晶铜的仿真模型

在碳化硅磨粒切削单晶铜仿真模型中，模型尺寸如图 5.13 所示，整个模拟原子数量为 159020 个，其中磨粒的半径为 15Å，磨粒中 C 原子和 Si 原子的总数为 1406 个，其中碳原子数量为 681 个，硅原子数量为 725 个。

1）碳化硅磨粒碰撞切削的力学分析

碳化硅磨粒在碰撞微切削单晶铜工件材料时，碳化硅磨粒通过破坏单晶铜材料内部晶格点阵结构达到切削效果，在破坏单晶铜原子之间的相互作用时，碳化硅磨粒中的 C、Si 原子对工件材料中 Cu 原子的切应力就是切削力，因此切削力是分析碳化硅磨粒微切削单晶铜的一个重要物理参数，直接反映了单晶铜工件材料的去除过程。值得注意的是，微观角度的切削力与宏观切削过程中产生的切削力有很大的区别，宏观的切削力是切削过程中产生的切削力和磨削力的总和，而微观切削中产生的切削力是磨粒原子和工件原子之间的相互作用力。

在磨粒微切削过程中，碳化硅磨粒与单晶铜工件材料之间相互作用，磨粒各方向切应力的变化曲线图如图 5.14 所示，图中包括不同方向的切应力随着模拟的进行变化曲线图，以及不同切削角度在不同模拟步数下切削力的分布 Contour 图。

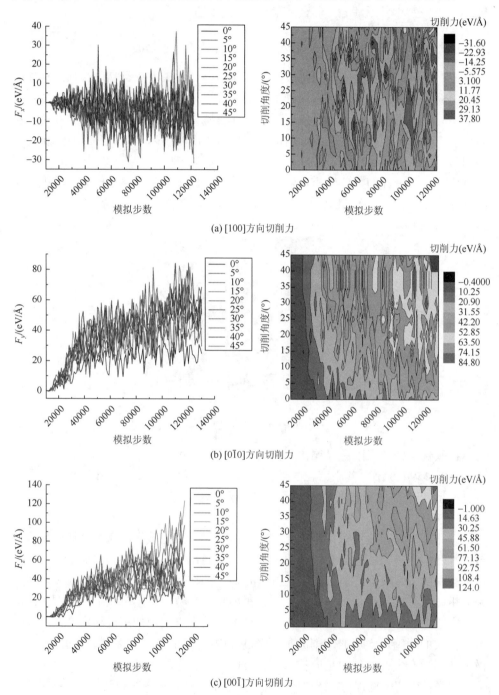

(a) [100]方向切削力

(b) [0$\bar{1}$0]方向切削力

(c) [00$\bar{1}$]方向切削力

图 5.14　碳化硅磨粒切削力及切削角度与仿真步长关系图

碳化硅磨粒沿 [0$\bar{1}$0] 到 [0$\bar{1}$$\bar{1}$] 不同角度依次对单晶铜材料进行碰撞切削，[00$\bar{1}$] 方向和 [0$\bar{1}$0] 方向的切削力为剪切力，随着模拟步数的增加，切削深度逐渐增大，从图 5.14 中的切削力变化曲线图中可以看出，在 [00$\bar{1}$] 方向和 [0$\bar{1}$0] 方向的切削力随模拟时间在波动中逐渐增大，在增大到一定值时，基本不再呈现出明显的增大趋势，但仍然存在波动状态。磨粒在靠近工件材料过程中，最外层的铜原子与碳化硅中 Si 原子和 C 原子的作用力由引力转变为斥力，产生切削力。对工件材料切削的过程中，磨粒从刚开始接触工件材料，磨粒中的原子和单晶铜材料中的铜原子存在排斥力，此时即较小的切削力，若要达到切削目的，磨粒需要将铜原子之间的化学键断裂，迫使铜原子发生移动，需要切削力逐渐增大，随着切削深度的增加，需要破坏的原子相互作用数量相对刚接触工件材料时明显增多，原子开始发生堆积，切削力继续呈现增大的趋势，当磨粒进入工件后，切削过程逐渐呈现稳定状态。切削力存在的波动，与晶格的变形程度、晶格重构、非晶相变以及切屑的产生有着紧密的联系[9]。在磨粒向切削方向推进时，会赋予 FCC 晶格中铜原子外力，在外力的作用下，铜原子发生移动，导致 FCC 晶格破坏，在移动的同时又会转变成其他晶格结构，在转变为其他晶格结构的同时产生位错，随着位错的产生和迁移，切削力也随之变化。

[0$\bar{1}$0] 方向切削力与颗粒的碰撞角度并未呈现正向线性关联程度，0°、5° 和 10° 方向的碰撞切削在 [010] 的切削力小于其他方向，并且波动幅度小于其他碰撞切削角度，0°、5° 和 10° 方向的碰撞切削过程中，对工件材料整体的切削深度较其他方向小，由于工件材料的毛刺高度在 3.5～15Å，小角度的切削基本是对毛刺的去除，对工件材料本身的切削深度较小，晶体结构破坏程度以及变形程度相对较小，因此在整个切削过程中 [0$\bar{1}$0] 的剪切力较小，如图 5.14(b) 曲线图所示。[00$\bar{1}$] 方向的切削力与 [0$\bar{1}$0] 方向的切削力不同，在模拟后期，切削力出现平稳状态时，切削角度和切削力呈现正向关联趋势，在 0° 的切削力最小，随着角度的增加，切削力也具有增大的趋势（图 5.14(c)），其原因在于磨粒的速度为 80m/s，切削角度变大，在 [00$\bar{1}$] 方向的分速度变大，同一模拟步数下角度大的，其切削深度则相对较大，破坏的原子点阵数量就多，因此出现切削角度和切削力呈正相关的趋势。[0$\bar{1}$$\bar{1}$] 方向为磨粒的运动方向，[$\bar{1}$00] 方向切削力来源于 C 原子、Si 原子与 Cu 原子之间的摩擦，因此大小并未呈现出逐渐增大的趋势，但随着模拟的进行，切削力往复波动，并且波动呈现增长的趋势，切削力的这种波动，与晶格的变形程度、晶格重构和非晶相变的产生有着紧密的联系。磨粒切削工件材料，其切削力需要逐渐增加，直到将工件原子之间的相互作用破坏，从而达到去除材料的目的，当磨粒的切削力增大并且超过原子之间结合力的临界值时，原子的点阵遭到破坏，原子键断裂，该部分的原子成为非晶态的原子，这

时切削力则陡降到比较低的值，这种切削力的波动在磨粒切削工件的整个过程中不断出现，这是由于随着切削深度的增加，晶体结构遭到破坏的数量变多，切削力波动的最大值也随着变大。从图 5.14 中的 Contour 图可以看出，在模拟的后期切削力增大，在切削角度 15°以下时，相同模拟时间下，切削力较小，即在切削过程中破坏的晶格点阵较少。

2）碳化硅磨粒碰撞切削的能量分析

热力学中的总能就是体系中总势能和总动能之和，它可以表征磨粒对工件材料切削做功的情况，碳化硅磨粒不同角度切削对体系能量变化的影响如图 5.15 所示。在碳化硅磨粒切削单晶铜工件材料的过程中，磨粒对工件材料的作用以两种形式表现，一部分转化为动能，使原子热量增高，在抛光时单晶铜工件与碳化硅颗粒接触区域局部动能变大；另一部分转化为势能，使单晶铜工件内部结构发生变化，晶格变形，晶格能释放，转化为势能。

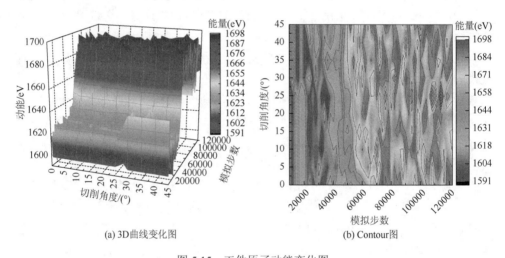

(a) 3D曲线变化图　　　　　　　　　　　(b) Contour图

图 5.15　工件原子动能变化图

在磨粒切削单晶铜工件材料的过程中，体系的动能变化与碳化硅磨粒对工件材料做功有着密切的联系，根据体系质点在任意时刻的速度，可以计算体系的总动能：

$$K = \sum_{i=1}^{N} \frac{1}{2} m_i (v_{ix}^2 + v_{iy}^2 + v_{iz}^2) \tag{5.42}$$

式中，v_{ix}、v_{iy}、v_{iz} 分别表示原子在 x、y、z 方向的分速度，单位是 m/s。

从图 5.15 动能变化曲线图可知，随着模拟步数的增加，原子的动能先在低范围内上下波动，然后增加到较高范围内上下波动。随着磨粒原子的移动，工件材料的最外层单晶铜原子与碳化硅颗粒中的原子之间的作用力表现为长程斥力，工件材料中的铜原子开始运动产生动能，当碳化硅磨粒和单晶铜接触时，接触区域的原子温度增加，原子热运动增加。当颗粒开始进入单晶铜材料时，单晶铜工件材料中的铜原子开始剧烈运动，原子动能开始增加。当切削达到稳定时，工件材料中铜原子的动能的产生和转化达到一个动平衡状态，原子动能在较高范围上下波动。对切削过程中动能的变化分析发现，当颗粒开始接触工件时，被挤压区域原子发生晶格变形，原子坐标发生改变，形成运动位移，原子具有了动能。随着磨粒对单晶铜进行深入切削，完全进入工件时，单晶铜工件原子的动能的峰值变大，由于磨粒切削过程中动能与势能相互转化，所以系统整体的动能不会出现很大的变化，只是在进入工件前后动能的峰值出现变化，同时，碳化硅磨粒的运动迫使工件原子随其同时发生移动，原子热量的产生是因为在切削过程中原子摩擦导致动能转换或者位错移动导致应变能释放。热量和动能之间转换通过以下公式进行计算：

$$\frac{1}{2}\sum_i m_i v_i^2 = \frac{3}{2}nk_\mathrm{B}T_i \tag{5.43}$$

式中，n 为原子数量；v_i 为瞬时速度，单位是 m/s；k_B 为玻尔兹曼常量；T_i 为原子的温度，单位是 K。

碳化硅磨粒在切削单晶铜工件时产生的切削力迫使磨粒与工件材料接触区域的原子温度升高，加剧了原子的热运动，导致原子的动能增大，因此在单晶铜工件中的铜原子动能出现局部较大的情况。工件原子势能变化图和总能变化图如图 5.16 和图 5.17 所示。

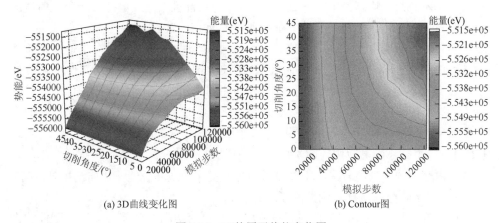

(a) 3D曲线变化图　　　　　　　　　　　(b) Contour图

图 5.16　工件原子势能变化图

由图 5.16 中势能变化曲线图可知，随着模拟步数的增加，单晶铜工件原子之间的势能呈现逐渐增大的趋势，这是由于随着碳化硅磨粒从刚开始接触单晶铜工件到完全进入工件进行稳定切削，工件材料逐渐发生变形，铜原子发生位移，导致晶体内晶体点阵发生畸变，从而产生弹性应力场，造成能量变大，即应变能增

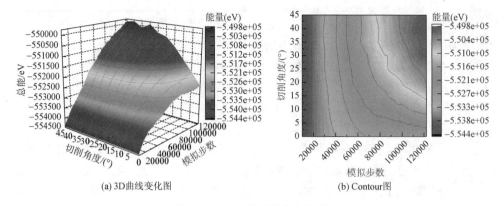

(a) 3D曲线变化图　　　　　　　　(b) Contour图

图 5.17　工件原子总能变化图

大。当应变能不足以使材料原子重新排列时，位错运动发生，模拟体系总能量变化，呈现增大的趋势。

　　对比 0°～45°势能变化曲线可知，由于工件原子的动能与原子的热运动息息相关，在恒温系统下，原子热运动的情况基本一致，在切削过程中，工件原子动能的变化与碳化硅磨粒切削角度并没有显著的关系。与动能变化不同，随着模拟步数的增加，势能和总能的变化与碳化硅磨粒的切削角度具有明显的关系。工件原子势能的大小基本呈现随着切削角度的增加而变大的趋势，在切削角度为 0°～20°时，势能变化趋势非常明显，切削角度为 25°～45°时，模拟步数开始至结束，势能大小基本相近，整体处于 0°～20°切削角度的势能曲线之上。在总能变化曲线图中，与势能变化趋势相似，同样是在切削角度为 0°～20°时总能变化比较明显，在 25°～45°时总能变化曲线在前者之上，但总能值的大小基本相近，这是由于总能为体系中总势能和总动能之和，在整个切削过程中不同切削角度所对应的工件原子动能变化不大，因此势能的变化曲线和总能的变化曲线相似。对比图 5.17 单晶铜工件原子位移图可知，切削角度为 25°～45°时，由于磨粒作用产生位移的铜原子数量增多，相同切削条件下，此范围内的角度，单晶铜工件的切削深度较大，随之 $[00\bar{1}]$ 方向上碳化硅磨粒破坏的工件原子晶格点阵更多，产生的位错较多，因此相同时间内产生的应变能较多，工件原子的势能变化曲线和总能变化曲线相对较高。

　　3）碳化硅磨粒碰撞切削的原子位移分析

　　磨粒在不同角度切削工件材料过程中，磨粒沿切削方向前进，造成工件的铜原子发生移动，通过分析工件原子的移动方向可以深入理解在切削过程中磨粒对工件材料的作用效果、切屑的形成方式，以及材料的去除方式。图 5.18 中根据 Ackland-Jones 提出键角分析方法[10]，对切削过程中属于不同晶格结构的原子进行颜色标记，同时为方便观察分析，选择 ZOY 平面观察单个碳化硅颗粒的切削过程，并将切削部分的原子位移图进行放大。

碳化硅磨粒在沿不同方向对单晶铜工件进行碰撞切削时，随着碳化硅磨粒切削的进行，切削深度增加，由于沿切削方向的速度都为 80m/s，在[00$\overline{1}$]方向的移动分速度为 $v_z = 0.8 \cdot \sin\theta$，在相同模拟步数下切削深度随切削角度的增加而变大，[00$\overline{1}$]切削角度增加，相同时间下切削深度变大。通过对图 5.18 分析可知，在工件材料的表面和内部与磨粒相接触的位置存在原子位移，并且此位置不同晶格种类的原子相互掺杂排列，由于磨粒的运动，在磨粒前端铜原子发生堆积，在已切削和磨粒下方并未出现裂纹，由此可知磨粒对工件的材料去除方式为塑性变形。同时由于磨粒切削的深入，单晶铜中的原子产生位移的数量在切削角度 15°～45° 明显增多，沿磨粒运动方向的工件原子数量也明显增加，并且出现和磨粒切削方

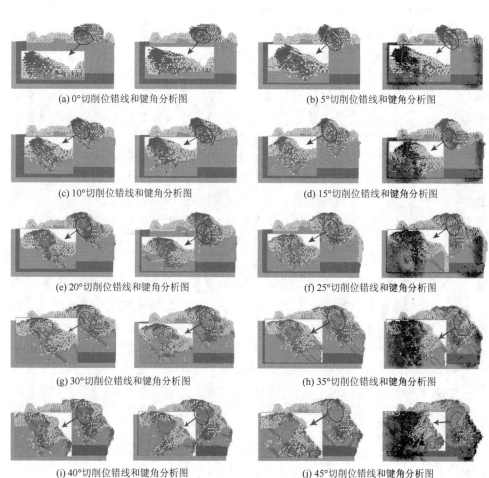

(a) 0°切削位错线和键角分析图

(b) 5°切削位错线和键角分析图

(c) 10°切削位错线和键角分析图

(d) 15°切削位错线和键角分析图

(e) 20°切削位错线和键角分析图

(f) 25°切削位错线和键角分析图

(g) 30°切削位错线和键角分析图

(h) 35°切削位错线和键角分析图

(i) 40°切削位错线和键角分析图

(j) 45°切削位错线和键角分析图

图 5.18 碳化硅磨粒碰撞切削时不同切削角度的原子位移图

图中原子颜色：■ HCP 结构；■ BCC 结构；■ FCC 结构；白色为非晶结构

向垂直的原子位移方向，出现这部分原子位移方向是由于随着切削的进行，磨粒从开始对工件材料的切削作用转变为对工件原子的挤压作用。而磨粒的碰撞切削角度在 $0°\sim10°$ 范围内，相同模拟时间内切削深度较前者小，并且基本处于切削状态，对工件原子的挤压作用较小，位移方向与磨粒运动方向垂直的原子数量较少。在整个碰撞切削过程中，磨粒保持 80m/s 恒定速度，磨粒的切削角度变大，相同时间内其切削深度相对较大，磨粒与工件材料之间的摩擦作用力变大，迫使磨粒周围工件原子产生位移。由于磨粒流在抛光过程中，无数磨粒对工件表面进行反复切削，在整个切削过程中，切削角度大的磨粒对工件材料产生较深的凹坑，而后续其他较小切削角度的磨粒会沿此切削痕迹继续进行切削，从而对工件材料切削出一定深度，完成整个磨粒流加工微切削过程。

4）碳化硅磨粒碰撞切削的位错分析

位错作为晶体中原子排列的一种特殊组态，是晶体中原子排列沿一定晶面与晶向发生了某种有规律的错排，也是已滑移区和未滑移区在滑移面上的交界线，分为刃型位错、螺旋位错和混合位错，其中混合位错更为普遍。在磨粒切削过程中，单晶铜工件产生塑性变形，原子产生位移而存在晶体点阵的破坏以及重构，从而导致出现大量位错。工件材料内部 HCP 结构随着切削角度的增加大量出现，此外随着模拟的进行，HCP 结构逐渐增加。碳化硅磨粒对工件材料以 80m/s 的速度持续切削和挤压，最终由 FCC 结构向 HCP 结构相变，在相变过程中，工件原子应变量持续增加，当工件材料原子中应力状态已超出热力学相变的阈值而处于亚稳态时，随着应变继续增加，HCP 相开始形核并自发生长，铜的 FCC 晶格发生绝对失稳，从而诱发力学量的突变，由于原子动能和原子温度有直接联系，如图 5.15 中动能变化曲线，动能都出现跳跃式增加，这是因为加载 HCP 形核之前单晶铜工件材料中已经积累了较高的应变能，也就是说，HCP结构通过亚稳态形核并释放部分应力而导致系统温度的升高。同时磨粒的切削和挤压造成工件材料中铜原子之间键的断裂，打破了原有规则的晶格结构，部分铜原子排序逐渐变为无序状态，此时这部分原子就形成了非晶结构。磨粒向下进行剪切时，由于原有的非晶结构中的原子在此发生位移，原子结构重新排序，原本非晶结构变为 HCP 结构，同时部分在下一步切削之前已经转变成 HCP结构的原子，重新变成非晶结构，并且随着切削深度的增加，磨粒附近的非晶原子增加。

FCC 晶体结构在切削过程，磨粒对工件中的原子产生挤压的作用对原子产生切应力，导致工件材料中晶格点阵中原子产生位移，排列出各种不同的晶格结构，在工件原子移动的过程中，原子的刚性相对位移产生了位错（图 5.19），位错也称位错线，是已滑移区和未滑移区在滑移面上的交界线，根据位错和柏氏矢量的关系，与柏氏矢量平行的为螺型位错，垂直的为刃型位错，既不平行也不垂直的为混合位错，大部分的位错线和柏氏矢量既不平行也不垂直，这些位错即较为普遍的混合位错，在磨粒的切削过程中，位错线围绕磨粒产生变化、运动和增殖，越靠近磨粒的位置，位错线的密度越大，同时在原子排列的晶格结构复杂位置，位错线同样密集，磨粒为橘黄色，周围产生大量的 HCP、BCC 和非晶结构，相互交错混合，形成位错，位错的存在会使晶体中的内能升高，当原子排布处于图 5.19(b)时，势能最大，排布处于图 5.19(a)状态时的原子位置为势能最低，并且位错线的多少和晶体内应变能大小有直接联系，单位长度位错的总应变能：

$$W = \alpha Gb^2 \tag{5.44}$$

式中，α 为与几何因素（位错类型、位错密度）有关的参数，一般取 0.5～1.0；G 为剪切模量；b 为滑移距离。

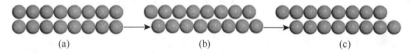

(a)　　　　　　　　　　(b)　　　　　　　　　　(c)

图 5.19　位错变化示意图

在磨粒对工件材料产生切削时，打破原子排列时又进行晶格重构，即在切削过程中工件材料发生塑性变形，在塑性变形过程中，位错本应要不断逸出晶体内部导致位错密度不断减小，但位错增殖从而导致位错密度增大，位错增殖机制有多种方式，其中主要一种是弗兰克-瑞德位错源，其增长机制如图 5.19 所示。从图 5.19 中可知，随着磨粒切削的进行，位错线的密度从 60ps 到 70ps 明显增加，其中部分位错线数量和形状的变化符合弗兰克-瑞德位错源形式的位错增殖，模拟时间为 60ps 时，存在许多较长的 Shockley 位错，但模拟 10ps 后，长 Shockley 位错线变少，随之较短的位错线变多，出现部分原本较短的直线位错，在 10ps 后变成弯曲的位错线，此种变化在磨粒附近尤为显著。由式（5.44）可知位错的应变能与 b^2 成正比，同时从能量的观点分析，晶体中具有最小 b 的位错应该是最稳定的，而 b 较大的位错通过分解为 b 小的位错，以降低系统中的能量，除此之外，由于位错的能量以单位长度的能量来定义，两点之间直线最短，所以直线的位错应变能比弯曲的位错应变能小，即直线位错更稳定，因此弗兰克-瑞德位错源的位错增殖形式是将长位错线逐渐变短，生成更多的小位错，从而降低晶体中的应变能。

5）磨粒碰撞切削工件表面的摩擦系数分析

为定量分析 SiC 磨粒切削单晶铜表面的力学性能和表面效应，对碳化硅磨粒切削过程中切削表面的切向力（$[0\bar{1}0]$ 方向）和法向力（$[00\bar{1}]$ 方向）进一步分析，摩擦系数可定义为切向力与法向力的比值，如下式：

$$f = \frac{F_y}{F_z} \tag{5.45}$$

图 5.20 中给出了磨粒切削过程中不同切削角度的摩擦系数的变化过程，从图 5.20 中可以看出，根据摩擦系数的变化和模拟步数可以划分为两个区域，在 I 区中，在磨粒接触工件材料，到切削距离未达到磨粒直径一半时，由于材料的表面效应，摩擦系数在一定范围内不断上下剧烈波动，II 区中所有摩擦系数在很小范围内波动，各个角度的摩擦系数基本保持一致，处于稳定状态，只有在切削角度为 5°时，模拟后期有少量的异常波动。在 I 区中，磨粒从接触工件原子到半个磨粒进入工件，切削移动距离为 7.5Å（图 5.21），此过程在图 5.14 切削力变化曲线图中，可以看出此时的切向力和法向力处于振荡阶段。由于摩擦系数表征接触表面原子之间的附着力，从图 5.20 中可以看出，切削角度的变化并未引起摩擦系数的显著变化，说明在切削过程中摩擦系数与相接触的两种原子有关，与切削方式无关。

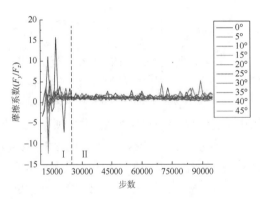

图 5.20　碳化硅磨粒不同切削角度的摩擦系数　　图 5.21　碳化硅磨粒移动 7.5Å 瞬时结构

2. 氮化硼磨粒不同角度碰撞切削单晶铜材料的分子动力学分析

在磨粒流加工中，氮化硼材质的磨料也是经常选用的对象，通过分子动力学模拟的方法仿真氮化硼颗粒碰撞切削工件材料，本章构建两颗氮化硼磨粒以不同角度对单晶铜工件碰撞切削的仿真模型，设置弛豫步数为 10000 步，使模拟系综达到平衡，碰撞切削模拟步数为 100000 步，每步模拟 0.001ps，在切削仿真模拟中，氮化硼磨粒沿切削方向的速度为 80m/s，进行磨粒流加工时磨粒碰撞微切削工件的模拟仿真，探究氮化硼磨粒不同角度碰撞的分子动力学切削过程。图 5.22 所示为氮化硼磨粒不同角度碰撞切削单晶铜的仿真模型。

在氮化硼切削仿真模型中，整个模型中牛顿层、恒温层和固定边界层的尺寸与碳化硅仿真模型尺寸相同，并且磨粒直径同样为 15Å，但由于氮化硼晶格结构的不同，每个磨粒中硼原子和氮原子的总数为 2425 个，其中硼原子数量 1205 个，氮原子数量为 1220 个，总原子数为 161058 个。

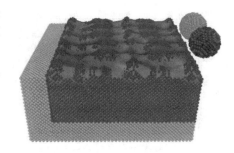

图 5.22　氮化硼磨粒不同角度碰撞切削单晶铜的仿真模型

1）氮化硼磨粒碰撞切削的力学分析

在氮化硼磨粒碰撞微切削工件材料时，氮化硼磨粒与单晶铜工件材料之间相互作用，各方向切削力的变化曲线图如图 5.23 所示。

氮化硼磨粒在 [0$\bar{1}\bar{1}$] 方向对单晶铜工件进行碰撞切削时，随着模拟步数的增加，切削深度逐渐增大，[00$\bar{1}$] 方向和 [0$\bar{1}$0] 方向的切削力为剪切力。随着模拟的进行，在 [00$\bar{1}$] 方向和 [0$\bar{1}$0] 方向的切削力在波动中逐渐增大，在增大到一定值时，几乎不再有增大的趋势，但仍然存在波动状态，这主要是因为磨粒在对工件材料

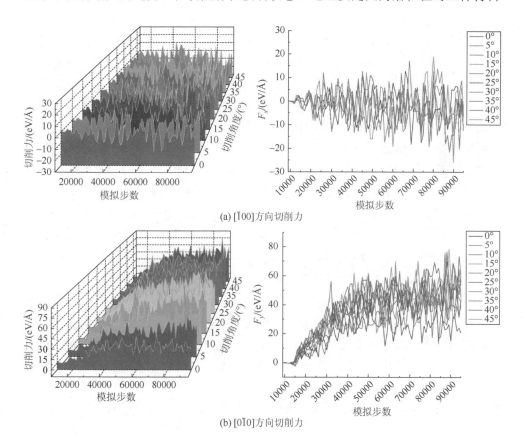

(a) [$\bar{1}$00]方向切削力

(b) [0$\bar{1}$0]方向切削力

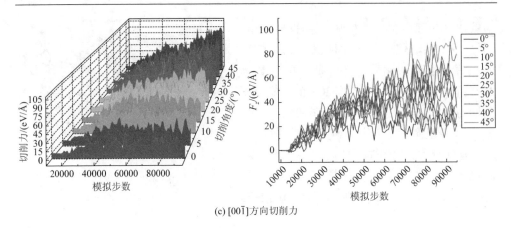

(c) [00$\overline{1}$]方向切削力

图 5.23 氮化硼磨粒不同方向切削力

切削的过程中，磨粒从刚开始接触工件材料，磨粒中的原子和单晶铜材料中的铜原子存在排斥力，此时即较小的切削力。若要达到切削目的、打破工件原子之间的相互作用，需要更大的切削力，随着切削深度的增加，需要破坏的原子相互作用数量相对刚接触工件材料时较多，到工件材料实体，切削力的大小呈现增大的趋势，当磨粒进入工件后，切削过程逐渐呈现稳定状态，仍然存在波动。[0$\overline{1}$0] 方向的力与颗粒的碰撞角度并不呈正向线性相关，切削角度为 0°、5° 和 10° 方向的碰撞切削在[010]方向的切削力小于其他方向，并且波动幅度小于其他碰撞切削角度，由于 0°、5° 和 10° 的碰撞切削过程中，对工件材料整体的切削深度较其他的小，工件材料的毛刺高度为 3.5～15Å，小角度的切削基本是对毛刺的去除，对工件材料本身的切削深度较小，晶体结构破坏程度以及变形程度相对较小，因此在整个切削过程中[0$\overline{1}$0] 方向的剪切力较小，如图 5.23(b)所示。[00$\overline{1}$]方向的切削力与[0$\overline{1}$0] 方向的切削力不同，在模拟后期，切削力呈现平稳状态时，切削角度和切削力呈现正向关联趋势，在 0°的切削力最小，随着角度的增加，切削力也有增大的趋势（图 5.23(c)），其原因在于磨粒的速度为 80m/s，切削角度变大，在[00$\overline{1}$]方向的分速度变大，同一模拟步数下角度大的，其切削深度就会相对较大，破坏的原子晶阵数量就多，因此出现切削角度和切削力呈现正相关的趋势。

由于切削方向为 [0$\overline{1}$$\overline{1}$] 方向，所以在 [$\overline{1}$00] 方向的切削力来自原子之间的摩擦，因此并未呈现出逐渐增大的趋势。但随着数值模拟的进行，切削力在往复波动，并且波动呈现增长的趋势，切削力的这种波动，与晶格的变形程度、晶格重构和非晶相变的产生有着紧密的联系。磨粒切削工件材料，其切削力需要逐渐增大，直到将工件原子之间的相互作用破坏，从而达到去除材料的目的。当磨粒的切削力增大并且超过原子之间结合力的临界值时，原子的点阵遭到破坏，原子键断裂，该部分的原子成为非晶态的原子，这时切削力就会骤降到比较低的值。这

种切削力的波动在磨粒切削工件的整个过程中不断出现，这是由于随着切削深度的增加，晶体结构遭到破坏的数量变多，因此切削力波动的最大值也随着变大，如图 5.23(a)所示。

2）氮化硼磨粒碰撞切削的工件原子能量分析

在磨粒切削单晶铜工件材料的过程中，体系的动能变化和氮化硼磨粒对工件材料做功有着密切的联系，磨粒与工件材料接触前，工件材料的最外层铜原子与氮化硼颗粒中的原子之间的作用力为长程斥力，随着氮化硼磨粒中的原子与工件表层 Cu 原子距离变小，原子之间斥力增加，工件材料中的铜原子开始运动产生动能。在模拟步数为 38000 步时，原子动能在 1609eV 附近上下波动，此时磨粒并没完全进入工件，随着磨粒切削的进行，模拟步数为 38000~45000 时，动能逐渐由 1609eV 升高到 1678eV，在剩余模拟步数中，原子动能基本围绕在 1678eV 附近上下波动，如图 5.24 所示。

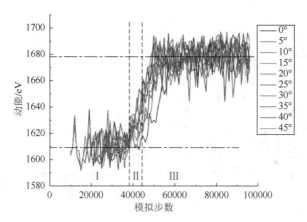

图 5.24　动能变化曲线

当氮化硼磨粒和单晶铜接触时，接触区域的原子温度升高，原子热运动增加。当磨粒开始进入单晶铜材料时，单晶铜工件材料中的铜原子开始剧烈运动，原子动能开始增加，当切削达到稳定时，工件材料中铜原子动能的产生和转化达到一个动平衡状态，在较高范围上下波动。对切削过程中动能的变化分析发现，当颗粒开始接触工件时，被挤压区域原子发生晶格变形，原子坐标发生改变，形成位移，原子具有了动能。随着磨粒对单晶铜进行深入切削，完全进入工件时，单晶铜工件原子的动能的峰值出现变大的情况，由于磨粒切削过程中动能与势能相互转化，因此系统整体的动能不会出现很大的变化，只是在进入工件前后动能的峰值出现变化，同时，氮化硼磨粒的运动迫使工件原子随其同时发生移动，原子的热量决定其动能，在切削过程中由摩擦转换或者由应变能释放。

由于氮化硼磨粒在切削单晶铜工件时，切削力迫使磨粒与工件材料接触区域的原子温度升高，加剧了原子的热运动，导致原子的动能增大，因此在单晶铜工件中的铜原子动能出现局部较大的情况。由于设置的模拟体系为正则系综，体系的整体温度在一定范围内上下波动，磨粒与单晶铜工件材料切削中产生的热量迅速传到恒温层原子以及氮化硼磨粒上，因此工件整体动能变化程度不大。

由图 5.25 中势能变化曲线图可知，随着模拟步数的增加，单晶铜工件原子之间的势能呈现逐渐增大的趋势，这是由于随着氮化硼磨粒从刚开始接触单晶铜工件到完全进入工件进行稳定切削，工件材料产生塑性变形，原子发生位移，导致晶体内晶体点阵发生畸变，从而产生弹性应力场，造成能量变大，即应变能增大。当应变能不足以使材料原子重新排列时，发生位错运动，模拟体系总能量变化，呈现增大的趋势，通过对比不同切削角度的势能变化曲线可知，切削角度 0° 的势能变化曲线在最下方，由于势能变化与位错的产生与运动有关，因此在切削角度 0° 切削时其产生的位错最少，从势能角度分析可知，在磨粒流加工过程中，小角度的切削可以减少晶体内部缺陷结构的形成。

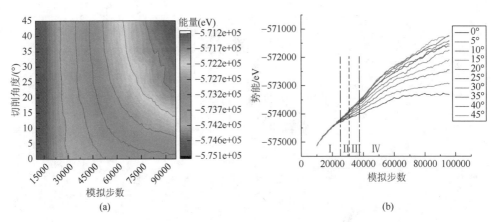

图 5.25　氮化硼磨粒切削过程工件原子势能变化图

从切削角度 0°～45° 总能变化曲线可知，由于工件原子的动能与原子的热运动息息相关，因此在恒温系统下，原子热运动的情况基本一致。因此切削过程中，工件原子动能的变化与氮化硼磨粒切削角度并没有显著的关系。与动能变化不同，随着模拟步数的增加，势能和总能的变化与氮化硼磨粒的切削角度具有明显的关系，随着切削角度的增大，工件原子势能基本呈现变大的趋势，在切削角度为 0°～20° 时，在相同模拟步数下，势能变化趋势非常明显，切削角度为 25°～45° 时，模拟步数开始至结束，势能大小基本相近，整体处于切削角度 0°～20° 的势能曲线之上。在总能变化曲线图中，与势能变化趋势相似，同样是在切削角度为 0°～20° 时总能变化比较明显，在切削角度 25°～45° 时总能变化曲线在前者之上，但总能值的大小几乎相近，这是因为总能为体系中总势能和总动能之和，在整个切削过程中动能与切削角度大小的变化没有显著的关联，不同切削角度所对应的工件原子动能变化不大，因此势能的变化曲线和总能的变化曲线相似。从图 5.26 氮化硼磨粒切削单晶铜工件的原子位移图中可知，切削角度 25°～45°时，单晶铜工件原子的位移方向沿磨粒的切削方向开始增多，相同切削条件下，单晶铜工件的切削深度较大，随之 [00$\bar{1}$] 方向上氮化硼磨粒破坏的工件原子晶格点阵更多，产生的位错较多，因此相同时间内产生的应变能较多，工件原子的势能变化曲线和总能变化曲线相对较激烈。

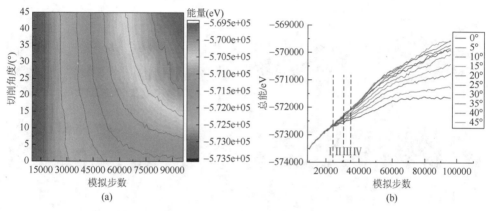

图 5.26　氮化硼磨粒切削过程工件原子总能变化图

3）氮化硼磨粒碰撞切削的原子位移分析

为进一步探讨磨粒的切削机理，通过图 5.27 所示的工件原子在磨粒作用下产生的位移情况，分析磨粒在切削过程中工件内部晶格结构的变化情况。

在图 5.27 中仍选择模拟时间为 60ps 和 70ps，来分析工件原子的位移情况，从图中可以看出在磨粒切削工件过程中，原子的位移方向和磨粒的切削角度有很大的关系，切削角度较小时原子的位移方向基本沿磨粒切削方向，当切削角度增大时，较多原子的位移方向与切削方向成一定角度（图 5.27(c)），随着切削角度的变大以及切削深度的增大，出现原子位移方向和切削方向垂直的现象（图 5.27(e)），同时出现原子向工件内部移动的现象，切削角度在 20°以上时出现部分原子沿切削相反方向移动的现象，当切削深度增加时，这种现象尤为突出。从图 5.27(a) 中可以观察到，当磨粒遇到毛刺时，毛刺与工件表面相接触区域的 FCC 晶格结构破坏较多，即仅去除毛刺时，会导致工件表面产生一定的晶格缺陷结构。原子位移导致排列结构的破坏与重组，从图 5.27 中可以看出，相邻的原子位移方向较多时，产生的结构较为复杂，在磨粒相邻区域包含 HCP、BCC 等原子排列结构，当一组原子移动方向一致时，其原子排列结构为 HCP 结构，不同晶体结构的接触面形成位错结构。

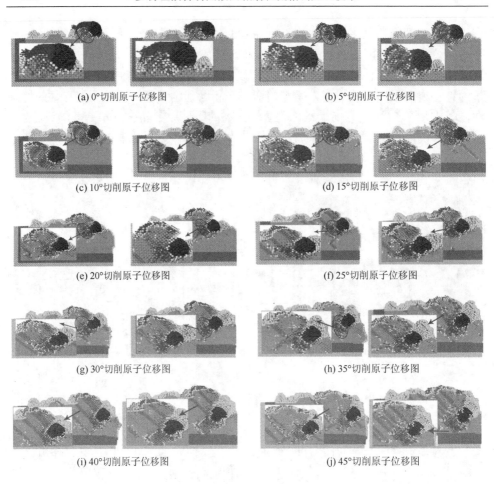

(a) 0°切削原子位移图　　　　　　　　　　(b) 5°切削原子位移图

(c) 10°切削原子位移图　　　　　　　　　　(d) 15°切削原子位移图

(e) 20°切削原子位移图　　　　　　　　　　(f) 25°切削原子位移图

(g) 30°切削原子位移图　　　　　　　　　　(h) 35°切削原子位移图

(i) 40°切削原子位移图　　　　　　　　　　(j) 45°切削原子位移图

图 5.27　氮化硼磨粒碰撞切削时不同切削角度的原子位移图

图中原子颜色：■ HCP 结构；■ BCC 结构；■ FCC 结构；白色为非晶结构

4）氮化硼磨粒碰撞切削的位错分析

在晶体中部分原子由于受到外力的作用，沿一定晶面和晶向按某种规律进行滑移形成位错，位错的产生与工件表面的强度有着密切的关系。单晶铜工件在磨粒的低速微切削中，工件原子产生位移导致晶体点阵的破环以及重构，在工件内部出现位错结构，产生塑性变形。

在磨粒切削过程中，工件在磨粒的切削作用下，出现大量位错线以及产生晶格变形，存在较多的缺陷结构为 HCP 结构，并且随着切削角度的增加，这种结构的原子数量也随之增加，同时由 60ps 到 70ps，HCP 结构的原子数量也同样变大。磨粒对工件材料以 80m/s 低速持续切削和挤压，最终由 FCC 结构向 HCP 结构转变，在这个转变过程中，工件原子应变量持续增加，当工件材料原子中应力状态超出热力学相变的阈值而处于亚稳态时，应变继续增加，HCP 相开始形核并自发生长，铜的 FCC 晶格发生绝对失稳，从而诱发力学量的突变。由于原子动能和原子温度有直接联系，如图 5.24 中动能变化曲线，动能都出现跳跃式增加，同时磨粒的切削和挤压造成工件材料中铜原子之间键的断裂，打破了原有规则的晶格结构，部分铜原子排序逐渐变为无序状态，此时这部分原子就形成了非晶结构。在切削过程中大部分位错为混合位错，位错线围绕磨粒的切削运动产生变化、运动和增殖，距离磨粒越近的位置，位错线的密度越大，在磨粒切削过程中工件材料发生塑性变形，位错应该不断迁移逸出晶体内部从而导致位错密度不断减小，但位错增殖从而导致密度增大，同时由于位错本身具有分解能力，位错线的密度从 60ps 到 70ps 明显增加，其数量和形状的变化符合弗兰克-瑞德位错源形式的位错增殖，模拟时间为 60ps 时，存在许多较长的 Shockley 位错，但模拟 10ps 后，长 Shockley 位错线变少，随之较短的位错线变多，出现部分原本较短的直线位错，在 10ps 后变成弯曲的位错线，此种变化在磨粒附近尤为显著。由于位错的能量以单位长度的能量来定义，两点之间直线最短，因此直线的位错应变能比弯曲的位错应变能低，即直线位错更稳定。因此弗兰克-瑞德位错源的位错增殖形式是将长位错线逐渐变短，生成更多的小位错，从而降低晶体中的应变能。对比不同角度的位错线数量和密度可以发现，随着切削角度的增加，位错密度增大，晶体内部产生的缺陷结构增加，因此切削角度降低会得到较好的切削效果。

为更清晰地表示磨粒切削角度和产生位错的关系，对磨粒不同角度切削工件产生位错线总长度进行分析，如图 5.28 所示。

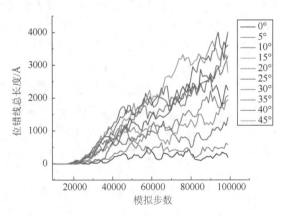

图 5.28　位错线总长度变化曲线图

从图 5.28 中可以清晰地看出，随着模拟步数的增加，位错产生的数量增多，总长度变大，同时切削角度和位错线长度基本呈正相关，随着切削角度的增加，位错线的总长度也显著增加，磨粒切削角度为 0° 和 5° 时，位错线的长度最短，即产生的位错数量少。当切削角度为 0° 和 5° 时，工件产生的位错线数量随着模拟的进行增加的幅度较小，因此选择较小的切削角度，有利于减少工件内部的缺陷结构。

5）磨粒碰撞切削作用规律

通过对磨粒流加工过程中比较常用的磨粒对单晶铜材料进行碰撞微切削数值分析，综合对 SiC 磨粒和 BN 磨粒切削各方面分析，在讨论磨粒切削力方面，SiC 磨粒和 BN 磨粒基本在切削角度 0°～15° 时 Y 方向和 Z 方向的切削力相对较小，并且可快速趋于稳定。由于切削深度的不同，位错线的数量随着切削角度的增大而增加，较大的切削角度对工件材料切削破坏较大，表面损伤严重，产生较大的凹槽，由于位错对晶体各方面的性能有着十分重要的影响，因此在切削过程中尽可能地避免工件内部产生较多的位错，切削角度为 0° 切削的优势远大于其他角度，无论从产生的位错数量还是从切削过程中切削力与能量的变化情况可知，在单晶铜工件切削过程中小角度的切削有利于提高工件的表面质量并可以减少内部缺陷数量。

3. 粗糙表面单晶铜材料磨粒切削分子动力学分析

通过分析碳化硅磨粒和氮化硼磨粒的切削力和能量变化曲线可知，磨粒在切削过程中沿切削方向的切应力随切削的进行变化较大，Y 方向的切削力只有在切削角度为 0° 时一直处于其他角度切削力曲线下方，在整个切削过程中很快保持稳定状态，波动幅度较小。在 Z 方向的切削力在整个切削过程中切削角度为 0°、5° 和 10° 时在大部分切削时间里都相对其他角度较小，一直处于其他角度曲线下方，但 BN 磨粒的 Z 方向切削力曲线图比 SiC 颗粒曲线图较为松散。从能量 Contour 图中对比可以看出，在模拟后期 SiC 的总能量变化较 BN 平稳。通过分析位错图和原子位移图可知，随着切削角度的增加，工件材料中产生位移的原子就越多，位错的数量增加，当切削角度为 0° 时，工件内部产生位移的原子数量较少，破坏的 FCC 晶格点阵少，因此位错产生的数量最少。但角度的增加在单晶铜材料上的摩擦系数基本一致，并没出现较大的变化。从 SiC 和 BN 中可以看出，在切削过程中，正交切削仍然是最好的切削方式，切削角度为 5° 时次之，切削角度为 10° 时，开始出现的晶格缺陷较前者明显增加。为验证这种切削规律，对单晶铜工件材料采用氧化铝和金刚石两种磨粒进行切削仿真验证其切削规律，为减少不必要的数值模拟次数，在进行数值模拟时，选用 0°～15° 的切削角度对单晶铜进行数值模拟。

在这里，同样构建了两个磨粒不同角度碰撞切削单晶铜工件的仿真模型，并设置了磨粒碰撞微切削工件相关参数，每步模拟时间为 0.001ps，弛豫步数为 10000 步，模拟切削步数为 100000 步，磨粒的切削速度仍然为 80m/s。

1）磨粒碰撞切削分子动力学力学分析

金刚石和氧化铝两种磨粒对单晶铜进行切削模拟后，可得到在切削过程中两种磨粒对工件材料的切削力变化曲线，磨粒各方向的切削力变化曲线图如图 5.29 所示。在磨粒切削过程中，磨粒与工件材料之间相互作用，由于在 X 方向不存在切削速度，切削力为原子之间斥力，磨粒移动时与工件产生摩擦。通过对比发现，在整个切削过程中金刚石磨粒和氧化铝磨粒 X 方向的切削力与碳化硅磨粒和氮化硼磨粒的变化趋势类似；在金刚石 X 方向的切削力波动中间值比氧化铝大，这是由金刚石表面结构相对氧化铝光滑，与工件材料摩擦较小而形成的。

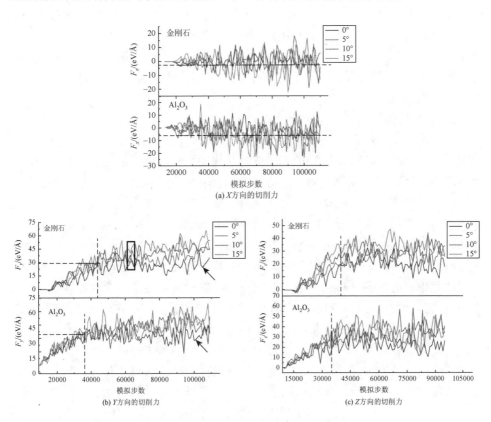

图 5.29　磨粒各方向的切削力

磨粒的切削方向与工件表面有夹角，因此其切削方向的速度在 Y、Z 方向具有分速度，因此可以将斜切削过程分解为 Y 方向的正交切削和 Z 方向的挤压。从图 5.29 中分析可知，Y 方向和 Z 方向的切削力同样是随着磨粒的进入在波动中逐渐增大，在切削力增大到一定值时，基本不再有增大的趋势，但仍然存在波动状态。磨粒在对工件材料切削的过程中，磨粒刚接触工件材料时，切削力比较小，由于速度保持恒定，切削力逐渐增大将克服原子间作用力，最终完成切削过程。随着切削的深入，需要破坏的原子键数量相对刚接触工件材料时较多，到工件材料实体，切削力的大小呈现增大的趋势，当磨粒进入工件后，切削过程逐渐呈现稳定状态。Y 方向和 Z 方向的切削力与磨粒的碰撞角度并不是完全呈正向线性关联，但对比分析金刚石和氧化铝在 $0°\sim15°$ 切削力变化曲线可知，正交切削和切削角度为 $5°$ 时，其切削的变化曲线总在另外两个切削角度的下方，由于切削速度恒定，移动相同切削距离其作用力越小，损失的动能越少，在实际切削加工过程中，由于切削速度并不可能保持恒定，因此切削力较小，其切削速度损失少，磨粒可以移动更长的切削距离。因此在抛光过程中保持磨粒小角度切削是有必要的。由于斜切削过程中 Y 方向的正交切削占主要作用，对比金刚石和氧化铝的 Y 方向切削力变化曲线图可知，在稳定状态下，磨粒以相同速度进行切削，金刚石磨粒产生 Y 方向切削力比氧化铝磨粒大，金刚石磨粒的切削效率较氧化铝磨料高。

2）磨粒碰撞切削分子动力学能量分析

为探讨金刚石磨粒和氧化铝磨粒切削工件材料能量变化规律，给出两种磨粒的能量变化曲线，从图 5.30(a)的动能变化曲线图可知，原子的动能先在低范围内上下波动，随着模拟步数的增加，动能增加到较高范围内上下波动，这种变化趋势是由于随着磨粒原子的移动，工件材料的最外层单晶铜原子与颗粒中的原子之间的作用力表现为长程斥力，工件材料中的铜原子开始运动产生动能。当磨粒和单晶铜接触时，接触区域的原子温度增加，原子热运动增加，当颗粒开始进入单晶铜材料时，单晶铜工件材料中的铜原子开始剧烈运动，原子动能开始升高，当切削达到稳定时，工件材料中铜原子动能的产生和转化达到一个动平衡状态，在较高范围上下波动。对切削过程中动能的变化分析发现，当颗粒开始接触工件时，被挤压区域原子发生晶格变形，原子坐标发生改变，形成运动位移，原子具有了动能。随着磨粒对单晶铜进行深入切削，磨粒完全进入工件时，单晶铜工件原子的动能峰值出现变大的情况，由于磨粒切削过程中动能与势能是相互转化的，因此系统整体的动能不会出现很大的变化，只是在进入工件前后动能的峰值出现变化。对比图 5.30(a)所示的不同切削深度动能变化曲线可知，切削角度大小与动能变化并没有表现出直接关系。

从图 5.30(b)中势能变化曲线图可知，随着磨粒切削的进行，工件原子势能呈现逐渐增大的趋势，这是由于随着磨粒从刚开始接触单晶铜工件到完全进入工件进行稳定切削，工件材料逐渐发生变形，工件原子发生位移，导致晶体内晶体点阵发生畸变，从而产生弹性应力场，造成能量变大，即应变能增大。当应变能不足以使材料原子重新排列时，位错运动发生，模拟体系总能量变化，呈现出增大的趋势。切削角度与工件的势能变化有直接的关系，从图中可以观察出在切削后期，随着切削角度的增加，势能增大，正交切削的变化曲线一直处于下方。

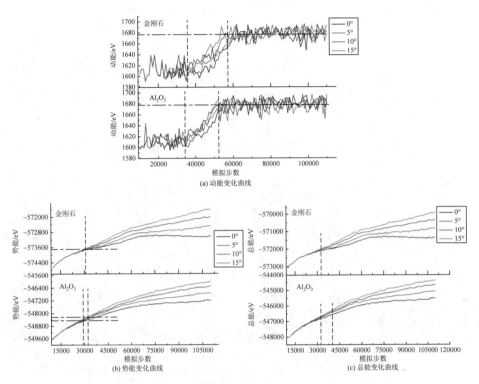

图 5.30　能量随模拟步数的变化曲线

　　对比切削角度 0°～15°能量变化曲线可知，工件原子的动能与原子的热运动息息相关，在恒温系统下，原子热运动的情况基本一致，在磨粒切削过程中，工件原子动能的变化与磨粒切削角度并没有显著的关系。与动能变化不同，随着模拟步数的增加，势能和总能的变化与磨粒的切削角度具有明显的关系，工件原子的势能基本呈现随着切削角度的增加而变大的趋势，从图 5.31 和图 5.32 中的单晶铜工件原子位移图中可知，切削角度为 0°～15°时，单晶铜工件原子的位移方向沿磨粒的切削方向开始增多，相同切削时间下，这个角度范围内，单晶铜工件的切削深度较大，随之 $[00\bar{1}]$ 方向上磨粒破坏的工件原子晶格点阵更多，产生的位错较多，因此相同时间内产生的应变能较多，工件原子的势能和总能相对较高。

　　3）磨粒碰撞切削的原子位移分析

　　在进行分子动力学磨粒流加工数值分析时，对磨粒施加 $[0\bar{1}0]$ 和 $[0\bar{1}\bar{1}]$ 方向上的速度，进行磨粒不同角度切削单晶铜工件材料模拟，切削角度为 0°～45°，对磨粒切削单晶铜工件数值模拟结果进行后处理分析，可得到不同角度不同时刻原子

(a) 0°切削工件原子位移图　　　　　　　　　(b) 5°切削工件原子位移图

(c) 10°切削工件原子位移图　　　　　　　　　(d) 15°切削工件原子位移图

图 5.31　在 $t=60\text{ps}$ 和 $t=70\text{ps}$ 时金刚石磨粒各角度切削单晶铜原子位移图

(a) 0°切削工件原子位移图　　　　　　　　　(b) 5°切削工件原子位移图

(c) 10°切削工件原子位移图　　　　　　　　　(d) 15°切削工件原子位移图

图 5.32　在 $t=60\text{ps}$ 和 $t=70\text{ps}$ 时氧化铝磨粒各角度切削单晶铜原子位移图

的位移图，再探讨磨粒对单晶铜工件切削过程中，磨粒对工件的切削行为以及切削后的单晶铜工件形貌。并对工件原子每一时刻的位移进行标定，如图 5.31 和图 5.32 所示。

在对单晶铜工件原子进行位移方向标定时，选择模拟时间在 60ps 和 70ps 两个时刻的位移方向，在这两个时刻，磨粒已经完全进入切削状态，在切削过程中，对磨粒进行工件原子的标定，并将工件切削部分的原子进行放大，便于观察其在不同时刻的位移方向。

通过图 5.31 和图 5.32 可知，随着磨粒切削的进行，在切削角度 5°~15°原子位移图中，随着切削深度增加，磨粒前端堆积的原子增多，工件中产生位移的原子数量增多，沿磨粒运动方向产生位移的工件原子数量也明显增加，而磨粒的碰撞切削角度在 5°~15° 范围内，相同模拟时间内产生一定的切削深度，说明磨粒对工件原子具有挤压作用。对比正交切削可以发现，磨粒切削角度的改变会引起磨粒前端原子位移方向的改变，同时磨粒产生的缺陷结构增多。在整个碰撞切削过程中，磨粒的总速度保持在 80m/s，磨粒的切削角度变大，相同时间内其切削深度相对较大，磨粒与工件材料之间的摩擦作用力变大，迫使磨粒周围原子产生位移。由于磨粒流在抛光工件的过程中，无数磨粒对工件进行来回切削，在整个过程中，切削角度大的磨粒对工件材料产生较深的凹坑，而后续其他较小切削角度的磨粒会沿此切削痕迹继续进行切削，从而对工件材料切削出一定去除量，完成整个磨粒流加工微切削过程。

4）磨粒碰撞切削的位错分析

随着金刚石磨粒和氧化铝磨粒切削运动的进行，工件切削区域发生了塑性变形，塑性变形包括位错。位错作为晶体中原子排列的一种特殊组态，是晶体中原子排列沿一定晶面与晶向发生了某种有规律的错排。原子产生位移而存在晶体点阵破坏以及重构，从而导致出现大量位错。工件材料内部 HCP 结构随着切削角度的增加大量出现，此外随着模拟的进行，HCP 结构同样增加。磨粒对工件材料以 80m/s 的速度持续切削和挤压，最终由 FCC 结构向 HCP 结构转变，在这个转变过程中，工件原子应变量持续增加，当工件材料原子中应力状态超出热力学相变的阈值而处于亚稳态时，应变继续增加，HCP 相开始形核并自发生长，铜的 FCC 晶格发生绝对失稳，从而诱发力学量的突变。由于原子动能和原子温度有直接联系，如图 5.30 中动能变化曲线，动能都出现跳跃式增加，同时磨粒的切削和挤压造成工件材料中铜原子之间键的断裂，打破了原有规则的晶格结构，部分铜原子排序逐渐变为无序状态，此时这部分原子就形成了非晶结构。在 60ps 和 70ps 时大部分变成非晶结构的原子，与此同时许多相近原子位移方向相同的原子，基本转变为 HCP 结构。磨粒向下进行剪切时，原有的非晶结构中的原子在此发生位移，原子结构重新排序，原本非晶结构变为 HCP 结构，同时部分在下一步切削之前已经转变成 HCP 结构的原子，重新变成非晶结构，并且随着切削深度的增加，磨粒附近的非晶原子增加。

5）磨粒碰撞切削工件表面形貌分析

为更直观地表示磨粒不同角度切削导致的工件表面形貌差异，对金刚石磨粒和氧化铝磨粒切削工件的瞬时表面形貌进行分析，如图 5.33 和图 5.34 所示。

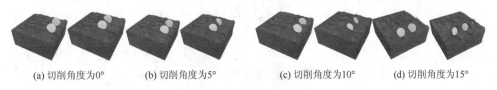

(a) 切削角度为0°　　(b) 切削角度为5°　　(c) 切削角度为10°　　(d) 切削角度为15°

图 5.33　金刚石磨粒不同切削角度的表面形貌图

图 5.33 中选择金刚石磨粒在 60ps 和 90ps 切削工件的瞬时表面形貌图，对比分析切削角度 0°～15°的表面形貌可知，随着切削的进行，切削角度较大的磨粒进

入工件中进行切削，并未形成原子堆积，生成完整的切屑。由于设置的切削速度为 80m/s，在磨粒不同角度切削 90ps 后，磨粒沿工件材料[00$\bar{1}$]方向的切削距离范围为 0~18.64Å。而磨粒的直径为 15Å，可知磨粒直径相对切削深度较大时，产生的晶格缺陷较少，选用切削角度较大时，磨粒也能很好地将凹凸表面进行完全切削。但在磨粒直径相对切削深度较小时，选用 5°以下的切削角度对工件平面完成更好的抛光。

图 5.34 为选择 60ps 瞬时氧化铝切削单晶铜表面效果图，根据原子高度进行了着色。从图 5.34 中可以看出，随着切削角度的增大表面堆积高度增加，堆积面积变大，同时由于正交切削时，切削作用力只作用于工件表面，临近的毛刺也向上发生移动。从图中可以看出，切削角度增加也导致了已加工表面的深度增加。

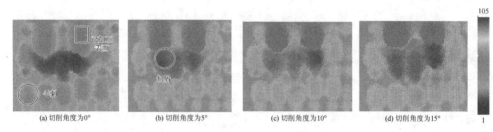

图 5.34　氧化铝磨粒不同切削角度在 60ps 的单晶铜切削表面形貌

5.2.2　单晶铁和单晶铝的表面抛光过程数值分析

选用不同种类的磨粒（碳化硅、氮化硼、氧化铝和金刚石）对粗糙表面的单晶铜工件进行切削模拟，通过对模拟结果分析发现，切削角度对工件材料晶体内部结构有较大的影响，随着切削角度的增加，晶体内部晶格结构复杂程度增加，同时产生的晶体缺陷增加，小角度的切削有利于产生较好的表面形貌。

为研究其他种类金属是否存在以上切削规律，分别选择具有 FCC 晶格结构和 BCC 晶格结构的单晶铝和单晶铁，对磨粒切削过程进行分子动力学仿真。由于在单晶铜仿真模拟中，0°和 5°切削时，产生的晶体缺陷最少，为减少模拟次数，在单晶铁和单晶铝的切削模拟过程中选择切削角度为 0°和 5°。

1. 单晶铁和单晶铝切削过程中力学分析

为进一步研究磨粒流加工过程中工件材料的去除规律，选用不同材质的磨粒对单晶铝和单晶铁进行微切削模拟，磨粒在切削过程中的切削力变化可以反映出材料去除的难易程度以及磨粒去除材料的效率。不同种类磨粒切削单晶铁和单晶铝在 X 方向的切削力变化图如图 5.35 所示。

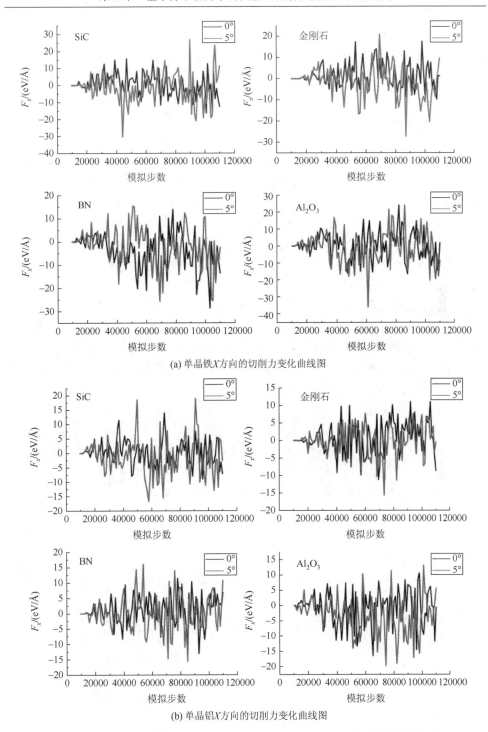

(a) 单晶铁X方向的切削力变化曲线图

(b) 单晶铝X方向的切削力变化曲线图

图 5.35　不同种类磨粒切削单晶铁和单晶铝在 X 方向切削力的变化图

在 X 方向的切削力变化和单晶铜切削相似，随着切削过程的进行，切削力上下波动，通过对比不同磨粒切削两种金属的切削力变化曲线，可以发现在单晶铁中碳化硅磨粒切削力变化最为稳定，波动范围较小，氮化硼磨粒的波动范围最大；单晶铝中金刚石和碳化硅切削力变化较小，氧化铝切削力变化最大，因此在磨粒流加工前最好根据要抛光工件的材料选择不同种类的磨粒。

磨粒沿着不同角度对工件材料进行切削，在 Y 方向的切削占主导作用，Y 方向切削力的变化直接反映了在切削过程中磨粒的主要受力。从图 5.36 中可以看出，Y 方向的切削力基本是先增加然后在某一范围上下波动，基本都是在磨粒完全进入工件进行切削，切削力在一定范围内保持波动状态。不同磨粒围绕不同的值进行波动，通过对比可知，在单晶铁切削过程中，氮化硼磨粒和氧化铝磨粒稳定状态时的切削力较大，碳化硅和金刚石较小，并且切削角度为 0° 的切削力总是小于 5° 的切削力，切削同样距离切削力小即切削阻力较小，因此在相同切削距离内切削角度为 0° 时，更容易完成工件切削并获得较好的工件表面。对比单晶铁和单晶铝，在各种磨粒切削中，单晶铝相对容易切削。

Z 方向的切削力源于磨粒对工件材料的挤压作用，从图 5.37 中可以看出，切削角度为 0° 的切削力比切削角度为 5° 的切削力小。由于在切削过程中，斜切削在 $-Z$ 方向有一定的切削深度，因此角度增加导致切削力增加。在正交切削过程中，

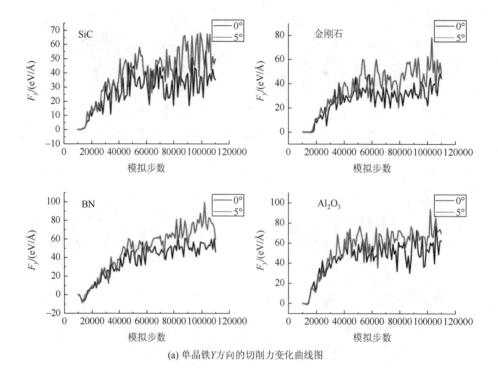

(a) 单晶铁 Y 方向的切削力变化曲线图

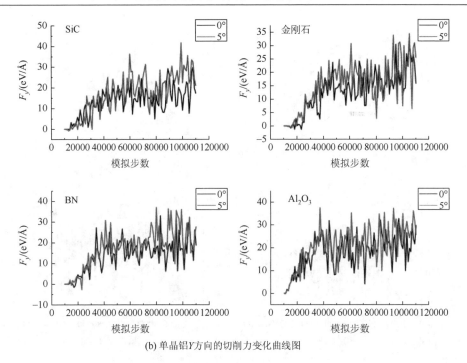

(b) 单晶铝 Y 方向的切削力变化曲线图

图 5.36　不同种类磨粒切削单晶铁和单晶铝在 Y 方向切削力的变化图

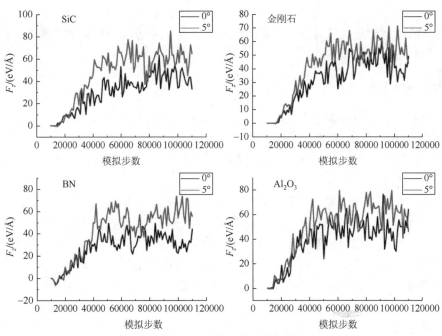

(a) 单晶铁 Z 方向的切削力变化曲线图

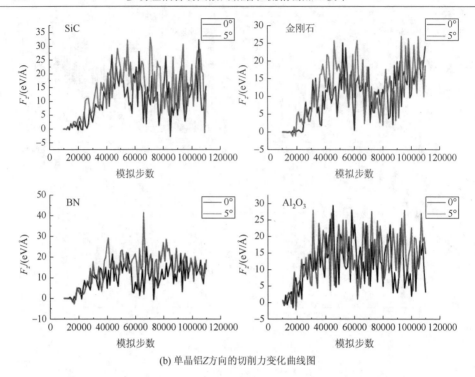

(b) 单晶铝 Z 方向的切削力变化曲线图

图 5.37　不同种类磨粒切削单晶铁和单晶铝在 Z 方向的切削力的变化

Z 方向的切削力是磨粒对已加工表面和未加工表面的挤压，在 Z 方向并没有明显的切削深度。

2. 单晶铁和单晶铝切削过程中势能变化

磨粒对工件材料的切削过程中，工件原子势能的变化与工件原子的晶格结构变化有直接关系。位错的产生、增殖和迁移都会引起应变能的变化，而在切削过程中，应变能的释放将转化为原子的势能，因此探讨磨粒切削过程中势能变化有助于对工件中缺陷结构变化进行研究。

从图 5.38 中可以看出，随着数值模拟步数的增加，单晶铁工件原子之间的势能呈现逐渐增大的趋势，这是由于随着碳化硅磨粒从刚开始接触单晶铁工件到完全进入工件进行稳定切削，工件材料逐渐发生变形，铁原子产生位移，导致晶体内晶体点阵发生畸变，从而产生弹性应力场，造成能量变大，即应变能增大。其变化规律基本相似，通过对比，0°切削的势能变化较 5°小，并且不同磨粒 5°的势能变化曲线分离时间点基本相同，但该模拟步数所对应的势能值并不相同。单晶铁切削过程中，氮化硼磨粒对应的势能值最小，金刚石的势能值最大；单晶铝切削过程中，氧化铝磨粒对应的势能值最小，氮化硼磨粒对应的势能值最大。其不

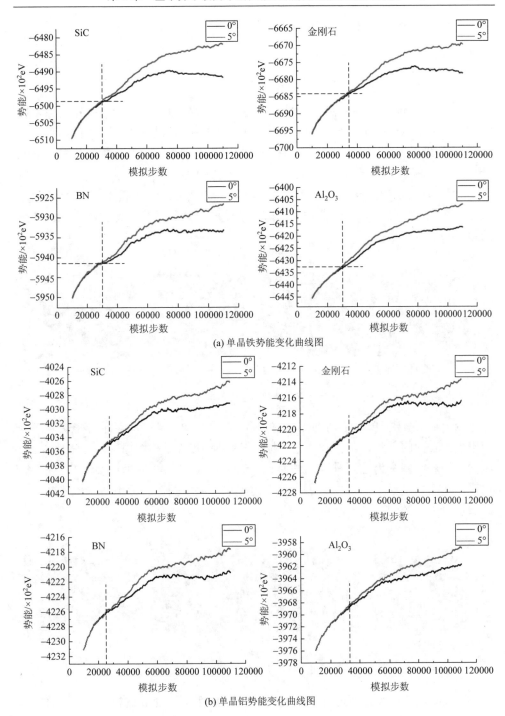

(a) 单晶铁势能变化曲线图

(b) 单晶铝势能变化曲线图

图 5.38　不同金属材料切削过程中势能的变化

同的原因在于不同原子之间相同原子距离的原子力并不相同，从而导致工件原子中的势能变化不同。

3. 单晶铁和单晶铝切削表面及切屑形成

图 5.39 是选择多种磨粒在切削角度为 0°、切削 60ps 的瞬时表面结构图，图中颜色根据 BCC 结构原子高度进行着色以及根据 PTM 技术提取原子的内部缺陷结构，从图中可以看出切削表面是否平整及原子堆积高度。氧化铝磨粒前方的原子堆积高度相对其他磨粒较高，同时粉色原子 HCP 原子和其他原子结构共同形成位错，磨粒前方的原子堆积基本不存在 BCC 结构。从已加工的表面对比分析可知，碳化硅磨粒的切削效果较其他种类的磨粒原子颜色种类较少，氮化硼磨粒已加工的原子颜色种类最多。

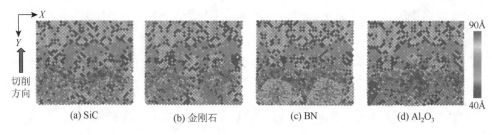

(a) SiC　　(b) 金刚石　　(c) BN　　(d) Al$_2$O$_3$

图 5.39　单晶铁切削表面形貌

图 5.40 是选择单晶铝切削 60ps 的瞬时表面结构，从图中可以看出切屑高度和已加工表面的平整，紫色和粉色的原子分别为 HCP 结构的原子和 BCC 结构的原子，切屑中基本为这两种结构的原子。通过对比不同磨粒的切屑可以发现，氧化铝的切削高度最大，工件原子堆积较为集中，但已加工表面不如碳化硅磨粒，其杂质原子种类较碳化硅磨粒切削表面多。

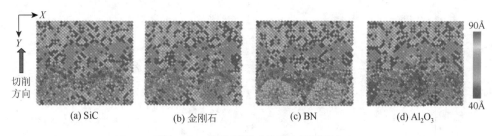

(a) SiC　　(b) 金刚石　　(c) BN　　(d) Al$_2$O$_3$

图 5.40　单晶铝瞬时切削表面形貌

固液两相磨粒流的抛光是对工件表面光整的过程，在抛光过程中，磨粒的棱角充当的角色，类似于纳米机械加工中的刀具。但不同之处在于，磨粒对工件的切削是微量切削，切削速度较小，多个磨粒同时作用在切削层，它们对工件的切削作用相互影响。与宏观机械加工类似,不同的切削深度,对工件材料内部有着不同的影响。在宏观方面,磨粒切削工件由于磨粒的挤压作用导致工件材料去除,从而产生已加工表面形貌以及切屑。在微观方面,磨粒对工件的作用表现为迫使工件材料发生不可逆的塑性变形以及毛刺的断裂去除。影响材料性能好坏的因素有许多,其中之一为工件内部的微观结构。为全面了解固液两相磨粒流加工机制,根据摩擦磨损、晶体塑性等相关知识,通过分子动力学方法建立仿真模型,研究磨粒磨削不同深度条件对各种金属内部结构的影响,如工件材料的塑性、弹性变形、加工力变化、表面创成等。在微观尺度下,工件内部晶格结构对材料变形机理起主导作用,这里以三种多晶材料为研究对象展开磨粒流加工机理的分子动力学模拟研究工作。

在对单晶材料切削研究中可知,磨料浓度是影响磨粒流加工效果的重要因素,磨料浓度从微观角度分析,就是在单位微小面积上磨粒出现的概率(蒙特卡罗法)以及数量。本章通过抛光面积与磨粒出现的数量比例来表征颗粒浓度,同时在单晶切削过程的分子动力学模拟结果表明,切削方向与切削表面正交相对其他切削角度,切削效果较好;因此在多晶抛光过程中,选用正交切削来研究不同切削深度对工件材料的切削效果。

5.3　磨粒流加工不同工件材料仿真模型构建

为了揭示磨粒流加工过程中工件材料内部缺陷的形成与亚表面损伤层形成机理的关系,使用分子动力学方法模拟抛光过程,建立合理的仿真模型对模拟结果的准确性有至关重要的影响。选择常见的三种多晶工件材料进行抛光模型构建,由于三种模型尺寸相似,这里给出多晶铁切削模型,如图 5.41 所示。

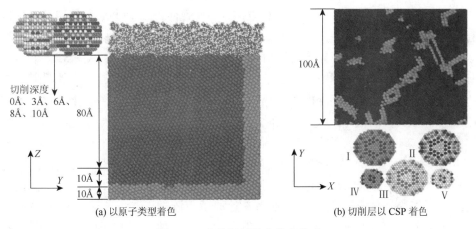

(a) 以原子类型着色　　　　　　　　(b) 切削层以 CSP 着色

图 5.41　多晶材料抛光仿真模型

多晶工件模型在 X[100]、Y[010]、Z[001]方向的尺寸如图 5.41 所示，其中油模型中包含 C、H 原子在内共 22521 个原子，在铜切削模型中包含 84490 个铜原子，铁切削模型中包含 81880 个铁原子，铝切削模型中包含 59169 个铝原子。选择磨粒流加工中常用的三种磨粒：SiC 磨粒、BN 磨粒和 Al_2O_3 磨粒。磨粒流加工仿真模型中有 5 个磨粒，分为两组：Ⅰ 和 Ⅱ 一组，Ⅲ～Ⅴ 为一组。其中 Ⅰ～Ⅲ 磨粒的半径为 15Å，Ⅳ 和 Ⅴ 半径为 5Å，仿真系统弛豫步数为 10000 步，使模拟系综达到平衡，切削模拟分为两个阶段，第一组模拟步数为 100000 步，第二组模拟步数为 180000 步，每步的模拟时间为 0.001ps，仿真过程中磨粒沿[010]方向的切削速度为 50m/s，切削深度依次选择 0Å、3Å、6Å、8Å、10Å。

5.3.1　多晶铜工件材料磨粒流加工切削机理

在磨粒流加工工件过程中，根据不同工件材料或其他研抛条件，选择不同磨料作为固相，磨料的组成成分和结构的不同导致磨粒有不同的硬度，切削效果也不尽相同。这里选择不同磨粒在不同深度下对多晶铜进行微切削研究，探讨磨粒种类对多晶铜的切削效果以及切削深度对多晶材料的影响。

1. 多晶铜工件材料磨粒切削力变化和能量变化分析

在切削过程中，磨粒对工件产生力的作用，导致工件材料去除和切屑的产生，为深入理解多晶铜切削过程，有必要对切削过程工件材料所受到的切削应力变化以及切削运动中工件材料内部能量变化进行研究。在分子动力学仿真模拟过程中，每 1ps 记录磨粒对工件材料的切削应力和工件原子中能量，如图 5.42 所示的切削力变化曲线以及图 5.43 所示的各类能量变化曲线。

在切削过程中，切削方向为[010]方向，因此在[100]方向并未发生切削，只是磨粒与工件原子的摩擦，其切削力变化与单晶切削时[100]方向切削力变化情况类似，同样是原子之间斥力导致的切削力的波动，因此不再赘述。从图 5.42 中可以看出，不同磨粒在[010]和[0$\overline{1}$0]方向，模拟相同切削距离，切削力随着切削深度的增加而增大，以及切削深度不同导致切削力的波动范围也有所变化。切削深度在 10Å 时，其波动范围最大，0Å 和 3Å 深度时波动最小。其波动原因在于，在磨粒向切削方向推进时，会赋予 FCC 晶格中铜原子外力，在外力的作用下，铜原子发生移动，导致 FCC 晶格破坏，在移动的同时又会转变成其他晶格结构，在转变为其他晶格结构的同时产生位错，随着位错的产生和迁移，切削力也随之变化。同时由于多晶铜中存在晶界，并且晶界处原子点阵畸变大，原子排列不规则，常温下晶界的存在会对位错的运动产生阻碍作用，使其塑性变形抗力提高，表现为晶界处的硬度和强度比晶内高。当磨粒移动到 2.5nm 时，开始切削晶界部

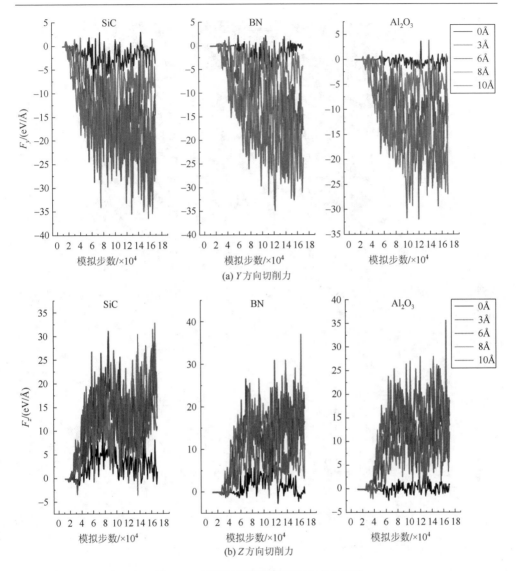

(a) Y 方向切削力

(b) Z 方向切削力

图 5.42　不同种类磨粒的切削力变化曲线

分（图 5.43），图 5.42 中切向切削力开始逐渐增加到最大值，切削过程中法向力主要为磨粒下表面对多晶铜切削表面的挤压和摩擦作用，由于切屑作用磨粒的法向力呈现增大的趋势。对比不同磨粒对工件的切削，在磨粒全部进入工件后，碳化硅磨粒在切削过程中切向力比较稳定，在切削深度较大时氧化铝磨粒的法向切削力和切向切削力相对较小。

为定量分析碳化硅磨粒不同深度切削多晶铜表面的力学性能和表面效应，对磨粒切削过程中切削表面的切向力（[010]方向）和法向力（[00$\bar{1}$]方向）进一步

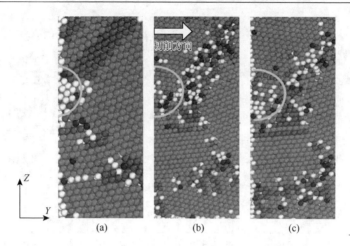

图 5.43　不同种类磨粒切削距离为 2.5nm 时多晶铜瞬时结构

分析，由前面可知，两者的比值即摩擦系数。不同切削深度的摩擦系数如图 5.44 所示。

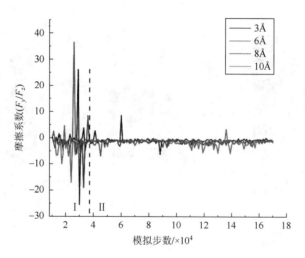

图 5.44　碳化硅磨粒不同切削深度的摩擦系数

　　由于摩擦系数是表征接触表面原子之间附着力的参量，从图 5.44 中可以看出，切削深度的不同并未引起摩擦系数的显著变化，说明在切削过程中摩擦系数与相接触的两种原子有关，与切削深度的关系并不明显。但随着模拟步数的增加，摩擦系数的变化可以划分为两个区域，在Ⅰ区中，磨粒刚开始接触工件材料，磨粒的切向力和法向力一直处于增加的趋势（图 5.42），并未达到相对稳定状态。摩擦系数在一定范围内不断上下剧烈波动。磨粒进入稳定状态时，如Ⅱ区中所示，各切削深度的摩擦系数在很小范围内波动，各个切削深度的摩擦系数基本保持一致，处于稳定状态。只有切削深度为 10Å 时，模拟后期出现少量的异常波动。图 5.44 中摩擦系数围绕上线波动的水平值较小，这是在多晶铜切削中，液相的作用降低了两种原子的附着力，说明液相在磨粒对工件的切削过程中同时具有润滑作用。

从能量的角度对切削过程进行分析，对比图 5.42 所示的切削力变化曲线图可知，在切削力增大的时间点，动能和势能也随之增加。在磨粒完全进入工件进行切削时，由于原子动能与原子的热运动相关，原子的热运动又与温度有直接关系，模拟中温度保持在 310K，因此在稳定切削时，原子的动能基本保持在恒定范围内进行波动。势能的变化与多晶材料中晶格变化有直接关系，当磨粒切削至晶界处时，由于晶界处的原子偏离平衡位置，具有较高的动能，并且晶界处存在较多的缺陷，如空穴、杂质原子和位错等，晶界处原子的扩散速度比晶内快，模拟系综的恒定温度导致较多原子动能转化为势能，在切削晶界处时原子势能增加比较快，如图 5.45 所示的势能曲线图中 I 区，当磨粒切削完成晶界部分时，进入晶内进行切削，如势能曲线图中 II 区，势能开始呈下降趋势，在整个切削过程中，磨粒切

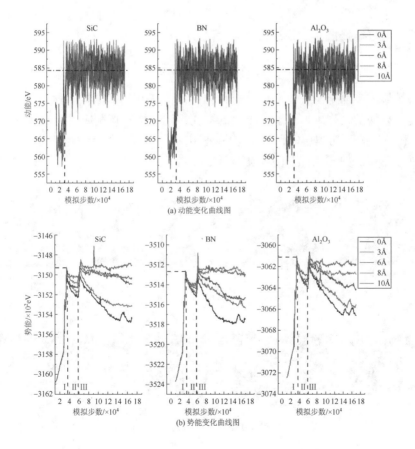

(a) 动能变化曲线图

(b) 势能变化曲线图

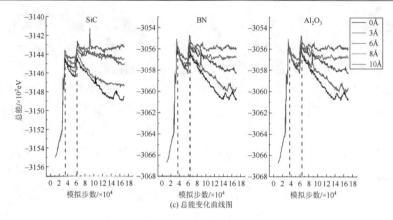

图 5.45　能量变化曲线图

削轨迹经过晶界部分和晶内部分，因此势能在变化趋势上呈现出增加下降不断进行变化趋势，由于每个晶界中原子排列结构不同，因此势能增长和下降趋势有所不同。由于热力学中的总能就是体系中总势能和总动能之和，在切削过程后期，动能在一定范围内上下波动，基本保持稳定状态，所以总能和势能的变化趋势基本相同，但每个峰值和低谷都比势能大。

2. 多晶铜工件磨粒切削的内部结构以及表面形貌变化

磨粒切削多晶铜工件过程中，工件内部的晶格结构随磨粒的移动发生变化，为研究磨粒切削过程中内部缺陷结构的变化，选择磨粒切削距离为 0nm、2.5nm、4.5nm 和 6.5nm 时切削层的瞬时结构图，采用不同方式对切削深度为 3Å 的切削层原子进行着色，如图 5.46～图 5.48 所示。

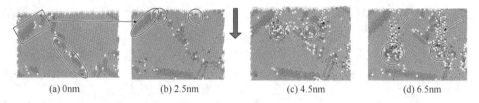

(a) 0nm　　　　(b) 2.5nm　　　　(c) 4.5nm　　　　(d) 6.5nm

图 5.46　BN 磨粒不同切削距离工件瞬时结构

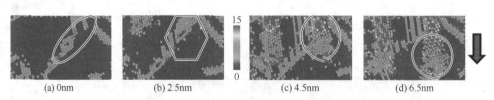

(a) 0nm　　　　(b) 2.5nm　　　　(c) 4.5nm　　　　(d) 6.5nm

图 5.47　BN 磨粒不同切削距离铜原子排布

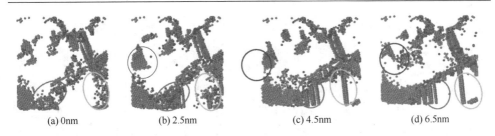

(a) 0nm　　　　　(b) 2.5nm　　　　　(c) 4.5nm　　　　　(d) 6.5nm

图 5.48　碳化硅磨粒切削过程中层错变化

采用 BAD 分析技术提取了工件内部原子排布，为明确在切削过程中颗粒下方对多晶铜工件的作用机制，研究从初始时刻开始不同时间点切削层下表面的晶格变化，如图 5.46 所示。图 5.46 中圆形所圈出的位置为磨粒所处位置，从图中可以看出在磨粒刚进入工件材料时，原子产生位移，生成位错。由于晶界对位错的移动有阻碍作用，初始时刻矩形中的晶界变化成图 5.46(b) 中椭圆位置的原子排布，形成位错积塞，从而导致工件产生加工硬化，由于此位置不在切削路径内，因此磨粒继续前进并未导致其继续产生较大晶格变化。随着磨粒由初始位置进入工件，图 5.46(a) 中椭圆所标识出的晶界分解向下迁移，与下方的位错交互作用，形成新晶界。从图 5.46 中可以看出在磨粒所经过的位置，由原本排列规则的 FCC 晶格结构的铜原子，变为位错结构或者非晶结构，在磨粒已经切削的表面形成大量的白色原子组成的非晶结构（黑色箭头所指），形成新的表面。

为清晰地描述位错在切削过程中的扩展，通过 CSP 值将切削表面进行着色，由图 5.47 可知晶粒内部的 CSP 值较低，大多为 0 左右，晶粒内部 CSP 值分布较均匀，在靠近晶界部分的铜原子 CSP 值略有增加，从图中初始结构可以看出，晶粒内部原子排布基本为 FCC 结构，只有在晶界部分原子排列发生畸变。当切削过程进行时，图中淡绿色与淡蓝色原子增多，同时出现一些红色原子，在部分晶粒中产生了大量位错，同时位错随着磨粒的前进增殖和迁移，在晶界处产生堆积（图 5.47(b)），在切削后期，随着应力的加载，晶粒中的弹性变形已经不能满足应变的增加，晶粒的晶向不同导致抵抗变形能力的不同，导致位错层形核并沿着密排面（晶界部分）扩展，从而导致能量的突变，同时由大晶粒分解为许多小晶粒。

在磨粒流加工过程中，多晶铜工件中内部结构随着磨粒的切削进行变化，图 5.48 展示了多晶铜工件在 SiC 磨粒切削过程中孪晶界的生成过程，图 5.48(a) 中绿色线框中标识出晶体中的初始位错，随着磨粒切削工件的进行，初始位错在切削挤压处形核并开始迁移（图 5.48(b)），由于晶粒之间的晶界对晶粒中的位错迁移有阻碍作用，位错在迁移中，增殖的位错在晶界上开始形核，但产生的新位错迁移在晶界上仍然被阻挡，由于磨粒的切削，晶界上产生的位错被分解成了孪晶位错（图 5.48(b)和图 5.48(c)），孪晶位错受到磨粒切削力的作用继续运动，导致孪晶界的尺寸逐渐变大。晶粒内部孪晶界产生以后，虽然晶体铜 FCC 原子点阵并未发生改变，在孪晶界一侧的铜原子随着磨粒的切削产生了均匀切变，而构成该区域的铜原子的晶体取向出现了改变，并且以孪晶界为轴形成对称关系。晶粒中晶体取向的变化将会激活晶粒中新的位错滑移，导致工件材料进一步发生塑性变形。随着磨粒切削的深入，位错沿孪晶界进行运动，导致晶界沿切削方向移动，当孪晶界随着磨粒向前迁移遇到前方的位错时，由于位错的滑移面和孪晶界平行，孪晶界沿位错滑移面向前迁移。

图 5.49 中分别列出了碳化硅磨粒在 3Å 切削深度，在不同时刻加工多晶铜的表面形貌，原子根据其高度进行着色。图 5.49(a)为磨粒完全进入工件中的情况，在已加工表面原子颜色基本为蓝色，有少量淡蓝，可以看出已加工表面的效果较好，同时在磨粒前方存在显著的原子堆积，随着磨粒切削的进行，原子堆积高度越来越大，最后变为切屑脱落。同时根据图 5.41 所示的模型，在Ⅰ、Ⅱ原子切削完成后，Ⅲ号原子对工件进行切削（图 5.49(d)），将Ⅰ、Ⅱ原子切削形成的棱起切除，从图 5.49(c)和图 5.49(d)对比可以看出，Ⅲ号原子形成的已切削表面的粗糙度明显增加，形成了高度较矮棱起，依次类推，最终形成较为平整的表面，因此颗粒粒径较小时，更容易获得平整的工件表面。

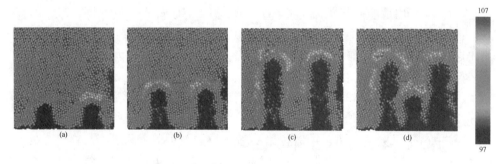

图 5.49　碳化硅磨粒不同时刻多晶铜的表面形貌

5.3.2　多晶铁工件材料磨粒流加工切削机理

1. 多晶铁工件材料磨粒切削的力学分析

磨粒在切削多晶铁工件材料时，通过破坏材料内部晶格点阵结构达到切削效果。在破坏铁原子之间的相互作用时，磨粒中的原子对工件材料中原子的切应力就是切削力，切削力可以反映工件材料的去除过程，图 5.50 和图 5.51 所示为磨粒在切削多晶铁工件过程中力学的变化。

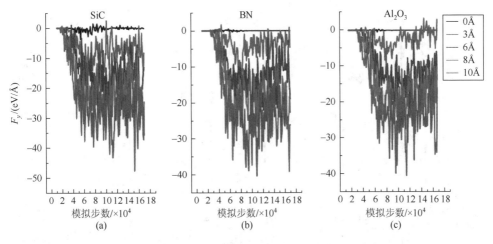

图 5.50　多种磨粒对多晶铁切削过程中 Y 方向切削力变化

在磨粒切削工件仿真过程中，切削方向为 Y 方向，因此 Y 方向的切削力是磨粒流加工工件的主要作用力。图 5.50 表示不同磨粒对多晶铁以不同深度进行切削时，Y 方向切削力变化曲线图，从图中可以看出，切削力基本呈现先增大然后在一定范围内进行波动，同时在三种磨粒变化曲线中，磨粒的切削力随着切削深度的增加而变大，并且切削深度在 3Å 时，曲线波动很平缓，因此切削深度较小时，切削比较稳定。

通过摩擦系数可以定量分析磨粒流微抛光表面的力学性能以及产生的表面效应，摩擦系数为切削过程中磨粒的切向力（F_y）和法向力（F_z）的比值，摩擦系数表征接触表面原子之间的附着力，磨粒与工件相互接触时，工件与磨粒下方接触区域内的原子，由于受到磨粒挤压，两种表面原子非常接近，从而磨粒和工件表面原子之间形成某种原子键，这种原子键的强度和多晶铁中铁与铁之间的原子键的强度相当。图 5.51 表示碳化硅、氮化硼和氧化铝在抛光模拟仿真过程中摩擦系数的变化曲线。从图中可以看出，不同磨粒在切削多晶铁中产生的摩擦系数有很大的差异，碳化硅磨粒的摩擦系数曲线最为稳定，氮化硼磨粒的摩擦系数曲线在切削中最不稳定，摩擦系数越大接触表面原子的附着力越大，磨粒切削过程中将会带走已加工表面中的部分工件原子，从而影响表面质量。

2. 多晶铁工件磨粒切削的内部结构变化分析

磨粒切削多晶铁工件过程中，工件内部的晶格结构随磨粒的移动发生变化，为研究磨粒切削过程中内部缺陷结构的变化，选择磨粒切削距离为 0nm、2.5nm、4.5nm 和 6.5nm 时，切削层的瞬时结构图，采用 CSP 方法和 PTM 方法对切削深度为 3Å 的切削层原子排列进行着色，如图 5.52 和图 5.53 所示。

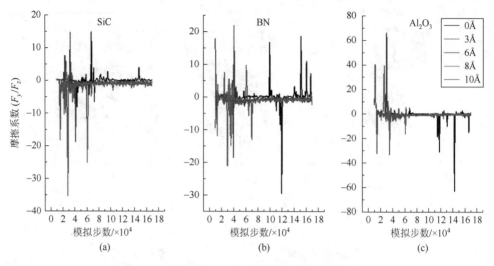

图 5.51　不同磨粒对多晶铁切削时摩擦系数变化

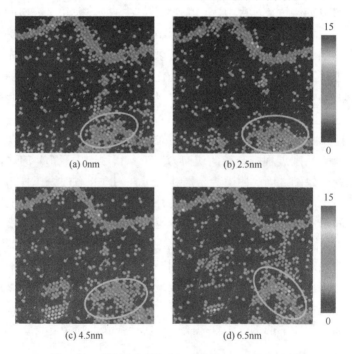

图 5.52　碳化硅磨粒切削工件材料 CSP 着色分析

　　CSP 能通过工件材料中近邻原子对的对称关系，清晰地显示出在磨粒切削过程中，材料发生变形的种类，当材料未发生变形或发生弹性变形时，原子的 CSP 值为 0。当材料发生塑性变形时，处于缺陷环境的原子的 CSP 不为 0，位错缺陷结构中的原子 CSP 值为 2.1。在图 5.52 中通过 CSP 值将多晶铁工件材料的表面进行切削，从图中可知晶体内部大部分的 CSP 值为 0 左右，图中标识出的部分为晶体中的缺陷结构，从图中可以看出晶界部分原子排列发生畸变，随着切削的进行位错开始迁移，在运动过程中位错与位错相互融合，产生了较大位错，由于晶界对位错的阻挡作用，位错在晶界处开始堆积，如图 5.52(c) 和图 5.52(d)所示。随着应力的加载，晶粒中的弹性变形已经不能满足应变的增加，晶粒的晶向不同导致抵抗变形能力的不同，也导致位错层形核并沿着密排面（晶界部分）扩展，从而导致能量的突变（图 5.52(d)），原有大晶粒分解为许多小晶粒，从图 5.52 中可以看出，在切削过程中磨粒切削工件材料的变形种类主要为塑性变形。

　　为明确显示 SiC 磨粒在加工多晶铁工件过程中工件原子排列结构变化，通过 PTM 技术对多晶铁切削层的原子排列顺序进行着色，图 5.53(a)～(d)依次为磨粒的切削距离 0nm、2.5nm、4.5nm 和 6.5nm，随着磨粒切削的进行，图 5.53(a)中晶体内部初始位错开始迁移，在迁移时与滑移面的其他位错交割，产生新的位错，形成一个个位错环，由于晶界对位错具有一定的阻挡作用，在图 5.53(b)中形成位错塞积。随着磨粒的继续挤压切削，新生成的位错向前运动，位错塞积给晶界施加的作用力大于晶界阻挡位错施加的应力，导致晶界断裂，如图 5.53(c)和图 5.53(d)所示，从而使工件材料进一步发生复杂的塑性变形。

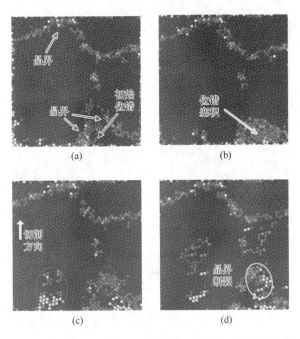

图 5.53　SiC 磨粒切削多晶铁切削层原子排列结构示意图

5.3.3 多晶铝工件材料磨粒流加工切削机理

1. 多晶铝工件材料磨粒切削的势能变化

在切削过程中，磨粒的移动导致工件材料发生塑性变形，工件内晶体点阵发生畸变，从而产生弹性应力场，造成模拟体系总能量变化，而势能的变化与晶体内缺陷结构的数量有直接关系。不同种类的磨粒切削多晶铝过程中，工件的势能变化曲线如图 5.54 所示。

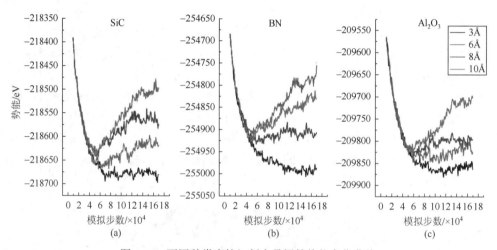

图 5.54　不同种类磨粒切削多晶铝的势能变化曲线

图 5.54 为 SiC、BN 和 Al_2O_3 三种磨粒在对多晶铝切削时的工件原子势能变化曲线。随着磨粒切削的进行，铝原子之间的势能先减小，然后逐步增大，增大到一定值后，势能趋于稳定。切削的整个过程原子势能存在一定波动，其波动原因与单晶工件材料切削类似。势能变化曲线中存在能量的涨落，说明磨粒在切削过程中，存在位错和迁移。同时从图中对比分析可知，切削深度较浅时，势能涨落的频率较低，即在晶体内部产生的位错相对较少。对比不同磨粒切削多晶的势能变化曲线可知，磨粒种类对工件原子的能量有一定的影响，氧化铝磨粒切削时其势能变化较小，BN 势能变化值较大，因此这也从侧面证明在抛光时要根据工件材料选择合适的磨粒种类。

2. 多晶铝工件磨粒切削的内部结构变化

磨粒流加工多晶铝的过程中，晶体内部原子排列结构在不断变化，通过不同方法对切削层进行着色，分析磨粒切削不同距离（0nm、2.5nm、4.5nm 和 6.5nm）时，切削层的结构变化，如图 5.55 和图 5.56 所示。

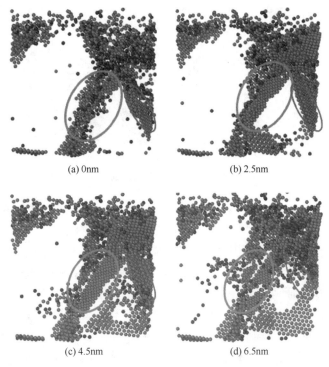

(a) 0nm　　　　　　　　　　　(b) 2.5nm

(c) 4.5nm　　　　　　　　　　(d) 6.5nm

图 5.55　碳化硅磨粒切削时多晶铝工件内部层错结构变化

图 5.55 所示为碳化硅磨粒以 3Å 的深度对工件进行切削时，切削层晶体中层错结构的变化，图 5.55(a)显示在初始状态时晶体中存在内部缺陷，随着切削过程的进行，初始状态中的位错沿晶界进行迁移，位错被晶界阻挡后，形成位错塞积，由于外加载荷的作用孪晶位错（图 5.55(a)和图 5.55(b)绿色线内）形成。SiC 磨粒继续切削，对位错施加外力，位错沿孪晶界进行运动，导致晶界沿切削方向移动，如图 5.55(c)和图 5.55(d)绿色线内所示，当孪晶界受到磨粒的外加载荷而向前迁移，遇到前方的晶体内部位错时，孪晶界和位错相互作用导致孪晶界分解消失，如图 5.55(d)绿色线圈所示，这就是发生了去孪生现象。

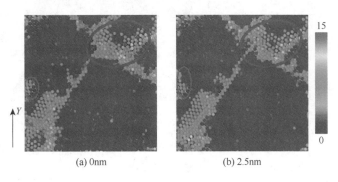

(a) 0nm　　　　　　　　　　　(b) 2.5nm

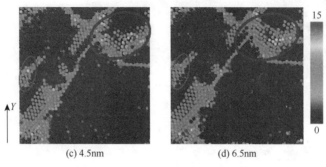

(c) 4.5nm　　　　　　　　　　(d) 6.5nm

图 5.56　碳化硅磨粒切削多晶铝的切削层结构

图 5.56 为 SiC 磨粒切削深度为 3Å 的切削层结构图，根据晶体中晶体结构的 CSP 值对多晶铝切削表面进行着色，图中晶体内蓝色部分的原子 CSP 值为 0 左右，占整个晶体大部分，图中标识出的绿色和黄色的原子为晶体中的缺陷结构，可以看出晶界部分原子排列发生畸变。材料发生塑性变形时，处于缺陷环境的原子的 CSP≠0，堆垛层错原子的 CSP = 8.3，因此随着切削的进行位错开始迁移，工件材料发生塑性变形，在运动过程中位错与位错相互融合，产生了较大位错。由于晶界对位错的阻挡作用，位错在晶界处开始堆积，如图 5.56(c)和图 5.56(d)所示。随着应力的加载，晶粒中的弹性变形已经不能满足应变的增加，晶粒的晶向不同导致抵抗变形能力的不同，导致位错层形核并沿着密排面（晶界部分）扩展，从而导致能量的突变（图 5.56(d)）。

5.3.4　磨粒种类对磨粒流加工不同工件材料效果的影响

为研究不同磨粒对多晶材料切削效果的影响，分别选择不同工件材料在不同种类的磨粒切削作用下瞬时结构图进行研究，通过对切削深度为 8Å 的切削层晶体结构的分析，探讨磨粒对不同工件材料的切削影响，在图 5.57～图 5.59 中(a)、(b)、(c)依次表示 SiC 磨粒、BN 磨粒和 Al₂O₃ 磨粒对工件进行切削的瞬时结构图。

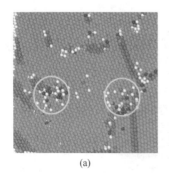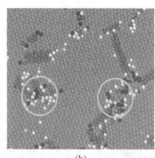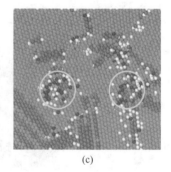

(a)　　　　　　　　　　(b)　　　　　　　　　　(c)

图 5.57　不同种类磨粒对多晶铜切削的键角分析图

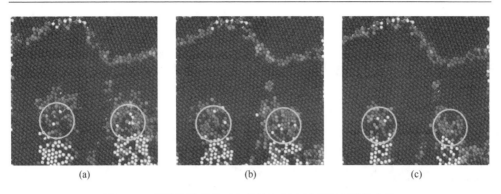

图 5.58　不同种类磨粒对多晶铁切削中原子排列结构变化

图 5.59　不同磨粒对多晶铝切削中 CSP 变化图

图 5.57 为磨粒切削深度为 8Å、移动距离为 5.5nm 时多晶铜切削层的原子结构图，图中根据 BAD 技术着色，图中圈出部分为磨粒所在位置。从图 5.57 中可以看出，氧化铝磨粒切削导致工件晶体产生的缺陷结构较其他两种磨粒多。由于势能的变化与晶内缺陷有着密切的联系，通过图 5.45(b) 势能变化曲线图中切削深度为 8Å 所对应的变化曲线，可以看出曲线在后期涨落较其他两种磨粒频繁，而位错的产生和迁移需要克服高能势垒，因此氧化铝磨粒在切削多晶铜过程中，晶体内部会产生相对较多的晶体缺陷。选择合适种类的磨粒进行抛光，将会得到较好的抛光效果。

图 5.58 为多晶铁切削距离为 5nm 时，不同磨粒的切削深度为 8Å 瞬时结构图，图中根据 PTM 技术进行着色，图中圈出的部分为磨粒所在的位置，可以看出由于磨粒的挤压切削作用，磨粒经过的位置原子的排列结构都发生了变化，图中紫色和白色的原子分别为简单立方结构原子和非晶结构原子，棕红色的为 HCP 结构，从图中还可以看出 SiC 磨粒切削图中切削位置的原子排列较为分散，其产生的位错结构基本随着磨粒的前进向前运动，在 BN 磨粒切削图中，在磨粒切削的位置前方同样产生了位错。

图 5.59 为三种磨粒以切削深度 8Å 对多晶铝切削距离为 6.5nm 时，切削层的表面原子结构瞬时图，图中根据原子的 CSP 值进行着色。当材料发生塑性变形时，处于缺陷环境的原子的 CSP≠0，从图中可以看出在切削距离为 6.5nm 时，多晶铝中铝原子发生塑性变形，并且图中的塑性变形呈现层状结构，在垂直面处和水平面处都存在绿色原子即晶体缺陷结构。图中可以发现 Al$_2$O$_3$ 切削多晶铝这个瞬时结构图中所积累的缺陷结构数量较其他两种磨粒少，对比图 5.54 多晶铝的势能变化曲线图可以发现，两者可以相互验证，即由图 5.54 和图 5.59 可知，氧化铝磨粒对多晶铝的切削效果较其他种类的磨粒好。

5.3.5 切削深度对磨粒流加工不同工件切削效果的影响

在多晶材料切削过程仿真中，选用不同切削深度将导致磨粒产生不同大小的切屑，获得不同的表面形貌。为探究切削深度对切削效果的影响，图 5.60 为选择 SiC 磨粒以不同深度切削三种工件材料的仿真瞬时图，图中原子颜色按原子在 Z 方向的高度进行着色，图中选择Ⅰ～Ⅲ磨粒切削工件的表面形貌瞬时图，图中 a～d 依次表示切削深度为 3Å、6Å、8Å 和 10Å，图 5.60 表示在切削过程中，多磨粒对工件的切削机制，Ⅰ、Ⅱ磨粒切削平面产生棱起，在后面的Ⅲ磨粒对棱起继续切削，完成表面切削。

从图 5.60 工件材料切削表面图可知，随着切削深度增加产生的原子堆积严重，对比已切削部分，不同材料的工件在相同深度具有不同的切削表面，在多晶铜工件中切削深度为 3Å 和 6Å 时，在Ⅲ区磨粒已切削区域的表面形貌相似，而在 8Å 和 10Å 的切削深度时，此区域的表面形貌具有一定的层次感，即表面粗糙相对较大。在多晶铁的切削表面图中发现，切削深度较深的磨粒虽然产生的原子堆积较大，但其完成切削的表面却比较平整。对于图 5.60(c)中多晶铝切

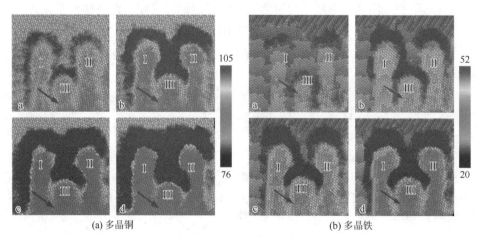

(a) 多晶铜　　　　　　　　　　　　　　　　　(b) 多晶铁

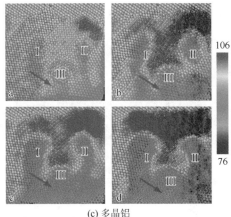

(c) 多晶铝

图 5.60　碳化硅磨粒切削不同工件材料的表面形貌图

削效果图，与多晶铜的切削效果图类似，在切削深度为 3Å 和 6Å 的表面形貌图较其他深度的切削表面图效果好，因此切削深度对切削效果的影响需依据工件的晶格结构而定。

参 考 文 献

[1] Li J Y，Wang B Y，Wang X H，et al. Based on the molecular dynamics of particles in micro grinding numerical simulation[J]. Journal of Computational and Theoretical Nanoscience，2016，13（11）：8652-8657.

[2] 李俊烨，王兴华，张心明，等. 基于分子动力学磨粒流加工数值模拟研究方法：201510112567. 2[P]. 2017.

[3] Li J Y，Wang X H，Qiao Z M，et al. Molecular dynamics research of mechanical properties of Al₂O₃ and SiC abrasives[C]. 2015 4th International Conference on Materials Engineering for Advanced Technologies （ICMEAT2015），2015（6）：247-250.

[4] 李俊烨，杨兆军，吴绍菊，等. 一种伺服阀阀芯喷嘴的数值模拟分析方法：201610047944. 3[P]. 2016-07-06.

[5] 李俊烨，吴桂玲，侯吉坤，等. 喷油嘴磨粒流加工颗粒运动数值模拟方法：201510227337. 0[P]. 2017.

[6] Goldstein H，Poole C，Safko J. Classical Mechanics[M]. 3rd Edition. San Francisco：Addison Wesley，2002.

[7] 刘枫林，徐魏. 石蜡基和环烷基变压器油的性能比较[J]. 变压器，2004，41（7）：27-30.

[8] Maple J R，Dinur U，Hagler A T. Derivation of force fields for molecular mechanics and dynamics from ab initio energy surfaces[J]. Proceedings of the National Academy of Sciences，1988，85（15）：5350-5354.

[9] Sun H，Mumby S J，Maple J R，et al. An ab initio CFF93 all-atom force field for polycarbonates[J]. Journal of the American Chemical Society，1994，116（7）：2978-2987.

[10] Sun H. Ab initio calculations and force field development for computer simulation of polysilanes[J]. Macromolecules，1995，28（3）：701-712.

[11] Mazeau K，Heux L. Molecular dynamics simulations of bulk native crystalline and amorphous structures of cellulose[J]. The Journal of Physical Chemistry B，2003，107（10）：2394-2403.

[12] 唐玉兰，梁迎春，程凯，等. 单晶铜纳米切削过程的研究[J]. 纳米技术与精密工程，2004（2）：132-135.

[13] Ackland G J，Jones A P. Applications of local crystal structure measures in experiment and simulation[J]. Physical Review B，2006，73（5）：054104.

[14] Larsen P M，Schmidt S，Schiøtz J. Robust structural identification via polyhedral template matching[J]. Modelling and Simulation in Materials Science and Engineering，2016，24（5）：055007.

[15] 崔守鑫，胡海泉，肖效光，等. 分子动力学模拟基本原理和主要技术[J]. 聊城大学学报，2005，18（3）：30-34.

[16] 高玉凤. 典型固液界面热力学与动力学性质的分子动力学研究[D]. 上海：华东师范大学，2011.

[17] 陈正隆，徐为人，汤立达. 分子模拟的理论与实践[M]. 北京：化学工业出版社，2007.

[18] 张继民. 单晶铜纳米切削过程分子动力学建模与仿真[D]. 秦皇岛：燕山大学，2008.

[19] 郑雪梅. 面向超精密切削加工的并行分子动力学仿真研究[D]. 天津：天津大学，2005.

[20] 董坤. 基于分子动力学的固液两相磨粒流加工机制数值模拟研究[D]. 长春：长春理工大学，2017.

[21] 李俊烨，董坤，王兴华，等. 颗粒微切削表面创成的分子动力学仿真研究[J]. 机械工程学报，2016，52（17）：94-104.

第6章 多物理耦合场磨粒流加工的
热力学作用规律分析

为探讨微小孔和特殊通道内固液两相磨粒流加工热力学关键技术，以喷油嘴、共轨管、三通管、U 型管四种变口径管和非直线管为研究对象（其中，喷油嘴头部有微小孔，同时也属于变口径管工件；共轨管、三通管和 U 型管属于非直线管工件），通过改变各模型进、出口以及边界条件使得其约束通道内磨粒流表现为湍流流动，结合固液两相流混合（mixture）模型和可实现（realizable）k-ε 湍流模型，采用压力基耦合方程 SIMPLEC 算法进行计算，最后得到复杂流体在流场中各处的压力、速度、温度等的分布情况，以及这些物理量的变化对通道表面质量的影响情况[1-5]。

6.1 物理模型建立及网格划分

6.1.1 物理模型建立

喷油嘴、共轨管、三通管、U 型管这四种管类零件在汽车、民用医疗及军工领域广泛使用，所以本章选用以上四种变口径管和非直线管类零件的磨粒流加工过程进行数值分析[6-9]。喷油嘴是高压共轨燃油喷射系统中的重要组成部件，其内部喷嘴处微小孔的加工要求随着各国对发动机排放标准的提高变得越来越苛刻，其加工质量的好坏将直接影响发动机燃料的喷射雾化和燃烧性能[10, 11]，同时喷油嘴的密封性、使用寿命以及发动机的经济性和排放指标等也都受喷油嘴加工质量的影响。共轨管是高压共轨燃油喷射系统中储存燃油的装置，其作用是将高压油泵提供的高压燃油分配到各喷油器中，起到蓄压器的作用，进而抑制高压油泵供油和喷油时所产生的压力波动[12]。喷油嘴与共轨管均具有高硬度、在油口交叉部分有倒圆角、管道内部无毛刺且表面光滑的特点[13, 14]，喷油嘴与共轨管三维实体模型如图 6.1 和图 6.2 所示。

三通管与 U 型管三维实体模型如图 6.3 和图 6.4 所示。

在进行多物理耦合场两相磨粒流数值计算之前，需要对初始计算参数进行设定。考虑到实际加工情况以及磨粒流流动性，所配制的研磨介质是由航空机油和碳化硅颗粒按照一定的比例混合而成的。其中航空机油的使用可以使碳化硅颗粒均匀地分布于流体介质中，而且还能有效减轻碳化硅颗粒对磨料缸壁的磨损[15, 16]。

图 6.1　喷油嘴三维实体模型

图 6.2　共轨管三维实体模型

图 6.3　三通管三维实体模型

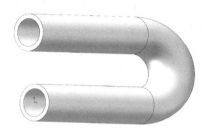

图 6.4　U 型管三维实体模型

6.1.2　模型网格的划分

由于磨粒流是黏性流体，要研究多物理耦合场变口径管和非直线管磨粒流加工过程中的生热、传热，需要对被加工件近壁区的动态压强、湍流动能等流场参数进行分析[17]。划分网格时应注意以下几点：首先计算速度上应符合网格数目最少的要求；其次杜绝截断误差应满足网格光顺的要求；最后所需工件近壁区应满足边界层网格加密处理的要求。因六面体网格节点数要比四面体更接近实际，所以共轨管通道模型进行非结构化六面体网格划分。而简化后的喷油嘴通道几何模型要比共轨管通道几何模型形状复杂，所以对喷油嘴通道几何模型则用四面体进行网格划分。对于 U 型管与三通管，因其内部通道结构较为简单，所以采用非结构化六面体进行网格划分[18]。

网格质量的好坏将直接影响所需计算资源的配置以及仿真结果的收敛性、计算精度[19]。为获得满意的网格质量，对于共轨管通道模型，先对计算模型进行分块处理，然后以六面体网格对分块后的通道进行划分并逐个设置网格疏密程度（包括边界层网格加密，增强对工件壁面的处理），从而达到控制网格数目与网格质量的目的，以符合模拟仿真计算的要求。虽然四面体网格生成算法复杂且计算效率低，但其几何模型适应性比六面体网格要好，而且划分方法简单。由于喷油嘴通道几何模型形状复杂，所以书中选用四面体网格对其划分，并在喷油嘴通道壁面处生成边界层网格。变口径管和非直线管通道几何模型网格划分及网格质量检查情况如图 6.5～图 6.8 所示。

图 6.5　喷油嘴通道模型网格

图 6.6　共轨管通道模型网格

图 6.7　三通管通道模型网格

图 6.8　U 型管通道模型网格

6.2　多物理耦合场固液两相磨粒流加工数值分析

6.2.1　喷油嘴通道磨粒流加工数值分析

1. 不同入口湍流动能条件下的磨粒流加工数值分析

喷油嘴通道几何模型入口干路直径为 4mm，支路直径为 0.3mm，对喷油嘴三维通道模型本章采用与共轨管通道模型相同的仿真工艺进行数值模拟。首先对不同入口湍流动能条件下同时加工喷油嘴六个支路这种工艺的仿真结果进行研究，考虑到喷油嘴通道模型的对称性及各支路沿圆周均匀分布的特点，为了能够清楚地察看模拟情况，这里仅对 *XOY* 面上的仿真结果进行展示。当入口速度为 80m/s、初始温度为 300K 时，对喷油嘴主通道和支路近壁处的湍流动能、湍流强度、湍流黏度、动态压强进行对比分析，获得如图 6.9～图 6.12 所示的湍流动能、湍流强度、湍流黏度和动态压强云图。

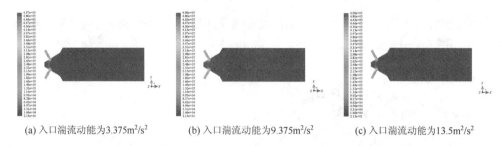

(a) 入口湍流动能为3.375m²/s²　　　　(b) 入口湍流动能为9.375m²/s²　　　　(c) 入口湍流动能为13.5m²/s²

图 6.9　不同入口湍流动能条件下同时加工六个支路的湍流动能云图

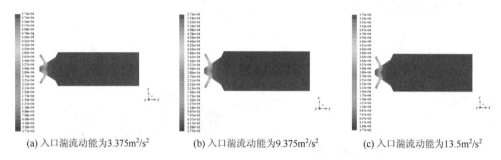

(a) 入口湍流动能为3.375m²/s²　　　　(b) 入口湍流动能为9.375m²/s²　　　　(c) 入口湍流动能为13.5m²/s²

图 6.10　不同入口湍流动能条件下同时加工六个支路的湍流强度云图

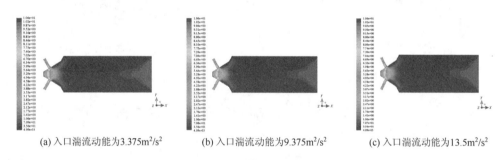

(a) 入口湍流动能为3.375m²/s²　　　　(b) 入口湍流动能为9.375m²/s²　　　　(c) 入口湍流动能为13.5m²/s²

图 6.11　不同入口湍流动能条件下同时加工六个支路的湍流黏度云图

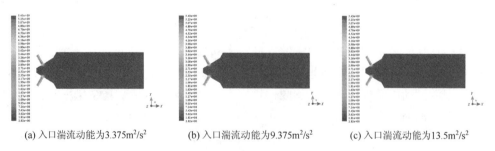

(a) 入口湍流动能为3.375m²/s²　　　　(b) 入口湍流动能为9.375m²/s²　　　　(c) 入口湍流动能为13.5m²/s²

图 6.12　不同入口湍流动能条件下同时加工六个支路的动态压强云图

观察图 6.9 和图 6.10 可以发现，在不同入口湍流动能条件下同时加工喷油嘴的六个支路时，喷油嘴支路内的湍流动能和湍流强度远大于主通道的湍流动能和湍流强度，在交叉孔处两者的值均比较大，沿支路出口方向两者也都呈现梯度减小的趋势。从图 6.11 所示的湍流黏度云图可以看出，在喷油嘴的出口端，湍流黏度变化比较明显，且喷油嘴支路的湍流黏度值远大于主通道的湍流黏度，在喷油嘴支路中湍流黏度呈阶梯分布。从图 6.12 中可以看出，喷油嘴支路动态压强同样大于主通道动态压强，且交叉孔处动态压强值比较大。通过对比分析发现，在入口湍流动能为 $9.375\text{m}^2/\text{s}^2$ 时，喷油嘴支路近壁处的湍流黏度和动态压强分布均匀程度较好。

2. 不同温度条件下的磨粒流加工数值分析

当入口湍流动能为 $9.375\text{m}^2/\text{s}^2$ 时，对不同的初始温度与同一入口速度（80m/s）这种情况进行数值求解，同样仅对 XOY 平面上的仿真结果进行展示。分别设定 290K、300K、310K、320K 为初始温度，同时对磨粒流加工六个支路的情况进行仿真，湍流动能、湍流强度、湍流黏度、动态压强云图如图 6.13～图 6.16 所示。

从图 6.13 和图 6.14 所展示的内容来看，无论是湍流强度还是湍流动能，在喷油嘴的支路中都呈对称分布，且支路中两者的值也远大于主通道中的数值，在主通道与支路交汇处两者也均达到最大值，这说明磨粒流加工过程主要作用于喷油

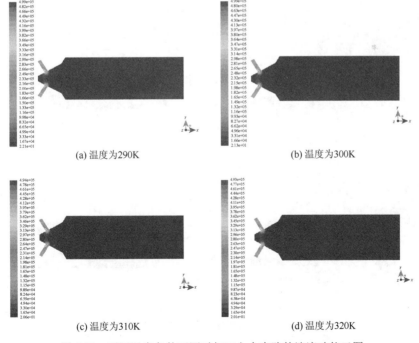

(a) 温度为290K　　　　　　　　　　(b) 温度为300K

(c) 温度为310K　　　　　　　　　　(d) 温度为320K

图 6.13　不同温度条件下同时加工六个支路的湍流动能云图

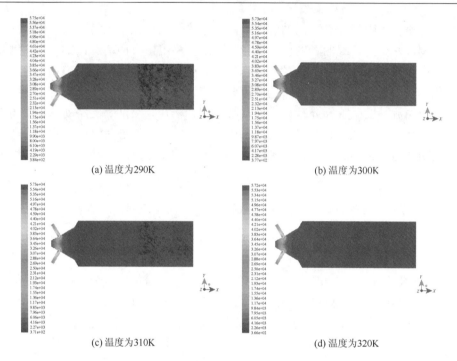

图 6.14　不同温度条件下同时加工六个支路的湍流强度云图

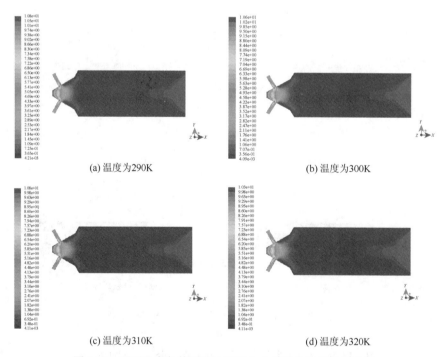

图 6.15　不同温度条件下同时加工六个支路的湍流黏度云图

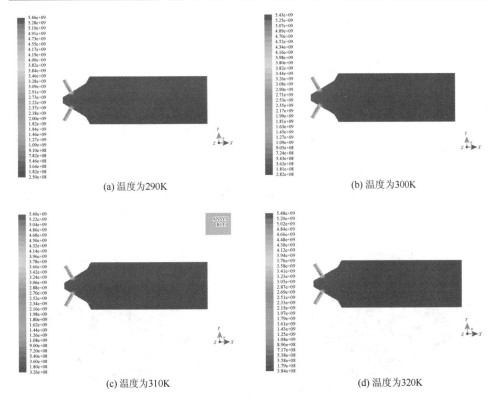

(a) 温度为290K

(b) 温度为300K

(c) 温度为310K

(d) 温度为320K

图 6.16　不同温度条件下同时加工六个支路的动态压强云图

嘴的支路通道，磨粒的无规则运动在喷油嘴微孔支路中较为激烈，而且磨粒在交叉孔处最为活跃，这有利于喷油嘴支路微孔的光整加工以及支路交叉孔处的去毛刺、倒圆角，这恰恰有益于喷油嘴微孔的喷射性能。湍流黏度是指当流体处于湍流状态时，由随机脉动所造成的强烈涡团扩散，即湍流黏度的本质是涡扩散。从图 6.15 所示的湍流黏度云图中可以看出，在喷油嘴出口端，由于磨粒流流体截面积减小，磨粒流涡团扩散作用增强，使得湍流黏度值逐渐增大，且喷油嘴支路的湍流黏度值远大于主通道湍流黏度值，在喷油嘴支路中湍流黏度呈阶梯分布。数值模拟所得到的动态压强云图分布情况如图 6.16 所示。从喷油嘴通道动态压强云图中可以看到，喷油嘴支路微孔的动态压强大于主通道的动态压强，在支路内呈由壁面到中心对称分布的状态，而且越到中心处值也越大。温度的变化对喷油嘴支路通道的动态压强影响不太大，动态压强随着温度的升高有少量增加。

对不同温度同一入口湍流动能（$9.375\text{m}^2/\text{s}^2$）条件下同时加工六个支路的湍流动能、湍流强度、湍流黏度云图作进一步分析，支路湍流动能、湍流强度、湍流黏度云图呈阶段性分布。对一个支路进行观察，发现可以将其划分为三个区域，从交叉孔处到出口分别记作 1 区、2 区、3 区共三个区。为方便对比研究，将支路动态压强云图也按从交叉孔处到出口分段的方法，分为 1 区、2 区、3 区三个区，下面将不同温度下同时加工喷油嘴六个支路的湍流动能、湍流强度、湍流黏度、动态压强云图进行对比分析。

将在不同入口湍流动能条件下同时加工喷油嘴六个支路的仿真结果与在不同温度条件下同时加工喷油嘴六个支路的仿真结果进行对比分析，可以得到当入口速度为 80m/s 时，喷油嘴支路内各个区域的温度变化与湍流动能变化的对应关系。当温度较低时，喷油嘴支路近壁处湍流动能和湍流强度的减少量比较大，随着温度的进一步升高，湍流动能和湍流强度的减少量越来越小。同理，可以得到入口速度分别为 60m/s、70m/s、90m/s 时，喷油嘴支路内各区域的温度变化与湍流动能变化的对应关系，并绘制出各个区域的温度与湍流动能的对应关系，如图 6.17 所示。

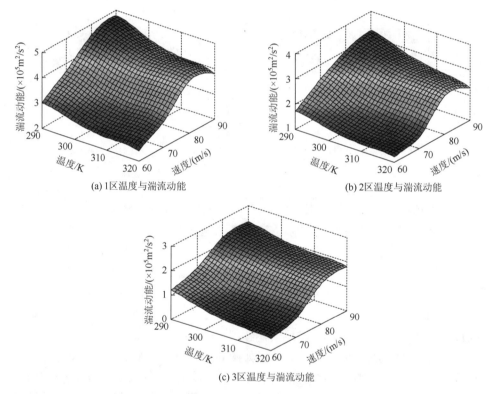

图 6.17　喷油嘴支路内温度与湍流动能的对应关系

由图 6.17 可以看出，随着加工温度的升高，喷油嘴支路内各个区域的湍流动能在减小，在 1 区即主通道与支路交汇处湍流动能达到最大值，说明磨粒流在喷油嘴喷孔处运动最为激烈，磨粒在此处的活动也最为活跃，这有益于喷油嘴喷孔处的去毛刺和倒圆角加工，也能改善喷油嘴的喷射性能。

3. 不同速度条件下的磨粒流加工数值分析

同样作为对比，在入口湍流动能为 $9.375\mathrm{m}^2/\mathrm{s}^2$ 时，选取同一温度（300K）不同速度（60m/s、70m/s、80m/s、90m/s）条件下同时加工六个支路的情况进行仿真。对 XOY 平面上的喷油嘴通道近壁处的湍流动能、湍流强度、湍流黏度、动态压强云图进行显示和分析，获得如图 6.18～图 6.21 所示的湍流动能、湍流强度、湍流黏度、动态压强云图。

从图 6.18 和图 6.19 中可以发现，在对喷油嘴通道进行加工时，通道支路近壁处的湍流动能和湍流强度值都比较大，同样在交汇处两者的值更高，而且速度增加的同时，湍流动能和湍流强度也在增加，这是因为支路截面变小，磨粒与通道壁面接触增多，导致近壁处的湍流动能增大。从图 6.20 的湍流黏度云图中可以看出，喷油嘴支路的湍流黏度值远大于主通道湍流黏度值，以交叉孔处值为最大，且在喷油嘴支路中湍流黏度呈区域性分布。而图 6.21 所示的支路动态压强则是由喷油嘴支路中心向壁面逐渐减小，速度的增加对动态压强影响不大。可以看出，湍流动能、湍流强度、湍流黏度从通道交叉孔到出口处可以分为三个区域，分别记作 1 区、2 区、3 区。对动态压强依据同样的方法分为三个区，记作 1 区、2 区、

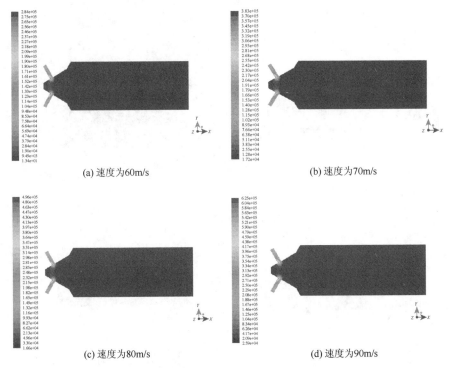

(a) 速度为60m/s　　　　　　　　　　(b) 速度为70m/s

(c) 速度为80m/s　　　　　　　　　　(d) 速度为90m/s

图 6.18　不同速度条件下同时加工六个支路的湍流动能云图

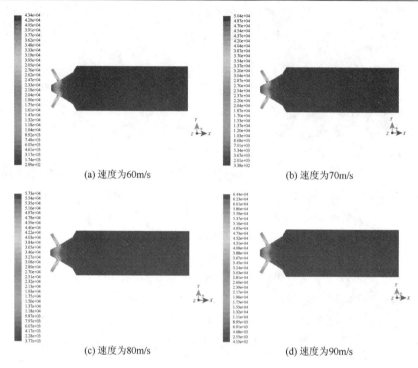

(a) 速度为60m/s　　　　　　　　　　　　　(b) 速度为70m/s

(c) 速度为80m/s　　　　　　　　　　　　　(d) 速度为90m/s

图 6.19　不同速度条件下同时加工六个支路的湍流强度云图

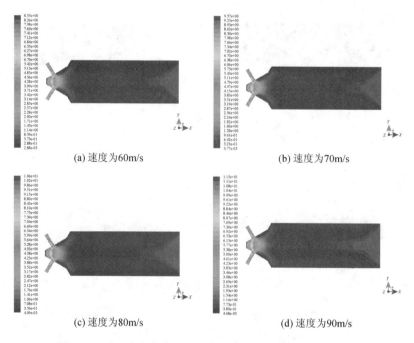

(a) 速度为60m/s　　　　　　　　　　　　　(b) 速度为70m/s

(c) 速度为80m/s　　　　　　　　　　　　　(d) 速度为90m/s

图 6.20　不同速度条件下同时加工六个支路的湍流黏度云图

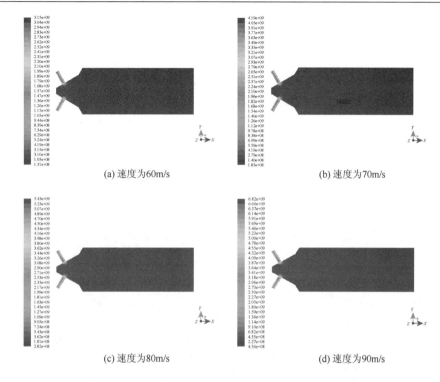

(a) 速度为60m/s

(b) 速度为70m/s

(c) 速度为80m/s

(d) 速度为90m/s

图 6.21　不同速度条件下同时加工六个支路的动态压强云图

3 区。对不同速度同一入口湍流动能（9.375m²/s²）条件下支路近壁处的湍流动能、湍流强度、湍流黏度、动态压强进行深入研究，可以得到初始温度为 300K、入口湍流动能为 9.375m²/s² 时，喷油嘴支路内各个区域的速度变化与湍流动能变化的对应关系。同理可以得到初始温度分别为 290K、310K、320K 时，喷油嘴支路内各区域的速度变化与湍流动能变化的对应关系，并绘制出各个区域的速度与湍流动能的对应关系，如图 6.22 所示。

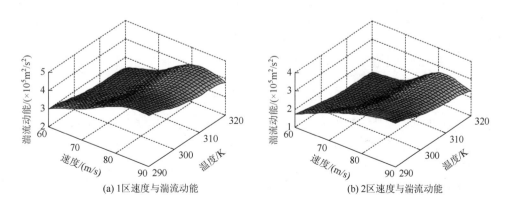

(a) 1区速度与湍流动能

(b) 2区速度与湍流动能

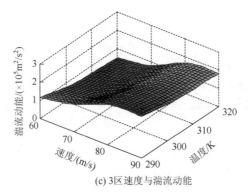

图 6.22　喷油嘴支路内速度与湍流动能的对应关系

从图 6.22 中可以看出，在对喷油嘴通道进行磨粒流加工时，喷油嘴支路内各个区域的湍流动能随加工速度的增加而增加，而加工温度的升高则导致支路内各个区域的湍流动能减小，同样在 1 区湍流动能的值比较大。这是因为在喷油嘴喷孔处磨粒流的速度较大，切削加工作用较强，使得喷油嘴喷孔处的湍流动能比较大。

将在不同温度条件下同时加工喷油嘴六个支路的仿真结果与在不同速度条件下同时加工喷油嘴六个支路的仿真结果进行对比研究，可以得到当入口湍流动能为 $9.375\text{m}^2/\text{s}^2$ 时，磨粒流初始温度 300K 所对应的最佳加工速度是 80m/s，即在这种条件下喷油嘴支路通道近壁处的湍流动能、湍流强度、湍流黏度、动态压强的分布情况最好。依据同样的方法还可以求得磨粒流初始温度分别为 290K、310K、320K 时的最佳加工速度，从而可以得到喷油嘴通道磨粒流加工温度与速度的对应关系。同理可以得到入口湍流动能分别为 $3.375\text{m}^2/\text{s}^2$、$13.5\text{m}^2/\text{s}^2$ 时，喷油嘴通道磨粒流加工温度与速度的对应关系。绘制出不同入口湍流动能条件下喷油嘴通道磨粒流加工温度与速度的对应关系，如图 6.23 所示，从图中可以看出，当温度较低时，喷油嘴通道加工速度的增量较大，随着温度的继续升高，速度的增加量越来越小，温度升高到一定值后，加工速度几乎不再增加，这是由于喷油嘴通道内磨粒流液体的浓度较大，而温度升高导致流体介质黏度下降，使得速度的变化对通道加工效果影响不大。

6.2.2　共轨管通道磨粒流加工数值分析

1. 磨粒流加工共轨管全部支路数值分析

所选共轨管零件几何模型入口干路直径为 16mm、支路直径为 4mm。选用不同的初始温度及同一入口速度和不同入口速度及同一初始温度两种工艺对共轨管三维通道模型进行数值模拟，得到图 6.24 所示的不同温度条件下同时加工四个支路的动态压强云图。

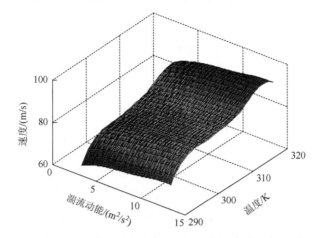

图 6.23　喷油嘴通道磨粒流加工温度与速度的对应关系

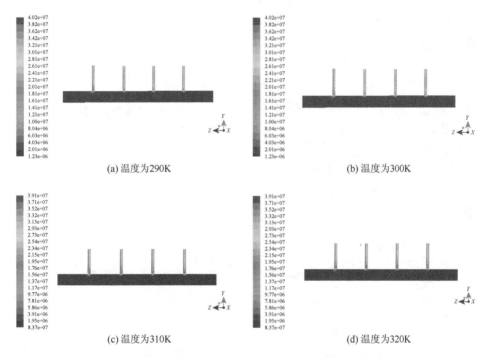

图 6.24　不同温度条件下同时加工四个支路的动态压强云图

从图 6.24 中可以看出，在共轨管主通道中，动态压强随着流动的深入会衰减，这是因为磨粒流在流动过程中由于黏性、颗粒碰撞等因素会造成能量损失。而共轨管支路中的动态压强要大于主通道，呈现出越靠近支路中心动态压强越大的趋势，且在交叉孔处最大，这是由于共轨管支路横截面积突然变小以及磨粒流在通道中的方向改变。从图 6.24 中可以看出，四个支路中的动态压强分布也不相同，离入口越近的支路其内部动态压强分布越好。然而随着温度的升高，共轨管通道中的动态压强变化并不大，可以看到随温度的增加，动态压强的差距略微缩小。

从图 6.25 中可以看出，磨粒流以一定的速度进入共轨管主通道后，由于磨料介质的黏性作用，会在近壁区域形成边界层，沿流动方向且逐渐扩张，即管内接近壁面那部分流体的速度没有管道中心的速度大。这是因为磨粒流的黏性以及磨粒与壁面碰撞等因素造成能量损失导致速度衰减，在主通道与支路交汇处存在速度递减的情况。而在四个支路中，可以看出速度与动态压强分布较为相似，即支路边界区域的速度明显小于中心区的速度，且离入口越近，支路内部的速度分布越有利于加工。然而随着加工温度的升高，磨料介质的黏度会降低，这使得磨粒流的流动性增强，从而导致速度递减的程度下降。

对初始温度为 300K，而入口速度分别设定为 30m/s、40m/s、50m/s、60m/s，同时加工四个支路的情况进行模拟，可以得到仿真过程中的动态压强分布云图，如图 6.26 所示。

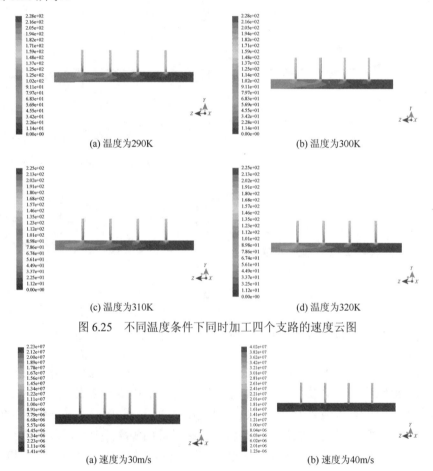

(a) 温度为290K　　　　　　　　(b) 温度为300K

(c) 温度为310K　　　　　　　　(d) 温度为320K

图 6.25　不同温度条件下同时加工四个支路的速度云图

(a) 速度为30m/s　　　　　　　　(b) 速度为40m/s

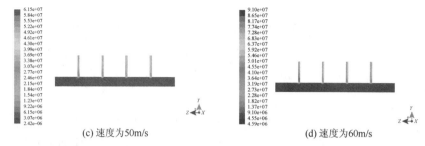

(c) 速度为50m/s　　　　　　　　　　　　(d) 速度为60m/s

图 6.26　不同速度条件下同时加工四个支路的动态压强云图

由图 6.26 能够看出，同一温度下，速度增加会导致动态压强也随之增加。在共轨管主通道中，随着速度的增加动态压强分布趋向均匀，即压力衰减作用变弱，这有助于更好地形成湍流流动，使主通道加工均匀一致，获得理想的表面质量。

湍流脉动速度和湍流平均速度的比值即湍流强度，它是衡量湍流强弱的指标，不同速度条件下同时加工四个支路的湍流强度云图如图 6.27 所示。

从图 6.27 中可以看出，在共轨管主通道内近壁处的湍流强度要比中心处大，且随着流动的进行，近壁处湍流强度趋向均匀，说明磨粒在通道近壁处的脉动扩散效果较中心好，即磨粒在近壁区域无规则运动相对于中心要更加剧烈，这是因为磨粒流与通道壁面有碰撞，使得近壁区域流体脉动速度较大，导致湍流强度也大。在共轨管的四个支路内，同样是近壁区湍流强度较大，中心区域出现低值，但是支路总体的湍流强度要比主通道大很多，这有利于对支路的光整加工。四个支路内的湍流强度分布存在差别，离入口越远的支路，其湍流强度分布越不好，这显然不利于加工的一致性。

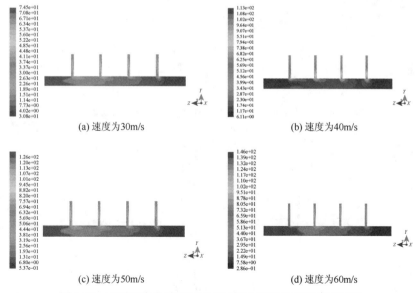

(a) 速度为30m/s　　　　　　　　　　　　(b) 速度为40m/s

(c) 速度为50m/s　　　　　　　　　　　　(d) 速度为60m/s

图 6.27　不同速度条件下同时加工四个支路的湍流强度云图

2. 磨粒流加工共轨管温度数值分析

为获得更优的加工方案，现对磨粒流同时加工共轨管全部支路与单独加工某个支路的温度变化情况进行分析，得到图 6.28 所示的不同温度条件下同时加工共轨管四个支路的静态温度云图。

作为对比，再选取在不同温度条件下仅加工一个支路的静态温度云图进行观察，因为只加工一个支路，这里仅显示 *YOZ* 平面上的结果，效果图如图 6.29 所示。

从图 6.28 和图 6.29 中可以看出，同时加工四个支路时孔壁温度变化量较大，且各个支路孔壁温度分布没有单独加工一个支路时均匀，这显然不利于共轨管光整加工的一致性，故采用每次仅加工一个支路的方法较为合理。

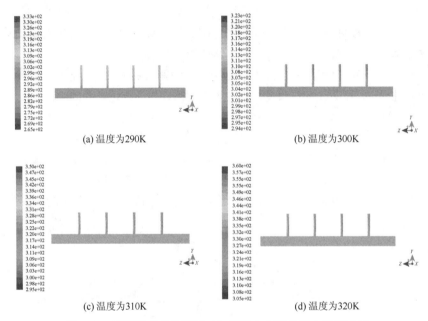

图 6.28　不同温度条件下同时加工四个支路的静态温度云图

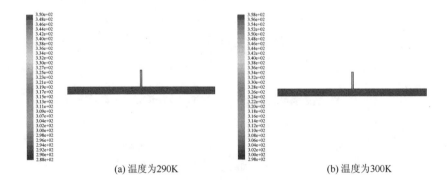

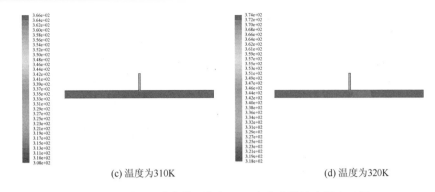

(c) 温度为310K　　　　　　　　　(d) 温度为320K

图 6.29　不同温度条件下仅加工一个支路的静态温度云图

3. 磨粒流加工共轨管单一支路数值分析

主通道管壁温度变化没有支路管壁温度变化明显，交叉孔处温度又比支路近壁处温度变化明显，且交叉孔处两边温度变化不一致，这不利于交叉孔处的倒圆角处理，所以实际加工过程要形成回路才较为合理。在较低温度下进行加工，磨料介质的温度升高幅度较大，随着初始温度的升高，磨料介质的温度升高值越来越小且会在原来的基础上出现下降，即超过一定温度的情况下，由于磨粒流介质黏度的下降，磨粒切削能力减弱，导致磨粒流加工工件产生的热量没有耗散的热量多，故出现降温。温度的变化会影响磨粒的不规则运动程度以及介质的黏度，从而影响磨粒流加工过程。

下面对不同入口湍流动能条件下只加工一个支路这种工艺规程的仿真结果进行研究，这里同样仅显示 *YOZ* 平面上的结果。当入口速度为 50m/s、初始温度为 300K 时，对共轨管主通道和支路近壁处上的湍流动能、湍流强度、湍流黏度和动态压强进行对比分析，获得如图 6.30～图 6.33 所示的湍流动能、湍流强度、湍流黏度、动态压强云图。

湍流动能是反映湍流发展混合能力的一个指标，湍流动能较大的地方，湍流脉动强度与脉动速度也相应比较大，此时磨粒与通道壁面的接触也更加频繁无规

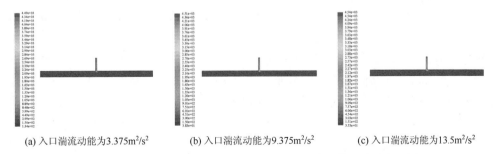

(a) 入口湍流动能为3.375m²/s²　　　(b) 入口湍流动能为9.375m²/s²　　　(c) 入口湍流动能为13.5m²/s²

图 6.30　不同入口湍流动能条件下仅加工一个支路的湍流动能云图

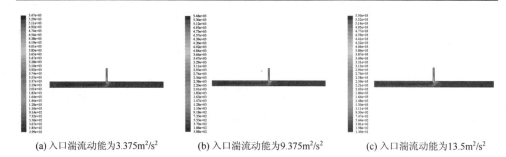

(a) 入口湍流动能为3.375m²/s²　　　(b) 入口湍流动能为9.375m²/s²　　　(c) 入口湍流动能为13.5m²/s²

图 6.31　不同入口湍流动能条件下仅加工一个支路的湍流强度云图

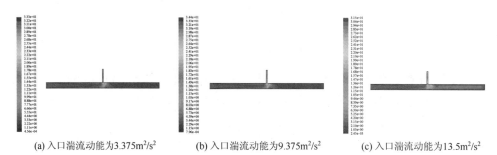

(a) 入口湍流动能为3.375m²/s²　　　(b) 入口湍流动能为9.375m²/s²　　　(c) 入口湍流动能为13.5m²/s²

图 6.32　不同入口湍流动能条件下仅加工一个支路的湍流黏度云图

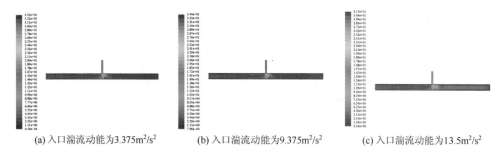

(a) 入口湍流动能为3.375m²/s²　　　(b) 入口湍流动能为9.375m²/s²　　　(c) 入口湍流动能为13.5m²/s²

图 6.33　不同入口湍流动能条件下仅加工一个支路的动态压强云图

则，致使切削能力增强、加工效果明显。从图 6.30 中可以看出，在不同入口湍流动能条件下只加工共轨管的一个支路时，共轨管主通道内的湍流动能远小于支路湍流动能，湍流动能在交叉孔处值比较大，且沿支路出口方向呈现梯度减小趋势。观察图 6.31 的湍流强度云图可以发现，共轨管支路的湍流强度值要比主通道大很多，且在共轨管支路湍流强度的分布与湍流动能分布相似。从图 6.32 中可以看出，共轨管支路湍流黏度值同样远大于主通道湍流黏度值，共轨管支路中湍流黏度呈阶梯分布。图 6.33 所展示的是在不同入口湍流动能条件下只加工共轨管的一个支路的动态压强分布情况，从中可以看出，共轨管支路动态压强同样大于主通道动态压强，且交叉孔处动态压强值比较大。

　　观察湍流动能、湍流强度、湍流黏度图可以发现，从通道交叉孔处到出口呈区域性分布，从下到上可以分为四个区域，记作 1 区、2 区、3 区、4 区。同时把动态压强图中支路从下到上也分为 1 区、2 区、3 区、4 区，并对共轨管支路内近壁处的湍流动能、湍流强度、湍流黏度、动态压强进行深入对比。

　　将在不同入口湍流动能条件下只加工共轨管一个支路的仿真结果与在不同温度条件下只加工一个支路的仿真结果进行对比研究，可以得到当入口速度为 50m/s 时，共轨管支路内各个区域的温度变化与湍流动能变化的对应关系。同理可以得到当入口速度分别为 30m/s、40m/s、60m/s 时，共轨管支路内各区域的温度变化与湍流动能变化的对应关系，并绘制出各个区域的温度与湍流动能的对应关系，如图 6.34 所示。

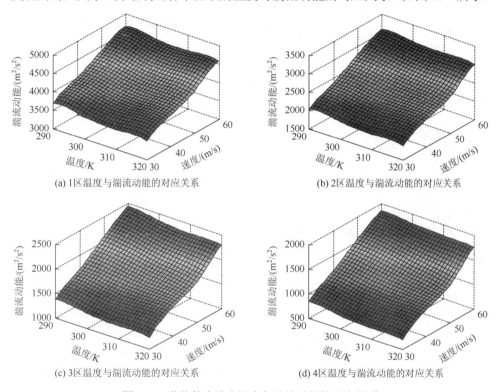

图 6.34　共轨管支路内温度与湍流动能的对应关系

　　观察图 6.34 可知，共轨管支路内每个区域的湍流动能都随加工温度的升高而降低，这是因为磨粒流黏度随温度的升高而降低，进而使得磨粒流动阻力减小，因此产生的湍流脉动速度减小，致使通道近壁处的湍流动能降低。在 1 区即共轨管主通道与支路交叉孔处湍流动能的值为最大，说明在交叉孔处磨粒流对通道壁面的碰撞切削作用最强，这有利于共轨管支路交叉孔处的去毛刺、倒圆角工艺加工。从图 6.34 中还可以看出，随着加工速度的增加，共轨管支路内每个区域的湍流动能也在增加。

为了得到共轨管支路内各个区域的速度变化与湍流动能变化的对应关系，下面选取不同速度条件下只加工一个支路的工艺规程进行研究，这里也是显示 *YOZ* 平面上的结果。当初始温度为300K、入口湍流动能为 $9.375\text{m}^2/\text{s}^2$ 时，对共轨管主通道和支路近壁处的湍流动能、湍流强度、湍流黏度、动态压强仿真结果进行分析，如图 6.35～图 6.38 所示。

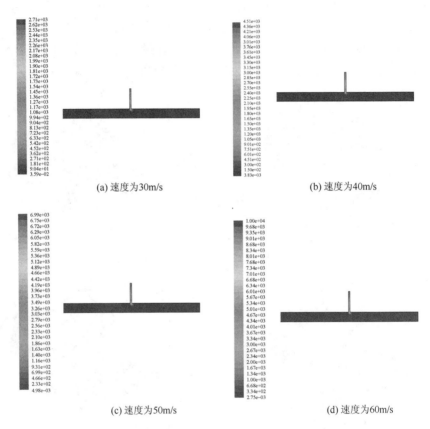

(a) 速度为30m/s   (b) 速度为40m/s

(c) 速度为50m/s   (d) 速度为60m/s

图 6.35　不同速度条件下仅加工一个支路的湍流动能云图

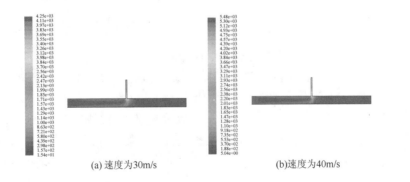

(a) 速度为30m/s   (b)速度为40m/s

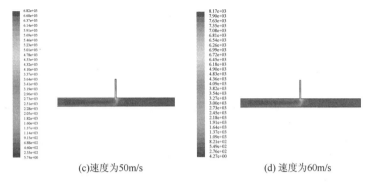

(c)速度为50m/s　　　　　　　　　　(d) 速度为60m/s

图 6.36　不同速度条件下仅加工一个支路的湍流强度云图

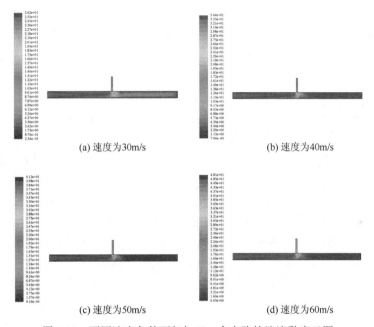

(a) 速度为30m/s　　　　　　　　　　(b) 速度为40m/s

(c) 速度为50m/s　　　　　　　　　　(d) 速度为60m/s

图 6.37　不同速度条件下仅加工一个支路的湍流黏度云图

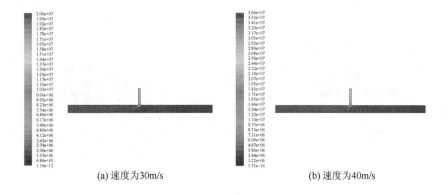

(a) 速度为30m/s　　　　　　　　　　(b) 速度为40m/s

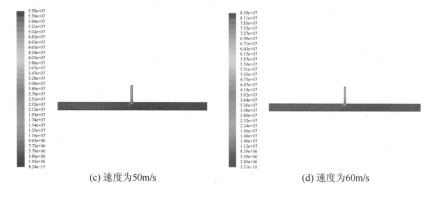

(c) 速度为50m/s　　　　　　　　　　　　　(d) 速度为60m/s

图6.38　不同速度条件下仅加工一个支路的动态压强云图

　　观察图6.35和图6.36可以发现，通道内支路微孔中的湍流动能和湍流强度值都比其在主通道内的值大许多，以交叉孔处为最大，且随着磨粒流速度的增加，共轨管支路近壁处的湍流动能和湍流强度也在增大。这是由于通道支路截面积突然变小以及流体运动方向发生突然改变。在支路内流速增大，磨粒无规则运动更加剧烈，使得湍流动能和湍流强度也增大。从图6.37的湍流黏度云图中可以看出，共轨管支路的湍流黏度值同样远大于主通道湍流黏度值，以交叉孔处为最大，在共轨管支路中湍流黏度同样呈阶梯分布。湍流动能、湍流强度、湍流黏度从通道交叉孔处到出口可以分为四个区域，从下到上记作1区、2区、3区、4区。图6.38动态压强分布情况则是从入口到交叉孔处，通道中心动态压强大于近壁处动态压强，支路的整个通道中都是中心动态压强较大，同样动态压强最大值在交叉孔处出现。同时把动态压强图中支路从下到上也分为1区、2区、3区、4区，并对共轨管支路内近壁处的湍流动能、湍流强度、湍流黏度、动态压强进行深入对比。获得初始温度为300K、入口湍流动能为$9.375m^2/s^2$时，共轨管支路内各个区域的速度变化与湍流动能变化的对应关系。同理可以得到初始温度分别为290K、310K、320K时，共轨管支路内各区域的速度变化与湍流动能变化的对应关系，并绘制出各个区域的速度与湍流动能的对应关系，如图6.39所示。

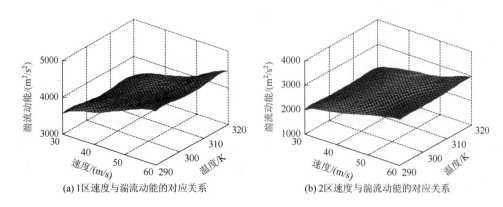

(a) 1区速度与湍流动能的对应关系　　　　　　　(b) 2区速度与湍流动能的对应关系

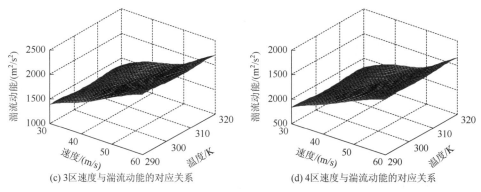

(c) 3区速度与湍流动能的对应关系　　　　(d) 4区速度与湍流动能的对应关系

图 6.39　共轨管支路内速度与湍流动能的对应关系

从图 6.39 中可以看出，随着加工速度的增加，共轨管支路内每个区域的湍流动能也都在增加，同样在 1 区湍流动能取得最大值。这是由于磨粒流进入共轨管通道后流动方向突然改变以及流体截面突然变小，在交汇处磨粒聚集，使得磨粒与通道壁面的碰撞频繁，致使该处湍流动能的值比较大。观察图 6.39 还可以看出，共轨管支路内每个区域的湍流动能在初始温度升高的同时会有所降低。

将在不同温度条件下只加工共轨管一个支路的仿真结果与在不同速度条件下只加工一个支路的仿真结果进行对比研究，可以得到当入口湍流动能为 $9.375\mathrm{m}^2/\mathrm{s}^2$ 时，磨粒流初始温度 300K 所对应的最佳加工速度是 50m/s，即在这种条件下共轨管支路通道近壁处的湍流动能、湍流强度、湍流黏度、动态压强的分布情况最好。依据同样方法还可以求得磨粒流初始温度分别为 290K、310K 和 320K 时的最佳加工速度，从而得到共轨管通道磨粒流加工温度与速度的对应关系。同理可以得到入口湍流动能分别为 $3.375\mathrm{m}^2/\mathrm{s}^2$、$13.5\mathrm{m}^2/\mathrm{s}^2$ 时，共轨管通道磨粒流加工温度与速度的对应关系。绘制出不同入口湍流动能条件下共轨管通道磨粒流加工温度与速度的对应关系，如图 6.40 所示。

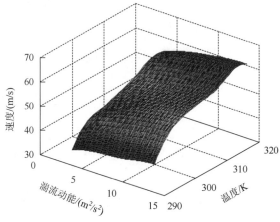

图 6.40　共轨管通道磨粒流加工温度与速度的对应关系

由图 6.40 可以看出，随着温度的升高，一开始最佳初始速度的增大幅度比较大，随后速度的增幅又逐渐变小，这是因为温度变大导致磨粒流黏度降低，此时速度的增加对共轨管通道磨粒流加工效果的影响逐渐变小。

6.2.3　三通管通道磨粒流加工数值分析

1. 不同入口湍流动能条件下的磨粒流加工数值分析

三通管通道几何模型进出口直径都是 10mm，在不同入口湍流动能条件下，采取入口速度为 70m/s、初始温度为 300K，对三通管通道近壁处湍流动能、湍流强度、湍流黏度和动态压强的仿真结果进行显示和对比分析，如图 6.41～图 6.44 所示。

从图 6.41 和图 6.42 中可以看出，在不同入口湍流动能条件下三通管通道支路内的湍流动能和湍流强度远大于主通道的湍流动能和湍流强度，在主通道与支路交汇处两者的值均比较大，沿支路出口方向两者也都呈现梯度减小的趋势。从图 6.43 所示的湍流黏度云图中可以看出，三通管支路的湍流黏度值远大于主通道的湍流黏度值，且在主通道与支路交汇处湍流黏度值比较大。从图 6.44 的动态压强云图中可以看出，从入口到交汇处流道中心的动态压强比近壁附近要大，而在交汇处动态压强达到最大值。

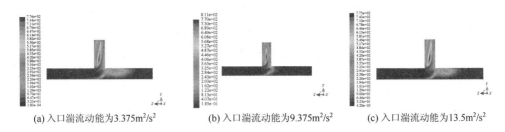

(a) 入口湍流动能为3.375m²/s²　　(b) 入口湍流动能为9.375m²/s²　　(c) 入口湍流动能为13.5m²/s²

图 6.41　不同入口湍流动能条件下三通管通道的湍流动能云图

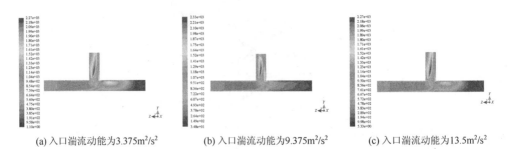

(a) 入口湍流动能为3.375m²/s²　　(b) 入口湍流动能为9.375m²/s²　　(c) 入口湍流动能为13.5m²/s²

图 6.42　不同入口湍流动能条件下三通管通道的湍流强度云图

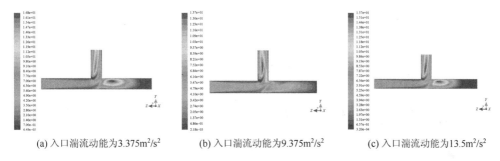

(a) 入口湍流动能为3.375m²/s²　　(b) 入口湍流动能为9.375m²/s²　　(c) 入口湍流动能为13.5m²/s²

图 6.43　不同入口湍流动能条件下三通管通道的湍流黏度云图

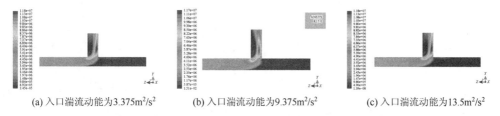

(a) 入口湍流动能为3.375m²/s²　　(b) 入口湍流动能为9.375m²/s²　　(c) 入口湍流动能为13.5m²/s²

图 6.44　不同入口湍流动能条件下三通管通道的动态压强云图

2. 不同温度条件下的磨粒流加工数值分析

在相同的入口湍流动能条件下，对于三通管通道，同样采取不同的初始温度与同一入口速度这种工艺对其进行仿真分析。设置入口速度为 70m/s、入口湍流动能为 $9.375m^2/s^2$，初始温度则分别为 290K、300K、310K、320K，可得到如图 6.45～图 6.48 所示加工过程中通道近壁处的湍流动能、湍流强度、湍流黏度以及动态压强云图。

从图 6.45 的湍流动能云图中可以看出，三通管主通道与支路交汇处的湍流动能较大，说明磨粒流的无序运动在交汇处比较活跃，这有利于此处的去毛刺、倒圆角加工。从图 6.46 所示的湍流强度云图中可以看出，在三通管进口段（支路左

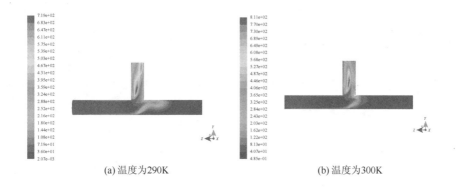

(a) 温度为290K　　　　　　　　　　(b) 温度为300K

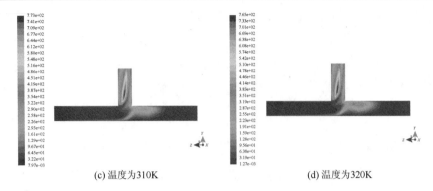

(c) 温度为310K　　　　　　　　　　(d) 温度为320K

图 6.45　不同温度条件下三通管通道湍流动能云图

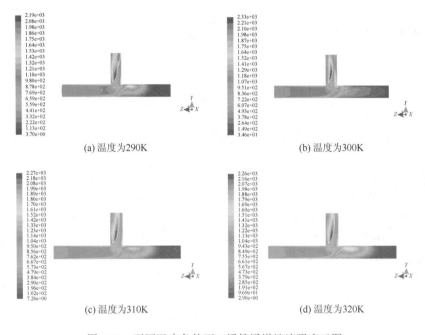

(a) 温度为290K　　　　　　　　　　(b) 温度为300K

(c) 温度为310K　　　　　　　　　　(d) 温度为320K

图 6.46　不同温度条件下三通管通道湍流强度云图

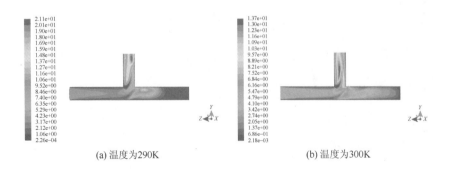

(a) 温度为290K　　　　　　　　　　(b) 温度为300K

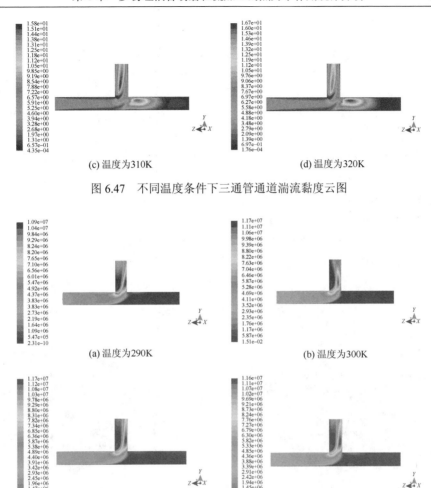

(c) 温度为310K　　　　　　　　　　(d) 温度为320K

图 6.47　不同温度条件下三通管通道湍流黏度云图

(a) 温度为290K　　　　　　　　　　(b) 温度为300K

(c) 温度为310K　　　　　　　　　　(d) 温度为320K

图 6.48　不同温度条件下三通管通道动态压强云图

边）以及支路中湍流强度变化比较明显，说明在这两个区域内磨粒流湍流脉动速度和湍流平均速度的比值比较大，因为在这两个区域内磨粒流与三通管通道壁面接触频繁，近壁区域流体脉动速度较大，导致湍流强度也大。三通管支路的湍流强度值要比主通道大许多，且以交叉孔处的湍流强度为最大，沿出口方向呈现梯度减小趋势。观察图 6.47 可以看出，在三通管通道内磨粒流流向的突然改变致使磨粒流流体内涡团扩散作用增强，使得三通管支路的湍流黏度值远大于主通道湍流黏度值。由图 6.48 可以看出，三通管通道支路动态压强要比主通道动态压强值大得多，且在交汇处动态压强的值为最大。而支路中动态压强分布也不均匀，支路通道近壁处内侧（离入口近的一侧）动态压强值较小，是因为磨粒流流向突然改变，导致此处磨粒聚集，与通道壁面碰撞机会增多，但这不利于通道交汇处对称性的加工。三通管支路通道近壁处的湍流动能、湍流强度、湍流黏度和动态压强呈区域性分布，从下到上分别记作 1 区、2 区、3 区。对不同温度条件下三通管支路通道近壁处的湍流动能、湍流强度、湍流黏度、动态压强分布情况作深入对比，可以得到当入口速度为 70m/s、入口湍流动能为 9.375m²/s² 时，三通管通道支路内各个区域的温度变化与湍流动能变化的对应关系。同理可以得到入口速度分别为 50m/s、60m/s、80m/s 时，三通管通道支路内各区域的温度变化与湍流动能变化的对应关系，并绘制出各个区域的温度与湍流动能的对应关系，如图 6.49 所示。

观察图 6.49 可以得出，三通管通道支路内各个区域的湍流动能随加工温度的升高而降低，加工速度的增加会导致支路内各个区域的湍流动能增加。同样在 1 区即三通管主通道与支路交叉孔处湍流动能的值为最大，是因为此处磨粒流流向突然改变导致磨粒聚集，造成磨粒与支路交叉孔处壁面的接触机会增多，加工作用也随之增强，所以此处的湍流动能值比较大。

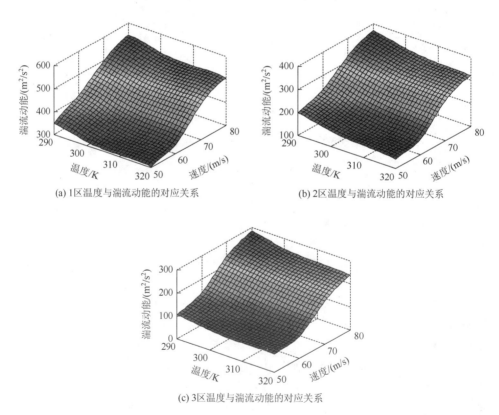

(a) 1区温度与湍流动能的对应关系　　　　　　　　(b) 2区温度与湍流动能的对应关系

(c) 3区温度与湍流动能的对应关系

图 6.49　三通管支路内温度与湍流动能的对应关系

3. 不同速度条件下的磨粒流加工数值分析

在入口湍流动能为 $9.375\text{m}^2/\text{s}^2$ 时，对同一温度（300K）不同速度条件下的情况，同样可得到如图 6.50～图 6.53 所示的磨粒流加工中湍流动能、湍流强度、湍流黏度和动态压强分布状况。

从图 6.50 和图 6.51 中可以看出，通道支路内的湍流动能和湍流强度要比主通道内两者的值大很多，以主通道与支路交汇处湍流动能和湍流强度值为最大。这是由于磨粒流流向突然改变，在交汇处磨粒聚集，使得磨粒与通道壁面的碰撞频繁，

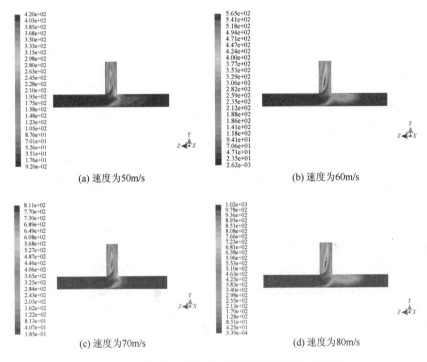

(a) 速度为50m/s　　　　　　　　　　(b) 速度为60m/s

(c) 速度为70m/s　　　　　　　　　　(d) 速度为80m/s

图 6.50　不同速度条件下三通管通道湍流动能云图

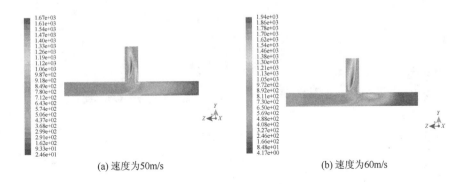

(a) 速度为50m/s　　　　　　　　　　(b) 速度为60m/s

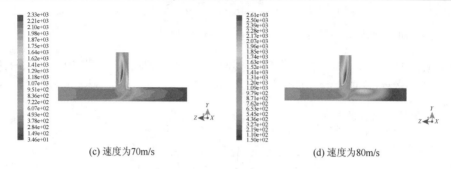

(c) 速度为70m/s　　　　　　　　(d) 速度为80m/s

图 6.51　不同速度条件下三通管通道湍流强度云图

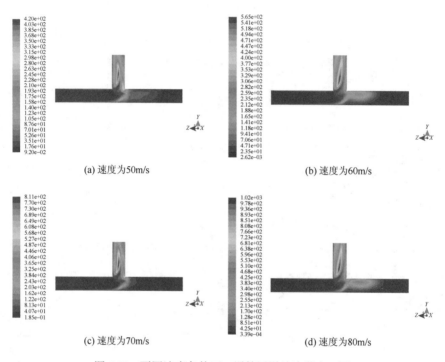

(a) 速度为50m/s　　　　　　　　(b) 速度为60m/s

(c) 速度为70m/s　　　　　　　　(d) 速度为80m/s

图 6.52　不同速度条件下三通管通道湍流黏度云图

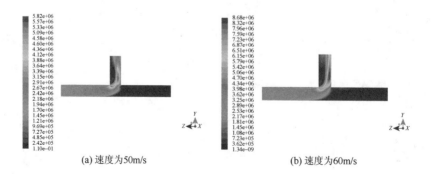

(a) 速度为50m/s　　　　　　　　(b) 速度为60m/s

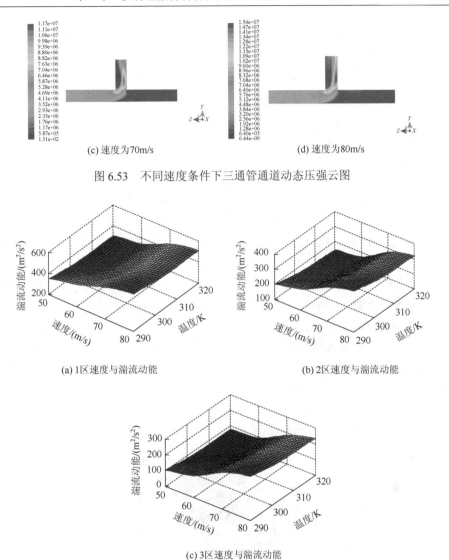

(c) 速度为70m/s　　　　　　　　(d) 速度为80m/s

图 6.53　不同速度条件下三通管通道动态压强云图

(a) 1区速度与湍流动能　　　　　　(b) 2区速度与湍流动能

(c) 3区速度与湍流动能

图 6.54　三通管支路内速度与湍流动能的对应关系

所以此处湍流动能和湍流强度也大。从图6.52的湍流黏度云图可以看出，三通管
主通道的湍流黏度值小于支路的湍流黏度值，且在主通道与支路交汇处湍流黏度
值比较大。从图6.53所示的动态压强云图中可以看出，从入口到交汇处流道中心
的动态压强比近壁附近要大，而在交汇处动态压强达到最大值。三通管支路通道
近壁处湍流动能和湍流强度呈区域性分布，从下到上分别记作1区、2区、3区。
而支路近壁处湍流黏度和动态压强同样可以分为自下而上的三个区域：1区、2区、
3区。对不同速度条件下三通管支路通道近壁处湍流动能、湍流强度、湍流黏度、

动态压强分布状况作深入对比,可获得温度为 300K、入口湍流动能为 $9.375m^2/s^2$ 时,三通管通道支路内各个区域的速度变化与湍流动能变化的对应关系。同理可以得到初始温度分别为 290K、310K、320K 时,三通管通道支路内各区域的速度变化与湍流动能变化的对应关系,并绘制出各个区域的速度与湍流动能的对应关系,如图 6.54 所示。

观察图 6.54 可以看出,三通管通道支路内各个区域的湍流动能随磨粒流加工速度的增加而增加,同样在 1 区即三通管主通道与支路交叉孔处湍流动能的值比较大。湍流动能反映了湍流混合能力,说明磨粒流在 1 区积聚的能量要大于其他两个区域,这恰恰有益于支路交叉孔处的倒圆角与去毛刺加工工艺。

将在不同温度条件下三通管通道磨粒流加工的仿真结果与在不同速度条件下三通管通道磨粒流加工的仿真结果进行对比分析,可以得到当入口湍流动能为 $9.375m^2/s^2$ 时,磨粒流初始温度 300K 所对应的最佳加工速度是 70m/s,即在这种条件下三通管支路通道近壁处的湍流动能、湍流强度、湍流黏度、动态压强的分布情况最好。依据同样的方法还可以求得磨粒流初始温度分别为 290K、310K、320K 时的最佳加工速度,从而可以得到三通管通道磨粒流加工温度与速度的对应关系。同理可以得到入口湍流动能分别为 $3.375m^2/s^2$、$13.5m^2/s^2$ 时,三通管通道磨粒流加工温度与速度的对应关系。绘制出不同入口湍流动能条件下三通管通道磨粒流加工温度与速度的对应关系,如图 6.55 所示。

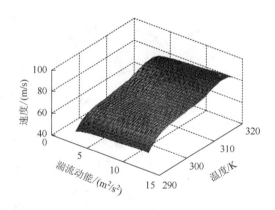

图 6.55   三通管通道磨粒流加工温度与速度的对应关系

由图 6.55 可以看出,随着加工温度的升高,三通管通道的磨粒流加工速度逐渐增大,但是加工速度的增加量随温度的升高会越来越小,这是由于三通管通道内磨粒流温度升高导致流体介质黏度下降,使得加工速度的变化对通道加工效果的影响越来越不明显。

6.2.4　U 型管通道磨粒流加工数值分析

1. 不同入口湍流动能条件下的磨粒流加工数值分析

U 型管实体通道模型的出、入口直径均为 4mm，当入口速度为 70m/s、初始温度为 300K 时，取不同入口湍流动能对 U 型管近壁处的湍流动能、湍流强度、湍流黏度、动态压强云图进行数值模拟分析，得到图 6.56～图 6.59 的不同入口湍流动能条件下的湍流动能、湍流强度、湍流黏度和动态压强云图。

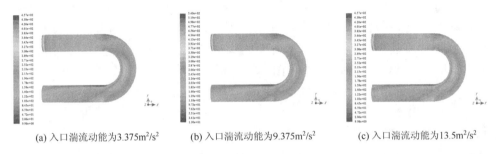

(a) 入口湍流动能为3.375m²/s²　　(b) 入口湍流动能为9.375m²/s²　　(c) 入口湍流动能为13.5m²/s²

图 6.56　不同入口湍流动能条件下 U 型管通道的湍流动能云图

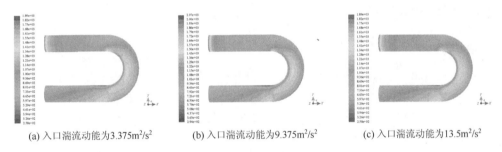

(a) 入口湍流动能为3.375m²/s²　　(b) 入口湍流动能为9.375m²/s²　　(c) 入口湍流动能为13.5m²/s²

图 6.57　不同入口湍流动能条件下 U 型管通道的湍流强度云图

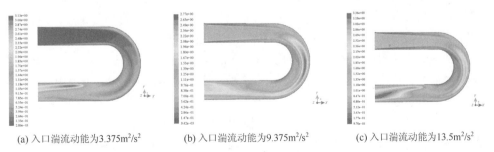

(a) 入口湍流动能为3.375m²/s²　　(b) 入口湍流动能为9.375m²/s²　　(c) 入口湍流动能为13.5m²/s²

图 6.58　不同入口湍流动能条件下 U 型管通道的湍流黏度云图

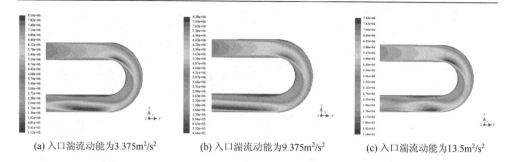

(a) 入口湍流动能为3.375m²/s²　　　(b) 入口湍流动能为9.375m²/s²　　　(c) 入口湍流动能为13.5m²/s²

图6.59　不同入口湍流动能条件下U型管通道的动态压强云图

　　从图6.56和图6.57中可以看出，在弯道附近及出口段U型管通道近壁处的湍流动能和湍流强度值比较大，且在弯道附近湍流动能和湍流强度达到最大值，说明U型管通道的磨粒流加工主要作用区域在U型管通道的弯道附近，弯道区域内磨粒的无规则运动较为激烈。从图6.58的湍流黏度云图中可以得出，U型管通道近壁处的湍流黏度要小于通道中心的湍流黏度，且弯道外侧壁附近湍流黏度变化比内侧壁附近要明显，在出口直管段湍流黏度变化量比较大，分析其原因是磨粒流进入通道后，磨粒与通道壁面发生微磨削作用，使得近壁处附近介质温度升高，磨粒流黏度降低导致近壁处附近涡团扩散作用要比通道中心弱。从图6.59中可以看出，U型管通道近壁处的动态压强值比较小，在弯道进口处及U型管出口段动态压强值比较大。

2. 不同温度条件下的磨粒流加工数值分析

　　当入口湍流动能为9.375m²/s²时，选用同一初始速度（70m/s）在不同的温度条件下对U型管通道进行模拟仿真，可以得到如图6.60～图6.63所示的磨粒流加工过程中通道近壁处的湍流动能、湍流强度、湍流黏度以及动态压强云图。

　　从图6.60和图6.61中可以看出，U型管通道近壁处的湍流动能和湍流强度在弯道附近及出口段值比较大，尤其在弯道附近两者达到最大值，说明U型管通道的磨粒流加工主要作用区域在弯道附近，这有利于磨粒流对U型管弯道的光整加工。从图6.62所示的湍流黏度云图中可以得出，U型管通道弯道外侧壁附近湍流黏度变化比内侧壁附近要明显，在出口直管段湍流黏度变化量比较大。从图6.63中可以看出，U型管通道近壁处的动态压强值比较小，在弯道进口处及U型管出口段动态压强值比较大，温度的变化对U型管通道动态压强分布影响不大。不同温度条件下U型管通道近壁处湍流动能、湍流强度、湍流黏度、动态压强呈区域性分布，可将通道分为三段：入口直管段记作1区、弯道记作2区、出口直管段记作3区。对不同温度条件下U型管通道近壁处湍流动能、湍流强度、湍流黏度、动态压强的分布状况进行深入对比分析，可以得到速度为70m/s、入口湍流动能

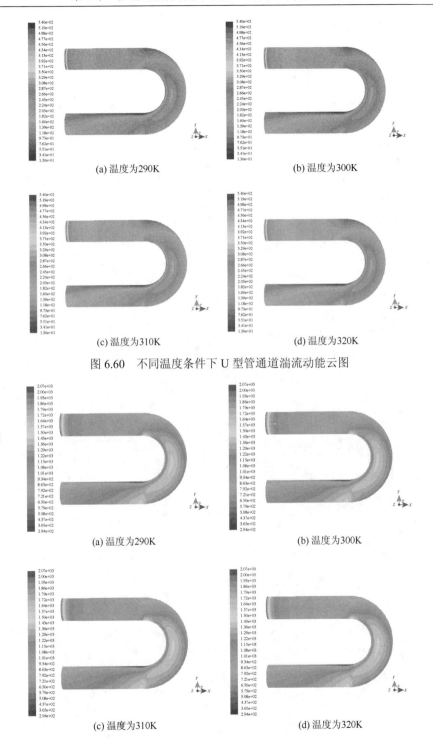

(a) 温度为290K

(b) 温度为300K

(c) 温度为310K

(d) 温度为320K

图 6.60　不同温度条件下 U 型管通道湍流动能云图

(a) 温度为290K

(b) 温度为300K

(c) 温度为310K

(d) 温度为320K

图 6.61　不同温度条件下 U 型管通道湍流强度云图

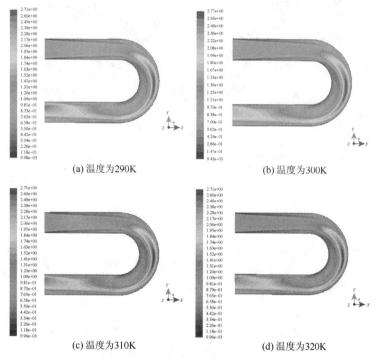

(a) 温度为290K (b) 温度为300K

(c) 温度为310K (d) 温度为320K

图 6.62 不同温度条件下 U 型管通道湍流黏度云图

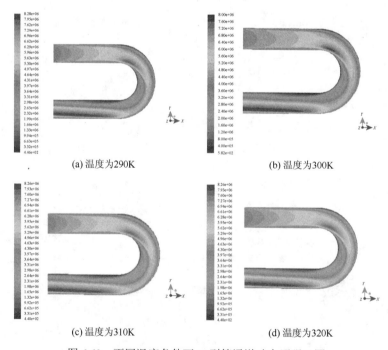

(a) 温度为290K (b) 温度为300K

(c) 温度为310K (d) 温度为320K

图 6.63 不同温度条件下 U 型管通道动态压强云图

为 9.375m²/s² 时，U 型管通道内各个区域的温度变化与湍流动能变化的对应关系。同理可以得到入口速度分别为 50m/s、60m/s、80m/s 时，U 型管通道内各区域的温度变化与湍流动能变化的对应关系，并绘制出各个区域的温度与湍流动能的对应关系，如图 6.64 所示。

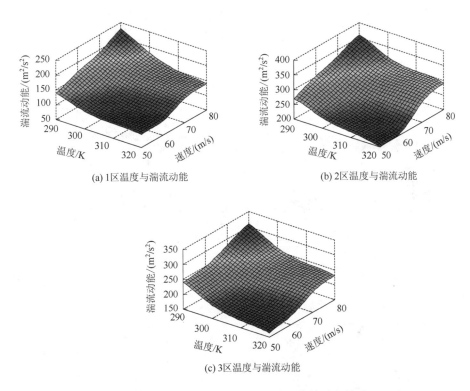

(a) 1区温度与湍流动能　　　　　　　(b) 2区温度与湍流动能

(c) 3区温度与湍流动能

图 6.64　U 型管通道内温度与湍流动能的对应关系

从图 6.64 中可以看出，随着加工温度的增加，U 型管通道内各个区域的湍流动能在减小，而速度的升高会导致各个区域的湍流动能也升高。观察图 6.64 还可以看出，在 2 区即 U 型管的弯道区域湍流动能达到最大值，说明此区域磨粒流的运动最为激烈，加工能力最强。

3. 不同速度条件下的磨粒流加工数值分析

为了对比分析，在同一入口湍流动能（9.375m²/s²）条件下，对同一温度（300K）不同速度条件下的 U 型管通道磨粒流加工进行数值模拟，得到如图 6.65～图 6.68 所示的 U 型管通道近壁处湍流动能、湍流强度、湍流黏度、动态压强云图。

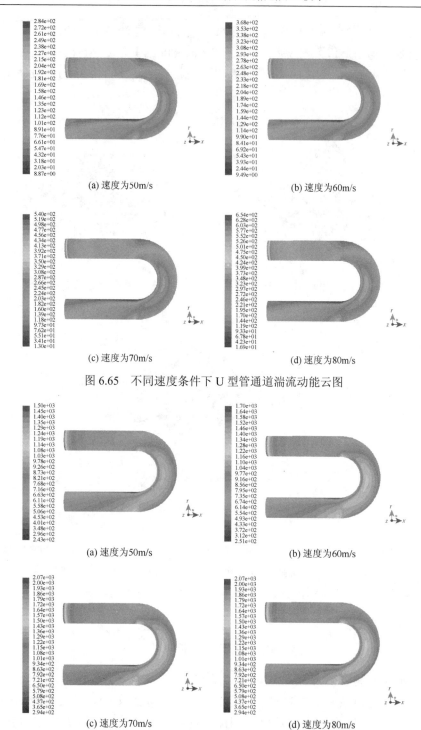

(a) 速度为50m/s

(b) 速度为60m/s

(c) 速度为70m/s

(d) 速度为80m/s

图 6.65　不同速度条件下 U 型管通道湍流动能云图

(a) 速度为50m/s

(b) 速度为60m/s

(c) 速度为70m/s

(d) 速度为80m/s

图 6.66　不同速度条件下 U 型管通道湍流强度云图

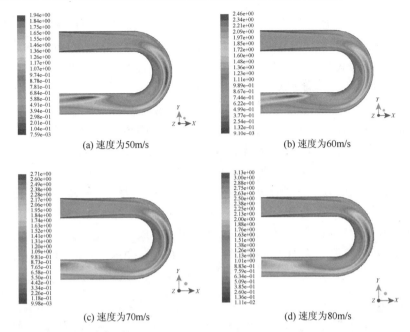

图 6.67　不同速度条件下 U 型管通道湍流黏度云图

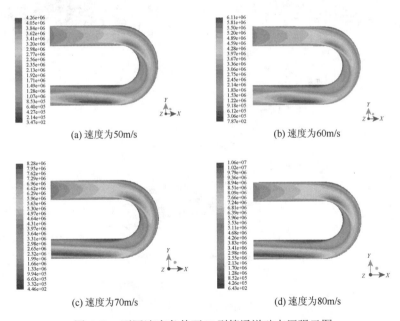

图 6.68　不同速度条件下 U 型管通道动态压强云图

从图 6.65 和图 6.66 中可以看出，随着入口速度的增加，U 型管通道近壁处的湍流动能和湍流强度在进口位置、弯道附近及出口段值在变大，且在弯道附近湍流动能和湍流强度达到最大值，说明在弯道区域内磨粒的无规则运动较为激烈。从图 6.67 的湍流黏度云图中可以看出，U 型管通道近壁处的湍流黏度要小于通道中心的湍流黏度，且在 U 型管通道中湍流黏度的分布呈现区域性。由图 6.68 可以得到，随着速度的增加，U 型管通道近壁处动态压强也有所增加，但总体来说，速度的改变对动态压强的分布影响并不大。不同速度条件下 U 型管通道近壁处湍流动能、湍流强度、湍流黏度、动态压强同样呈区域性分布，可将通道分为三段：入口直管段记作 1 区、弯道记作 2 区、出口直管段记作 3 区。对不同速度条件下 U 型管通道近壁处湍流动能、湍流强度、湍流黏度、动态压强的分布情况进行深入对比，可以得到当初始温度为 300K、入口湍流动能为 9.375m²/s² 时，U 型管通道内各个区域的速度变化与湍流动能变化的对应关系。同理可以得到初始温度分别为 290K、310K 和 320K 时，U 型管通道内各区域的速度变化与湍流动能变化的对应关系，并绘制出各个区域的速度与湍流动能的对应关系，如图 6.69 所示。

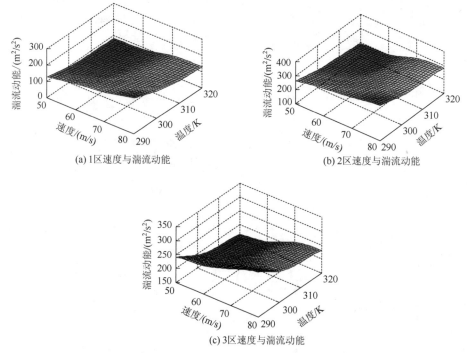

(a) 1区速度与湍流动能　　　　　　　(b) 2区速度与湍流动能

(c) 3区速度与湍流动能

图 6.69　U 型管通道内速度与湍流动能的对应关系

　　观察图 6.69 可以得知，在对 U 型管通道进行磨粒流加工时，U 型管通道内各个区域的湍流动能随加工速度的增加而增加，而加工温度的升高则导致通道内各个区域的湍流动能减小。从图 6.69 中还可以看出，在 2 区湍流动能达到最大值，这是因为在此区域磨粒流流向突然改变导致磨粒与 U 型管通道壁面的碰撞增多，使得此处湍流动能比较大。

　　将在不同温度条件下 U 型管通道磨粒流加工的仿真结果与在不同速度条件下 U 型管通道磨粒流加工的仿真结果进行对比分析，可以得到当入口湍流动能为 $9.375m^2/s^2$ 时，磨粒流初始温度 300K 所对应的最佳加工速度是 70m/s，即在这种条件下 U 型管通道近壁处的湍流动能、湍流强度、湍流黏度、动态压强的分布情况最好。依据同样方法还可以求得磨粒流初始温度分别为 290K、310K、320K 时的最佳加工速度，从而可以得到 U 型管通道磨粒流加工温度与速度的对应关系。同理可以得到入口湍流动能分别为 $3.375m^2/s^2$、$13.5m^2/s^2$ 时，U 型管通道磨粒流加工温度与速度的对应关系。绘制出不同入口湍流动能条件下 U 型管通道磨粒流加工温度与速度的对应关系，如图 6.70 所示。

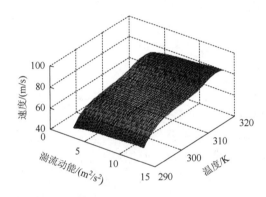

图 6.70　U 型管通道磨粒流加工温度与速度的对应关系

　　从图 6.70 中可以看出，U 型管通道的加工速度随着温度的升高而逐渐增大，且速度的增加量越来越小，当温度升高到一定程度后，磨粒流加工速度几乎不再增加，这是由于 U 型管通道内磨粒流流体介质因温度升高而导致黏度下降，使得速度的变化对通道近壁处的加工效果影响不明显。

6.3　磨粒流加工热力学作用规律探讨

　　以喷油嘴、共轨管、三通管、U 型管四种变口径管和非直线管零件为研究对象，基于对多物理耦合场条件下磨粒流切削加工机理以及固液两相流动热力学能量平衡方程的数学分析，对四种变口径管和非直线管通道的固液两相磨粒流流动传热特性以及相应的表面加工特性进行数值模拟研究，分析了湍流动能、湍流强度、动态压强、湍流黏度等对磨粒流加工表面质量的影响，可为固液两相磨粒流加工工艺的研究提供理论依据。

　　通过多物理耦合场磨粒流加工数值分析可知，由不同入口湍流动能条件下四种变口径管和非直线管零件通道的模拟结果可以看出，随着入口湍流动能的增大，通道近壁处的湍流动能和湍流强度均表现为逐渐增大，且通道各个区域间两者的差距是先减小后增大。然而通道内的湍流黏度随入口湍流动能的增大表现为先增大后减小，且通道各个区域之间湍流黏度的差距同样是先减小后增大。在入口湍流动能增大的同时，通道近壁处的动态压强逐渐变小，且通道各个区域间动态压强的差值也是先减小后增大。通过对比分析发现，在入口湍流动能为 $9.375\text{m}^2/\text{s}^2$ 时，通道近壁处的湍流动能、湍流强度、湍流黏度和动态压强分布均匀程度较好。说明在此入口湍流动能条件下，四种变口径管和非直线管零件通道的磨粒流加工效果较为理想。从不同温度条件下四种变口径管和非直线管零件通道的模拟结果来看，通道近壁处的湍流动能和湍流强度随温度的升高而降低，随着温度的进一步升高，湍流动能和湍流强度的减少量越来越少，这与磨粒流的黏度有很大的关系。当温度较高时，磨粒流的黏度会下降至临界点，此时磨粒流几乎丧失对通道近壁处的切削作用，这时磨粒流中固体颗粒的湍流脉动强度相应变弱，导致通道内湍流动能和湍流强度减小。随着磨料温度的升高，通道内的湍流黏度逐渐减小，且其减小的幅度先减小后增大。而通道内动态压强的大小受温度影响不大，但温度的变化会影响动态压强的分布。随温度的增加，动态压强的分布趋于均匀化，当温度达到一定值时，通道内动态压强分布均匀度不再提高。而对于不同速度条件下四种变口径管和非直线管零件通道的模拟结果来说，随着速度的增加，通道近壁处的湍流动能和湍流强度逐渐增大。速度越大，通道内两者分布越不均匀，对加工效果不利，但磨粒流加工速度过小，又无法产生足够的湍流动能和湍流强度以保证加工效果。然而通道内的湍流黏度随加工速度的增加也逐渐增大，且通道内各个区域之间湍流黏度的差值是先减小后增大。通道内动态压强值随速度的增加逐渐变大，速度越大，通道内动态压强的分布越趋于均匀，当速度达到一定值后，通道内动态压强分布均匀程度达到极限。

　　通过变口径管和非直线管通道磨粒流加工数值模拟研究，可以发现随着入口湍流动能的增大，通道近壁处的湍流动能和湍流强度也逐渐增大，且通道各个区域之间湍流动能和湍流强度的差值是先减小后增大。通道内的湍流黏度随着入口湍流动能的增大表现为先增大后减小，通道各个区域之间湍流黏度的差距同样是先减小后增大。入口湍流动能的增大会导致通道近壁处的动态压强逐渐变小，且通道各个区域之间动态压强的差值也是先减小后增大。而随着温度的增加，通道近壁处的湍流动能和湍流强度呈下降趋势，两者的降低幅度随着温度的进一步升高表现为越来越小。但是在任何温度条件下，通道近壁处的湍流动能都无法均匀分布，只能趋于均匀，湍流强度也是如此。通道内的湍流黏度随着磨料温度的升高逐渐减小，且其减小的幅度先降低后升高。磨粒流温度的变化对通道动态压强的影响较小。随着速度的增大，通道近壁处的湍流动能和湍流强度也逐渐增大，且速度越大，通道内两者分布越不均匀，对加工效果不利。随着加工速度的增加，通道内的湍流黏度也逐渐增大，且通道内各个区域间湍流黏度的差值则是先减小后增大。当磨粒流速度升高时，通道动态压强同时也增大，速度越大，通道动态压强的分布也越均匀，当磨粒流速度到达一定程度后，通道动态压强的分布均匀程度也不再提升。

6.4　磨粒流加工的在线温度修正补偿技术

当初始温度较低时，磨粒流加工速度的增加幅度较大，此时磨粒流的加工效率较高。当初始温度升高到一定值后，由于系统本身的散热能力和磨粒流介质的黏度降低等问题，变口径管和非直线管通道磨粒流加工的效率和表面质量会随之下降。为了能够最大限度地保证变口径管和非直线管通道磨粒流加工的效率和表面质量，本章提出一种温度修正补偿技术，将变口径管和非直线管通道磨粒流加工的温度控制在适当范围内，以满足变口径管和非直线管零件通道磨粒流加工的需求[20, 21]，这种温度修正补偿技术的流程图如图 6.71 所示。

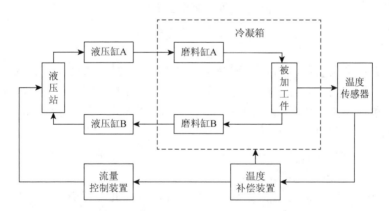

图 6.71　变口径管和非直线管通道磨粒流加工温度修正补偿技术流程图

在该温度补偿技术中，首先利用液压站驱动液压缸 A，通过液压缸 A 的活塞推动磨料缸 A 的活塞运动，进而使得磨料缸 A 中的固液两相磨粒流经由被加工变口径管和非直线管通道流进磨料缸 B 中，这部分磨粒流对磨料缸 B 的活塞产生推动作用，进而又推动液压缸 B 的活塞将液压缸 B 中液压油送回到液压站形成一次加工过程。然后，通过电气控制，将上述过程再反向执行一次，这就形成了一个磨粒流加工回路。在变口径管和非直线管通道磨粒流加工过程中，磨粒流中的固体颗粒之间的碰撞、磨粒与被加工件壁面的摩擦碰撞及磨粒与磨粒流介质的相互作用等都会有热量的产生，这将导致磨粒流介质的黏度、密度等物性参数发生变化，最终会影响变口径管和非直线管通道磨粒流加工的效率和表面质量，因此利用温度传感器对被加工件通道内磨粒流的温度进行实时测量。根据前述四种变口径管和非直线管通道磨粒流加工的温度与速度的对应关系能够得出，在 290～310K 温度范围内磨粒流加工速度的增加量比较大，随着温度的继续升高，速度的增加量在减小。当所测温度值在 300～310K 范围内时，冷凝箱不工作，根据变口径管和非直线管通道磨粒流加工的温度与速度的对应关系，通过温度补偿系统来实时计算当前的最佳加工速度，进而通过流量控制装置实时控制液压站泵的流量输出来实时调整通道内的磨粒流流速，从而提高当前变口径管和非直线管通道磨粒流加工的效率和表面质量。当所测量的磨粒流介质温度超过一定值时，磨粒流介质黏度的下降会影响变口径管和非直线管通道磨粒流加工的效率和表面质量，此时根据变口径管和非直线管通道磨粒流加工的温度与速度的对应关系对通道内磨粒流流速进行调控的同时，还需通过控制装置启动冷凝箱，以对冷凝箱内磨料缸、被加工件及连接管道中的磨粒流进行制冷降温，当温度下降至 300～310K 时，通过控制装置停止冷凝箱的工作，自动进入磨粒流温度在 300～310K 范围时的工作循环，从而提升变口径管和非直线管通道磨粒流加工的工作效率。

冷凝箱制冷量的计算，根据平面热交换公式：

$$Q_1 = \frac{A \times \Delta T' \times N}{\Delta X} \tag{6.1}$$

式中，Q_1 表示交换热量，单位为 W；A 表示冷凝箱体的外表面积，单位为 m²；$\Delta T'$ 表示冷凝箱体的内外温度差，即通过传感器所测温度与冷凝箱预设温度（300K）的差值，单位为 K；N 表示冷凝箱隔热材料的热传导率，单位为 W/(m·K)；ΔX 表示所选隔热材料的厚度，单位为 m。

在变口径管和非直线管通道磨粒流加工过程中，通道内的磨粒流温度时刻都在发生变化，当通道内磨粒流实际温度超过 310K 时，就要通过控制装置进行制冷降温操作，在较短的时间里将温度降至预设温度，此时就需要通过控制装置增加制冷功率 Q_2。冷凝箱的体积用 V 表示，冷凝箱内空气的比重用 ρ_a 表示（此时默认冷凝箱内只有空气成分），冷凝箱内空气的比热用 C_a 表示，所以需要通过控制装置提供的制冷功率 Q_2 为

$$Q_2 = \frac{W_2}{t} = \frac{\rho_a \cdot V \cdot C_a \cdot \Delta T'}{t} \tag{6.2}$$

根据式（6.1）和式（6.2）可以看出，在变口径管和非直线管通道磨粒流加工过程中，当通道内磨粒流介质温度超过 310K 时，需要通过控制装置提供的功率至少应等于 $Q_1 + Q_2$，才能在短时间内起到通道磨粒流加工的在线温度修正补偿功能，以提高变口径管和非直线管通道磨粒流加工的效率和表面质量。

参 考 文 献

[1] 李俊烨，王兴华，许颖，等. 固液两相流体流速热力学分析[J]. 制造业自动化，2015，37（6）：82-85.

[2] Wu S J，Li J Y，Sun F Y. The discrete phase simulation of the non-linear tube[J]. Journal of Simulation，2015，3（6）：57-59.

[3] Zhou L B，Li J Y，Zhang X M，et al. Thermodynamics numerical analysis on solid-liquid phases of abrasive flow polishing common-rail pipe[J]. Journal of Simulation，2015，3（5）：28-31.

[4] Li J Y，Sun F Y，Wu S J，et al. An analysis of velocity-temperature characteristics of liquid-solid two-phase abrasive flow machining of non-linear tubes[C]. 2015 5th International Conference on Applied Mechanics and Mechanical Engineering（ICAMME），2015（6）：36-39.

[5] Zheng W J，Li J Y，Guo H. Three-dimensional computer numerical simulation for micro-hole abrasive flow machining feature[J]. International Review on Computers and Software，2012，7（3）：1283-1287.

[6] Li J Y，Liu W N，Yang L F，et al. Design and simulation for mico-hole abrasive flow machining[C]. The IEEE International Conference on Computer-Aided Industrial Design & Conceptual Design，2009（11）：815-820.

[7] Li J Y，Wang J L，Wang W D. The design and numerical simulation for V-ribbed belt fatigue tester[J]. Journal of Theoretical and Applied Information Technology，2012，44（2）：302-307.

[8] Li J Y，Yang J D，Liu W N. A variable speed control scheme for plan surface high-speed[J]. International Review on Computers and Software，2011，6（7）：1329-1333.

[9] Li J Y，Liu W N，Yang L F，et al. The development of nozzle micro-hole abrasive flow machining equipment[C]. Applied Mechanics and Material，2011（44-47）：251-255.

[10] 李俊烨，刘薇娜，杨立峰. 喷油嘴小孔磨粒流三维数值模拟研究[J]. 制造业自动化，2012，34（3）：27-29.

[11] 李俊烨，刘薇娜，杨立峰，等. 喷油嘴微小孔磨粒流加工特性的数值模拟[J]. 煤矿机械，2010，31（10）：56-58.

[12] 李俊烨，郭豪. 共轨管磨粒流加工介质黏温特性数值模拟分析[J]. 机械制造，2013，51（591）：22-25.

[13] 李俊烨，刘薇娜，杨立峰，等. 共轨管微小孔磨粒流加工装备的设计与数值模拟[J]. 机械设计与制造，2010（10）：54-56.

[14] Guo H，Li J Y. 3-D numerical simulation on micro-hole of the common-rail pipe abrasive flow machining[C]. The 2nd International Conference on Industrial Design and Mechanics Power，2013，302-307.

[15] 乔泽民. 介观尺度下固液两相磨粒流加工数值模拟与试验研究[D]. 长春：长春理工大学，2016.

[16] 李俊烨，杨兆军，乔泽民，等. 一种介观尺度条件下研磨液颗粒与工件的磨削模拟方法：201610047945. 8[P]. 2016-06-29.

[17] 李俊烨，周立宾，张心明，等. 整体叶轮磨粒流加工数值模拟研究[J]. 制造业自动化，2016，38（12）：88-93.

[18] Li J Y，Yang Z J，Liu W N，et al. Numerical thermodynamic analysis of two-phase solid-liquid abrasive flow polishing in U-type tube[J]. Advances in Mechanical Engineering，2014：752353.

[19] 王震. 磨粒流加工非直线管的黏温特性的研究与试验[D]. 长春：长春理工大学，2016.

[20] 郭豪. 多物理耦合场非直线管磨粒流加工热力学关键技术的数值模拟研究[D]. 长春：长春理工大学，2014.

[21] 李俊烨，刘建河，张心明，等. 磨粒流加工的在线温度修正补偿方法：201410184444. 5[P]. 2016.

第 7 章 基于大涡模拟的磨粒流加工弯管表面创成机理研究

弯管类零件在食品、制药、汽车、军工等各种工业生产及日常生活中有着极其广泛的应用，例如，在食品加工中蒸发器、杀菌机上的换热管，医药设备上的起搏器导管、导药管，汽车、坦克等各种车辆中所用的高压油管、进排气歧管，萨克斯管等各种管类乐器等弯管类零件已经成为工业生产制造中不可或缺的一部分[1]。

要提高这些管类零件内表面的光洁度，就必须进行表面抛光处理。但因各类管件的曲率半径、旋转弯曲角度不同，形状不规则且内部结构较复杂，传统的表面抛光技术往往难以完成内表面的光整加工。近年来磨粒流加工技术逐渐走入了从事精密制造以及科研人员的视野，磨粒流精密加工技术不受工件形状的限制，对一些手工无法处理的、复杂模具的交叉面抛光可提供一致性的抛光效果，且具有抛光效率高、低噪音、低成本的优点，因此很适合弯管类零件的内表面抛光。目前国内对磨粒流加工弯管类工件的相关研究相对较少，故对磨粒流加工弯管类零件进行研究，对促进我国制造业的发展，增强我国在精密与超精密加工领域中的地位有着极其重要的意义和价值[2-10]。

7.1 大涡模拟国内外研究现状

目前越来越多的学者将大涡模拟方法与实际的工程算例相结合，应用大涡模拟的方法来解决工程中常见的湍流问题。

7.1.1 大涡模拟国外研究现状

Park 等建立了一个新的湍流火焰速度模型，并引入了亚格子湍流扩散系数和火焰厚度，使用亚格子湍流强度模型和常规的模型与试验数据进行比较；建立了评估大涡模拟的动态能力的亚格子 G-equation 模型，研究了动态亚格子 G-方程模型到复杂的湍流预混燃烧应用[11]。Muldoon 等应用 LES（大涡模拟方法）、DNS（直接数值模拟方法）以及 RANS（雷诺平均模拟方法）三种模型分别计算了孔射流喷射进入横向主流的情景，对比分析三种计算方法。通过对比发现 DNS 与 LES 的计算结果能够较好地贴合试验所测量的结果，且发现应用 DNS 方法所得到的 Boussinesq 梯度假设与试验结果的符合程度较 LES 方法所获得的结果要低[12, 13]。

Majander 等应用 LES 方法对圆管横向射流进行了仿真计算，计算过程中采用了不同的进口条件设置，并对比了计算结果与试验数据的符合程度，通过对比发现仿真结果与试验数据相符合，仿真计算后发现流场中存在着一对反向的漩涡和剪切层涡[14]。Renze 等应用 LES 对涡轮叶片气膜冷却进行了分析研究，发现密度比以及速度比是湍流混杂过程中需要考虑的重要因素，速度比对射流孔附近的流场有着重要的影响，密度比对射流孔下游的冷却效率有着重要的影响[15]。Sun 等应用 LES 方法对汽轮机的进气系统的气动过程进行了模拟，并与 k-ε 湍流模型的数值模拟结果进行了比较，结果表明应用 LES 方法能够得到更满意的涡度场和湍流动能的分布状态，且具有较高的精度[16]。Urbin 等使用非结构网格和有限体积法对超声速边界层进行了大涡模拟，并针对非结构网格提出了一套计算方法[17]。Rizzetta 等采用高精度数值方法，对超声速可压缩斜坡流动进行了大涡模拟[18]。

7.1.2　大涡模拟国内研究现状

王兵等应用大涡模拟的方法以工程中广泛应用的后台阶湍流流动为研究对象，分析了后台阶流场中大尺度涡漩的形成过程，比较了在大涡模拟数值计算中标准 Smagorinsky 模式、动态涡黏性模式、衰减修正的 Smagorinsky 模式、动态 Cark 模式、梯度模式和结构函数模式 6 种亚格子模式的优缺点[19]。王汉青等分别从大气与环境科学、湍流数值模拟、空气流动、热能动力工程的角度阐述了大涡模拟在当前工程领域中的应用，对大涡模拟的应用领域以及发展趋势进行了总结[20]。周磊等结合最近几年的研究成果对大涡模拟在内燃机研究中的应用与进展进行了全面的总结和介绍，并对燃油喷雾过程、内燃机缸内冷态流场等研究中的大涡模拟的研究现状进行了重点探讨[21]。邓小兵等通过对空间离散误差以及大涡模拟显式滤波方案的研究，建立了可以较好地控制数值误差影响的大涡模拟计算方案[22]。陈巨辉等应用大涡模拟的方法对流化床反应器内气固的流动与反应过程进行了数值模拟，建立了气相大涡模拟-颗粒相二阶矩双流体模型，并分析了流化床内的气固流动特性[23]。梁开洪等应用大涡模拟的数值分析方法，研究了不同入流角度对圆形弯管内流体流动状态的影响，通过分析-16°、0°、16°三种不同的入流角度，发现当入流角度由负变正时弯曲段区域内外侧壁面的压力梯度差由大变小，流体的流动分离现象也得以削弱[24]。

7.2　磨粒流加工弯管表面创成机理研究

弯管类零件作为现代工业中的重要部分，由于其使用环境的特殊性，往往要求其具有较高的内表面质量，如在医疗领域中的起搏器导管、导药管，食品加工领域中蒸发器、杀菌机上的换热管，为了保证无菌环境，降低细菌滋生的可能性并防止食品污染，必须要求这些管件的粗糙度达到卫生级的标准。对于一些管类的乐器，如果内表面过于粗糙，就会影响乐器的音色音质，使其无法达到理想的发音效果，且管乐器中存在着很多变径及弯曲的管状结构，传统的磨削抛光方法较难实现对其内表面的抛光，因此研究磨粒流加工弯曲管件的特性有着重要的意义[25, 26]。

在宏观上，磨粒流加工工件主要是通过磨料冲击工件使工件壁面材料得以去除，并产生已加工表面形貌。研究磨粒流加工工件的表面创成机制，就是研究抛光过程中磨粒流态结构的分布状况以及磨料对工件壁面的作用[27]。本章主要应用大涡数值模拟方法分别从动态压强、壁面剪切力、不同横截面处磨粒流的流动状态、漩涡的形成、磨粒流流动轨迹的角度对弯管内磨粒流的形态分布及磨粒流对壁面的作用进行研究，应用离散相模型求解磨粒流加工后弯管的冲蚀磨损效果，并根据弯管内磨粒流的流态分布特点来分析磨粒流加工弯管的表面创成机理，最后应用流固耦合方法对弯管的整体受力变形状况进行分析，验证对弯管内磨粒流流态结构分析的正确性。

7.2.1 CFD 数值计算概述

数值模拟计算是随着计算机技术的发展应运而生的一种重要的科学分析研究方法，对于流体类的数值模拟目前均采用 CFD 的研究方法，应用 CFD 方法能够有效解决湍流流动中的不确定性，它能够通过相关的仿真计算软件对计算结果进行可视化处理，使研究人员能够更加直观地分析相应的计算结果。通常要实现一项完整的仿真模拟计算，需要多款软件共同合作完成，完成最基本的流体数值模拟所需的各软件及其关系图如图 7.1 所示。

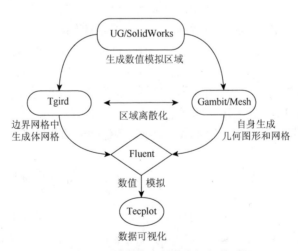

图 7.1 数值模拟中各软件之间的关系图

CFD 工作流程图如图 7.2 所示。

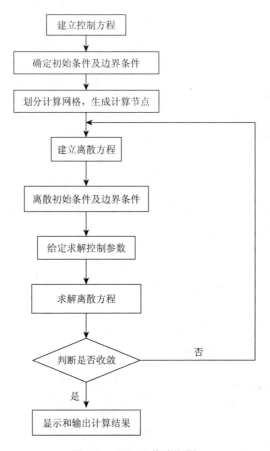

图 7.2　CFD 工作流程图

7.2.2　模型构建及参数设定

1. 模型构建

若想完成磨粒流加工过程的数值模拟分析，必须先构建三维实体模型，本节选用工程中常用的 90°弯管模型进行模拟分析，图 7.3 为管件的三维实体模型。

为了更加精确地分析磨粒流在弯管不同位置的流动状态分布情况，将弯管划分为不同的区域如图 7.4 所示。

将 90°弯管水平放置，并将当入流具有沿 y 轴正方向的分速度时定义为正入流角度，角度用 α 表示，当入流具有沿 y 轴负方向的分速度时定义为负入流角度。将弯管划分为入口段、弯曲段和出口段三部分，并将弯曲段部分按图 7.4 划分为几个

图 7.3　90°弯管三维实体模型

小区域，在观察不同横截面上的流动状态时，沿入流的方向进行观察，并将靠近弯管内侧的管壁定义为内侧壁面，靠近弯管外侧的管壁定义为外侧壁面。

2. 网格划分

在应用三维建模软件完成三维实体模型的创建后，便可将模型导入到网格划分软件内进行网格划分。在网格划分过程中，可对不参加数值计算的实体部分进行抑制，从而避免其占用计算机资源。因本章所研究的弯管属于比较规则且结构简单的模型，所以在网格划分过程中选用生成网格数量较少、生成时间较长但网格质量高的六面体网格，划分后所得到的网格模型如图 7.5 所示。

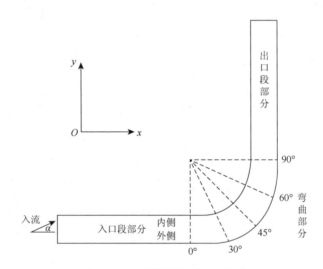

图 7.4　90°弯管区域划分示意图

在网格划分过程中，所划分的网格质量会直接影响计算结果的准确性，网格划分得越整齐细致，计算结果也越准确。如果划分的网格过于粗糙，就会导致求解计算过程中出现不收敛等状态，从而导致计算结果有较大的误差，故网格划分完成后要进行网格质量的检查，其中 Quality（网格质量）是最主要的检查指标，图 7.6 为网格质量检查情况。

图 7.5　90°弯管磨粒流流道网格模型

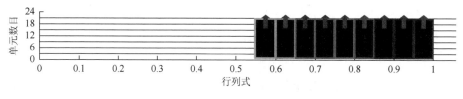

图 7.6　网格质量检查图

在网格质量检查过程中，网格质量越靠近 1 越好，Fluent 仿真计算中要求数值大于 0.1 即可，由图 7.6 可知，90°弯管的网格质量能够满足计算要求。

3. 物理模型及参数设定

磨粒流属于固液两相流，Fluent 提供了多种可选的多相流模型，使其可适用于各种工程应用。几种典型多相流模型的特点及应用举例如表 7.1 所示。

表 7.1　多相流模型的特点及应用举例

多相流模型		特点	应用举例
粒子流模型	DPM 模型	以单个粒子为对象进行计算，可与连续相计算相互耦合	粒子流、气泡流、离散相轨迹计算、粒子流等
	Euleria 模型	一种平均 N-S 方程，可以计算任意粒子和连续相物质	水力运输、高浓度粒子载流、沉淀、泥浆流等
	Mixture 模型	一种建立多相流模型的简化欧拉方法，可与 DPM 模型合用	喷射流、粒子负载流、固体悬浮液等
层流模型	VOF 模型	用于计算不相容的流体分界面位置轨迹的方法	分层流、自由面流动、晃动、流体中大气泡的流动等

在提供了多种可根据实际工作状态来选择的多相流模型的同时，FLUENT 还包含多种湍流模型供选择，其中包括 Inviscid 模型（可进行无黏计算）、Laminar 模型（可进行层流计算）、Spalart-Allmaras（适用于湍流对流场影响不大，网格较粗糙的计算）、标准 k-ε 模型（具有稳定、经济和较高的计算精度的特点，但不适用于旋流等非均匀湍流）、雷诺应力模型（适用于带有强烈旋转的流动问题）、大涡模拟模型（具有较高的计算精度且占用较低的计算机资源）等多个模型。在本章的数值模拟计算中主要选用 Mixture 模型以及大涡模拟湍流模型进行求解，并采用基于压力（pressure-based）的求解器进行求解计算。在磨粒流加工过程中，只有当磨粒流的流动状态为湍流流动时，才能够达到较好的抛光效果。本章所用管件内径为 8mm，所用磨粒流在 40℃时的运动黏度为 38mm²/s，根据雷诺数计算公式可知，当磨粒流的流动速度大于 20m/s 时均能满足湍流流动条件。

7.2.3　弯管内磨粒流流动机理分析

根据已有的磨粒流加工方法可知，目前大多选用垂直于入口的方向即入流角

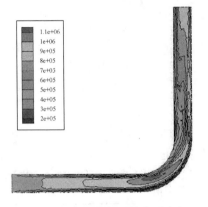

图 7.7　垂直入流角下轴截面动态
压强分布云图

度为 0°进行磨粒流加工，故本章首先分析计算在垂直入流角时，90°弯管内部磨粒流的流动形态，进而得出磨粒流加工弯管时内表面的形成机理。本节选用 30m/s 的入口速度，经计算获得其在轴心截面上的动态压强分布云图及弯曲段不同横截面处的压强分布，如图 7.7 和图 7.8 所示。

根据图 7.7 的动态压强云图可知，当磨粒流垂直于入口方向流入管件时，动态压强在入口段部分呈现阶段性的递减现象，且靠近轴线位置的动态压强要大于靠近壁面处的动态压强。在弯曲段部分，动态压强变化激烈且明显大于入口段部

分的动态压强，在弯曲段的 0°～30°靠近内侧壁面的动态压强要大于靠近外侧壁面的动态压强，在弯曲段的 45°～90°，靠近外侧壁面的动态压强要大于靠近内侧壁面的动态压强。在出口段部分动态压强再次出现递减，且出口段部分的压强分布要比入口段的分布更加混乱。分析可知磨粒流在弯曲段部分与管壁发生碰撞并受到离心力作用，使得磨粒流由弯曲段流入到出口段部分时湍流现象更加明显，故在出口段部分动态压强的紊乱程度要大于入口段部分。由于受弯曲度流动状态的影响，在出口段部分外侧壁面的动态压强要大于内侧壁面。通过上述分析可知，在垂直入流角度下，磨粒流对管件的出口段部分的外侧壁面抛光效果要好于内侧壁面，对于入口段部分，内外侧壁面的抛光效果差别较小，对于弯曲段部分由于受壁面碰撞及离心力作用的影响在 0°～30°对内侧壁面的抛光效果要好于外侧壁面，在 45°～90°对外侧壁面的抛光效果要好于对内侧壁面的抛光效果。

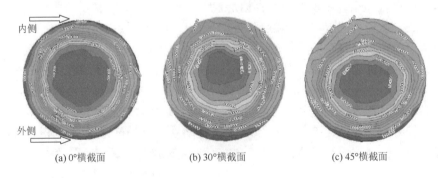

(a) 0°横截面　　　　　　　(b) 30°横截面　　　　　　　(c) 45°横截面

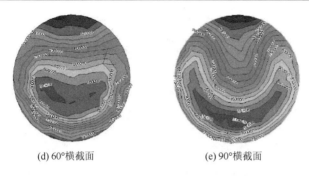

(d) 60°横截面　　　　　　　　　(e) 90°横截面

图 7.8　弯曲段不同横截面动态压强等值线图

根据图 7.8 可知，当磨粒流刚刚进入弯曲段区域时（即在弯曲段的 0°横截面上），在同一圆周上动态压强分布较均匀且中心区域的动态压强最大。在弯曲段的 30°横截面上，偏内侧壁面的动态压强要大于偏外侧壁面的动态压强。在 45°横截面上压强的核心区域开始向外侧壁面移动，在 60°及 90°横截面上外侧壁面的动态压强要大于内侧壁面的动态压强，且在内侧壁面呈现出明显的低压区。为了能够更加准确地分析磨粒流在弯曲段不同横截面上及出口段流动状态，对数值计算结果进行后处理得到不同横截面及出口处磨粒流速度分布状态及流线图，如图 7.9 所示。

图中背景色表示磨粒流在不同横截面处的速度分布状态，线条表示磨粒流在弯管横截面方向上的运动轨迹，由图 7.9 可知，磨粒流在流入弯曲段部分后会出

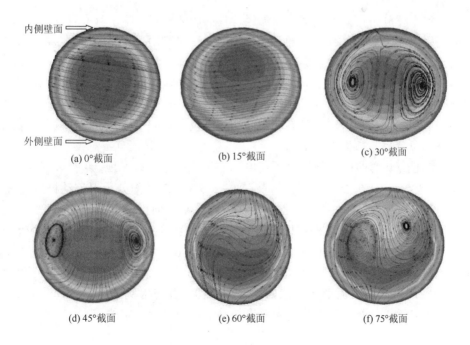

内侧壁面

外侧壁面

(a) 0°截面　　　　　　　　　(b) 15°截面　　　　　　　　　(c) 30°截面

(d) 45°截面　　　　　　　　　(e) 60°截面　　　　　　　　　(f) 75°截面

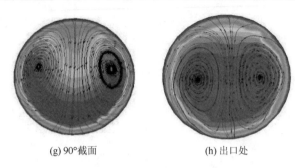

(g) 90°截面　　　　　　　　　　(h) 出口处

图 7.9　弯曲段及出口处不同横截面速度分布及流线图

现双漩涡现象,结合流体力学相关理论分析可知,当磨粒流流经管件的弯曲部分时,会具有离心力且磨粒流在弯曲段所受到的离心力指向外侧,受离心力作用的影响,磨粒流在沿管件轴向运动的同时,还具有向管件外侧流动的分速度。通过对弯曲段不同横截面上的动态压强分析可知,在磨粒流刚流入弯曲段时,管件中心区域的动态压强最大,因此中心区域的流动速度也最大,根据单位质量流体的离心力公式 $F = V^2/r$（式中, V 表示流体质点的轴向速度; r 表示流体在弯曲段流动时流经轨迹的曲率半径）,可知中心区域的磨粒流所受到的离心力最大,所以中心区域的磨粒流会以较大的流速向外侧流动。且由于磨粒流具有连续不可压缩的性质并受到管件壁面的约束,当中心区域的磨粒流向外侧流动时,管件靠近壁面附件的磨粒流会被迫向着管件的中心区域流动,通过相互流动形成了双漩涡现象。

通过上述分析可知,当磨粒流流经管件的弯曲段时,除了具有轴向运动外,同时还受离心力影响具有横截面方向上的切向漩涡流动。当磨粒流在弯曲段具有漩涡流动时,其中的磨粒也会受到离心力及研磨液漩涡流动的影响而被甩向漩涡外围,同时也会具有漩涡方向上的切向速度,故磨粒在轴向及径向冲击壁面的同时还会在圆周的切向上对管壁进行磨削冲击。在同一横截面上,由于管件壁面离漩涡中心距离不同,磨粒所具有的漩向切速度也会有所不同,所以在同一横截面上的不同位置抛光效果也会不同。

观察图 7.9 弯曲段不同横截面速度分布及流线图还可发现,弯管区域的漩涡并不是一直存在,在 60°截面处漩涡流动消失,在 75°截面处漩涡流动再次出现,且在 60°截面及 75°截面处虽然磨粒流的主流流动方向指向弯管的内侧壁面,但中心区域的磨粒流具有向外侧壁面方向流动的趋势,在 90°截面处中心区域磨粒流的流动方向已经变为由内侧向外侧流动。这是由于当流经 60°横截面时在靠内侧壁面处存在低压区,磨粒流受到压力影响漩涡发生溃散使得流动方向发生转变,由圆周方向上的流动变为向内侧壁面流动,并与内侧壁面发生径向撞击,因此在 60°横截面处磨粒流的抛光效果与其他截面具有一定的差别。在磨粒流与内侧壁面发生撞击后，受到壁面反弹力等作用的影响，在 90°横截面处重新形成漩涡。

前面主要分析了磨粒流在弯曲段不同横截面处的流动状态，为了能够更加直观清晰地分析磨粒流在弯管整个区域内的流动状态，通过数值模拟计算出磨粒流在弯管内速度矢量图与流线图，如图 7.10 和图 7.11 所示。

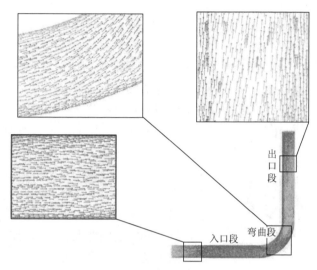

图 7.10　弯管内磨粒流速度矢量图

观察图 7.10 弯管内磨粒流速度矢量图可以发现，在入口段部分磨粒流的速度方向与轴线平行，在弯曲段及出口段部分速度方向开始发生变化，与轴线出现一定的夹角，通过对磨粒流在弯曲段不同横截面速度分布及流动状态的分析可知，当磨粒流进入弯曲段部分后在截面上会出现漩涡流动，漩涡使流体在截面上从管内侧运动到管外侧，因磨粒流在弯管内的主流运动仍沿轴线方向，所以漩涡与主流的合运动使得磨粒流呈螺旋状流动。通过图 7.11

图 7.11　弯管内壁面处磨粒流流线图

弯管内磨粒流流线图可更加直观地发现，磨粒流在入口段部分的流动为平行于轴线的水平运动，在弯曲段部分开始由直线流动转变为螺旋状流动。这说明在入口段部分磨粒流对弯管的抛光运动主要沿轴线方向，在弯曲段及出口段部分磨粒流对弯管的抛光运动轨迹变为螺旋状，螺旋运动的形成增加了磨粒流对弯管的抛光距离。

7.2.4 磨粒流加工弯管内表面创成机理

通过对弯管内磨粒流流态结构进行分析可知,在弯管的不同区域磨粒流具有不同的流动状态,结合磨粒流在不同区域流态结构的分布特点,能够更加准确地研究磨粒流加工下弯管内表面不同位置的形成机理。磨粒流加工过程中微切削的动力主要来源于磨料所提供的剪切力以及挤压力[15]。分析磨粒流加工弯管过程中的剪切力分布情况能够为研究弯管内表面的形成因素提供更翔实可靠的依据。图 7.12 为应用大涡数值模拟计算后所得到的壁面剪切力分布图。

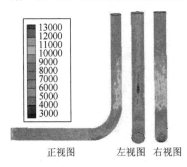

图 7.12 壁面剪切力分布图

由图 7.12 可以看出,在不同区域的不同位置壁面剪切力有所不同,在入口段的壁面剪切力较大且同一横截面上壁面剪切力差别不大,随着磨粒流向弯管内流动,壁面剪切力逐渐降低,当进入弯曲段后内外两侧的壁面剪切力出现较大的差别,在 0°～30°区域,近外侧壁面剪切力小于近内侧壁面剪切力,在 30°～90°区域以及出口段部分,近外侧附近的壁面剪切力要大于近内侧附近的壁面剪切力。结合前面对磨粒流流动状态及动态压强的分析可知,当磨粒流进入弯曲段后在弯曲段的开始阶段外侧壁面主要受到磨粒的撞击作用,因此在这一阶段挤压力起主导作用而壁面剪切力相应较小。在 30°截面及弯管的后半部分会产生漩涡流动,漩涡的产生会使内侧形成低压区,同一横截面处外侧压力要大于内侧压力,且根据图 7.10 可知,当磨粒流流入弯曲段及出口段时流动方向开始偏向于弯管的外侧,因此在弯曲段的 30°～90°区域以及出口段部分近外侧的壁面剪切力要大于近内侧的壁面剪切力。

当含有固体颗粒的流体与工件表面相接触并产生相对运动时,工件表面材料发生损耗而产生冲蚀磨损现象。采用磨粒流对工件进行研抛,使工件表面材料去除而达到光整加工的效果同样也含有冲蚀磨损的作用。图 7.13 为应用 DPM 离散相模型计算后所得到的磨粒流加工后弯管的冲蚀磨损分布图。

对比图 7.13 和图 7.12 可以看出,在弯曲段区域冲蚀磨损有着与壁面剪切力相似的分布规律,在弯曲段的 30°～90°区域及弯曲段与

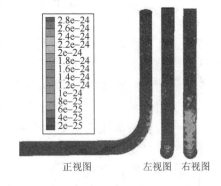

图 7.13 冲蚀磨损分布图

出口段相接处外侧壁面的冲蚀磨损要大于内侧壁面的冲蚀磨损，这也进一步证明了在这一区域外侧壁面所受到的磨粒流的撞击要更加激烈。

　　磨粒流对工件表面产生的微切削作用，实质上主要是磨粒与壁面产生相对运动的作用结果。但当磨粒流加工弯管类工件时，根据前面对弯管内磨粒流流态结构的分析可知，当磨粒流流入弯管的弯曲段区域及出口段区域时会产生漩涡流动，而漩涡流动是产生气蚀的主要原因，因此磨粒流加工弯管的表面创成机理与抛光其他工件有所区别。

　　对于弯管类工件，在磨粒流加工过程中其表面的形成机理可根据是否有漩涡形成分成两个部分。在还未形成漩涡的区域即入口段部分，工件表面形貌形成主要是由于磨粒冲蚀磨损的作用，即磨粒在研磨液的带动下对工件壁面做无规则的撞击，在撞击过程中磨粒垂直于工件的法向力使工件材料产生塑性变形，磨粒平行于工件的切向力对工件材料产生切削作用，在磨粒的反复撞击下工件材料发生疲劳破坏，从而导致抛光区域材料的去除。漩涡形成的区域主要为弯曲段区域及出口段区域，根据弯曲段不同横截面处的动态压强等值线分布图 7.8 可知，磨粒流进入弯曲段后在横截面上存在低压集中区，当磨粒流的局部压力低于蒸汽压力时会产生气泡，气泡会随着漩涡流动到高压区，在高压作用下气泡会崩溃破裂，在气泡崩溃的瞬间会产生巨大的冲击力，工件壁面附近气泡的反复冲击会使工件表面材料产生疲劳破坏即发生气蚀磨损。在气蚀磨损过程中还会有一部分气泡破裂后冲击作用于磨粒上，从而增加磨粒的冲击速度，提高磨粒对工件壁面的撞击力度。气蚀会使工件材料表面出现麻点，而磨粒的冲击、犁削作用会使麻点扩大，在气蚀与磨粒冲击的反复作用下麻点会变深变长，从而会改变工件材料的不平整度。

　　图 7.14 为经磨粒流加工试验后管件不同部位的表面形貌图，由图可以发现磨粒流加工前弯管内表面存在一些凹凸不平的斑块，表面质量较差。磨粒流加工后弯管的内表面斑块明显减少，且抛光后的入口段部分存在不规则划痕，弯曲段及出口段部分除具有划痕外还存在较多的气穴麻点。

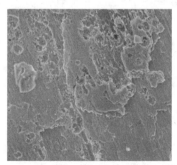

(a) 未抛光弯管表面形貌　　　　　　　(b) 磨粒流加工后入口段表面形貌

(c) 磨粒流加工后弯曲段表面形貌   (d) 磨粒流加工后出口段表面形貌

图 7.14　磨粒流加工前后弯管不同位置表面形貌

7.2.5　磨粒流加工下弯管的受力变形分析

　　在以往对磨粒流的数值计算中，大部分学者只是对磨粒流加工过程中的流场状态进行数值模拟计算，而没有分析磨粒流加工过程中流体场对固体场的力的作用效果。应用流固耦合分析来分析抛光过程中磨粒流对工件的作用力也是研究分析磨粒流加工可靠性的一种重要方法，而且通过对流固耦合计算结果的分析还可以从另一角度来验证对弯管内磨粒流流动形态分析的正确性及磨粒流对弯管的作用效果分析的正确性。本节采用流固耦合算法将应用大涡数值模拟计算后所得到的流态分布数据传递到弯管的壁面上，对磨粒流加工过程中弯管在流场作用下的受力及形变状态进行分析。图 7.15 为流固耦合的流程及流固耦合界面图。

　　本章选用的管件材料为不锈钢，在对弯管进行磨粒流加工的过程中，必须先将其进行固定，防止其在抛光过程中产生不必要的振动以及移动，并减小对抛光效果的影响。根据实际的工作条件采用如图 7.16 所示的固定约束方案。

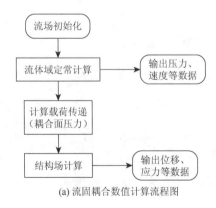

(a) 流固耦合数值计算流程图

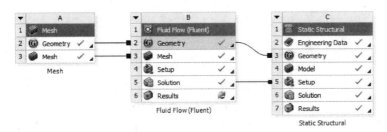

(b) 流固耦合数值计算界面

图 7.15　流固耦合流程及界面图

仍然选用大涡数值模拟计算方法对弯管内磨粒流的流动状态进行数值模拟计算，计算完成后将磨粒流在管件内的流态分布特点以压力的形式传递到弯管的内壁面上，其中图 7.17 为压力的传递过程。传力完成后对弯管进行静力学分析，得到弯管的压力分布及受力变形图如图 7.18 所示。

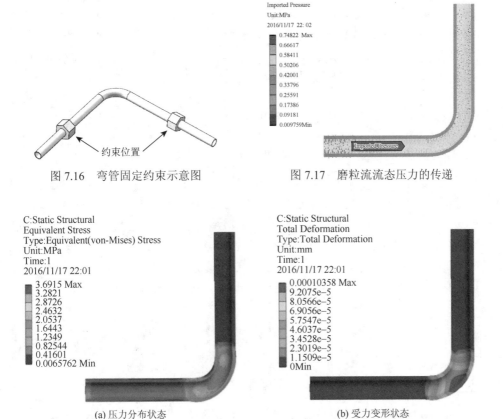

图 7.16　弯管固定约束示意图　　　　　图 7.17　磨粒流流态压力的传递

(a) 压力分布状态　　　　　　　　　(b) 受力变形状态

图 7.18　管件的压力分布及受力变形图

从图 7.18(a)中可以看出管件在入口段部分、弯曲段部分及出口段部分具有不同的受力状态，入口处压力较大并且在入口段后部分压力减小。在弯曲段部分压力达到最大且在弯曲段的初始部分内侧壁面的压力略大于外侧壁面的压力，在弯曲段 45°区域附近外侧壁面的压力要大于内侧壁面的压力，在弯曲段的结束部分压力开始减小，产生这种现象的原因主要是磨粒流在弯曲段内与壁面发生碰撞及受到二次流和离心力等多方面的影响。在出口段部分的压力值达到最小。从图 7.18(b)中可以发现管件受到磨粒流的冲击碰撞后会发生极其细微的变形，弯曲段的 45°区域受力变形最大约为 0.1035μm，这说明在这一区域管件所受到的磨粒流的冲击力最大。对管件的压力分布及受力变形状态的分析也从另一角度验证了对磨粒流加工 90°弯管时流态结构分析的正确性。

7.3　磨粒流加工弯管影响因素分析

磨粒流的研抛性能受磨料特性、加工条件、被抛光工件特性等多方面因素的影响，目前国内外学者多从磨料的浓度、黏度、磨粒硬度、磨粒种类、磨粒粒径、加工温度、工件材料等角度研究分析磨粒流的研抛性能。本章根据弯管零件本身特有的结构特点从入流角度、入口速度、弯径比、弯曲角度、截面变化形式几个方面，来分析磨粒流加工弯管效果的影响因素。

7.3.1　研抛参数对磨粒流加工效果的影响分析

1. 入流角度对磨粒流加工特性的影响

若改变磨粒流的入流角度，会使得磨粒流与管壁的碰撞角度发生改变，进而会引起磨粒流流动状态的改变。本节主要研究不同磨粒流入流角度对弯曲管件内部磨粒流流态的影响，从而分析入流角度对磨粒流加工效果的影响。为分析不同入流角度对磨粒流加工效果的影响，分别计算当入流角度 α 为-15°、-10°、-5°、5°、10°、15°时弯管内部磨粒流流场的流态，并与垂直入流情况下的流动状态进行比较。经过数值计算可得到不同入流角度条件下弯管轴截面上的动态压强分布图如图 7.19 所示。

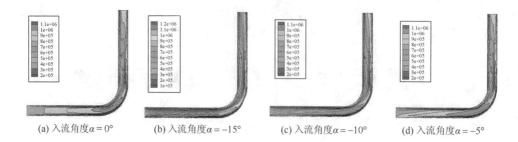

(a) 入流角度α = 0°　　　(b) 入流角度α = -15°　　　(c) 入流角度α = -10°　　　(d) 入流角度α = -5°

(e) 入流角度α=5°　　　　(f) 入流角度α=10°　　　　(g) 入流角度α=15°

图 7.19　90°弯管件在不同入流角度条件下轴截面动态压强图

通过对比分析不同入流角度条件下动态压强的分布可以发现，改变入流角度后磨粒流的压力分布状态也发生明显的改变。当入流角度为负值时，在管件的整个区域上外侧壁面的动态压力均大于内侧壁面的动态压力，故应用负入流角度不利于磨粒流加工的均匀性。当入流角度为 5°时，在入口段部分靠近内侧壁面的动态压力略大于靠近外侧壁面处的动态压力。而弯曲段以及出口段部分与垂直入流时相比，靠内侧壁面与靠外侧壁面的压力差明显缩小，当入流角度为 10°及 15°时，虽然弯曲段与出口段部分内外侧壁面处的压力差减小，但是在入口段部分近内侧壁面处的动态压强也越来越大于近外侧壁面处的压强。故适当的增大入口角度有利于提高磨粒流加工的均匀性。

通过分析 90°弯管在不同入流角度条件下壁面剪切力分布图（图 7.20）可以发现，当入流角度 α 为 0°时，在入口段部分壁面剪切力呈现区域性的递减，在弯曲段部分因受到管件结构的影响使得磨粒流在此区域产生漩涡，从而使得在弯曲段的前半部分内侧面的壁面剪切力要大于外侧面的壁面剪切力，受弯曲段前半部分磨粒流流动状态及离心力等作用的影响，在弯曲段的后半部分及出口段部分外侧面的壁面剪切力大于内侧面壁面剪切力。改变入流角度后，当 α 为 5°时，在入口段区域外侧面的壁面剪切力要比内侧面壁面剪切力递减的略快，但在出口段及弯曲段区域壁面剪切力的分布状态要好于 α 为 0°时的分布。当入流角度 α 继续增大时，入口段及弯曲段部分内外侧面的壁面剪切力差值均明显增大，不再利于磨粒流加工的整体均匀性。当入流角度为负值时在入口段、弯曲段及出口段部分外侧面的壁面剪切力均大于内侧面壁面剪切力，故也不利于磨粒流加工的均匀性。

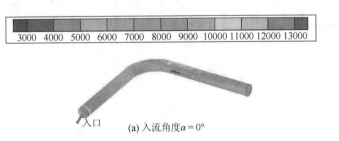

3000　4000　5000　6000　7000　8000　9000　10000　11000　12000　13000

入口　　　　(a) 入流角度α=0°

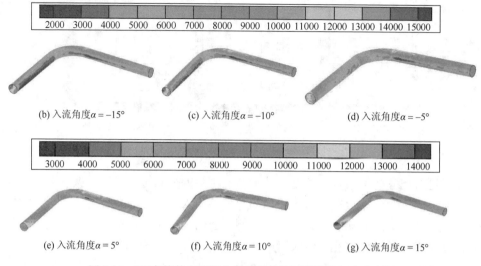

(b) 入流角度α = −15°　　(c) 入流角度α = −10°　　(d) 入流角度α = −5°

(e) 入流角度α = 5°　　(f) 入流角度α = 10°　　(g) 入流角度α = 15°

图 7.20　90°弯管件在不同入流角度条件下壁面剪切力分布图

2. 入口速度对磨粒流加工特性的影响

雷诺数是区分流体流动状态的重要指标，雷诺数的大小会影响流体近壁面处黏性底层的薄厚，进而会影响磨粒流的流动状态。根据雷诺数计算公式可知，改变流体速度、运动黏度及管件直径均能改变雷诺数的大小。在磨粒流的实际抛光过程中，最容易实现的操作是通过改变机床的参数设置来获得不同的磨粒流入口速度，因此本节主要研究不同入口速度对磨粒流加工弯曲管件效果的影响，选取了 $v = 25\text{m/s}$、$v = 30\text{m/s}$、$v = 35\text{m/s}$、$v = 40\text{m/s}$ 四种不同入口速度条件下，磨粒流在 90°弯管及 180°弯管内的流动状态。通过数值模拟计算得到了 90°弯管在不同研抛速度条件下的动态压强分布云图如图 7.21 所示。

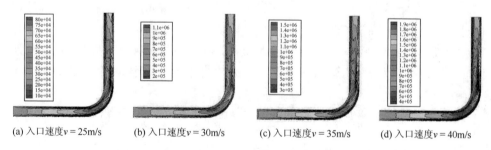

(a) 入口速度v = 25m/s　　(b) 入口速度v = 30m/s　　(c) 入口速度v = 35m/s　　(d) 入口速度v = 40m/s

图 7.21　90°弯管不同入口速度下的动态压强分布图

从图 7.21 不同入口速度下的动态压强分布图中可以看出，随着研抛速度的增加，磨粒流在管件内流动时的动态压强也随之增大，且在弯曲段部分动态压强增大程度最为明显，在出口段部分动态压强分布的混乱程度也呈现增大的趋势。通过分析可知，增大入口速度数值即增大了磨粒流的湍流强度，磨粒流在管件内部流动时的紊乱程度也就变大，从而使得磨粒在管件内部的不规则运动更加剧烈，对管件壁面的撞击也就更加的剧烈，且撞击越剧烈撞击后的混乱程度也就越大。图 7.22 和图 7.23 分别为不同入口速度条件下的壁面剪切力图与弯曲段 90°横截面处的动态压强分布图。

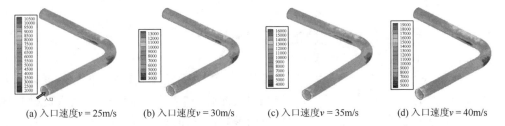

(a) 入口速度 $v = 25$m/s　　(b) 入口速度 $v = 30$m/s　　(c) 入口速度 $v = 35$m/s　　(d) 入口速度 $v = 40$m/s

图 7.22　90°弯管不同入口速度条件下的壁面剪切力图

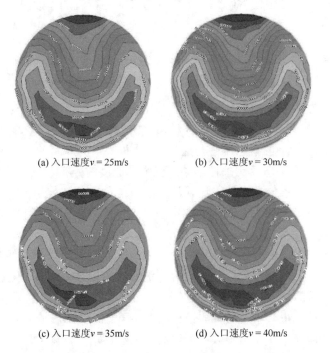

(a) 入口速度 $v = 25$m/s　　　　　　　　(b) 入口速度 $v = 30$m/s

(c) 入口速度 $v = 35$m/s　　　　　　　　(d) 入口速度 $v = 40$m/s

图 7.23　90°弯管不同入口速度条件下弯曲段横截面处的动态压强等值线图

通过对比分析图 7.22 不同入口速度条件下的壁面剪切力可以发现，随着入口速度的增大壁面剪切力也逐渐变大。通过观察图 7.23 不同入口速度条件下弯曲段 90°横截面处的动态压强分布可以发现，随着磨粒流入口速度的增大近内侧壁面及近外侧壁面的动态压强也随之增大，且当入口速度由 25m/s 增大为 30m/s 时近内侧壁面与近外侧壁面的动态压强差变化不大，但当入口速度 v 增大为 35m/s 及 40m/s 后内外侧壁面的动态压强差也随之增大。由此可知适当增大入口速度可提高磨粒流的抛光效果，但过度的增大磨粒流的入口速度虽然磨粒流的抛光效果增强但抛光的均匀性却减弱，在实际的磨粒流加工过程中可根据需要进行适当的调整。

7.3.2 管件特性对磨粒流加工效果的影响分析

在零部件的生产制造过程中，加工效果不仅会受各种工艺参数的制约，零件本身的特性也会对最终的生产效果产生很大的影响，分析不同的管件特性对抛光效果的影响可为磨粒流加工不同管件时的参数设置提供一定的参考价值，而且在对精益化要求越来越高的今天，往往还会要求同一产品设备上的几种部件要具有相近的表面质量，这也使得研究分析管件特性对磨粒流加工效果的影响具有很重要的意义。

1. 管件弯径比对磨粒流加工特性的影响

管件的弯径比即为管件弯曲部分的曲率半径与管件直径的比值。这里主要分析在入口速度为 40m/s 的条件下不同弯径比对磨粒流加工管件效果的影响，分别选用弯径比 R/D 为 1、2、3、4 这四种型号的管件进行数值模拟计算，计算完成后得到如图 7.24 所示的动态压强与速度分布图。

通过图 7.24 不同弯径比条件下动态压强及速度的分布可以发现弯径比越小，在相同的入口速度条件下弯管内磨粒流所具有的动态压强就越大，所获得的速度也越大。当弯径比 R/D 为 1 时，动态压强在入口段部分逐渐缩小，在弯曲段部分动态压强开始变大并在 0°～30°达到最大。在弯曲段部分及出口段部分动态压强的变化不再像入口段部分一样呈现阶段性的递减，而是内侧壁面与外侧壁面出现压强差，且出口段与弯曲段部分相接处内外侧壁面的压强差最大。对于磨粒流的速度管件中心区域的速度值要大于靠近管件壁面处的速度值，且在入口段部分时变化较小，当磨粒流快要到达弯曲段部分时速度开始增大，并在弯曲段部分的内侧壁面附近达到最大值，在出口段部分速度先减小后增大。随着弯径比的增大，动态压强的最大值除了在弯曲段的 0°～30°出现外在入口段部分也开始出现，且随着弯径比的增大，出口段部分的最大动态压强区域也变得越来越大，虽然随着弯径比的增大速度值逐渐减小但是速度的分布状态却越来越均匀。通过对比分析不同弯径比条件下的动态压强及速度分布图可知，对于弯径比越大的弯管磨粒流加工

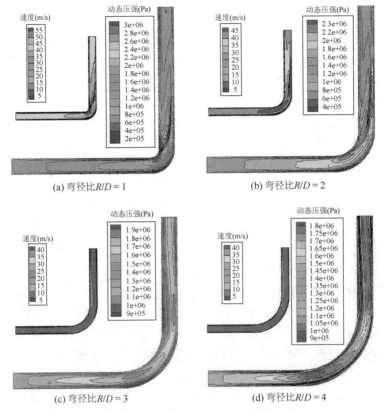

图 7.24　不同弯径比条件下弯管动态压强与速度分布图

后的整体均匀性越好，但对于抛光强度及弯管材料的表面去除率弯径比小的弯管要好于弯径比大的弯管。

　　图 7.25 为不同弯径比条件下弯管壁面剪切力的分布图，从图 7.25 中可知，弯径比越小在相同入口条件下所获得的壁面剪切力越大。这与弯管在不同弯径比下的动态压强及速度的分布有着相同的规律，且当 R/D 为 1 时除弯曲段部分内侧面的壁面剪切力大于外侧面外，入口段部分及出口段部分同一横截面处内外侧壁面的壁面剪切力相

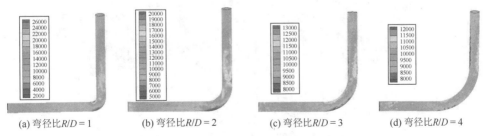

图 7.25　不同弯径比条件下弯管壁面剪切力分布图

差均不是很大。随着弯径比的增大出口段部分同一横截面上的壁面剪切力开始出现差值，且弯径比越大出现差值的区域也越大，而对于弯曲段部分随着弯径比的增大，同一横截面处内外侧壁面的壁面剪切力差值反而减小，这主要是由于弯径比越大管件弯曲段部分的结构变化越缓慢，磨粒流与管件外侧壁面所发生的冲击碰撞也就越弱。入口段部分随着弯径比的增大壁面剪切力减小的越来越慢。这说明随着弯径比的增大磨粒流对管件弯曲段部分抛光的均匀性越来越好，但抛光的强度有所降低。

由图 7.26 弯曲段横截面处的动态压强分布可以发现，当弯径比 R/D 为 1 时在 30°～60°动态压强的核心区域更靠近于内侧壁面，在 90°区域动态压强靠近于外侧壁面。随着弯径比的增大在 30°～60°压强核心区开始向中心位置移动，这同样是由于弯径比变大后弯曲段部分的结构变化开始变得缓慢，磨粒流与管件外侧壁面所发生的冲击碰撞不再那么剧烈，对其进入弯曲段时的流态结构影响也就没有弯径比小时那么明显。在弯曲段区域随着弯径比的增大，动态压强核心区也开始向内侧壁面偏移，根据公式 $F = V^2/r$ 可知，因弯径比增大后离心力公式中的 r 增大，磨粒流在弯曲段所受到的离心力开始减小，所以主流区域所受到的指向外侧壁面的离心力也就减小。观察不同弯径比下弯曲段处的流线图可以发现，当 R/D 为 1 时在 30°、45° 及 90°区域均出现漩涡，当 R/D 为 2 时只在 45°及 90°区域出现了漩涡，当弯径比 R/D 继续增大时在弯曲段区域不再出现漩涡。这说明弯径比越小，在管件的弯曲段部分越容易出现漩涡。这同样与磨粒流在弯曲段所受到的离心力大小有关，在相同入口条件下通过对不同弯径比条件下弯管动态压强与速度的分布状态分析可知，弯径比越小磨粒流所具有的速度值越大，同时弯曲半径在减小，所以磨粒流在弯径比小的管件内所受到的离心力要大于磨粒流在弯径比大的管件内部所受到的离心力，通过对漩涡形成过程的分析可知，磨粒流所受到的离心力越大越容易形成漩涡。所以弯曲半径越小的管件磨粒流在其内部越容易产生漩涡，近壁面处的切向速度也就越大，同时也意味着单位时间内在圆周方向上冲击壁面的颗粒数量及频率增加，所以对于小曲率的管件抛光后的材料去除率要大，在对大曲率管件进行抛光时可通过提高入口速度或压力值来使其在弯曲段内具有更高的抛光强度。

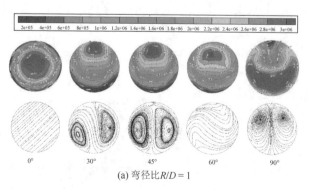

2e+05 4e+05 6e+05 8e+05 1e+06 1.2e+06 1.4e+06 1.6e+06 1.8e+06 2e+06 2.2e+06 2.4e+06 2.6e+06 2.8e+06 3e+06

0°　　　　30°　　　　45°　　　　60°　　　　90°

(a) 弯径比$R/D = 1$

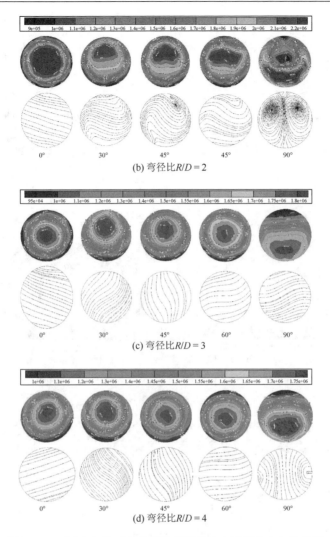

图 7.26　不同弯径比下弯曲段横截面处动态压强分布与流线图

2. 弯曲角度对磨粒流加工特性的影响

选用相同入口条件及参数设置，对 60°、90°、120° 及 180° 四种常用弯曲类型进行数值模拟分析，计算完成后得到磨粒流在不同弯曲角度的管件内的动态压强及速度分布如图 7.27 所示，壁面剪切力分布如图 7.28 所示。

通过对比分析不同弯曲角度条件下的动态压强与速度分布图可以发现，随着弯曲角度的增大，磨粒流在弯管内的最大动态压强值也随之增大，随着弯曲角度的增大，弯曲段部分流道结构发生改变管件对磨粒流的约束增大，磨粒流对弯曲段部分的壁面碰撞更加激烈，从而导致压强变大。在这四种弯曲角度条件下磨粒

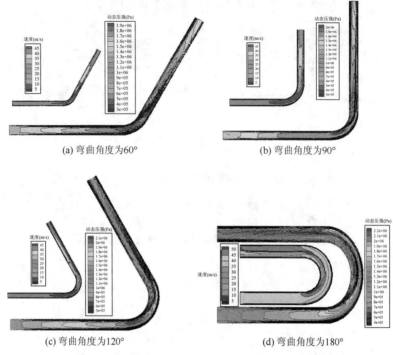

(a) 弯曲角度为60°   (b) 弯曲角度为90°

(c) 弯曲角度为120°   (d) 弯曲角度为180°

图 7.27　不同弯曲角度条件下动态压强与速度分布图

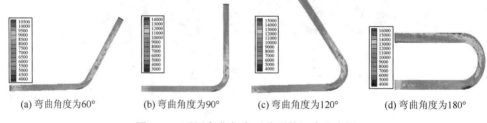

(a) 弯曲角度为60°   (b) 弯曲角度为90°   (c) 弯曲角度为120°   (d) 弯曲角度为180°

图 7.28　不同弯曲角度下壁面剪切力分布图

流动态压强的最大区域均集中在弯曲段及出口段部分，且在弯曲段的开始部分近内侧面的动态压强大于近外侧面的动态压强，在弯曲段的后半部分及出口段部分的近外侧面的动态压强均大于近内侧面的动态压强，这也验证了对磨粒流在 90°弯管内流动状态的分析适用于不同弯曲角度的弯管。

随着弯曲角度的增加管件所受到的壁面剪切力也开始增大，这主要是由于弯曲角度增加后磨粒流与管件碰撞更加激烈，这使得磨粒流内的磨粒对管件的冲击碰撞也更加剧烈，同时磨粒与管件壁面碰撞后反弹到另一侧壁面的概率也随之增大，磨粒与管件壁面的碰撞频率增大，从而增强了磨粒流对管件壁面的磨削抛光作用。

　　由图 7.29 不同弯曲角度条件下弯曲段横截面处动态压强分布与流线图可以看出当管件弯曲角度为 60°时，在弯曲段部分没有出现漩涡，当弯曲角度为 180°时在多个横截面处出现漩涡，这说明弯曲角度越大越容易出现漩涡，即磨粒流在弯曲段越容易具有圆周切向力，对于弯曲段横截面处的动态压强，弯曲角度越大动态压强越大，这于不同弯曲度下轴截面上的动态压强有着相同的规律，因此在进行磨粒流加工时对于弯曲角较小的管件可通过适当提高入口压力速度来使其具有与弯曲角度较大的管件相近的抛光效果。

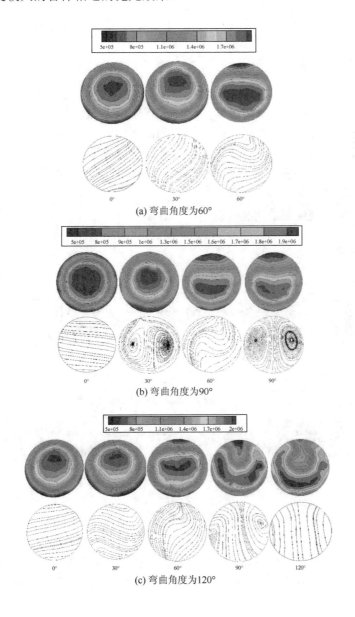

(a) 弯曲角度为60°

(b) 弯曲角度为90°

(c) 弯曲角度为120°

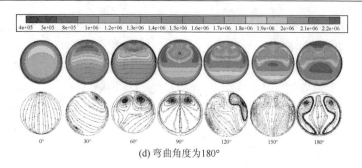

(d) 弯曲角度为180°

图 7.29　不同弯曲角度条件下弯曲段横截面处动态压强分布与流线图

3. 截面变化类型对磨粒流加工特性的影响

在实际的工程应用中，除了存在各种等直径弯曲类的管件及流道外，在油路体、阀体内部、喷嘴等零部件中还存在着各种截面发生变化的管件及流道类型，在应用磨粒流对其进行抛光时，在不同的截面变化形式下磨粒流可能会有不同的流态结构，从而导致不同的抛光效果。为了研究磨粒流在不同截面变化类型管件中的抛光特性，本节模拟计算了磨粒流在由渐缩段和渐扩段串联组成的渐扩渐缩结构及由突缩段及突扩段串联组成的突扩突缩机构中的流动状态变化情况。对渐扩渐缩管及突扩突缩管选用相同的进出口等参数设置条件，经过仿真模拟后得到渐扩渐缩管件及突扩突缩管件的动态压强分布云图如图 7.30 和图 7.31 所示。

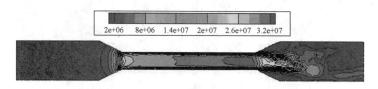

图 7.30　渐扩渐缩管件动态压强分布图

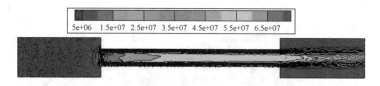

图 7.31　突扩突缩管件动态压强分布图

根据渐扩渐缩管件及突扩突缩管件的动态压强分布图可知，当磨粒流由大孔径流入小孔径中时，因截面尺寸的变小使得磨粒流的动态压强变大，从而增强磨粒流对小孔径处的抛光性能。当磨粒流由小孔径流入大孔径中时因受流动惯性的影响，在大孔与小孔相接处在中心位置仍保持较大的动态压强，随着磨粒流在大孔径中继续流动压强核心区发生紊乱扩散。对比磨粒流在渐扩渐缩管件及突扩突缩管件内的流动状态可以发现，在相同的条件下磨粒流在突扩突缩管件中的动态压强要远大于在渐扩渐缩管件中的动态压强，这主要是由于在突扩突缩管件中因截面积的突然变化使得磨粒流的流动方向发生急剧变化，磨粒流内部及磨粒与管件壁面间的摩擦碰撞更加剧烈，从而使得动态压强也具有剧烈的变化。通过分析可知，磨粒流由大孔径流入小孔径中时将具有更好的倒圆角作用，且在相同参数设置条件下，磨粒流对突变管的抛光倒角效果要好于对渐变管的抛光倒角效果。

图 7.32 和图 7.33 为磨粒流在渐扩渐缩管件以及突扩突缩管件中的流线图，从图中可知，当磨粒流由小孔径流入大孔径时会因截面的突然变化而在大孔径中产生漩涡，且在突变管中所产生的漩涡要比在渐变管中产生的漩涡大，这主要是因为突变管截面变化较急剧，从而导致固液两相磨粒流的流动方向变化要比渐扩管急促且磨粒间的摩擦碰撞要更加剧烈。

图 7.32　渐扩渐缩管件流线图　　　　　图 7.33　突扩突缩管件流线图

参 考 文 献

[1]　李俊烨，吴绍菊，尹延路，等. 磨粒流加工伺服阀阀芯喷嘴的颗粒冲蚀磨损研究[J]. 制造业自动化，2016，38（7）：69-72.

[2]　尹延路. 基于大涡模拟的磨粒流加工弯管表面创成机理研究[D]. 长春：长春理工大学，2017.

[3]　Uhlmann E，Mihotovic V，Coenen A. Modelling the abrasive flow machining process on advanced ceramic materials[J]. Journal of Materials Processing Technology，2009，209（20）：6062-6066.

[4]　Singh S，Shan H S，Kumar P. Experimental studies on mechanism of material removal in abrasive flow machining process[J]. Materials and Manufacturing Processes，2008，23：714-718.

[5]　Fang L，Zhao J，Li B，et al. Movement patterns of ellipsoidal particle in abrasive flow machining[J]. Journal of Materials Processing Technology，2009，209（20）：6048-6056.

[6]　Gorana V K，Jain V K，Lal G K. Forces prediction during material deformation in abrasive flow machining[J]. Wear，2006，260（1）：128-139.

[7]　Kar K K，Ravikumar N L，Tailor P B，et al. Performance evaluation and rheological characterization of newly developed butyl rubber based media for abrasive flow machining process[J]. Journal of Materials Processing Technology，2009，209：2212-2221.

[8]　Jain R K，Jain V K. Finite element simulation of abrasive flow machining[J]. Proceedings of the Institution of Mechanical Engineers，Part B：Journal of Engineering Manufacture，2003，217（12）：1723-1736.

[9] Kenda J，Duhovnik J，Tavčar J，et al. Abrasive flow machining applied to plastic gear matrix polishing[J]. The International Journal of Advanced Manufacturing Technology，2014，71：141-151.

[10] Wan S，Ang Y J，Sato T，et al. Process modeling and CFD simulation of two-way abrasive flow machining[J]. The International Journal of Advanced Manufacturing Technology，2014，71：1077-1086.

[11] Park N S，Ko S C. Large eddy simulation of turbulent premixed combustion flow around bluff body[J]. Journal of Mechanical Science and Technology，2011，25（9）：2227-2235.

[12] Muldoon F，Acharya S. Numerical investigation of the dynamical behavior of a row of square jets in crossflow over a surface[C]. ASME 1999 International Gas Turbine and Aeroengine Congress and Exhibition. American Society of Mechanical Engineers，1999：187-193.

[13] Acharya S，Tyagi M，Hoda A. Flow and heat transfer predictions for film cooling[J]. Annals of the New York Academy of Sciences，2001，934（1）：110-125.

[14] Majander P，Siikonen T. Large-eddy simulation of a round jet in a cross-flow[J]. International Journal of Heat & Fluid Flow，2006，27（3）：402-415.

[15] Renze P，Schröder W，Meinke M. Large-eddy simulation of film cooling flows with variable density jets[J]. Flow，Turbulence and Combustion，2008，80（1）：119-132.

[16] Sun T，Guo J C，Sun H O. Application of large eddy simulation in the performance study of wave blocker[J]. Journal of Marine Science and Application，2005，4（4）：7-11.

[17] Urbin G，Knight D. Large-eddy simulation of a supersonic boundary layer using an unstructured grid[J]. AIAA Journal，2001，39（7）：1288-1295.

[18] Rizzetta D P，Visbal M R，Gaitonde D V. Large-eddy simulation of supersonic compression-ramp flow by high-order method[J]. AIAA Journal，2001，39（12）：2283-2292.

[19] 王兵,张会强,王希麟,等. 不同亚格子模式在后台阶湍流流动大涡模拟中的应用[J]. 工程热物理学报,2003, 24（1）：157-160.

[20] 王汉青，王志勇，寇广孝. 大涡模拟理论进展及其在工程中的应用[J]. 流体机械，2004，32（7）：23-27.

[21] 周磊，解茂昭，罗开红，等. 大涡模拟在内燃机中应用的研究进展[J]. 力学学报，2013，45（4）：467-482.

[22] 邓小兵. 不可压缩湍流大涡模拟研究[D]. 绵阳：中国空气动力研究与发展中心，2008.

[23] 陈巨辉. 基于大涡模拟-颗粒二阶矩的两相流动与反应数值模拟[D]. 哈尔滨：哈尔滨工业大学，2013.

[24] 梁开洪,曹树良,陈炎,等. 入流角对圆截面90°弯管内高雷诺数流动的影响[J]. 清华大学学报,2009,49（12）：1971-1975.

[25] 尹延路,腾琦,李俊烨,等. 基于大涡数值模拟的磨粒流流场仿真分析[J]. 机电工程,2016,33（5）：537-541.

[26] 赵京鹤,尹延路,李俊烨,等. 共轨管磨粒流加工大涡数值模拟[J]. 机械制造与设计,2016,32（3）：109-128.

[27] 丁金福,刘润之,张克华,等. 磨粒流精密光整加工的微切削机理[J]. 光学精密工程,2014,22（12）：3324-3330.

第8章　多物理耦合场离散相颗粒碰撞
及运动规律分析

8.1　离散相模型的国内外研究现状

离散相模型（discrete phase model，DPM）是流体力学软件中的子系统，用来描述流场中的离散相，对多种离散相问题模拟分析，包括颗粒的分离与分级、液体气泡运动、烟雾的扩散、煤的燃烧、喷雾干燥和液体燃料等，目前国内外学者已经将 DPM 模型应用到不同的领域中[1-3]。

8.1.1　离散相模型的国外研究现状

Chattopadhyay 等将 DPM 应用到冶金过程，使用 DPM 方法研究冶金精炼过程中的气泡、液渣液滴的离散，指出了其运动方程的具体应用和理论指导[4]。Salikov 等采用 DPM 模拟创建喷动床的过程，考虑到流体和颗粒动力学在喷动床的适用性、粒子的摩擦系数、气体流速、几何角度等问题[5]。Tarpagkou 等基于 CFD 方法模拟三维水动力学在沉淀池的流动行为，采用 DPM 跟踪粒子轨迹，结合连续相计算结果，在不同颗粒直径和体积分数下进行沉淀池数值模拟，分析对第二次相位的影响[6]。Xu 等在低颗粒浓度下，采用 DPM 和 VOF 方法进行单气体喷嘴气液固系统的 CFD 数值模拟，气相和液相用守恒控制方程进行描述，界面气泡用 VOF 模型追踪，分析影响粒子属性的参数[7]。Rahmanian 等将结构化网格有限元方法与计算方法结合，用于研究煤粉燃烧氮氧化物减少的过程。湍流与化学之间的作用使用概率密度函数描述，DPM 方法用于固体颗粒轨迹分析，在不同的参数条件下，对此过程进行研究分析[8]。Guizani 等提出了一种第三代动态分离器气固流动的三维数值模拟，采用了工业 CFD 代码、雷诺应力模型和离散相模型，研究分析了湍流流动、分离效率、速度以及压力等问题，并确定了影响其性能的参数因子[9]。Jung 等探索了计算机硬盘驱动器的主轴电机液态轴承的微米大小气泡运动，流体场计算使用连续方程和 N-S 方程，气泡运动采用 DPM 方法，两相流采用 VOF 方法，对气泡不同初始位置的运动轨迹进行了讨论[10]。Paz 等发展了一种用来评估鉴定粒子影响高速列车的在携沙流运动方法，采用 DPM 模型研究了列车在要求严苛环境下的运动响应。通过模拟不同颗粒粒径、粒子负载和弹性恢复等参数，显示了大概率下列车车头在小角度和高速运动下的磨损程度[11]。Kharoua 等研究分析了粒径大小和不对称性质连接时的管道方向对管道流场的影响，选用标准湍流模型和 DPM 模型进行流场内气固两相数值模拟研究，结果显示当斯托克斯数足够小时，流场内固相分离随气相运动，和粒子大小相关；当斯托克斯数为 1 或是略高于 5 时，流场内固相分离随气相运动，和管道的方向有关[12]。Torfeh 等采用 DPM 模型数值模拟垂直管内的雾流态,将连续相输运方程和离散相输运方程相耦合，使用不同直径的水滴射入到蒸汽流量中，研究雾状流的非平衡状态、热平衡和传热系数[13]。Ma 等提出了一种模拟泥浆流颗粒侵蚀轨迹的方法，使用流体力学计算连续相，DPM 方法计算离散颗粒的侵蚀运动，VOF 方法计算流体相和气相之间的接口，数值模拟泥浆喷射系统中粒子的速度和冲击角度[14]。

8.1.2 离散相模型的国内研究现状

相比于国外的研究学者，国内学者在不同领域对 DPM 模型进行了大量的模拟研究。范金禾在粉体工程流化床的二维状态模拟研究基础上，开发了三维流化床气固两相流的程序，进行流化床内气固两相流数值模拟，模拟分析大颗粒流态化水泥熟料煅烧装置喷动床中物料动力学特性，预测流化床内气体、颗粒的运动规律[15]。李国美等研究突扩圆管内液固两相流的碰撞破坏过程，分别基于 Euler 方法和 Lagrange 方法模拟液相和固相，采用硬球模型研究颗粒运动过程的颗粒碰撞和颗粒的非均匀性[16]。李丹等选取了不同进口速度和不同粒径，采用离散相模型研究分析旋风分离器固相颗粒的运动轨迹，研究发现其颗粒轨迹受到入口速度和粒径大小的影响[17]。徐永贵将离散颗粒方法与流体体积方法进行耦合，对单气孔气液两相三维鼓泡动力学进行数值模拟，研究气泡界面的动态追踪及离散相颗粒进行相间动量交换，并检验网格独立性和试验模拟数据[18]。曹文广等将离散相模型与大涡模拟耦合，结合颗粒间碰撞作用和孔隙率条件对颗粒流的振荡弥散运动进行数值模拟研究,研究表明大涡-离散模型能很好地描述同轴射流中颗粒流的振荡弥散模式[19]。王淼运用计算机软件对三种不同角度的弯管系统进行仿真建模，研究分析弯管内的磨蚀特性。研究发现弯管内的颗粒主要集中于弯头的外拱壁面处，并且根据管道内的离散相颗粒分布位置确定了整个弯道系统的弯头处磨蚀比较严重[20]。许留云等以三通管为研究对象，采用离散相模型数值模拟分析不同流体介质下的冲蚀磨损过程，研究冲蚀磨损的影响因素，流场介质的冲蚀磨损情况，确定了较为严重的冲蚀磨损部位[21]。王凯等针对石油输送中弯头的冲蚀破坏，在固液两相流条件下采用 DPM 模型获得了颗粒和管道壁面的碰撞信息，并将其和冲蚀模型结合，预测颗粒对管道弯头的冲蚀破坏程度，研究结果显示冲蚀破坏主要是在弯头的外拱壁和弯头出口处的直管侧壁处[22]。胡宵乐等采用 DPM

模型和雷诺应力模型模拟细弯管内流场颗粒的运动特性，研究分析了稀疏气固流动条件下颗粒和气体运动形态、颗粒流动形态。研究发现，细弯管内随流场运动方向，气相压力降低，最大速度分布于弯道的外壁，颗粒在水平段作下沉运动，在竖直段弥散化[23]。马颖辉等提出了一个新的关于纳米颗粒二相冲击射流的等效黏度多相流模型，在不同的颗粒浓度下和不同的 DPM 模型下研究分析对工作面轴径向速度、轴线速度和喷嘴出口速度等一系列参量对流场运动的影响[24]。何兴建等运用 DPM 模型，以 T 型弯头为研究对象，在不同进口速度和不同颗粒浓度条件下，研究分析冲蚀磨损过程，通过仿真模拟数据分析 T 型弯头的流场分布特性和发生严重冲蚀的部位[25]。赵弘等为研究清管器的结构尺寸对其管内流场的影响，对不同长径比清管器的流场通道进行数值仿真，研究分析在不同的长径比条件下清管器工作时的流场速度、强度、湍流动能以及压力[26]。张涛等考虑在流场中颗粒的受力，采用 DPM 模型从气相的入口速度、颗粒与壁面碰撞以及颗粒受力分析、颗粒曳力模型等措施进行优化，提高管内流场仿真模拟的准确性，试验证明了优化后 DPM 模型的准确性[27]。Wang 等将大涡模拟模型、离散相模型和流体体积模型运用计算软件数值模拟水力旋流器的多相流行为状态，仿真分析粒子运动的分离机理，提出了描述颗粒在水力旋流器滞留时间的分离周期温度系数[28]。Wang 等采用 DPM 模型和半经验材料去除模型来预测质量损失和侵蚀部位，并将试验仿真数据和试验数据相对比发现，可以通过改变粒子的大小减少侵蚀程度，根据参数因子的影响进行多目标遗传算法的优化设计[29]。Zhu 等采用 VOF 和 DPM 耦合的方法预测油箱和排污管道气体冲洗时的流体侵蚀速率，在不同的流场参数下（气体的入口速度、原油的密度和黏度、残余油位和渣粒径等）研究分析了油气水流场特性和壁面的侵蚀速率，并对此进行了验证[30]。计时鸣等利用 ANAQUS 分析了单个颗粒与加工壁面的作用规律，对磨粒流加工过程中的磨粒冲击作用进行了有限元分析[31, 32]。

8.2 离散相颗粒运动控制方程与颗粒微磨削去除机理

8.2.1 单颗粒的动力学模型

磨粒流是由液态载体和固体颗粒组成的两相流模型，研究这类问题最简单的方法就是，只考虑流体相对颗粒相的作用，不考虑颗粒相对流体相的作用。由于颗粒的浓度比较小，因此也不考虑颗粒之间的相互作用，将离散相视为相互独立的单个颗粒，只考虑其在流场中的运动情况与受力情况，这就是单颗粒的动力学模型。单颗粒动力学模型是建立在单向耦合基础上的模型，是针对多相流进行颗粒相数值模拟的一种主要模型[33]。

图 8.1 所示为单颗粒在多相流体系中的受力运动情况,在 Lagrange 坐标系下,一般形式的颗粒运动方程为

$$m_{\mathrm{p}}\frac{\mathrm{d}v_{pi}}{\mathrm{d}t_{\mathrm{p}}}=F_{di}+F_{vmi}+F_{pi}+F_{Bi}+F_{Mi}+F_{si}$$

$$=\frac{1}{4}\pi d_{\mathrm{p}}^{2}c_{\mathrm{d}}\frac{\rho}{2}\,|\,v_{i}-v_{pi}\,|\,(v_{i}-v_{pi})$$

$$+0.5(\pi d_{\mathrm{p}}^{3}/6)\rho\frac{\mathrm{d}}{\mathrm{d}t_{\mathrm{p}}}(v_{i}-v_{pi})+(\pi d_{\mathrm{p}}^{3}/6)\frac{\mathrm{d}p}{\mathrm{d}x}$$

$$+1.5(\pi\rho\mu)^{1/2}d_{\mathrm{p}}^{2}\int_{-\infty}^{t}\frac{\mathrm{d}}{\mathrm{d}\tau}(v_{i}-v_{pi})(\tau-t)-\frac{1}{2}\mathrm{d}\tau+F_{Mi}+F_{si} \tag{8.1}$$

式中,右端六项由左到右分别表示运动阻力、附加质量力、压力梯度力、Basset力、Magnus 力和 Saffman 力等,非均匀流场中颗粒受到的特殊力,如 Magnus 力:

$$F_{\mathrm{M}}=\frac{1}{6}\pi d_{\mathrm{p}}^{3}\rho\,|\,v-v_{\mathrm{p}}\,\|\,\omega_{\mathrm{p}}-\varOmega\,| \tag{8.2}$$

Saffman 力:

$$F_{\mathrm{s}}=1.6(\mu\rho)^{1/2}d_{\mathrm{p}}^{2}\left|v-v_{\mathrm{p}}\left\|\frac{\partial v}{\partial y}\right|^{1/2}\right. \tag{8.3}$$

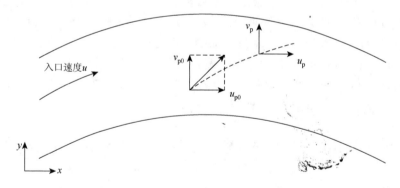

图 8.1　单颗粒在流体中的受力及运动情况

颗粒运动的阻力系数:
当 $Re_{\mathrm{p}}<1$ 时

$$c_{\mathrm{d}}=\frac{24}{Re_{\mathrm{p}}} \tag{8.4}$$

当 $Re_{\mathrm{p}}<600$ 时

$$c_{\mathrm{d}} = \frac{\left(1 + \dfrac{1}{6} Re_{\mathrm{p}}^{2/3}\right) 24}{Re} \tag{8.5}$$

当 $Re_{\mathrm{p}} > 600$ 时

$$c_{\mathrm{d}} = 0.42 \tag{8.6}$$

当颗粒由于表面传热传质而具有变质量时，颗粒阻力系数的计算式将更复杂。当球形颗粒做不稳定运动时，通常 $100 < Re_{\mathrm{p}} < 1000$，其阻力系数的计算公式为

$$c_{\mathrm{d}} = c_{\mathrm{d}0}\left[1 + \left(\frac{\mathrm{d}p}{u_{\mathrm{r}}^2}\right)\frac{\mathrm{d}u_{\mathrm{r}}}{\mathrm{d}t}\right]^{12 \pm 0.03} \tag{8.7}$$

式中，$C_{\mathrm{d}0}$ 为标准球形颗粒的阻力系数；u_{r} 是离散颗粒与连续相之间相对速度的绝对值。

在实际应用中，多相流体系中的离散颗粒在大多数情况下都是非球形的。为了应用球形颗粒的阻力特性数据，需要引入形状系数 ϕ，对于 ϕ 的定义和不同形状下 ϕ 的取值在此不进行详述。

在不同的应用条件下，式（8.1）右端各个力的重要性并不相同。简化后，单颗粒的运动方程为

$$\frac{\mathrm{d}v_{ki}}{\mathrm{d}t_k} = (v_i - v_{ki})/\tau_{\mathrm{r}k} + g_i + \frac{F_{k,\mathrm{M}i}}{n_k m_k} + (v_i - v_{ki})\dot{m}_k/m_k \tag{8.8}$$

式中，n_k 为 k 种颗粒的数密度，单位是 $\mathrm{kg/m^3}$；m_k 为单颗粒质量，单位 kg；$F_{k,\mathrm{M}i}$ 为 k 种颗粒的 Magnus 力，单位是 N。多数情况下，只有阻力和重力是重要的。进一步简化，忽略式（8.8）中的 Magnus 力及变质量力可得单颗粒的运动方程：

$$\frac{\mathrm{d}v_{ki}}{\mathrm{d}t_k} = (v_i - v_{ki})/\tau_{\mathrm{r}k} + g_i \tag{8.9}$$

可以看到，当多相流中的一相是独立的颗粒相，并且离散分布在连续相中时，才可应用单颗粒动力学模型，该模型通常用来处理稀疏的两相流问题。通过对方程的计算，可以得到颗粒在流场中的运动轨迹，如本章中所研究的磨粒流加工变口径管和非直线管通道过程，将用单颗粒动力学模型对磨粒流加工变口径管和非直线管的过程进行数值模拟研究，并指出磨粒在液态载体中的运动轨迹。

8.2.2 颗粒轨迹模型

颗粒轨迹模型也是针对多相流场处理颗粒相运动的一种数学模型，颗粒轨迹

模型的求解过程仍然是建立在 Lagrange 坐标下,用 Lagrange 方法对各组颗粒群的运动轨迹进行追踪。离散颗粒相相对于连续相存在相对运动,这里所指的离散相与连续相之间的相对运动并不考虑离散相自身的扩散漂移。应用颗粒轨迹模型时,流场是已知的,应用统计分析的方法对大量颗粒的运动情况进行分析,从而实现单颗粒运动追踪,进而反映出颗粒群运动概貌。

在颗粒轨迹模型中,假设:

(1)固体相是离散的颗粒体系,与液相(连续体系)之间有速度差;

(2)不考虑固体相自身的湍流扩散、黏性和热导;

(3)按照颗粒尺寸大小对颗粒群进行分组,假定同一组颗粒在各个时刻具有相同的尺寸和相同的速度;

(4)每组颗粒群运动轨迹相互独立,各组颗粒群在运动过程中不发生相互碰撞,每组颗粒群在运动过程中不会对其他颗粒群产生干扰,可以追踪计算颗粒在运动过程中的质量、能量变化。颗粒轨迹模型方程组由以下几个方程组成。

连续相的质量守恒方程:

$$\frac{\partial \rho}{\partial t} + \frac{\partial}{\partial x_j}(\rho v_j) = -\sum n_k \dot{m}_k \tag{8.10}$$

第 k 组颗粒的连续方程:

$$\frac{\partial \rho_k}{\partial t} + \frac{\partial}{\partial x_j}(\rho_k v_{kj}) = n_k \dot{m}_k \tag{8.11}$$

连续流体相的动量方程:

$$\frac{\partial}{\partial t}(\rho c_p T) + \frac{\partial}{\partial x_j}(\rho v_j c_p T) = \frac{\partial}{\partial x_j}\left(\frac{\mu_e}{\sigma_T}\frac{\partial T}{\partial x_j}\right) + \omega_s Q_s - q_r + \sum n_k Q_k + c_p TS \tag{8.12}$$

第 k 组颗粒的动量方程:

$$\frac{\partial}{\partial t}(\rho_k v_{ki}) + \frac{\partial}{\partial x_j}(\rho_k v_{kj} v_{ki}) = -\frac{\rho_k}{\tau_{rk}}(v_i - v_{ki}) + \rho_k g_i + v_i S_k + F_{k,\mathrm{M}i} \tag{8.13}$$

连续相的能量方程:

$$\frac{\partial}{\partial t}(\rho v_i) + \frac{\partial}{\partial x_j}(\rho vv) = -\frac{\partial p}{\partial x_j} + \frac{\partial}{\partial x_j}\left[\mu_e\left(\frac{\partial v_j}{\partial x_i} + \frac{\partial v_i}{\partial x_j}\right)\right]$$
$$+ \Delta\rho g_i + \sum \rho_k(v_{ki} - v_i)/\tau_{rk} + v_i S + F_{\mathrm{M}i}\sum \rho_k(v_{ki} - v_i) \tag{8.14}$$

第 k 组颗粒的能量方程:

$$\frac{\partial}{\partial t}(\rho_k c_k T_k) + \frac{\partial}{\partial x_j}(\rho_k v_{kj} c_k T_k) = n_k(Q_h - Q_k - Q_{rk}) + c_p TS_k \tag{8.15}$$

式中, $\rho_k = n_k m_k$ 为 k 相颗粒的表观密度,单位是 kg/m³; n_k 为第 k 种颗粒的数密

度，单位是 kg/m³；$m_k = \dfrac{\pi d_k^3}{6} \cdot \rho_k$，$\dot{m}_k = \dfrac{\mathrm{d}m_k}{\mathrm{d}t}$，为单个颗粒的质量，单位是 kg；$Q_k$ 为液相流体与各组颗粒群之间的热交换；$c_p TS$ 为单位体积中连续流体相由质量变化产生的能量；$c_p TS_k$ 为单位体积中颗粒相由质量变化所产生的能量；q_r 为连续相流体的辐射热；Q_{rk} 为第 k 项颗粒的辐射热；ω_s 为连续流体相中第 s 组分的反应率，$\omega_s Q_s$ 为流体相在单位体积中释放的反应热；Q_h 为颗粒表面热效应所释放的热量；$F_{k,Mi}$ 为第 k 种颗粒的 Magnus 力。

　　颗粒轨迹模型与单相流体的模型相比，含有颗粒相的能量方程和动量方程，在应用颗粒轨迹模型时流体相的动量方程中有颗粒阻力项。值得注意的是，当采用不同的方法来区分颗粒群时，由颗粒相造成的质量源的表达方式会有所不同。

　　离散相模型通常是基于 Euler-Lagrange 方法，在计算求解的过程中，Lagrange 方程对离散固相颗粒的运动特性进行描述，Euler 坐标系下描述连续相的运动特性，不仅要考虑颗粒在流场内的受力，还要考虑离散相与连续相之间的耦合，质量、能量以及动量之间的能量交换。离散相模型采用 Lagrange 方法分析离散相的特性时，固相颗粒处于悬浮状态时，固相在流体中受力平衡，颗粒的运动方程可以描述为

$$m_p \frac{\mathrm{d}u_p}{\mathrm{d}t} = m_p g + F_f \tag{8.16}$$

式中，m_p 为颗粒的质量，单位是 kg；u_p 为颗粒的速度，单位是 m/s；F_f 为在流场内单颗粒受到的流体阻力，单位是 N。根据牛顿定律得知，颗粒的惯性等于颗粒受到的各作用力之和。在离散相模型中，颗粒运动轨迹的求解是通过颗粒受力微分方程进行积分得到的，x 方向的直角坐标系表达式描述为

$$\begin{cases} m\dfrac{\mathrm{d}u_p}{\mathrm{d}t} = F_D + m\dfrac{g_x(\rho_p - \rho)}{\rho_p} + F_x \\[3mm] F_D = m\dfrac{18\mu}{\rho_p d_p^2}\dfrac{C_D Re}{24}(u - u_p) \end{cases} \tag{8.17}$$

式中，m 为单颗粒质量，单位是 kg；F_D 为颗粒的单位质量曳力，单位是 N；u 为流体速度，单位是 m/s；u_p 为颗粒速度，单位是 m/s；μ 为流体的动力黏度，单位是 N/(m²·s)；ρ 为流体密度，单位是 kg/m³；ρ_p 为颗粒密度，单位是 kg/m³；d_p 为颗粒直径，单位是 m；Re 为相对雷诺数；F_x 为 x 轴方向上的其他力，单位是 N。

　　颗粒轨迹方程是在离散的时间步长上逐步进行积分运算求解的，通过对式（8.17）积分得到颗粒轨道 x 轴方向上的每一个位置的颗粒瞬时速度，积分式为

$$\frac{\mathrm{d}x}{\mathrm{d}t} = u_\mathrm{p}$$

(8.18)

同理可以求出颗粒在 y 轴和 z 轴上的相关坐标，以此可以获得在流场内颗粒的位置，也就是离散颗粒的运动轨迹。在每个微小间隔内，假设各项都为常量，颗粒的轨道方程可以简化为

$$\frac{\mathrm{d}u_\mathrm{p}}{\mathrm{d}t} = \frac{1}{\tau_\mathrm{p}}(u - u_\mathrm{p})$$

(8.19)

式中， τ_p 为颗粒的松弛时间。

8.2.3 颗粒运动方程

通过积分拉氏坐标系下的颗粒作用力微分方程来求解离散相颗粒（气泡或液滴）的轨道，颗粒的作用力平衡方程（颗粒惯性＝作用在颗粒上的各种力）在笛卡儿坐标系下的形式（x 方向）为

$$\frac{\mathrm{d}u_\mathrm{p}}{\mathrm{d}t} = F_\mathrm{D}(u - u_\mathrm{p}) + \frac{g_x(\rho_\mathrm{p} - \rho)}{\rho_\mathrm{p}} + F_x$$

(8.20)

式中， $F_\mathrm{D}(u - u_\mathrm{p})$ 为颗粒的单位质量曳力，其中，

$$F_\mathrm{D} = m\frac{18\mu}{\rho_\mathrm{p}d_\mathrm{p}^2}\frac{C_\mathrm{D}Re}{24}$$

(8.21)

式中， u 为流体相速度，单位是 m/s； u_p 为颗粒速度，单位是 m/s； μ 为流体动力黏度，单位是 N / (m² · s)； ρ 为流体密度，单位是 kg/m³； ρ_p 为颗粒密度（骨架密度），单位是 kg/m³； d_p 为颗粒直径，单位是 m； Re 为相对雷诺数（颗粒雷诺数），其定义为

$$Re \equiv \frac{\rho d_\mathrm{p}|u_\mathrm{p} - u|}{\mu}$$

(8.22)

曳力系数 C_D 可采用如下的表达式：

$$C_\mathrm{D} = a_1 + \frac{a_2}{Re} + \frac{a_3}{Re}$$

(8.23)

对于球形颗粒，在一定的雷诺数范围内，上式中的 a_1, a_2, a_3 为常数。

C_D 也可采用如下的表达式：

$$C_\mathrm{D} = \frac{24}{Re}(1 + b_1 Re^{b_2}) + \frac{b_3 Re}{b_4 + Re}$$

(8.24)

式中,

$$\begin{cases} b_1 = \exp(2.3288 - 6.4581 + 2.4486\phi^2) \\ b_2 = 0.0964 + 0.5565\phi \\ b_3 = \exp(4.905 - 13.8944\phi + 18.4222\phi^2 - 10.2599\phi^3) \\ b_4 = \exp(1.4681 + 12.2584\phi - 20.7322\phi^2 + 15.8855\phi^3) \end{cases} \tag{8.25}$$

形状系数 ϕ 的定义如下:

$$\phi = \frac{s}{S} \tag{8.26}$$

式中, s 为实际颗粒具有相同体积的球形颗粒的表面积,单位是 m^2; S 为实际颗粒的表面积,单位是 m^2。

对于介观尺度的颗粒,Stokes 曳力公式是适用的。这种情况下, F_D 定义为

$$F_D = \frac{18\mu}{d_p^2 \rho_p C_c} \tag{8.27}$$

上式中的系数 C_c 为 Stokes 曳力公式的 Cunningham 修正(考虑稀薄气体力学的颗粒壁面速度滑移的修正),其计算公式为

$$C_c = 1 + \frac{2\lambda}{d_p}(1.257 + 0.4e^{-(1.1d_p/2\lambda)}) \tag{8.28}$$

式中, λ 为气体分子的平均自由程。

这个曳力公式的形式与球形颗粒的相应表达式(8.23)类似,但包含了部分修正以适应颗粒马赫数大于 0.4 或颗粒雷诺数大于 20 的流动。对于涉及离散相液滴迸裂的非稳态流动模型,可以使用动态曳力公式模型。

考虑重力的影响,式(8.20)中包含重力的因素,但是在缺省模式下,重力加速度为零。若考虑重力的影响,需在 Operating Conditions 面板中进行重力加速度大小和方向的设定。

其他作用力中最重要的一项是附加质量力,它是由要使颗粒周围流体加速而引起的附加作用力,其表达式为

$$F_x = \frac{1}{2}\frac{\rho}{\rho_p}\frac{d}{dt}(u - u_p) \tag{8.29}$$

当 $\rho > \rho_p$ 时,附加质量力不容忽视。流场中存在的流体压力梯度引起的附加作用力为

$$F_x = \left(\frac{\rho}{\rho_p}\right)u_p\frac{\partial u}{\partial x} \tag{8.30}$$

8.2.4 离散项的控制方程

1. 基本控制方程

流体的运动特性受物理守恒定律支配，所以流体的流动特性需要遵循质量守恒、能量守恒、动量守恒等物理守恒定律。当流体体系内包含其他的组分时，还需要遵守其相应的附加组分守恒定律。

1）质量守恒方程

质量守恒方程又称连续性方程，任何流动方面的问题都要满足质量守恒定律。在单位时间内流体流出控制体的流体净质量总和应等于相同时间间隔内控制体因密度变化而减少的质量，连续性方程的微分形式为

$$\frac{\partial \rho}{\partial t} + \frac{\partial (\rho u)}{\partial x} + \frac{\partial (\rho v)}{\partial y} + \frac{\partial (\rho w)}{\partial z} = 0 \tag{8.31}$$

式中，u、v、w 分别为 x、y、z 三个方向上的速度分量，单位为 m/s；t 为时间，单位为 s；ρ 为密度，单位为 kg/m^3。

若流体为不可压缩，密度 ρ 为常数，则有

$$\frac{\partial u}{\partial x} + \frac{\partial v}{\partial y} + \frac{\partial w}{\partial z} = 0 \tag{8.32}$$

2）动量守恒方程

动量守恒方程即 N-S 方程，动量守恒定律也是所有流体体系必须满足的基本定律。动量守恒定律表述为：微元体中流体的动量对时间的变化率等于外界作用在该微元体上的各种力之和，用数学式表示为

$$\delta_F = \delta_m \frac{\mathrm{d}v}{\mathrm{d}t} \tag{8.33}$$

根据流体的黏性本构方程得到直角坐标系下的动量方程为

$$\begin{cases} \rho \dfrac{\mathrm{d}u}{\mathrm{d}t} = \rho F_x - \dfrac{\partial p}{\partial x} + \dfrac{\partial}{\partial x}\left(\mu \dfrac{\partial u}{\partial x}\right) + \dfrac{\partial}{\partial y}\left(\mu \dfrac{\partial u}{\partial y}\right) + \dfrac{\partial}{\partial z}\left(\mu \dfrac{\partial u}{\partial z}\right) + \dfrac{\partial}{\partial x}\left[\dfrac{\mu}{3}\left(\dfrac{\partial u}{\partial x} + \dfrac{\partial v}{\partial y} + \dfrac{\partial w}{\partial z}\right)\right] \\[3mm] \rho \dfrac{\mathrm{d}v}{\mathrm{d}t} = \rho F_y - \dfrac{\partial p}{\partial y} + \dfrac{\partial}{\partial x}\left(\mu \dfrac{\partial v}{\partial x}\right) + \dfrac{\partial}{\partial y}\left(\mu \dfrac{\partial v}{\partial y}\right) + \dfrac{\partial}{\partial z}\left(\mu \dfrac{\partial v}{\partial z}\right) + \dfrac{\partial}{\partial y}\left[\dfrac{\mu}{3}\left(\dfrac{\partial u}{\partial x} + \dfrac{\partial v}{\partial y} + \dfrac{\partial w}{\partial z}\right)\right] \\[3mm] \rho \dfrac{\mathrm{d}w}{\mathrm{d}t} = \rho F_z - \dfrac{\partial p}{\partial z} + \dfrac{\partial}{\partial x}\left(\mu \dfrac{\partial w}{\partial x}\right) + \dfrac{\partial}{\partial y}\left(\mu \dfrac{\partial w}{\partial y}\right) + \dfrac{\partial}{\partial z}\left(\mu \dfrac{\partial w}{\partial z}\right) + \dfrac{\partial}{\partial z}\left[\dfrac{\mu}{3}\left(\dfrac{\partial u}{\partial x} + \dfrac{\partial v}{\partial y} + \dfrac{\partial w}{\partial z}\right)\right] \end{cases}$$

$$\tag{8.34}$$

对常黏度的不可压缩流体，式（8.34）可以简化为

$$
\begin{cases}
\rho\left(\dfrac{\partial u}{\partial t}+u\dfrac{\partial u}{\partial x}+v\dfrac{\partial u}{\partial y}+w\dfrac{\partial u}{\partial z}\right)=\rho F_x-\dfrac{\partial \rho}{\partial x}+\mu\left(\dfrac{\partial^2 u}{\partial x^2}+\dfrac{\partial^2 u}{\partial y^2}+\dfrac{\partial^2 u}{\partial z^2}\right)\\[2mm]
\rho\left(\dfrac{\partial v}{\partial t}+u\dfrac{\partial v}{\partial x}+v\dfrac{\partial v}{\partial y}+w\dfrac{\partial v}{\partial z}\right)=\rho F_y-\dfrac{\partial \rho}{\partial y}+\mu\left(\dfrac{\partial^2 v}{\partial x^2}+\dfrac{\partial^2 v}{\partial y^2}+\dfrac{\partial^2 v}{\partial z^2}\right)\\[2mm]
\rho\left(\dfrac{\partial w}{\partial t}+u\dfrac{\partial w}{\partial x}+v\dfrac{\partial w}{\partial y}+w\dfrac{\partial w}{\partial z}\right)=\rho F_z-\dfrac{\partial \rho}{\partial z}+\mu\left(\dfrac{\partial^2 w}{\partial x^2}+\dfrac{\partial^2 w}{\partial y^2}+\dfrac{\partial^2 w}{\partial z^2}\right)
\end{cases}
\tag{8.35}
$$

在不考虑流体黏性的情况下，根据式（8.34）可得到欧拉方程如下：

$$
\begin{cases}
\dfrac{\mathrm{d}u}{\mathrm{d}t}=\dfrac{\partial u}{\partial t}+u\dfrac{\partial u}{\partial x}+v\dfrac{\partial u}{\partial y}+w\dfrac{\partial u}{\partial z}=F_x-\dfrac{\partial \rho}{\rho\partial x}\\[2mm]
\dfrac{\mathrm{d}v}{\mathrm{d}t}=\dfrac{\partial v}{\partial t}+u\dfrac{\partial v}{\partial x}+v\dfrac{\partial v}{\partial y}+w\dfrac{\partial v}{\partial z}=F_y-\dfrac{\partial \rho}{\rho\partial y}\\[2mm]
\dfrac{\mathrm{d}w}{\mathrm{d}t}=\dfrac{\partial w}{\partial t}+u\dfrac{\partial w}{\partial x}+v\dfrac{\partial w}{\partial y}+w\dfrac{\partial w}{\partial z}=F_z-\dfrac{\partial \rho}{\rho\partial z}
\end{cases}
\tag{8.36}
$$

N-S 方程能够描述流体的实际运动，方程有三个分式，外加不可压缩流体的连续性方程，总共四个方程，总共有四个未知数，方程组是属于封闭的，可以进行求解运算。

3）能量守恒方程

能量守恒定律是具有热交换的流体体系必须满足的基本定律，其定律表示为：微元体中能量的增加率等于进入微元体的净热流通量加质量力与表面力对微元体所做的功，其表达式为

$$
\frac{\partial(\rho E)}{\partial t}+\nabla[\vec{u}(\rho E+p)]=\nabla\cdot\left[k_{\text{eff}}\nabla T-\sum_j h_j J_j+(\tau_{\text{eff}}\cdot\vec{u})\right]+S_{\text{h}}
\tag{8.37}
$$

式中，E 为流体微团的总能，单位是 J/kg，计算公式为 $E=h-p/\rho+u_2/2$；k_{eff} 为有效热传导系数，根据自己所选用的湍流模型来确定，单位是 W/(m·K)；h 为焓，单位是 J/kg；h_j 为组分 j 的焓，单位是 J/kg；J_j 为组分 j 的扩散通量；S_{h} 表示化学反应热和其他体积热源项。

2. 颗粒控制方程

在离散相数值模拟中，需要加载 Euler-Lagrange 模型、N-S 方程等对颗粒相的运动进行分析模拟。

连续方程：

$$
\frac{\partial \rho_i}{\partial t}+\frac{\partial}{\partial x_j}(\rho_i v_{ij})=n_i\frac{\mathrm{d}m_i}{\mathrm{d}t}
\tag{8.38}
$$

能量方程：

$$\frac{\partial}{\partial t}(\rho_i c_i T_i) + \frac{\partial}{\partial x_j}(\rho_i v_{ij} c_i T_i) = n_i(Q_h - Q_k Q_{rk}) + c_p TS_k \tag{8.39}$$

动量方程：

$$\frac{\partial}{\partial t}(\rho_i v_{ik}) + \frac{\partial}{\partial x_j}(\rho_i v_{ij} v_{ik}) = -\frac{\rho_i}{\tau_{ri}} + \rho_i g_k + v_k S_i + F_{i,Mk} \tag{8.40}$$

式中，i 表示第 i 组颗粒；ρ_i 为 i 相颗粒的表观密度；n_i 为第 i 相颗粒的数密度；m_i 为第 i 相颗粒质量；$F_{i,Mk}$ 是 i 组颗粒的 Magnus 力；Q_i 为各组颗粒相与连续相流体之间的对流换热；Q_h 为颗粒表面由热效应所释放的热量；Q_{rk} 是 k 相颗粒的辐射热量；$c_p TS_k$ 是颗粒相能量源。

8.2.5　磨粒流加工中颗粒微磨削去除机理

固液两相磨粒流微磨削机理主要体现在磨料介质中离散固体颗粒受到综合作用，在加工通道内做无规则运动，产生颗粒间、颗粒与加工壁面间的无规则碰撞。

对工件表面进行精加工即对其表面材料进行微去除，使表面质量与表面粗糙度满足工件技术要求，磨粒对工件表面的材料去除方式主要包括磨料磨损、黏着磨损、冲蚀磨损、腐蚀磨损、微动磨损。

磨料磨损：工件表面与硬质颗粒或硬质凸起物相互摩擦导致工件表面材料损失的现象。其磨损机理不仅与工件本身的材料和硬度相关，而且与磨料的形状、颗粒大小、磨粒种类等相关。

黏着磨损：一般指发生滑动摩擦时摩擦副表面产生黏着现象，随着两摩擦副分离，黏着处发生破坏，会有部分金属从基体上被撕裂开来或对工件表面产生一定刮伤的磨损现象。

冲蚀磨损：指在工件表面受到外界松散的流动固体颗粒的不断冲击后而使得工件表面材料发生脱落的一种磨损现象。

腐蚀磨损：当摩擦副产生相对滑动时表面材料与周围介质发生化学反应或电化学反应，并伴随着机械作用引起的材料损失的现象。

微动磨损：指在相互压紧的金属表面间由小振幅振动而产生的一种复合形式的磨损。

颗粒磨损去除理论主要有颗粒磨损理论和冲蚀磨损理论。

1. 颗粒磨损理论

当硬质颗粒或者硬质凸出物和物体表面相对运动时，会产生相互摩擦而引起表面材料损失脱落，这种现象称为磨粒磨损。基于磨粒磨损机理，许多学者认为：

磨粒受到载荷作用时，将磨粒挤压入加工表面产生磨痕，当产生相对滑动时，磨粒对加工表面产生滑擦、犁刨，使加工表面受到严重的塑性变形，反复的滑擦和犁刨导致磨粒对加工表面的微磨削，产生磨屑。

在磨粒流加工过程中，磨粒磨损去除方式主要分为两种情况：第一种情况为磨料介质中离散固体颗粒在平行于表面的分力作用下对加工表面进行水平切削，将加工表面的凸起部分材料去除；第二种情况为磨料颗粒在垂直于表面的分力作用下对加工表面进行挤压作用，通过对材料表面大量的挤压，反复作用后，加工表面发生塑性变形、加工硬化，最终使加工表面材料脱落去除。磨粒磨损示意图如图 8.2 所示。

图 8.2　磨粒磨损示意图

2. 冲蚀磨损理论

冲蚀磨损是一种材料破坏损耗现象，是指液体或固体颗粒以一定的速度对材料表面进行冲击所造成的颗粒磨损。许多因素影响着冲蚀磨损程度，如固体颗粒的尺寸、形状，颗粒的冲击速度和角度、温度，以及被冲击材料的强度等。

磨粒流加工过程中所包含的冲蚀磨损理论不是单一的，是微切削作用、锻压挤压作用、二次冲蚀作用等共同作用的结果，可从不同的角度分析磨粒流加工的冲蚀磨损现象。在磨粒流加工过程中，流场内的无规则湍流状态使离散相固体颗粒对加工表面的切削形式不同。当磨粒流介质对加工表面进行微磨削作用时，湍流产生的不规则运动导致离散相固体颗粒从不同的角度对加工表面撞击，这些运动是通过冲蚀磨损的形式进行材料的去除，磨粒的冲蚀磨损示意图如图 8.3 所示。

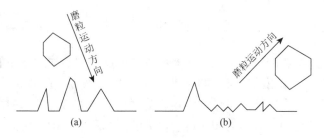

图 8.3　磨粒的冲蚀磨损示意图

当磨粒在液相介质的承载下向前滑移时，会与工件壁面产生划擦或挤压作用，如图 8.3(a)所示，当颗粒遇到凸部位或粗糙峰时，磨粒前进运动受到巨大阻力作用，而硬质颗粒不规则的棱角就会反作用于凸起或粗糙峰处，起到刀具作用，对表面材料进行切削，从而降低工件表面的粗糙度。在固液两相流中，颗粒相不仅与液相产生耦合作用，还会受到其他颗粒的碰撞作用，颗粒与颗粒之间的相互碰撞，导致颗粒运动的无序性，使得颗粒频繁与壁面相互撞击，如图 8.3(b)所示，由于壁面受到重复的载荷，近壁面的材料产生疲劳破坏，形成较小的颗粒从表面脱落下来，正是微小颗粒对壁面的频繁切削作用，提高了表面加工质量的均匀性[28-33]。

受流体湍流状态的影响，磨粒在流道会受到来自液相各方向力的作用，在型腔内做无序性运动。根据磨粒流加工机理，在加工通道近壁面时会受到径向力与剪切力的双重作用，如图 8.4 所示，来自于流体的径向力将磨粒压入待加工表面，由于流体沿流道轴向运动，因此粒子还会受到轴向力，使磨粒与工件壁面产生犁削作用，使凸起部位的材料慢慢脱落。

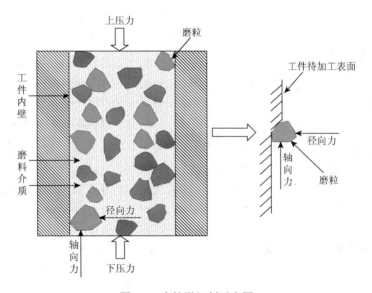

图 8.4　磨粒微切削示意图

基于国内外学者的研究可知，在磨粒流加工过程中，加工表面的材料去除是多种磨损方式共同作用的结果，颗粒速度、颗粒尺寸、温度等因素均会影响加工表面的材料磨损。磨粒流加工技术的实质是磨料介质对工件表面的微磨削作用，具体表现为磨粒与加工表面的相对运动，离散固相颗粒对加工表面的碰撞、冲击磨损。这是因为无论磨料磨损还是冲蚀磨损，在流场特性的作用下，实际上均是磨粒与加工表面间产生的相对运动，颗粒对加工表面的滑擦、冲击等作用，即产生了磨粒流微磨削作用。

8.3　离散相颗粒运动数学模型

在磨粒流加工过程中，液相在外界压力驱动下流经加工表面，从而悬浮于其中的磨料粒子也随之在加工表面进行滑移，将流体介质中的粒子看作无数的切削刀具，利用磨粒的不规则坚硬棱角反复磨削零件的被加工表面，从而实现表面材料的微去除，进而实现零件表面的精加工。

基于磨粒流加工机理，磨料粒子悬浮于流体介质中，沿流道不断向前运动，会受到各种力的相互作用，不同力共同作用于该磨料粒子，从而使得该磨料粒子实现对工件壁面的切削作用。

在磨粒流加工过程中，流场湍流状态或颗粒与颗粒之间的相互碰撞作用，会对颗粒的脉动产生一定的影响。由流场产生的湍流作用，属于大尺度的脉动，由颗粒本身产生的相互碰撞，则属于小尺度的脉动。根据学者的研究发现，颗粒的脉动能主要由小尺度脉动造成，其方程为

$$q_{pi}^2 = \frac{1}{2}v_i^2 \tag{8.41}$$

颗粒之间的相互碰撞，会导致能量的损失，为研究方便，对颗粒碰撞时的模型作以下假设：①忽略碰撞过程中颗粒产生的变形；②颗粒的滑动符合 Coulomb 摩擦定律；③若某一颗粒停止滑动，则运动停止，不再产生后续运动；④碰撞恢复系数和摩擦因素均为常数[34]。

假设颗粒为不发生任何变形的刚体，其碰撞模型如图 8.5 所示，则动量方程为

$$\begin{cases} m_1(v_1 - v_1^{(1)}) = J \\ m_2(v_2 - v_2^{(2)}) = J \end{cases} \tag{8.42}$$

式中，J 为颗粒 1 所受的冲量；m_1、m_2 为两颗粒的质量，单位是 kg；下标 1、2 表示碰撞后的两颗粒，上标(1)、(2)为碰撞前的两颗粒。

经碰撞后颗粒的速度变化如下：

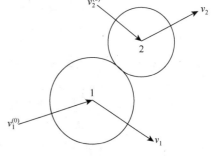

图 8.5　颗粒碰撞模型

$$\begin{cases} v_1 = v_1^{(0)} - (n + \xi t)(n \times G^{(0)})(1+e)\dfrac{m_2}{m_1 + m_2} \\ v_2 = v_2^{(0)} + (n + \xi t)(n \times G^{(0)})(1+e)\dfrac{m_1}{m_1 + m_2} \end{cases} \quad (8.43)$$

式中，$v_1^{(0)}$ 和 $v_2^{(0)}$ 表示碰撞前静止的两颗粒的速度；e 为颗粒碰撞恢复系数；$G^{(0)}$ 为相对速度，单位是 m/s，且有 $G^{(0)} = v_1^{(0)} - v_2^{(0)}$；$\xi$ 为摩擦系数。

8.4　颗粒与工件的磨削数值分析

8.4.1　磨粒流加工喷油嘴颗粒磨削数值分析

1. 不同粒径条件下的粒子径迹分析

选取颗粒粒径分别为 200nm、400nm、600nm 和 800nm 的磨粒进行磨粒流加工数值分析，得到如图 8.6 和图 8.7 所示的不同颗粒粒径下的粒子径迹矢量图。

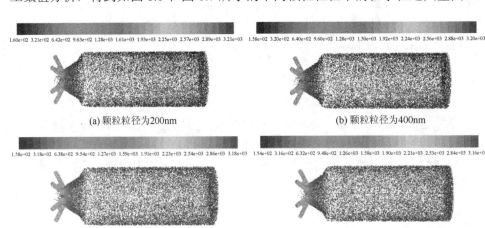

(a) 颗粒粒径为200nm　　　　　　　　　(b) 颗粒粒径为400nm

(c) 颗粒粒径为600nm　　　　　　　　　(d) 颗粒粒径为800nm

图 8.6　不同颗粒粒径下的粒子径迹矢量图

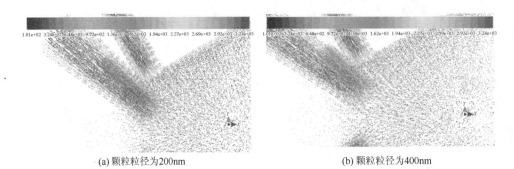

(a) 颗粒粒径为200nm　　　　　　　　　(b) 颗粒粒径为400nm

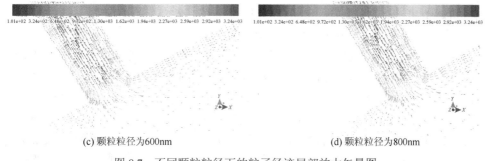

(c) 颗粒粒径为600nm　　　　　　　　　　(d) 颗粒粒径为800nm

图 8.7　不同颗粒粒径下的粒子径迹局部放大矢量图

　　由图 8.6 和图 8.7 能够看出不同粒径下磨粒流动径迹，根据粒子箭头所示，磨粒从大孔入口开始进入，经大孔型腔，在小孔交叉口处转入，进而进入小孔内部，再从小孔出口流出，整个流动路线符合实际加工的情况，说明磨粒在流经工件内部时会对大孔壁面、小孔交叉口及内壁产生碰撞，进而磨削，达到对交叉口处去毛刺、倒圆角及表面光整加工的目的。由颗粒迹线图可见，颗粒对流体的跟随性很好，很少有颗粒顺着来流的方向直接撞击到管壁上，近壁处的颗粒会顺着来流方向在壁面产生滑移，当磨粒流流经交叉孔处，由于局部的阻力，流体的动能损失较大，速度明显减小，从而减弱了对颗粒的携带作用，对颗粒的动量传递变小，导致颗粒的动量减小，部分颗粒在交叉孔处产生堆积，发生堆积的这部分颗粒又在二次流的作用下流经堆积表面进入喷油嘴喷孔。经过这一过程，磨粒对交叉孔处壁面发生碰撞与滑移，使得磨粒对交叉孔处产生很好的磨削作用，磨粒流反复多次流经交叉孔处，这一过程被多次重复，会对交叉孔位置产生很明显的加工效果。

　　磨粒流对喷油嘴通道的加工作用是由颗粒撞击壁面引起的，因此可以从颗粒轨迹的角度分析不同位置的加工效果。颗粒的轨迹受惯性力、流体黏性阻力、二次流几种互相竞争的因素的影响。其中，惯性力维持颗粒沿切向运动，流体黏性阻力维持颗粒沿着流线方向运动，从而使颗粒不易穿越流线撞击壁面，二次流驱使颗粒从大孔与小孔交汇处向小孔的内壁运动，且颗粒质量越小，二次流影响越显著。因此，当流体为低密度、低黏度时，惯性力占主导地位，当流体为高黏度时，流体黏性阻力占主导地位，加工喷油嘴的磨粒流属于低密度、低黏度固液两相流，当磨粒流流经喷油嘴的交叉孔处时，惯性力使得颗粒克服流体黏性阻力作用，对壁面撞击作用增强，颗粒在交汇处的堆积使得撞击频率增加，在二次流的作用下颗粒对交叉孔处进行进一步的加工，因此可以预测磨粒流加工喷油嘴过程中加工效果最显著的区域为交叉孔位置。

2. 不同浓度条件下的密度场数值分析

　　为探讨颗粒浓度对磨粒流加工的影响，进行密度场的数值分析显得尤为重要，不同磨料浓度条件下的密度场如图 8.8 所示。

　　从图 8.8 中看出，从入口开始的密度比较大，随着模拟开始，磨料逐渐进入小孔，在大孔进入小孔的交叉处，周边磨料浓度的密度变低，越往大孔边缘密度越低，这说明在模拟加工过程中，磨粒对壁面的磨削会减弱，直到进入小孔开始，磨粒密度也相对减少。在磨料进入喷油嘴通道后，交叉口处磨料密度大，对于倒圆角效果好。当磨料进入喷油嘴通道，与通道壁面作用后，磨粒密度有所降低，磨削效果减弱。随着磨料浓度加大，各数据区域密度增强，与腔体和小孔内壁接触密度加大，增大浓度可以提高磨料分散程度，进而有利于磨削效果增强。通过分析可知，要达到对喷油嘴的磨粒流微磨削作用，需要适当增大压力，使磨料密度均匀分散，这样才能达到理想的磨粒流加工效果。在交叉孔处和靠近喷油嘴通道内表面近壁区域颗粒分布稠密，而靠近喷油嘴通道中心线区域颗粒分布稀疏，这反映了磨粒流加工喷油嘴的过程中，颗粒相在湍流介质中不均匀分布的特征。当磨粒流流经喷油嘴交叉孔位置时，在交叉孔处形成旋流区，在交叉孔的旋流产生区和通道内表面近壁区，连续相的湍流强度较高，说明颗粒的分布与连续相湍流强度有关，即在连续相湍流强度较高的位置，颗粒相分布较密集，在连续相湍流强度较低的位置，颗粒相分布较稀疏。

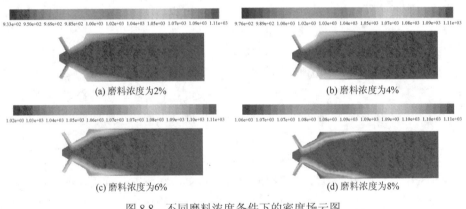

图 8.8　不同磨料浓度条件下的密度场云图

　　磨粒流加工喷油嘴的过程中，当磨粒流流经喷油嘴交叉孔位置时，速度突然增加，这是由孔径突然变小导致；同时，速度的矢量方向发生不规则变化，说明在此处颗粒与壁面的碰撞作用更剧烈，磨粒流对该位置的加工作用更明显；磨粒流在喷油嘴的小孔壁面处的速度远小于小孔孔腔内的速度，说明在小孔壁面处颗粒与壁面发生碰撞，颗粒之间的碰撞更剧烈，通过颗粒对壁面的碰撞，磨粒流对壁面进行去毛刺、抛光加工；对比大孔孔壁与小孔孔壁颗粒的速度矢量图，发现大孔近壁处的颗粒速度远远小于小孔近壁处的速度，可以预测磨粒流在加工喷油嘴的过程中对小孔孔壁的加工效果比大孔孔壁的加工效果明显。

8.4.2　磨粒流加工阀芯喷嘴颗粒磨削数值分析

离散相模型可以根据多相流体条件下不同相之间的耦合以及相间耦合作用力分析复杂流场内离散颗粒的运动状态。离散相和混合模型相比，不同之处在于计算求解过程中，将流体相设定为连续相，流体内的离散颗粒设定为离散相，且在计算求解连续相的过程中，同时与流场变量相结合，计算每个颗粒的受力状态获得颗粒在不同位置的速度，跟踪每个颗粒的相应运动轨道，从而求解离散颗粒的运动状态，将获得的信息反馈应用到连续相的计算过程内。

将磨粒流介质内的碳化硅固相颗粒设定为离散相、航空液压油设定为连续相，进行伺服阀阀芯喷嘴磨粒流加工的仿真模拟，分析抛光过程内离散固相颗粒的运动状况，进而分析固相颗粒在流场内对磨粒流加工阀芯喷嘴的作用规律。

1. 颗粒运动轨迹分析

离散颗粒相是在 Lagrange 方法下计算求解的，通过对离散颗粒的逐步计算，获得了颗粒的运动轨迹图，如图 8.9 所示。

由颗粒的运动轨迹示意图可以看出，颗粒的运动轨迹和流体的运动轨迹类似，这是因为在运动开始阶段，流体对颗粒的携带作用强，大部分颗粒跟随着流体在加工通道内运动，不会杂乱无序地直接撞击到加工表面上。颗粒的跟随性决定了颗粒的运动方向，靠近壁面的颗粒沿着流体运动方向在壁面产生滑移摩擦；当流经小孔加工区域时，孔径的突然变化导致了颗粒和流体的方向发生变化，此处颗粒的无序运动加剧，对表面的磨损率增加。

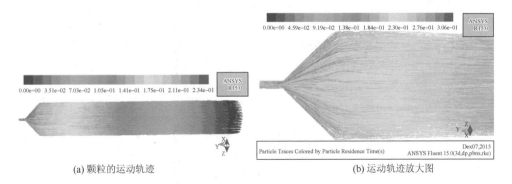

(a) 颗粒的运动轨迹　　　　　　　　　　　　(b) 运动轨迹放大图

图 8.9　颗粒运动轨迹示意图

在磨粒流加工的流场内，多种作用力会影响颗粒的运动轨迹，包括曳力、重力、流体的黏度等。其中，颗粒的跟随性受到曳力的影响，维持着颗粒顺着流体的运动方向运动；在重力的作用下，颗粒随流体运动时，也向壁面方向运动，与壁面产生碰撞；流体黏度的变化会影响颗粒所受流体黏滞阻力的大小，进而影响颗粒对加工壁面的碰撞磨损。

2. 速度场和压力场的磨损分析

为了更好地分析磨粒流加工通道的颗粒运动特性，得到如图 8.10 和图 8.11 所示的压力分布云图和速度分布云图。

1）压力分析

在离散相模型下所获得的静压分布和动压分布云图如图 8.10 所示，从磨粒流加工静动压云图可以看出，喷嘴磨粒流加工过程中，随着磨粒流加工时间的推迟，不论是动压还是静压，抛光通道内绝大部分的抛光区域都保持在和入口处相同的压力下，压力在小孔及交叉孔处变化明显。

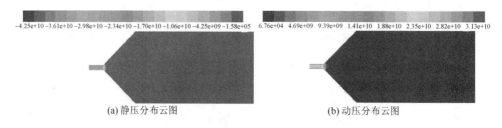

$-4.25\text{e}+10$　$-3.61\text{e}+10$　$-2.98\text{e}+10$　$-2.34\text{e}+10$　$-1.70\text{e}+10$　$-1.06\text{e}+10$　$-4.25\text{e}+09$　$-1.58\text{e}+05$　　　　$6.76\text{e}+04$　$4.69\text{e}+09$　$9.39\text{e}+09$　$1.41\text{e}+10$　$1.88\text{e}+10$　$2.35\text{e}+10$　$2.82\text{e}+10$　$3.13\text{e}+10$

(a) 静压分布云图　　　　　　　　　　　　　(b) 动压分布云图

图 8.10　喷嘴磨粒流加工压力分布云图

2）速度分析

分析磨粒流加工阀芯喷嘴时的抛光效果，不仅需要考察流场内压力分布，还需要考察速度分布，磨粒流加工喷嘴的速度分布云图如图 8.11 所示。

通过对比混合模型和离散相模型下的速度分布云图发现，混合模型和离散模型条件下的速度分布相似，最大加工速度在小孔区域，速度变化明显的抛光区域在喷嘴体的小孔和交叉孔处。因此着重分析阀芯喷嘴的交叉孔及小孔区域，给出小孔区域的速度矢量图，如图 8.12 所示。从磨粒流加工阀芯喷嘴的小孔区域速度矢量图可以明显地看出，在磨粒流加工阀芯喷嘴的过程中，磨粒流加工介质从主干通道流经小孔区域时，小孔抛光通道内的速度远大于主干通道内的速度，速度呈现明显的增加趋势，且速度方向表现出不规则变化，这一现象同样说明了交叉孔区域的抛光介质在此处的碰撞磨削作用更明显。

初步分析磨粒流加工过程速度变化情况，为了进一步考察各抛光区域的速度分布，给出了速度分布等值线图和湍流动能分布等值线图，分别如图 8.13 和图 8.14 所示。

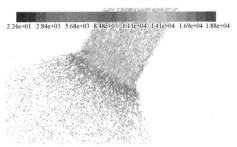

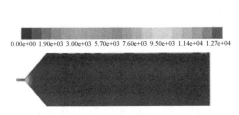

图 8.11   磨粒流加工喷嘴速度分布云图

图 8.12   磨粒流加工阀芯喷嘴的小孔区域速度矢量图

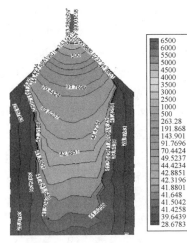

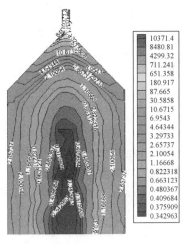

图 8.13   速度分布等值线图

图 8.14   湍流动能分布等值线图

通过对比速度分布等值线图和湍流动能分布等值线图，可以清楚地看到，不论是速度分布图还是动能分布图都显示出在喷嘴体磨粒流加工过程中，颗粒速度的最大值处于小孔加工区域，且颗粒速度在逐渐地增大；在小孔与主通道的交叉位置，靠近喷嘴体壁面位置的颗粒速度小于流场中心内部的颗粒速度，接近于壁面位置的颗粒速度也是呈现增加状态。小孔区域的速度增大时，此处流体的湍流加剧，湍流动能增大，从而导致此处颗粒的无序运动更加激烈，颗粒对加工壁面的微磨削作用更大，加工质量更好。

综上所述，在多相流计算模型的混合模型和离散相模型下的数值模拟，不论是从速度、压力分析还是从湍流动能分析，都间接或直接说明了小孔及交叉孔区域速度增大时，此处流体的湍流加剧，湍流动能增大，从而导致此处颗粒的无序运动更加激烈，颗粒对加工壁面的微磨削作用更大，而颗粒与壁面之间的运动加剧直接导致了动能的损耗，最终表现为离散相颗粒对小孔及交叉孔处加工表面的磨损量增加，此处的加工效果最好。以上现象说明在小孔和交叉孔的加工区域内两相间的相互作用激烈，颗粒与壁面之间的运动加剧直接导致了动能的损耗，最终表现为离散颗粒对此处加工表面的磨损量增加，从而提高了喷嘴零件表面的加工质量。

3. 多物理耦合场冲蚀磨损分析

根据磨粒流精密加工技术和冲蚀磨损相关理论知识可知，颗粒的微磨削加工机理的实质是磨料颗粒之间、磨料颗粒与被加工工件表面之间发生相对运动作用，对工件的内表面产生一定的微量磨削、刻划和碰撞作用，从而实现对加工表面的光整加工。磨粒流加工颗粒的微磨削大致可以分为两个部分进行研究：一是颗粒在流体连续相的驱动作用下，跟随流体靠近壁面进行磨削的过程；二是颗粒的冲击和碰撞而发生摩擦、磨损的冲蚀磨损过程。当大量颗粒对某一局部区域不断地碰撞时会产生冲蚀磨损现象，这是颗粒综合作用的结果，颗粒的不断冲击导致工件的材料体积或质量不断流失直至趋向稳定状态，图 8.15 是喷嘴的颗粒冲蚀磨损云图。

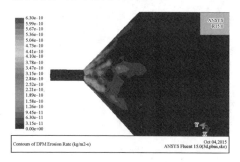

图 8.15　喷嘴的颗粒冲蚀磨损云图

从图 8.15 喷嘴的颗粒冲蚀磨损云图来看，靠近喷嘴小孔的区域冲蚀磨损比较明显，这是由于加工通道尺寸的改变、速度的瞬时增加导致此处颗粒的无序运动加剧，颗粒与壁面的碰撞更加激烈，微磨削作用明显。

影响冲击磨损的因素很多，常受到外界环境的干扰影响，影响因素包括环境因素（速度、角度、时间、颗粒浓度、温度以及流体性质）、磨粒性质（粒度、硬度、形状等）和被加工工件的材料性质（粗糙度、强度、硬度等）。本书主要从颗粒速度、温度、磨粒粒径对磨粒流加工质量的影响方面入手，研究各参数因子对磨粒流微磨削效果的影响。

1）入口速度对冲蚀磨损的影响

采取入口速度分别为 30m/s、40m/s、50m/s、60m/s 对喷嘴磨粒流加工过程颗粒的冲蚀磨损进行数值模拟分析，获得了不同入口速度条件下的颗粒冲蚀磨损云图，如图 8.16 所示。

颗粒的冲蚀磨损效果主要表现在小孔交叉孔区域范围内，不同的入口初始速度会导致不同的颗粒冲蚀磨损速率，为了更加清晰地观察交叉孔区域入口初始速度对磨粒流加工阀芯喷嘴的影响，分析得出交叉孔区域的不同入口初始速度与冲蚀磨损速率之间的关系曲线图，如图 8.17 所示。

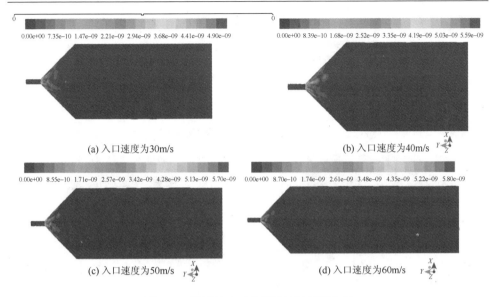

(a) 入口速度为30m/s

(b) 入口速度为40m/s

(c) 入口速度为50m/s

(d) 入口速度为60m/s

图 8.16　不同速度下的颗粒冲蚀磨损云图

从图 8.17 不同入口速度与磨损速率关系曲线图可以清晰地看出,在伺服阀阀芯喷嘴的磨粒流加工过程中,随着入口速度的增加,冲蚀磨损速率也呈现增加的状态。这种现象与颗粒受到多种作用力相关,当入口速度增大时,颗粒随着流体相的速度同时增大,流速的增加使单位时间内加工表面的冲击颗粒数目增加,在流体相的携带作用下颗粒与加工壁面的接触碰撞率随之增大,从而导致了颗粒对加工壁面的碰撞、冲蚀磨损量增加;而且颗粒的动能随入口速度的增加而

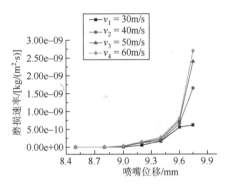

图 8.17　入口速度与磨损速率的关系曲线图

增加,这就导致了颗粒对加工壁面的碰撞冲击能量增大,进而对加工壁面的冲击磨损量增加,加工作用更明显。

2）颗粒直径对冲蚀磨损的影响

在磨粒流加工过程中,考虑到固相颗粒作为离散相,颗粒的跟随性和颗粒的无序运动会导致颗粒对加工壁面的频繁碰撞冲击,颗粒的直径大小很有可能会影响冲蚀磨损量,选取粒径分别为 20μm、40μm、60μm、80μm 的颗粒对喷嘴磨粒流加工的冲蚀磨损进行数值模拟,图 8.18 所示为不同粒径条件下的颗粒冲蚀磨损云图。

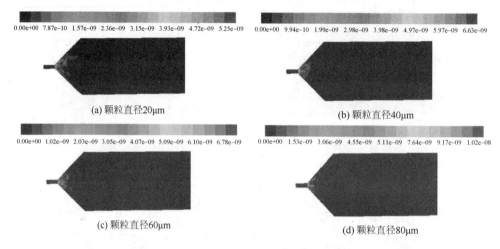

图 8.18　不同粒径条件下的颗粒冲蚀磨损云图

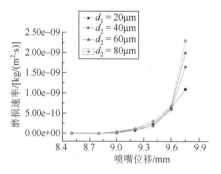

图 8.19　颗粒直径与磨损速率关系曲线图

从图 8.18 不同粒径的颗粒磨损云图可以看出颗粒在交叉孔区域的磨削作用，为了能更加清楚地体现两者之间的关系，给出其关系曲线图，如图 8.19 所示。

图 8.19 清晰地显示，不同粒径条件下的喷嘴磨粒流加工过程中，颗粒直径增加，颗粒对壁面的磨损速率增加，即颗粒的微磨削作用增强，颗粒对壁面的微磨削量增加。通过研究分析，颗粒的冲蚀磨损速率随着颗粒直径的增加而增加，是因为在颗粒直径较小的情况下，颗粒的质量相对较小，其对加工壁面的冲击力小，且没有颗粒的破碎，不存在颗粒的二次磨削，所以颗粒产生的磨损小；随着颗粒直径的增大，颗粒的冲击力变大，且存在颗粒的二次冲蚀磨损，所以颗粒对加工壁面的冲蚀磨损量也相应地增加。

3）温度对冲蚀磨损的影响

当颗粒与壁面存在相对运动时，会发生摩擦和磨损作用效果，不论是抛光速度还是粒径大小对磨损的影响，均和温度相关。阀芯喷嘴通道内温度的升高是由加工表面受到作用力而产生摩擦热引起的，温度的升高会影响流体和颗粒的运动性质，进而影响抛光效果。本章选取初始抛光温度分别为 290K、300K、310K、320K，进行阀芯喷嘴磨粒流加工数值模拟分析，获得了不同温度条件下的颗粒冲蚀磨损云图和温度与磨损速率的关系曲线图，分别如图 8.20 和图 8.21 所示。

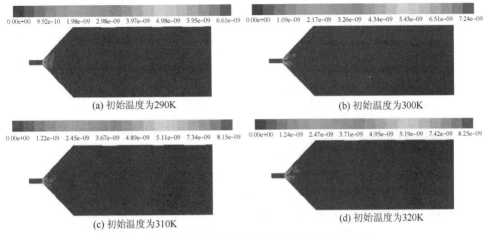

(a) 初始温度为290K　　　　　　　　　　(b) 初始温度为300K

(c) 初始温度为310K　　　　　　　　　　(d) 初始温度为320K

图 8.20　不同初始温度条件下的颗粒冲蚀磨损云图

在不同初始温度条件下，颗粒对喷嘴的磨损量不同，主要表现为对交叉孔及小孔的冲蚀磨损。由图 8.21 初始温度与磨损速率关系曲线图可以看出：随着温度的升高，颗粒冲蚀磨损速率增大。通过分析认为，在磨粒流介质抛光阀芯喷嘴的过程中，磨粒流加工通道内的温度升高，导致研磨介质的流动性增强，进而使颗粒之间的活跃性增强，最终导致颗粒的运动激烈程度加剧，从而颗粒对加工壁面的磨损率升高，加工效果得到改善。

由图 8.21 的温度与磨损速率关系曲线可以看出，随着温度升高，流动性增强，颗粒之间的活跃性增强，导致颗粒的运动激烈程度加剧，颗粒冲蚀磨损速率增大，颗粒对通道内表面的作用增强，有利于加工质量的提升。

在离散相模型下研究颗粒的运动轨迹、颗粒的冲蚀磨损特性以及不同加工参数对颗粒磨损速率的影响。通过数值分析可知，颗粒运动轨迹和流体运动轨

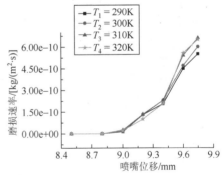

图 8.21　初始温度与磨损速率的关系曲线图

迹类似，具有良好的跟随性，且运动轨迹受到多种作用力的影响；颗粒的冲蚀磨损特性揭示了交叉孔及小孔区域的加工效果较好；随着入口速度、颗粒粒径和初始温度的增加，颗粒的冲蚀磨损速率大致都呈现增加的状态。

参 考 文 献

[1]　李俊烨，吴绍菊，尹延路，等. 磨粒流加工伺服阀阀芯喷嘴的颗粒冲蚀磨损研究[J]. 制造业自动化，2016，

38（7）：69-72.

[2] Wu S J，Li J Y，Sun F Y. The discrete phase simulation of the non-linear tube[J]. Journal of Simulation，2015，3（6）：57-59.

[3] 张雷，吴绍菊，李俊烨，等. 基于多物理耦合场的固液两相磨粒流伺服阀阀芯喷嘴抛光研究[J]. 长春理工大学学报，2016，39（4）：86-89，96.

[4] Chattopadhyay K，Isac M，Guthrie R I L. Considerations in using the discrete phase model[J]. Steel Research International，2011，82（11）：1287-1289.

[5] Salikov V，Antonyuk S，Heinrich S. Using DPM on the way to tailored prismatic spouted beds[J]. Chemie Ingenieur Technik，2012，84（3）：388-394.

[6] Tarpagkou R，Pantokratoras A. CFD methodology for sedimentation tanks：The effect of secondary phase on fluid phase using DPM coupled calculations[J]. Applied Mathematical Modeling，2012，37（5）：3478-3494.

[7] Xu Y G，liu M Y，Tang C，et al. Three-dimension CFD-VOF-DPM simulation of effects of low-holdup particles on single-nozzle bubbling behavior in gas-liquid-solid systems[J]. Chemical Engineering Journal，2013，222：292-306.

[8] Rahmanian B，Safaei M R，Kazi S N，et al. Investigation of pollutant reduction by simulation of turbulent non-premixed pulverized coal combustion[J]. Applied Thermal Engineering，2014，73（1）：1222-1235.

[9] Guizani R，Mokni I，Mhiri H，et al. CFD modeling and analysis of the fish-hook effect on the rotor separator's efficiency[J]. Powder Technology，2014，264：149-157.

[10] Jung Y，Jang G，Jung K，et al. Behavior of a micron-sized air bubble in operating FDBs using the discrete phase modeling method[J]. Microsystem Technologies，2014，20：1511-1512.

[11] Paz C，Suarez E，Gil C，et al. Numerical study of the impact of windblown sand particles on a high-speed train[J]. Journal of Wind Engineering and Industrial Aerodynamics，2015，145：87-93.

[12] Kharoua N，Alshehhi M，Khezzar L. Prediction of black power distribution in junctions using the discrete phase model[J]. Power Technology，2015，286：202-211.

[13] Torfeh S，Kouhikamali R. Numerical investigation of mist flow regime in a vertical tube[J]. International Journal of Thermal Sciences，2015，95：1-8.

[14] Ma L，Huang C，Xie Y S，et al. Modeling of erodent particle trajectories in slurry flow[J]. Wear，2015，334：49-55.

[15] 范金禾.喷动床中气固两相流数值模拟[D]. 西安：西安建筑科技大学，2006.

[16] 李国美，王跃社，亢力强.突扩管内液固两相流固体颗粒运动特性的 DPM 数值模拟[J].工程物理学报，2008，29（12）：2061-2064.

[17] 李丹，马贵阳，杜明俊，等. 基于 DPM 的旋风分离器内颗粒轨迹数值模拟[J].辽宁石油化工大学学报，2011，31（2）：36-76.

[18] 徐永贵.稀颗粒条件下单孔气液鼓泡行为的三维 DPM-VOF 数值模拟[D].天津：天津大学，2012.

[19] 曹文广，刘海峰，李伟峰，等. 同轴射流中颗粒流振荡弥散的 LES-DPM 模拟[J].华东理工大学学报（自然科学版），2013，39（4）：377-382.

[20] 王淼. 管道内液固两相流磨蚀 CFD 研究[D]. 大庆：东北石油大学，2014.

[21] 许留云，李翔，李伟峰，等. 三通管中不同流体介质冲蚀磨损的数值模拟[J]. 当代化工，2014，43（12）：2718-2720.

[22] 王凯，李秀峰，王跃社，等.液固两相流中固体颗粒对弯管冲蚀破坏的位置预测[J].工程热物理学报，2014，35（4）：691-694.

[23] 胡宵乐，王ս

[23] 胡宵乐，王继夫，谢剑周.90°细弯管内稀疏气固两相流动数值研究[J].轻工机械，2015，33（1）：17-20.

[24] 马颖辉，姜芳，徐学峰.纳米颗粒固液二相冲击射流数值计算模型研究[J].激光与光电子学进展，2015，52，031601：1-6.

[25] 何兴建，李翔，李军.T 型弯头不同工况的冲蚀磨损数值模拟研究[J].化工设备与管道，2015，52（3）：69-72.

[26] 赵弘，马明，苏鑫. 基于 CFD 清管器结构的管内流场模拟及优化设计[J]. 油气储运，2015，34（5）：562-566.

[27] 张涛，李红文. 管道复杂流场气固两相流 DPM 仿真优化[J]. 天津大学学报（自然科学与工程技术版），2015，48（1）：39-48.

[28] Wang C X，Ji C，Zou J. Simulation and experiment on transitional behaviours of multiphase flow in a hydrocyclone[J]. Canadian Journal of Chemical Engineering，2015，93：1802-1811.

[29] Wang G R，Chu F，Tao S Y，et al. Optimization design for throttle valve of managed pressure drilling based on CFD erosion simulation and response surface methodology[J]. Wear，2015，338：114-121.

[30] Zhu H J，Han Q H，Wang J，et al. Numerical investigation of the process and flow erosion of flushing oil tank with nitrogen[J]. Power Technology，2015，275：12-24.

[31] 计时鸣，章定，谭大鹏. 磨粒流加工中单颗磨粒冲击的有限元分析[J]. 农业工程学报，2012，28（1）：68-73.

[32] 计时鸣，王嘉琦，谭大鹏. 基于 ABAQUS 的单个颗粒与加工面碰撞对固液两相流加工的影响研究[J]. 机电工程，2013，30（1）：1-4.

[33] 吴绍菊. 伺服阀阀芯喷嘴磨粒流加工数值模拟研究[D]. 长春：长春理工大学，2016.

[34] 赵嘉，方亮，孙琨，等. 磨料流加工过程中介质黏温特性对金属磨损性能的影响[J]. 摩擦学学报，2008，28（2）：173-177.

第9章 磨粒流加工异形曲面流场数值分析

异形曲面在制造业各领域中都有着广泛的应用，由于其表面形状的复杂性，在进行加工时比较困难，尤其是对于表面质量要求较高的异形曲面，进行超精密加工更加困难[1-6]，因此国内外相关学者对异形曲面加工技术展开了一系列的研究。本章主要对磨粒流加工叶轮、螺旋齿轮、多边形螺旋膛线管这三种异形曲面的效果进行了数值模拟研究。

9.1 异形曲面加工技术国内外研究现状

9.1.1 异形曲面加工技术国外研究现状

He 等采用数控机床对曲面进行雕刻加工时，为使刀具与工件曲面形成多点接触，对加工时刀具的位置进行算法优化，提出了中点误差控制原则，该原则适用于加工各种凹凸不平的异形曲面[7]。Tadic 等在对曲面进行抛光时，利用特制的高硬度抛光工具区别于传统的弹性抛光工具来获取高质量的表面光洁度，通过实验研究发现曲面的粗糙度 Ra 与抛光力度、抛光进给量及加工次数都有极大相关性[8]。Lee 等对光学非球面表面进行抛光时提出了精确二次圆弧迭代方法，通过降低刀具切削路径引起的误差、减少计算时迭代的次数来实现光学非球面元件的精密抛光[9]。Park 等采用激光加工方法对医疗用金属支架圆柱曲面进行抛光，利用实验方法探究了不同加工时间对表面粗糙度的影响，得到加工过程中最佳抛光时间为 800～1000μs，粗糙度 Ra 由加工之前的 921μm 降为 330μm，粗糙度降低了 64%[10]。Bordatchev 等利用激光加工方式对多种复合材料熔融金属表面进行抛光，发现微观结构的变化对材料表面的激光能量有至关重要的影响[11]。Tsai 等研究了平面型、S 型及传统型 3 种不同圆锥球端铣刀加工铬镍铁合金 718 零件时，不同加工工艺参数对表面精度的影响，并用田口实验法设计并优化实验参数，结果发现 S 型铣刀最适合快速进给时的高速切削[12]。Nishida 等对磁流变抛光曲面时影响频率的脉冲磁场进行了研究，通过在直流磁场和脉冲磁场下进行磁流变抛光比较，发现在直流磁场下粗糙度下降比率是最大的，当脉冲磁场的频率为 0.1Hz 时，轮廓曲线会出现一定的压扁，但材料去除率最高[13]。Mohan 等在低温条件下将冻结的蒸馏水与超细磨料粒子进行混合后得到合适的低温液体，依据重量平衡方法确保研磨剂均匀分布在整个冰矩阵中，对不锈钢金属表面进行超精密抛光实验，结果发现在加工过程中刀具旋转速度和抛光压力是极为重要的工艺参数，由于冰的黏附作用和超细磨料粒子的磨蚀作用，表面粗糙度可以维持在纳米级范围内[14]。Tapie等利用计算机对模具型腔这种形状复杂的零件进行高速辅助加工时，对加工区域表面的复杂形状进行适当分解，在相邻的边界间建立中间曲面，从而与原曲面形成一种新的曲面，并将此曲面作为刀具生成路径的引导线，结果显示增加中间过渡曲面数量会限制吃刀量，进而加工时间延长，但中间曲面越接近原加工表面形状，加工效果越好[15]。Chromcíková 等在进行抛光玻璃曲面实验时对光束强度衰减进行计算，通过对所观察到的光束热分析，得到了时间等效矩形模型，进而推导出曲面抛光热力学数学模型，最后得出该加工条件下玻璃的温度特性[16]。Insepov 等采用气体集群离子束加速技术实现对曲面的抛光，在 35kV 直流电压下对氩和氧气的混合体集群进行加速，使其喷射体不断冲击表面，进而实现对表面材料的微去除[17]。Mirian 等利用带有磁性研磨粉抛光盘在热感应场中沿顺时针和逆时针不断变换旋转进行抛光，抛光盘与工件曲面之间的距离由垂直于轴的动力传动螺杆控制，由于热源的存在，作用于气隙间的抛光力比无热源时增加，进而表面质量提高，通过实验发现，加工时间越长气隙越低，表面平滑度越好[18]。

9.1.2　异形曲面加工技术国内研究现状

Zhang 等提出了修正和压缩插值算法，用以解决自由曲面的高速切削加工，该算法不同于传统的仅通过选取必要点来计算线性插值，而是选取必要点连接成多段线，最后进行曲线拟合，进而形成刀具给进路径，此算法不仅提高了加工区域曲面的平滑性，而且可以减少加工时间，提高表面质量[6]。吕冰海等发明了一种基于非牛顿流体剪切增稠效应的超精密曲面抛光方法，其利用磨料液与工件接触剪切作用产生剪切增稠现象，从而增大磨粒对加工壁面的附着力度，利用二者间相互运动产生微切削，目前该技术已实现对一些复杂曲面零件的表面光整加工，使其表面粗糙度 Ra 达到 10nm 以下，并且研磨液无污染，具有环保等特点[19]。湖南大学国家高效磨削工程技术研究中心和浙江工业大学特种装备制造与先进加工技术教育部重点实验室的相关研究人员进行了基于非牛顿剪切增稠效应的复杂曲面抛光技术及装备的系统研究，该项研究有望实现各种复杂异形曲面的超精密抛光[20]。Sun 等在螺旋曲面加工过程中刀具路径选取时，采用从螺旋曲面上选取样点方式，根据选取的样点获得螺旋曲面的参数，并通过多项式曲线推导出切削面的截面轮廓，通过轮廓进行反向计算进而得到砂轮轮廓和砂轮设置参数，最后根据仿真结果发现，选取的样点越多，加工精度越高，且该方法更贴近真实的加工过程[21]。高铁军等采用半固态可流动的黏性介质作为软模材料，在压力作用下实现对零件的包络，适用于涡扇发动机异形曲面壳体结构件的整体成形，黏性附着影响因子与减薄率的关系，结果发现黏性介质的黏度越高，异形曲面壳体壁厚均匀性分布越好[22]。尹大鹏根据叶片的结构特点,结合高温合金的难加工特性,选择挤压磨粒流加工工艺试验。通过对磨粒流去除重熔层的加工特点分析，确定采用孔径增加量作为标准来检验重熔层去除情况。经过大量的试验数据得到$\phi 0.3$孔磨粒流孔径增加量 0.04mm 时，所有孔均未发现微裂纹；$\phi 0.5$孔磨粒流孔径增加量 0.02mm 时，所有孔径重熔层均被去除，进、出口有一定的圆角。满足了设计图的需要。研究结果已经应用于实际生产中，对比以往的气膜孔加工质量有较大幅度提升，提高了叶片的制造水平。并在同类叶片的气膜孔加工中推广。为航空发动机涡轮叶片制造提供了理论和技术支持[23]。对一些整体构件异形曲面加工过程中，由于曲面扭曲大，叶片间的间隙较小，一般采用柔性复合加工方式，南京航空航天大学朱永伟等对航空叶轮进行光整精加工时采用电解抛光方式，选取曲面上的离散点进行数据处理，然后进行拟合加密形成直纹曲面，对各小曲面进行各轴向进给计算，通过编程实现多轴联动，在型面扭曲较大地方，增加电解液喷射量，结果发现在稳定的喷射流场下，电解液压力较低时，可以获得较好的抛光精度[24]。哈尔滨工程大学采用超声波加工系统对异形曲面光学元件进行加工技术研究，详细阐述了悬浮液系统、空化作用、工具材料性能、工具配置等因素对材料去除率和表面精度、光洁度的影响[25]。中国工程物理研究院机械制造工艺研究所采用旋压技术对异形曲面薄壁零件进行成型工艺研究，结果发现采用强旋方式加工时，材料会出现拉裂现象，普旋加工成型效果较好，对异形曲面零件加工时，最好采用二者相结合的方式[26, 27]。王纯等对模具异形孔进行了抛光技术探讨，分别讨论了柔性磨体抛光、超声波抛光、磨粒流抛光的加工效果，最终发现磨粒流抛光在加工效率和加工精度方面均优于其他两种，并且发现磨粒流抛光在加工大角度交叉孔腔的模具时更具有优势[28]。对航空用整体叶轮抛光若采用电解加工方式，则发现加工效率较高，但其已受到流场、电场等因素影响，加工精度和稳定性下降；若采用电火花加工方式则加工精度较高，但电极损耗严重，成本较高，且加工效率较低。因此常采用二者结合方式，先用电解加工方式去除大部分加工余量，再用电火花加工方式以达到图纸要求[29]。于滨等对微小异型内孔曲面进行加工时，采用超声振动与电火花相结合的方式，针对异形孔内形状大小不一的特点，提出了“等效放电面积”的概念，利用超声振动产生的冲击波来改善工作液的流动特性，减少拉弧现象，从而提高加工稳定性与表面精度[30]。郭明康提出了制造多孔冲模的具体工艺方法，使用这些方法能很容易地保证每对凹凸模都有均匀的间隙，因而能快速、低成本地制造高质量的多孔冲模与级进模[31]。郭晟等利用 UG 软件在模具数控加工过程中进行编程设计，对复杂异形曲面型芯零件进行加工工艺设计，采用多轴联动减少加工时间与成本，改善曲面加工精度，提高加工效率[32]。湖南科技大学相关研究人员对异形腔体类零件进行高速铣削加工工艺研究，以某异形腔类零件为实验样件，进行了正交插铣、单因素插铣与侧铣试验[33]。陈志林等采用三维激振方式，使磨料与工件产生无序运动状态，通过磨料与工件间的相互摩擦达到去除材料、对异形曲面进行强化抛光的目的[34]。

异形曲面在国防工业、航空航天、汽车工业、精密机械等领域有着广泛的应用，如航空叶轮的叶片形状就为异形曲面，螺旋齿轮的螺旋轮齿及具有多边形螺旋曲面的膛线管等，其曲面形状都是为实现特定功能而设计的，形状精度与曲面质量都会使其功能特性受到影响，因此对该曲面进行精密加工研究是非常必要的[35]。

9.2　磨粒流加工叶轮流场数值分析

叶轮作为发动机系统中的重要组成部分，叶轮的叶片形状是根据空气动力学和流体力学原理设计而成的异形曲面，具有良好的曲面形状和表面质量，可保证发动机进气道内具有良好的进气性能，从而提高发动机的动力性。

9.2.1　异形曲面三维模型建立与网格划分

根据叶轮的相关技术要求，利用 SolidWorks 软件进行三维建模，得到的三维图如图 9.1 所示，并将完成后的三维模型保存为 x_t 格式，将其导入有限元分析软件 ANSYS 中的 Geometry 模块。当流体抛光叶片表面时，结合磨粒流加工原理，需要在封闭的型腔内流动，由于叶轮为开放式结构，因此需要在叶轮外部添加约束装置，以保证待加工的叶片表面和外部装置形成约束流道，使得磨粒流体顺利流经叶轮表面起到磨削抛光的效果。假设在叶轮外的约束装置为圆柱形的，对叶轮三维模型外部进行圆柱状的包覆处理，得到外部流体和整体叶轮的结合体。由于是对流体抛光叶轮时的运动状态进行数值模拟，因此需要对航空叶轮的三维模型进行抑制处理，选中叶轮模型进行抑制体处理，仅对外部流体进行网格划分，得到的网格划分模型如图 9.2 所示，定义模型上端面作为流体入口 inlet，下端面作为出口 outlet，同时为便于最后对叶轮表面的流体进行观察分析，将整个叶轮选中进行标记处理。

图 9.1　叶轮三维模型　　　　　图 9.2　网格划分模型

9.2.2　异形曲面模型选择

根据固液两相磨粒流加工特性，并结合叶轮的工作性能，需要对叶轮的曲面叶片进行加工，在进行数值计算时需对数学模型进行选择。在磨粒流抛光叶轮过程中，流体要流经叶轮的叶片表面，由于叶片的几何形状为弯曲的，流体的运动也是不稳定的，主要选取的模型主要有混合相（mixure）方程、能量（energy）方程、湍流方程及离散相方程。湍流方程选择标准 k-ε 模型，近壁面处理方式选择标准壁面方程，假定流体满足连续条件，其中模型经验系数 $C_{1\varepsilon} = 1.44$，$C_{2\varepsilon} = 1.92$，$C_{mu} = 0.09$，k 对应的普朗特数 $\sigma_k = 1.0$，ε 对应的普朗特数 $\sigma_\varepsilon = 1.3$。

9.2.3　异形曲面材料设置

在进行仿真计算之前应对固相与液相材料的物理属性进行设置，具体参数如表 9.1 所示。

表 9.1　材料属性设置

物理量	数值	说明
环境压力/Pa	1.01e + 5	操作压力
液相密度 ρ_l/(kg/m³)	886	常温（294.15K）
液相动力黏度 μ/(Pa·s)	$\mu = 0.131e^{-0.026T}$	随加工温度变化
液相比热容/(J/(kg·K))	2000	—
液相热传导系数/(W/(m·K))	0.15	—
重力加速度 g/(m/s²)	9.81	竖直方向
SiC 颗粒密度 ρ_s/(kg/m³)	3100	常温（294.15K）
SiC 颗粒热传导系数/(W/(m·K))	120	—
SiC 颗粒黏度/(Pa·s)	$5e^{-6}$	较小，可忽略

9.2.4　计算模型边界条件的设置

1. 入口边界条件

液相设置：假定磨粒流体在流道内的流动为湍流状态，设速度入口为初始入口条件，入口速度方向垂直于边界，初始湍流强度为 5%，湍流黏度为 10kg/(m·s)。

固相设置：固体颗粒相为 SiC 颗粒，同样采用速度入口条件，初始速度大小与液相相同，由于在磨粒流加工过程中是以液压油作为载体、SiC 颗粒作为实质的磨削刀具，所以 SiC 颗粒的浓度大小会影响磨削效果，若颗粒相浓度过低，则颗粒对壁面的碰撞概率较小,加工效果不明显,且加工效率较低,但是颗粒相浓度也不能过高,虽然在理论上颗粒浓度越大,与工件壁面碰撞概率就越大,磨削效率也越高,但是由于流道内部结构复杂,当浓度过大时,会使得流体运动受阻,运行不通畅,导致磨粒大量沉积,从而影响流体的湍流状态,因此应设置合理的颗粒相的体积分数,最大限度提高加工效率,设置颗粒相体积分数为 0.2。

2. 出口边界条件

由于在对流体仿真计算之前并不清楚出口处的压力与速度,出口与外界直接相连,流动状态假定为完全发展的湍流,所以设定出口端边界条件为自由出口。

3. 壁面边界条件

由于在磨粒流加工时是对工件壁面进行加工,在加工过程中工件是固定不动的,对壁面的切削力主要来自于外界压力驱动下流体所负载的磨粒流经工件待加工表面与壁面产生的相对滑移碰撞,对于固定的工件待加工表面来说,磨粒与壁面的相对滑移即粒子本身的运动,因此壁面边界条件应选择无滑移的壁面边界条件。

9.2.5　叶轮仿真结果分析

除进行以上设置外,其他选择默认项进行计算,选取不同入口速度对叶轮进行流场数值模拟,为更好地分析磨粒流体对叶轮表面的影响,通过设置不同入口速度得到不同速度条件下流场的各项湍流状态数值分析云图。

静压作为流体静止时所产生的压力,不受流体运动速度的影响,其垂直于流体的运动方向。根据磨粒流加工特性,通过仿真计算得到磨粒流加工叶轮时叶片近壁面的流场状态,在不同速度条件下得到的静压如图 9.3 所示。

通过图 9.3 不同入口速度下的静压云图可以看出,在同一入口速度下,叶轮的叶片表面各处静压分布均不一样,受叶片弯曲形状的影响,叶片表面各点处的形状曲率不一、上下起伏,两叶片之间的流道存在着大小不一的变化,外界磨粒流体作用于叶片表面各点处的静应力也不一样。随入口速度不断增加,叶片表面附近的静压也在不断增加,叶片上端与下端的压差也在不断增加,这是由叶片本身的曲面形状造成的,入口压力越大,作用于曲面上的静压越大,当更多正压力作用于曲面上形成有效压力时,压力损失就越大,因而顶端与底端的压差就越大。

流体在型腔内运动时,在垂直于流体运动方向上,流体运动呈现出完全受阻的状态,此处流体的运动速度为零,此时其动能将转化为压力能,压力增大,其压力为全受阻压力即总压,它与未受扰动的流体静压之差即动压。

由图 9.4 所示的不同入口速度下的动压云图可以看出,在同一入口速度下,除

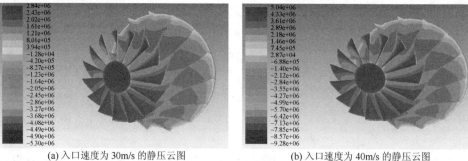

(a) 入口速度为 30m/s 的静压云图　　　　　　(b) 入口速度为 40m/s 的静压云图

(c) 入口速度为 50m/s 的静压云图　　　　　　(d) 入口速度为 60m/s 的静压云图

图 9.3　不同入口速度下的静压云图

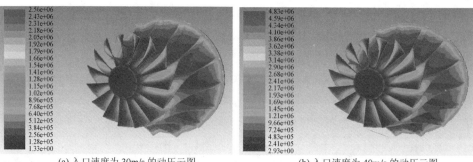

(a) 入口速度为 30m/s 的动压云图　　　　　　(b) 入口速度为 40m/s 的动压云图

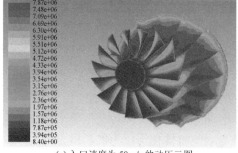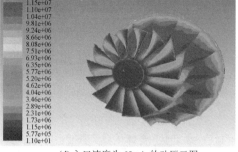

(c) 入口速度为 50m/s 的动压云图　　　　　　(d) 入口速度为 60m/s 的动压云图

图 9.4　不同入口速度下的动压云图

叶轮底部边缘外，在叶片上端的动压较大，当流体沿来流方向运动碰到弯曲壁面时，由于曲面的弯曲作用，流体沿轴向的运动会受到阻挡，同时由于流体初始碰到上端弯曲部位时流体本身的动能较大，因此上端所受的动压较大，叶轮叶片上端抛光较好。

　　当流体进入两弯曲叶片之间的流道之后，两叶片之间的流道逐渐变大，叶片的弯曲程度自上而下逐渐平缓，动压逐渐较小，因此叶片自上而下抛光效果逐渐减弱；但在叶轮底部边缘部位动压较大，主要是由于叶轮本身的形状自上而下呈"喇叭"状，当叶轮与外部圆柱形的约束装置组成封闭流道时，在根部位置轴向方向，流体运动不受任何阻挡，直接作用于叶轮根部位置，而且此处叶轮与约束装置形成的流道最小，所以动压也最大；随入口速度的不断增大，抛光叶轮时整个流场中的动压也不断增大，因此可以通过提高入口速度、增加流场中的动压力，从而增强对叶轮的抛光效果。

　　湍动能是指湍流速度涨落方差与流体质量乘积的一半，是衡量湍流发展或衰退的重要指标，在磨粒流加工过程中可根据流体湍流动能的变化情况判断其负载磨粒的运动状态，进而得出磨粒流对壁面的抛光效果，在不同入口速度下得到的湍动能如图 9.5 所示。

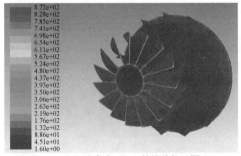
(a) 入口速度为 30m/s 的湍动能云图

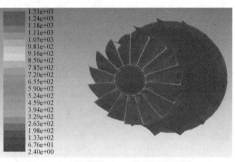
(b) 入口速度为 40m/s 的湍动能云图

(c) 入口速度为 50m/s 的湍动能云图

(d) 入口速度为 60m/s 的湍动能云图

图 9.5　不同入口速度下的湍动能云图

由图 9.5 不同入口速度下的湍动能云图可以看出,当流体以平行于轴线方向进入后,受两叶片间空间曲面形状的影响,流体的运动方向和运动状态不断改变,在中间部位流体的湍动能分布比较均匀,和在叶片顶端形成一定的对比,这是由于在叶轮中间位置,曲面形状变化比较平缓,使得此处流体运行较为通畅,流体运动速度不会出现突然性的变动,但此处湍动能较小,因此加工效果并不如叶轮顶端;随着流体运动速度的不断增加,受曲面弯曲形状的影响,湍流速度变化较大,速度涨落方差也会变大,湍流动能也随之增加,因此流体的湍流运动越强,越有利于对叶轮的抛光加工。

湍流强度是指湍流流体的脉动速度与平均速度的比值,反映了流体脉动的相对程度,流体的脉动程度越强,磨粒流中的颗粒运动强度也会越高,通过分析流体的湍流强度来获得磨粒的运动状态,从而得知对壁面的抛光效果,在不同入口速度下得到的湍流强度如图 9.6 所示。

(a) 入口速度为 30m/s 的湍流强度云图

(b) 入口速度为 40m/s 的湍流强度云图

(c) 入口速度为 50m/s 的湍流强度云图

(d) 入口速度为 60m/s 的湍流强度云图

图 9.6　不同入口速度下的湍流强度云图

由图 9.6 不同入口速度下的湍流强度云图可以看出,在同一入口速度下,叶轮顶端和底端湍流强度最大,这是因为流体初始运动方向与叶片本身弯曲曲向并不平行,磨粒流体在初始抵达叶片顶端表面时,大部分的流体会突然受到卷曲部分的阻挡,流体遇壁面突然发生反弹,速度方向突然改变,脉动速度较大,从而湍流强度也比较大,因此叶片上端抛光效果较为明显;随流体逐渐进入两叶片间的流动区域，流道变宽，叶片弯曲形状也逐渐趋于平顺，流体运动速度变化波动变小，脉动速度降低，因此湍流强度降低，抛光效果减弱。

由于叶轮基体形状呈喇叭形，从上端到下端基圆逐渐增大，与外界约束装置形成的流动区域呈上端大下端逐渐缩小，当外界流体流入约束装置内部时，在沿底部边缘方向的轴线上，流体不会受到叶轮本身的任何阻挡，直接到达叶轮底部，相比于从两叶片间流出的磨粒流体能量损失较小，从而使得底部湍流强度相对较大，但弱于叶轮顶端。

随入口速度的不断增大，抛光叶轮流场中的湍流强度也会变大，这是因为随入口速度的不断增加，流体与壁面的作用强度和受曲面弯曲影响造成的速度波动性变大，导致流体脉动速度增大，使得流体中负载的磨粒活动更加剧烈，对壁面的作用效果也就更强，因此提高入口速度可增强对壁面的抛光效果。

当磨粒流体流过壁面时，磨料会对壁面产生一定的黏性作用，类似于"吸附"于工件表面，当流体中的分子离开该区域时需要克服黏性阻力与流体分子和工件表面的吸附力，此时就会对近壁面形成一定的剪切作用，当剪切力大于工件表面材料的极限应力时，材料就会从工件表面脱落，从而起到一定的微切削作用。壁面剪切力直接反映了流体对近壁面的作用效果，进而可得知磨粒流对壁面的抛光能力，在不同入口速度条件下仿真计算得到的壁面剪切力如图 9.7 所示。

(a) 入口速度为 30m/s 的壁面剪切力云图

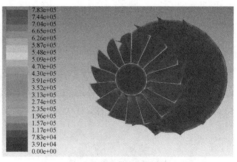

(b) 入口速度为 40m/s 的壁面剪切力云图

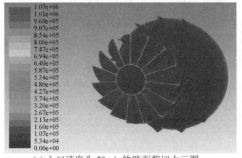

(c) 入口速度为 50m/s 的壁面剪切力云图

(d) 入口速度为 60m/s 的壁面剪切力云图

图 9.7　不同入口速度下的壁面剪切力云图

由图 9.7 不同入口速度下的壁面剪切力云图可以看出，在同一入口速度条件下，叶轮顶端和底端壁面剪切力要大于叶轮中间部位，这是由于当流体进入叶轮两叶片之间后，在沿轴向运动时由于受到叶轮顶端弯曲阻力的影响，流体从两叶片之间横向流出，导致中间部位两叶片之间流体并不是很充分，加工效果较差。

随入口速度不断增加，壁面剪切力也在不断增加，且随入口速度不断增加，壁面剪切力的增幅也在增加，说明随入口速度不断增加，流体在两叶片间运行越来越充分，抛光效果也越来越好。

9.3 磨粒流加工螺旋齿轮流场数值分析

螺旋齿轮因具有振动小、噪声低、节能高等优点广泛应用于各种精密仪表等机构传动中，其齿面的形状精度与表面质量对传动过程中的影响尤为明显，高精度的精密齿轮满足上述要求，普通加工方法难以获得高精度的螺旋齿轮，因此需用磨粒流加工技术进行后续抛光，从而达到其精度要求。

9.3.1 螺旋齿轮三维模型建立与网格划分

由于螺旋齿轮常用于一些精密传动中，所以对齿轮的加工要求较高，其齿面表面质量直接影响着齿轮的传动精度，因此需要对齿轮齿面进行精密加工。根据螺旋齿轮相关技术要求，在三维软件 SolidWorks 中建立三维模型，螺旋齿轮模型具体参数为：模数为 1，齿数为 16，压力角 20°，螺旋角 45°。螺旋齿轮三维模型如图 9.8 所示。对螺旋齿轮要加工的部分进行流体包覆，对需要观察的面进行标记，同时对螺旋齿轮本身进行抑制，对齿轮模型外部包覆的流体部分进行网格化分，得到的网格模型如图 9.9 所示。

图 9.8　螺旋齿轮三维模型　　　图 9.9　齿轮及流体包覆网格划分模型

9.3.2 螺旋齿轮磨粒流加工数值分析

模型选择、材料定义、边界条件设置和计算方法选择与叶轮设置方法类似，此处不再赘述，通过设置不同速度，对螺旋齿轮近壁面的流场状态进行数值模拟。为更好地分析磨粒流体对螺旋齿轮齿面的影响，通过后处理得到不同速度下螺旋齿轮近壁面的流场状态，从而得出磨粒流对螺旋齿轮齿面的抛光效果。由于螺旋齿轮的传动主要靠两轮齿之间的啮合来传递力矩，所以需要进行精密加工的主要部位是轮齿的齿面，因此对螺旋齿轮进行分析时，主要对轮齿近壁面的流场进行分析，通过对螺旋齿轮在不同入口速度条件下进行流体仿真计算，得到的静压云图如图 9.10 所示。

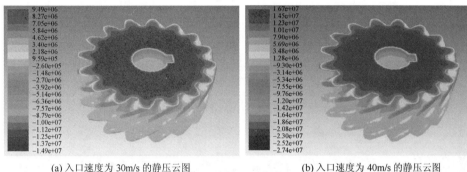

(a) 入口速度为 30m/s 的静压云图　　　　　　(b) 入口速度为 40m/s 的静压云图

(c) 入口速度为 50m/s 的静压云图　　　　　　(d) 入口速度为 60m/s 的静压云图

图 9.10　不同入口速度下的静压云图

从图 9.10 不同入口速度下的静压云图可以看出，在同一入口速度下，轮齿上端所受静压较大，这是因为在沿轴线方向，流体前行时会受到齿轮弯曲轮齿影响，由于轮齿形状呈现一定的弯曲倾斜性，当磨粒流体沿轴向运动时，会受到轮齿螺旋齿面的阻挡，外界压力会首先作用于轮齿上端，因此轮齿上端齿面所承受的静压也较大；当磨粒流体流入两螺旋齿之间后，随两轮齿间不断深入，弯曲齿面的阻挡，会造成一定的压力损失，导致轮齿齿面近壁面的静压自上而下逐渐较小；随入口速度不断增加，螺旋轮齿近壁面的静压也在不断增加，意味着流动的流体对壁面产生的有效压力增大。未受扰动的流体静压与流体完全受阻时的总压之差即动压，与之相对应的不同入口速度条件下的动压如图 9.11 所示。

(a) 入口速度为30m/s 的动压云图

(b) 入口速度为40m/s 的动压云图

(c) 入口速度为50m/s 的动压云图

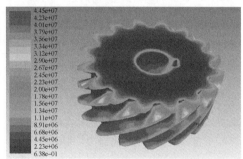
(d) 入口速度为60m/s 的动压云图

图 9.11　不同入口速度下的动压云图

通过在不同速度条件下对螺旋齿轮不同部位进行选点取值，得到了不同速度条件下不同部位的动压分布，如表 9.2 所示。

表 9.2　不同入口速度条件下不同部位的动压分布表

| 入口速度/(m/s) | 不同部位的动压/($\times 10^6$Pa) | | | | |
| | 轴向 | | | 径向 | |
	轮齿上端	中间	轮齿下端	齿顶	齿根
30	4.25	3.19	2.12	3.72	0.531
40	7.76	5.82	3.88	6.79	0.970
50	12.2	7.65	6.12	10.7	1.53
60	17.8	11.1	8.91	15.6	2.23

由图 9.11 所示的动压云图和表 9.2 所示的动压分布表可以看出，在螺旋轮齿上端湍动能大于下端，且在齿顶部位湍动能更加明显，在轮齿的两侧面湍动能明显大于齿根部，这是因为径向上齿顶端与外界约束装置内壁面距离最小，所形成的流道面积最小；同时由于轮齿为螺旋形状，流体流经该区域时流道形状改变，

导致阻力变大，动能转化为压力能，因此齿顶处的压力能大于齿根处，而且当初始碰到齿轮轮齿时，流体的运动方向会由平行于轴向方向转为与轴线成一定角度的螺旋流向，运动方向的突然改变且受到流道壁面阻挡，会导致此时流体所受的阻力猛然增加，压力能瞬时增大，因此在上端轮齿齿顶处形成的动压最大，对轮齿上端齿顶处抛光效果最好。

由图 9.12 不同入口速度下的湍动能云图可以看出，在齿轮上端磨粒流体刚进入两齿之间的流道时，湍动能最大，随流体在两螺旋轮齿之间不断前行，湍动能明显减弱；同样是因为流道形状的原因受到阻力导致能量降低，但在各轮齿顶端湍动能基本一致，这是由于与外界约束装置内壁面形成的流道是一样的，所以在同一横截面上不同轮齿同一部位湍动能也基本一致，随入口速度的不断增加，湍动能在不断增加，所以可以通过增加入口速度来提升轮齿齿面的表面质量。

(a) 入口速度为 30m/s 的湍动能云图　　　(b) 入口速度为 40m/s 的湍动能云图

(c) 入口速度为 50m/s 的湍动能云图　　　(d) 入口速度为 60m/s 的湍动能云图

图 9.12　不同入口速度下的湍动能云图

通过对不同入口速度条件下的湍流强度云图（图 9.13）进行汇总，得到了螺旋齿轮不同部位的湍流强度，具体分布如表 9.3 所示。

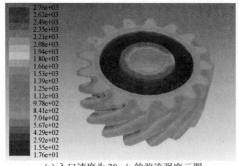

(a) 入口速度为 30m/s 的湍流强度云图

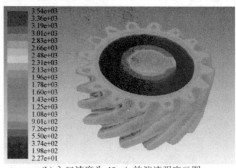

(b) 入口速度为 40m/s 的湍流强度云图

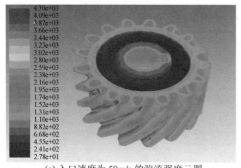

(c) 入口速度为 50m/s 的湍流强度云图

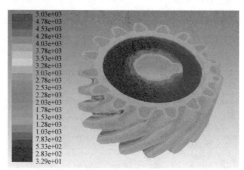

(d) 入口速度为 60m/s 的湍流强度云图

图 9.13　不同入口速度下的湍流强度云图

表 9.3　不同入口速度条件下不同部位的湍流强度分布表

入口速度/(m/s)	不同部位的湍流强度/$\times 10^2$		
	齿顶	轮齿两侧	齿根
30	16.6	9.78	4.29
40	21.3	12.5	5.50
50	25.9	15.2	6.68
60	30.3	17.8	7.83

　　通过图 9.13 所示的湍流强度云图和表 9.3 所示的湍流强度分布表可以看出,随入口速度不断增强,湍流强度不断增强,湍流强度增加的梯度却有逐渐削弱的趋势,即当湍流强度增大到一定值后,入口速度再次增加,湍流强度有趋于一个恒定值而不再增加的趋势;轮齿顶端的湍流强度大于轮齿两侧及齿根部位,说明流道截面积的缩小有利于增强湍流强度,流体的无序性运动使得其附载的磨粒对壁面进行无规则的碰撞或在壁面上进行摩擦滑移,从而使得表面纹理更加光整,轮齿表面质量更高。

　　通过对不同速度条件下的壁面剪切力云图（图 9.14）进行汇总,得到螺旋齿轮不同部位所受的壁面剪切力,如表 9.4 所示。

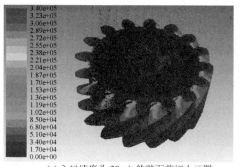

(a) 入口速度为 30m/s 的壁面剪切力云图

(b) 入口速度为 40m/s 的壁面剪切力云图

(c) 入口速度为 50m/s 的壁面剪切力云图

(d) 入口速度为 60m/s 的壁面剪切力云图

图 9.14　不同入口速度下的壁面剪切力云图

表 9.4　不同入口速度条件下不同部位的壁面剪切力分布表

入口速度/(m/s)	不同部位的壁面剪切力/$\times 10^4$Pa				
	轴向			径向	
	轮齿上端	中间	轮齿下端	齿顶	齿根
30	11.9	6.80	1.70	5.10	1.70
40	16.3	9.30	2.33	6.98	2.33
50	20.5	11.7	2.92	8.77	2.92
60	24.6	14.1	3.52	10.6	3.52

　　通过图 9.14 所示的壁面剪切力云图和表 9.4 所示的壁面剪切力分布表可以看出，轮齿上端壁面剪切力较大，当磨粒流体初始接触螺旋齿轮时，能量较为充足，首先作用于上端轮齿，所以轮齿齿面的上部分加工效果更为明显，但在两轮齿之间的齿槽处，壁面剪切力却很小，这是由流道过大造成的，当流体快速通过该流道时，会受到流道形状影响，导致流体流经齿槽处时压力较小，流体对壁面的贴近力不明显，从而使粒子与齿槽处壁面碰撞的机会大大减少，齿槽处加工效果弱于齿顶处，且随入口速度不断增大壁面剪切力也在逐步增大，壁面剪切力与速度呈正相关，所以可以通过增加入口速度的方式来提高加工磨粒流体附带的磨料粒子对壁面的碰撞机会，从而提高磨粒流加工质量。

9.4　磨粒流加工多边形螺旋曲面膛线管数值分析

具有多边形螺旋曲面的膛线管，其管内形状就为多边形螺旋曲面，膛线的作用就是使弹头旋转运动，以保证弹头的飞行稳定性和飞行距离，提高命中精度和增大侵彻力，利用磨粒流加工技术对膛线管内部的多边形螺旋曲面通道进行去毛刺抛光加工，可有效提高膛线管的工艺性能和使用性能。

9.4.1　膛线管三维模型建立与网格划分

所选多边形螺旋曲面膛线管为十二边形直径 $\phi 5.5\text{mm}$ 螺旋内曲面管，螺距为 40mm，其三维模型如图 9.15 所示。

图 9.15　膛线管三维模型与半剖面截图

根据膛线管的几何特征并结合磨粒流加工特性，为更好、更方便地进行仿真模拟，需要对几何模型不需要进行计算的部分进行简化，对流体部分的三维模型进行填充或包覆，对膛线管内部区域进行流体填充，所得多边形螺旋曲面膛线管流体填充三维模型如图 9.16 所示。

由于仿真过程中是对流体的运动状态进行数值模拟，对不需要参与计算的外部膛线管实体进行抑制，对抑制外部实体之后的流体部分进行网格划分，得到的网格模型如图 9.17 所示。

图 9.16　多边形螺旋曲面膛线管流体
填充三维模型

图 9.17　膛线管内部流体网格图

9.4.2　多边形螺旋曲面膛线管数值分析

由于速度入口条件与压力入口条件是等效的，在一定情况下二者可以相互转化，对于腔线管内的多边形螺旋曲面流道采用压力入口条件，通过选取不同入口压力对曲面型腔内部进行流场数值模拟。

针对该模型的特征，为了更好地分析流场的运动特性，分别选取轴向横截面及壁面上的两条带状的多边形螺旋曲面进行分析，对流场内的不同仿真云图进行探讨，得到的不同入口压力条件下的动压云图如图 9.18 和图 9.19 所示。

(a) 入口压力为 5MPa 的轴向截面动压云图

(b) 入口压力为 6MPa 的轴向截面动压云图

(c) 入口压力为 7MPa 的轴向截面动压云图

(d) 入口压力为 8MPa 的轴向截面动压云图

图 9.18　不同入口压力下的轴向截面动压云图

(a) 入口压力为 5MPa 的进出口及壁面动压云图

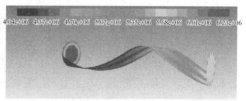

(b) 入口压力为 6MPa 的进出口及壁面动压云图

(c) 入口压力为 7MPa 的进出口及壁面动压云图

(d) 入口压力为 8MPa 的进出口及壁面动压云图

图 9.19　不同入口压力下的进出口及壁面动压云图

为便于分析磨粒流加工多边形螺旋曲面时流体在整个流道中的运动状态，在径向选取流道中间部位和近壁区进行分析，在轴向上分别选取入口处、中段及出口处进行分析，得到的动压分布如表 9.5 所示。

表 9.5　不同压力条件下动压分布表

入口压力/MPa	不同部位的动压力/$\times 10^6$Pa					
	流道部分			近壁区		
	入口	中段	出口	入口	中段	出口
5	4.73	5.01	5.19	4.73	3.91	3.36
6	5.68	6.01	6.23	5.68	4.70	4.04
7	6.62	7.00	7.26	6.62	5.48	4.72
8	7.58	8.01	8.30	7.58	6.27	5.40

根据表 9.5 动压分布表分析可知，随入口压力的不断增大，型腔内的动压不断增加，压力衰减也越来越大，这说明随压力增加，流体的扰动性不断增强，对壁面的冲击与摩擦作用也不断增强，从而使得流体介质所运载的磨粒不断冲击流道壁面，对加工表面进行冲蚀或在加工表面进行划擦，进而达到对工件表面材料进行去除的目的，因此可以认为适当增加入口压力可在一定程度上提高材料去除的效率。

从图 9.18 不同入口压力下的轴向截面动压云图可以看出，在靠近流道中部，随流体运动路径的不断增加，动压不断增加，这是由于当流体刚进入型腔内部时，流体的湍流状态并不是很充分，流体本身活跃性不强，扰动性不大，在运行一段距离后湍流状态逐渐趋于良好，流体的扰动性也变得更加活跃，因此在中间部位随路径的逐渐深入动压呈增强趋势；而在径向方向上流体出现明显的分层现象，在近壁面处动压的变化趋势与在流道中间部位恰好相反，且在流道中间部位的动压要明显大于近壁面处，说明大部分流体从流道中间流过，而流经壁面附近的流体并不多，因此流体对壁面的抛光效率大大降低。

从图 9.19 进出口及壁面动压云图可以看出，在多边形螺旋曲面膛线管近壁面处随流体路径的不断延长，近壁面流体的动压不断减弱，这是因为随流体在型腔内不断前行，由于介质黏性作用，流体会与加工壁面接触摩擦产生黏滞阻力，导致流体自身能量损失一部分，转化为流体或工件的内能，并以热能形式通过工件外表面散发出去，因此随流道的不断深入，加工壁面的抛光效果逐渐变差，工件研抛质量在入口处最好，在出口处最差。

从图 9.20 不同入口压力下的轴向截面速度和图 9.21 所示的进出口及壁面速度云图可以看出，随入口压力的不断增大，当磨粒流以一定压力进入多边形螺旋曲面型腔后，大部分磨粒流体从中间流失，对近壁面产生作用的流体较少，由于磨料介质的黏性作用，在加工表面近壁区会形成边界层，且沿流动方向逐步延伸，即型腔内贴近壁面的流体速度低于流道中间部位流速，这是由于磨料介质本身的黏性作用与壁面产生摩擦阻力和流体流经曲面凸起部位时受到阻碍导致能量损失，从而速度降低。通过图 9.22 近壁面速度放大云图可以看出，在近壁面处速度会出现上下波动，这是由工件本身的几何形状所导致的，由于加工表面为多边形

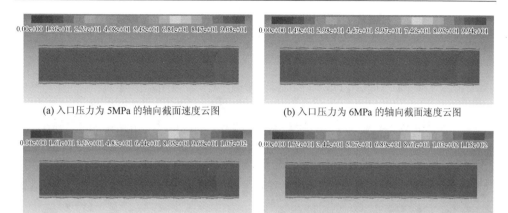

(a) 入口压力为 5MPa 的轴向截面速度云图　　　　(b) 入口压力为 6MPa 的轴向截面速度云图

(c) 入口压力为 7MPa 的轴向截面速度云图　　　　(d) 入口压力为 8MPa 的轴向截面速度云图

图 9.20　不同入口压力下的轴向截面速度云图

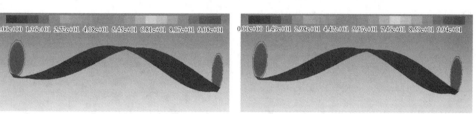

(a) 入口压力为 5MPa 的进出口及壁面速度云图　　　　(b) 入口压力为 6MPa 的进出口及壁面速度云图

(c) 入口压力为 7MPa 的进出口及壁面速度云图　　　　(d) 入口压力为 8MPa 的进出口及壁面速度云图

图 9.21　不同入口压力下的进出口及壁面速度云图

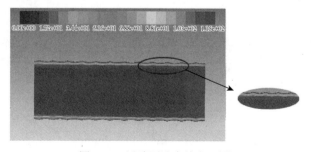

图 9.22　近壁面速度放大云图

螺旋曲面，在磨粒流体前进过程中，除了做轴向直线运动外，还要做周向旋转运动，此时会受多边形边棱的影响，流体运动方向不时发生突然变化，从而导致流体运动速度发生波动。

根据图 9.23 不同入口压力下的轴向截面湍动能云图和图 9.24 所示的进出口及壁面湍动能云图可得出流道中间部分和近壁面附近的湍动能，再对近壁区的入口、中间部分及出口进行观察，得出不同入口压力下湍动能的分布，如表 9.6 所示。

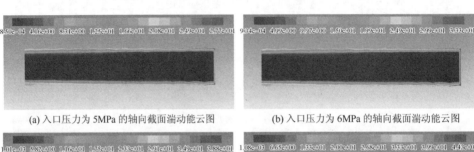

(a) 入口压力为 5MPa 的轴向截面湍动能云图   (b) 入口压力为 6MPa 的轴向截面湍动能云图

(c) 入口压力为 5MPa 的轴向截面湍动能云图   (d) 入口压力为 6MPa 的轴向截面湍动能云图

图 9.23　不同入口压力下的轴向截面湍动能云图

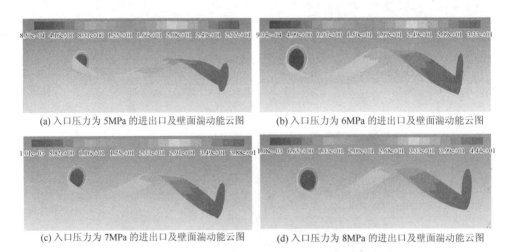

(a) 入口压力为 5MPa 的进出口及壁面湍动能云图   (b) 入口压力为 6MPa 的进出口及壁面湍动能云图

(c) 入口压力为 7MPa 的进出口及壁面湍动能云图   (d) 入口压力为 8MPa 的进出口及壁面湍动能云图

图 9.24　不同入口压力下的进出口及壁面湍动能云图

表 9.6　不同入口压力下湍动能分布表

入口压力/MPa	不同部位的湍动能/(m^2/s^2)				
	流道部分	近壁区	近壁区入口	近壁区中段	近壁区出口
5	4.16	20.8	27.7	20.8	16.6
6	4.99	24.9	33.3	24.9	20.0
7	5.82	29.1	38.8	29.1	23.3
8	6.66	33.1	44.4	33.3	26.6

　　通过图 9.23 轴向截面湍动能云图和表 9.6 所示的湍动能分布表可以看出，在流道中间部位湍动能较小，近壁面处的湍动能较大，而且越靠近壁面，湍动能越大，这是由于磨粒流在曲面型腔中运动时，在碰到多边形螺旋曲面型腔内的边棱后，流体运动状态突然发生改变，在壁面附近速度大小和方向均会出现突然变化，流体的湍流速度变化较大，其涨落方差也会变大，从而导致近壁区的湍动能要比流道中间部位大，即在近壁面附近加工效果较好。随入口压力的不断增大，湍动能也不断增强，对近壁面抛光去毛刺的能力也会增强。

　　根据图 9.24 进出口及壁面湍动能云图可以看出，磨粒流在初始进入多边形曲面流道时湍动能较大，即在入口附近的壁面加工效果较好，随流体运动的不断深入，由于腔线管内部为螺旋曲面型腔，流体除了做轴向直线运动还做周向旋转运动，会碰到多边形边棱，导致流体本身能量降低，湍动能逐渐减小，磨粒流加工去毛刺的能力逐渐减弱；在右侧入口端附近湍动能较大且分布比较集中，而在左侧临近出口位置时，湍动能有所降低但分布更加均匀，因此抛光表面质量也会比较均匀。

　　由图 9.25 不同入口压力下的轴向截面湍流强度云图可以看出，在右侧入口处近壁面附近湍流强度较大，且在入口近壁面处边界层较窄，待流体往前运动一段距离后，在壁面附近湍流强度会变大，靠近壁面的边界层变得更宽，分层现象更加明显，在径

(a) 入口压力为 5MPa 的轴向截面湍流强度云图

(b) 入口压力为 6MPa 的轴向截面湍流强度云图

(c) 入口压力为 7MPa 的轴向截面湍流强度云图

(d) 入口压力为 8MPa 的轴向截面湍流强度云图

图 9.25　不同入口压力下的轴向截面湍流强度云图

向方向上流道中间部位的湍流强度要小于壁面附近，这样有利于加工表面毛刺的去除；通过图9.26进出口及壁面湍流强度云图可以看出，在压力一定情况下，流道中近壁面处湍流强度衰减并不明显，仅在左侧出口附近出现微弱衰减，随入口压力的不断增大，湍流强度也在不断增大，通过图9.26(a)~(d)可以看出，在临近出口处压力越大湍流强度的颜色越浅，说明湍流强度衰减也更大，即随入口压力的增加，有更多的磨粒流体参与了对壁面的作用，因此抛光效果也会更加明显，工件表面质量也会更高。

(a) 入口压力为 5MPa 进出口及壁面湍流强度云图

(b) 入口压力为 6MPa 进出口及壁面湍流强度云图

(c) 入口压力为 7MPa 进出口及壁面湍流强度云图

(d) 入口压力为 8MPa 进出口及壁面湍流强度云图

图 9.26　不同入口压力下的进出口及壁面湍流强度云图

由图 9.27 可知，在流道中部几乎没有壁面剪切力，因此只需对近壁区的壁面剪切力进行分析，得出近壁区的入口、中段及出口处的表面剪切力，如表 9.7 所示。

(a) 入口压力为 5MPa 的轴向截面壁面剪切力云图

(b) 入口压力为 6MPa 的轴向截面壁面剪切力云图

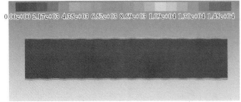

(c) 入口压力为 7MPa 的轴向截面壁面剪切力云图

(d) 入口压力为 8MPa 的轴向截面壁面剪切力云图

图 9.27　不同入口压力下的轴向截面壁面剪切力云图

表 9.7 不同入口压力下壁面剪切力分布表

入口压力/MPa	不同部位的壁面剪切力/×10³Pa		
	入口	中段	出口
5	10.5	9.45	7.87
6	12.5	11.3	9.38
7	14.5	13.0	10.9
8	16.5	14.8	12.4

由表 9.7 所示的壁面剪切力分布表可以看出，随入口压力增大，流道内的壁面剪切力也在增大，且可以看出，随入口压力增加，壁面剪切力呈线性增长，入口压力每增加 1MPa，壁面剪切力就增加 2×10^3Pa；当压力一定情况下，在流道内的不同位置，壁面剪切力也不尽相同，根据图 9.27 轴向截面壁面剪切力云图，从径向方向来看，越靠近壁面的地方，剪切力越大，几乎全部剪切力集中在近壁面处，而在流道中间位置剪切力较弱，主要是由于流体的黏性作用，与壁面产生黏滞阻力，进而产生壁面剪切力；根据图 9.28 进出口及壁面剪切力云图，从轴向来看，壁面剪切力在入口处较大，随运动行程增加，能量逐渐损失，壁面剪切力也随之降低，所以加工能力也越来越低，加工效果也会变差。

(a) 入口压力为 5MPa 的进出口及壁面剪切力云图

(b) 入口压力为 6MPa 的进出口及壁面剪切力云图

(c) 入口压力为 7MPa 的进出口及壁面剪切力云图

(d) 入口压力为 8MPa 的进出口及壁面剪切力云图

图 9.28 不同入口压力下的进出口及壁面剪切力云图

9.5 膛线管优化研抛加工数值分析

从叶轮、螺旋齿轮及多边形螺旋曲面膛线管的数值分析来看，无论工件待加工表面与外界约束装置形成的流道还是工件内部待加工表面本身形成的流道，都会出现流道体积过大、流体损失严重、磨料利用率不高的现象，浪费了大量的磨料，同时也降低了抛光的效果。以膛线管为例，在抛光过程中，根据技术要求仅需要对壁面进行流体研抛加工，因此应减少磨粒流体通过不需要加工部位的可能性，可在膛线管中的多边形螺旋曲面通道内设置仿形约束装置，优化磨粒流加工工艺，提高对壁面的研抛质量。

9.5.1　加入仿形模芯后三维模型的建立与网格划分

由于之前仿真模型流体通道为长 30mm、内径 5.5mm 的十二边形螺旋曲面，因此仿形模芯外部也为十二边形螺旋曲面，且多边形模芯放置应遵循与多边形螺旋边线平行且同心的原则。为保证通道内流体运行通畅，同时减小流体通道横截面积，设置模芯的尺寸为长 30mm、内径 2.5mm，三维模型如图 9.29 所示。

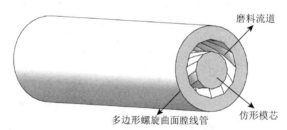

图 9.29　加入仿形约束装置后的三维模型

9.5.2　加入仿形模芯约束后流场磨粒流加工数值分析

为观察加入仿形约束后流道内流体的湍流状态，在进行仿真计算时设置压力入口条件，根据之前的仿真结果，随着入口压力的不断增加，抛光效果也会更好，因此选取之前仿真时的最大压力 8MPa，各项参数设置与未加入模芯前均相同，具体仿真结果如图 9.30～图 9.34 所示。

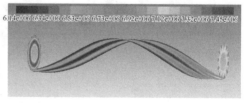

图 9.30　加入仿形模芯后流道内的动压云图

图 9.31　加入仿形模芯后流道内的速度云图

图 9.32　加入仿形模芯后流道内的湍动能云图

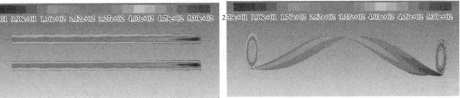

图 9.33　加入仿形模芯后流道内的湍流强度云图

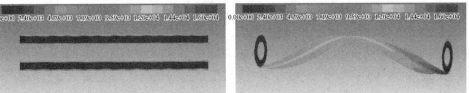

图 9.34　加入仿形模芯后流道内的壁面剪切力云图

　　为更方便地分析加入模芯之后各项湍流状态参数的变化情况，结合未加入模芯时流体运动状态进行分析，加入模芯前后湍流状态参数对比如表 9.8 所示。

表 9.8　加入模芯前后湍流状态参数对比

	动压/Pa	速度/(m/s)	湍动能/(m²/s²)	湍流强度	壁面剪切力/Pa
加入模芯前	8.29×10^6	1.15×10^2	4.43×10	5.41×10^2	1.65×10^4
加入模芯后	7.45×10^6	1.09×10^2	4.26×10	6.30×10^2	1.60×10^4

　　通过表 9.8 加入模芯前后流道内仿真结果对比发现，加入模芯后与加入模

前相比，磨粒流体的动压、速度、湍动能及壁面剪切力均出现降低的现象，然而流体的湍流强度却增幅较大，这是因为在加入模芯之前流体的运动主要受外界动力与多边形螺旋曲面几何形状影响，流体在流道中间部位运动几乎不受任何限制，当加入模芯之后流体除受到腔线管内壁面的影响之外还受到模芯多边形曲面的影响，使得流体的流速减缓，因此速度和湍动能会降低。同时由于仿形模芯的几何形状也为正十二边形，当流体在流道中做螺旋前进和周向旋转时，会碰到模芯的边棱，对流体的前进造成一定的阻力，因此流体的动压力会降低，同时由于模芯的形状在周向为多边形在轴向为螺旋的，流体碰撞到该表面时，会发生一定的反弹作用，导致流体运动方向会发生改变，其脉动程度会大大增加，从而湍流强度会增大；由于流道截面积减小，工件近壁面的相对脉动速度增加，磨料粒子会更加密集和频繁地碰撞壁面，因此当更多做无规则运动的磨粒在工件表面摩擦或碰撞时，工件表面纹理更加无序化，更利于提高表面质量的均匀性。

本节主要对磨粒流加工叶轮、螺旋齿轮、多边形螺旋曲面腔线管这三种异形曲面的加工效果进行了数值模拟研究，主要进行了以下研究工作。

（1）首先对具有外部是异形曲面的叶轮及螺旋齿轮进行了研究，由于类似于叶轮叶片或螺旋齿轮的轮齿的外部表面都是需要加工的曲面形状，根据磨粒流加工特性要求，需要待加工壁面与外部装置相互配合组成封闭的型腔流道，因此在数值分析时需对待加工曲面外部进行流体包覆，然而对内部是多边形螺旋曲面的腔线管，由于其内部本身可以形成封闭流道，所以仅需对内部进行流体填充，通过对曲面表面的流体处理之后再进行网格化分。

（2）在完成流体部分网格划分之后，在进行数值计算之前需要对模型进行前处理参数设置，主要包括：模型选择时应选择湍流模型、能量方程、离散相及混合相方程；由于在一定条件下入口速度与压力可以相互转化，因此二者本质是一样的，对于叶轮和螺旋齿轮选择入口速度边界条件，对腔线管选择入口压力边界条件，同时由于出口处与外界直接相通，出口处均选择自由出口边界条件。

（3）对叶轮和螺旋齿轮进行数值分析得出，随着入口速度的不断增加，静压、动压、湍动能、湍流强度、壁面剪切力都随之增加，因此可以通过增加入口速度来提高磨粒流加工曲面时的表面质量。在同一入口速度条件下，从轴向方向来看，当磨粒流体初始进入流道时，各参数都相对较大，说明加工效果也最好，随流体不断前行，受曲面形状的影响，流道截面积不断变化，近壁面流体随曲面形状时刻做上下起伏、旋转运动，运动方向和流动状态不断变化，流体能量逐渐损失，抛光效果也随之减弱，到出口处达到最差；从径向来看流道越窄，且流道曲面弯曲形状变化越均匀，各项参数的变化幅度也越小，流道截面积越均匀，加工工件表面质量均匀性越高。

（4）通过对磨粒流加工多边形螺旋曲面的腔线管数值分析可知：随入口压力

的不断增加，多边形螺旋曲面流道中近壁面处的湍流状态参数也随之增大，抛光效果也会更好；从同一入口压力条件下的各种云图可以看出，随流体运动路径的不断延伸，近壁面的各项湍流参数不断减小，主要是由于在近壁面附近，流体除做轴向直线运动，还会随螺旋曲面形状做周向旋转运动，流体在近壁面附近做螺旋前进运动过程中不仅受到螺旋多边形边棱阻力的影响，还会受到与近壁面黏性阻力的影响，导致流体本身的动能持续减少，因此在入口处加工效果最好，随流程的不断深入，抛光效果逐渐降低；从径向来看，大部分磨粒流体从中间损失掉，对近壁面作用的有效流体较少，因此应减小流道截面积，提高磨粒流体对壁面的作用效果及磨料利用率。

（5）为了提高磨粒流加工质量、优化研抛工艺，提出了采用仿形约束装置来改变流道结构形状，以减小流道截面积，同时提高流道截面积均匀性的方法。以膛线管为例，通过在多边形螺旋曲面通道内放置一个多边形模芯，对流道中间部位进行约束，增加流体通过近壁面的可能性，同时由于加工壁面与仿形模芯外表面的等距特性，保证了在对曲面加工时流体运动的均匀性，从而提高磨粒流加工异形曲面时表面质量的一致性。

参 考 文 献

[1]　李俊烨，周立宾，张心明，等. 整体叶轮磨粒流加工数值模拟研究[J]. 制造业自动化，2016，38（12）：88-93.

[2]　李俊烨，胡敬磊，张心明，等. 固液两相流研抛内齿轮齿面夹具的设计和分析[J]. 制造业自动化，2016，38（11）：66-69，74.

[3]　Zhou L B，Li J Y，Zhang X M，et al. Thermodynamics numerical analysis on solid-liquid phases of abrasive flow polishing common-rail pipe[J]. Journal of Simulation，2015，3（5）：28-31.

[4]　李俊烨，许颖，杨立峰，等. 基于非直线管的磨粒流加工实验分析[J]. 中国机械工程，2014，25（13）：1729-1734.

[5]　Li J Y，Liu W N，Yang L F，et al. Study of abrasive flow machining parameter optimization based on Taguchi method[J]. Journal of Computational and Theoretical Nanoscience，2013，10（12）：2949-2954.

[6]　Zhang X，Yu D，Song T. Correcting and compressing interpolation algorithm for free-form surface machining[J]. International Journal of Advanced Manufacturing Technology，2012，62（9-12）：1179-1190.

[7]　He Y，Chen Z. Optimising tool positioning for achieving multi-point contact based on symmetrical error distribution curve in sculptured surface machining[J]. International Journal of Advanced Manufacturing Technology，2014，73（5-8）：707-714.

[8]　Tadic B，Todorovic P M，Luzanin O，et al. Using specially designed high-stiffness burnishing tool to achieve high-quality surface finish[J]. The International Journal of Advanced Manufacturing Technology，2013，67（1）：601-611.

[9]　Lee T M，Lee E K，Yang M Y. Precise bi-arc curve fitting algorithm for machining an aspheric surface[J]. International Journal of Advanced Manufacturing Technology，2007，31（11）：1191-1197.

[10]　Park C H，Tijing L D，Pant H R，et al. Effect of laser polishing on the surface roughness and corrosion resistance of Nitinol stents[J]. Bio-Medical Materials and Engineering，2015，25（1）：67-75.

[11]　Bordatchev E V，Hafiz A M K，Tutunea-Fatan O R. Performance of laser polishing in finishing of metallic

surfaces[J]. The International Journal of Advanced Manufacturing Technology，2014，73（1）：35-52.

[12] Tsai Y C，Hsieh J M. An analysis of cutting-edge curves and machining performance in the Inconel 718 machining process[J]. International Journal of Advanced Manufacturing Technology，2005，25（3）：248-261.

[13] Nishida H，Shimada K，Ido Y. Effectiveness of using a magnetic compound fluid with a pulsed magnetic field for flat surface polishing[J]. International Journal of Applied Electromagnetics and Mechanics，2012，39（1-4）：623-628.

[14] Mohan R，Rameshbabu N. Ultrafine finishing of metallic surfaces with the ice bonded abrasive polishing process[J]. Materials & Manufacturing Processes，2010，27（27）：412-419.

[15] Tapie L，Mawussi B，Rubio W，et al. Machining of complex-shaped parts with guidance curves[J]. International Journal of Advanced Manufacturing Technology，2013，69（5）：1499-1509.

[16] Chromcíková M，Liška M，Martišková M. Kinetics of the thermal polishing of the rough glass surface[J]. Journal of Thermal Analysis and Calorimetry，2004，76（1）：107-113.

[17] Insepov Z，Norem J，Hassanein A，et al. Advanced surface polishing for accelerator technology using ion beams[C]//AIP Conference Proceedings，2009，1099（1）：46-50.

[18] Mirian S S，Fadaei A，Safavi S M，et al. Improving the quality of surface in the polishing process with the magnetic abrasive powder polishing using a high-frequency induction heating source on CNC table[J]. The International Journal of Advanced Manufacturing Technology，2011，55（5-8）：601-610.

[19] 吕冰海，吴喆，邓乾发，等. 一种基于非牛顿流体剪切增稠效应的超精密曲面抛光方法：CN102717325A [P]. 2012-10-10.

[20] 李敏，袁巨龙，吴喆，等. 复杂曲面零件超精密加工方法的研究进展[J]. 机械工程学报，2015（5）：178-191.

[21] Sun Y，Wang J，Guo D，et al. Modeling and numerical simulation for the machining of helical surface profiles on cutting tools[J]. International Journal of Advanced Manufacturing Technology，2008，36（5）：525-534.

[22] 高铁军，王忠金，高洪波，等. 涡扇发动机异形曲面壳体零件整体成形工艺[J]. 推进技术，2007，28（4）：437-440.

[23] 尹大鹏. 航空发动机涡轮叶片冷却气膜孔加工技术[D]. 大连：大连理工大学，2013.

[24] 朱永伟，徐家文. 整体构件异形曲面电解加工运动分析与设计[J]. 宇航材料工艺，2005，35（3）：47-53.

[25] 肖令权. 异形光学元件加工技术研究[D]. 哈尔滨：哈尔滨工程大学，2009.

[26] 李亚非，陈辉，徐新泰，等. 曲面薄壁异形件旋压成形工艺研究[J]. 锻压技术，2005，30（5）：58-60.

[27] 陈辉. 复杂曲面、薄壁件精密旋压成形技术研究[D]. 成都：四川大学，2004.

[28] 王纯，杨建明，王洁. 模具异形孔抛光技术探讨[J]. 模具工业，1996（9）：36-39.

[29] 葛媛媛. 复杂异形曲面整体构件的加工工艺分析[J]. 机械制造，2006，44（10）：59-61.

[30] 于滨，赵万生，狄士春，等. 异形孔的微细超声电火花加工技术研究[J]. 微细加工技术，2003（1）：44-50.

[31] 郭明康. 异形孔多孔冲模的制造工艺[J]. 金属成形工艺，1997，15（4）：32-33.

[32] 郭晟，袁永富. 异形面型芯数控加工与仿真研究[J]. 机械设计与制造，2014（2）：150-152.

[33] 唐联耀. 异形型腔类零件高速铣削加工工艺技术研究[D]. 湘潭：湖南科技大学，2014.

[34] 陈志林，曾国英，赵登峰. 异形曲面振动强化抛光装置的动态特性分析[J]. 制造技术与机床，2015（5）：79-83.

[35] 周立宾. 固液两相磨粒流加工异形内曲面数值模拟研究[D]. 长春：长春理工大学，2017.

第10章 多物理耦合场固液两相磨粒流加工试验研究

为检测固液两相磨粒流精密加工效果及加工质量，本章对微小孔和特殊通道进行了磨粒流加工试验研究，选取的试验工件有喷油嘴、伺服阀阀芯喷嘴、共轨管和三通管。其中，喷油嘴和伺服阀阀芯喷嘴工件属于微小孔工件，同时也属于变口径管工件，共轨管和三通管属于非直线管。本章研究相关固液两相磨粒流加工工艺并建立相关数学模型，为磨粒流技术的深入发展奠定基础。

10.1 变口径管的磨粒流加工试验

变口径管（含微小孔结构特征）类工件在机械、航空航天、国防等领域有着广泛的应用，该类零件用量大，具有重要的研究价值和应用价值[1, 2]，本节以喷油嘴和伺服阀阀芯喷嘴为研究对象对磨粒流加工微小孔、变口径管进行试验分析。

10.1.1 喷油嘴磨粒流加工单因素试验研究

单因素试验设计的目的通常是比较因子不同水平的设置间是否存在显著差异，哪个或哪些更好。当需要分别分析多个因素的不同设置对响应值的影响时，通常采用单因素轮换法来实现[3]。

单因素轮换试验实质是将一个多因素试验转化为若干个单因素试验，例如，在一个三因素三水平的试验中，为了找出因素 A 的响应值最佳的水平，可以固定其他因素的水平，然后用重复试验分别比较 A 的三个水平的响应值，假设 A3 的响应值最佳。接下来，让因素 A 固定为 A3 水平，比较 B 的三个水平，假设 B2 达到最佳。最后固定 A 和 B 分别为 A3 和 B2，比较因素 C 的三个水平，经过重复试验后得出组合 A3B2C2 最好的结论。单因素轮换法，能够直观考察每个因子效应的基本变化情况[4]。

1. 磨粒流加工单因素试验设计

1）试验参数及水平选择

为研究非直线管磨粒流加工工艺，本章以喷油嘴零件为对象，进行磨粒流加工工艺试验研究。确认磨粒流加工喷油嘴加工工艺，可为实际生产提供重要的技术支持。

为了使喷油嘴的喷孔雾化效果更好，并且满足排放法规的相关要求，本章对电火花加工后的喷油嘴喷孔应用磨粒流精密加工技术进行光整加工，使其表面粗糙度 Ra 进一步提高，管壁的毛刺通过磨粒流加工予以清除，对喷孔和压力室交接处进行倒圆角、去毛刺，即为了提高喷油嘴压力室及喷孔内表面的光洁度进行光整加工。本试验以不同磨粒粒径、磨料浓度、磨料黏度及加工时间为关键工艺参数对磨粒流加工喷油嘴通道的工艺进行研究和探讨，试验所用喷油嘴喷孔直径为 0.16mm，喷油嘴内部通道原始粗糙度约为 1.64μm，由于单因素试验每组试验中只有一个因素水平发生变化[5]，因此试验次数并不多，为了获得更好的试验效果，可以对每个因素选取较多个水平进行试验。试验参数的设置如表 10.1 所示。

表 10.1　磨粒流加工试验参数表

代号	参数	水平			
		1	2	3	4
A	磨粒粒径/μm	6	8	10	12
B	磨料浓度/%	4	6	8	10
C	黏度等级	VG22	VG32	VG46	VG68
D	加工时间/ s	60	90	120	150

2）磨料的选择与研磨液的配制

用于磨粒流加工比较常见的磨料有三氧化二铝、立方氮化硼、碳化硅颗粒，金刚石磨料一般用于加工硬质合金类零件，三氧化二铝磨料一般适合加工铝合金材料的零件，加工淬火零件或电火花加工零件一般选择碳化硅作为磨料[6-8]。在选择磨粒粒径时，要综合考虑被加工工件的材料、原始表面粗糙度、被加工工件的尺寸大小等因素[9, 10]。

试验选择碳化硅粉末为磨料，碳化硅颗粒硬度高、导热性好、耐高温、耐腐蚀，且具有天然锋利的形状。由于试验选取的被加工工件为喷油嘴零件，其喷孔直径仅为 0.16mm，因此在选择磨粒粒径时，要在合理范围内选择比较小的粒径，保证其不会对被加工通道造成堵塞和磨损破坏。在理论分析和试验研究的基础上，本次试验所选取的碳化硅颗粒粒径为 6～12μm[11]，图 10.1 给出了四种不同粒径的碳化硅颗粒扫描电子显微镜（scanning electron microscope，SEM）图。

本试验使用自行配置的磨粒流研磨液，由一定体积分数的碳化硅磨粒和半固态形状的磨粒载体混合搅拌而成。由于 HL 型液压油化学稳定性好，并且具有防锈、耐高温的性能，因此本试验选取 HL 型液压油为磨料载体，以碳化硅颗粒为固体磨粒，并添加其他相关辅助试剂配置成磨粒流研磨液。HL 型液压油按照运动黏度可分为 15、22、32、46、68、100 六个牌号，为获取不同黏度等级的研磨液，

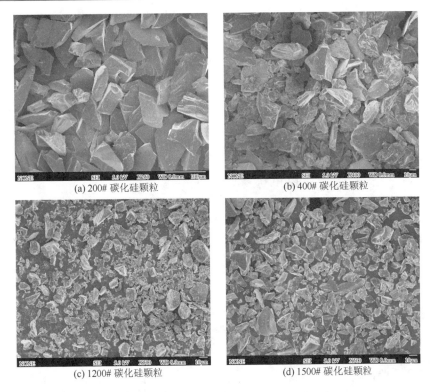

(a) 200# 碳化硅颗粒　　　　　　　　　(b) 400# 碳化硅颗粒

(c) 1200# 碳化硅颗粒　　　　　　　　(d) 1500# 碳化硅颗粒

图 10.1　不同粒径碳化硅颗粒 SEM 图

本次试验分别选取 22、32、46、68 四个牌号的 HL 型液压油为研磨介质，将配置的磨料不同黏度等级分别表示为 VG22、VG32、VG46、VG68。试验中选取不同颗粒粒径的碳化硅颗粒并调配出不同的浓度比例，由于喷油嘴的喷孔尺寸较小，为使所配置的研磨液既具有研磨精修的能力又不会对喷油嘴小孔造成破坏，在进行磨粒流加工过程中应选用尺寸较小的碳化硅颗粒。在理论分析和试验研究的基础上，本试验选取磨料的颗粒粒径为 6μm、8μm、10μm、12μm，配置的磨料浓度为 4%、6%、8%、10%，图 10.2 给出了两种不同浓度黏弹性磨料。

2. 试验过程与试验结果讨论

由于喷油嘴零件的内部型腔小且结构复杂，

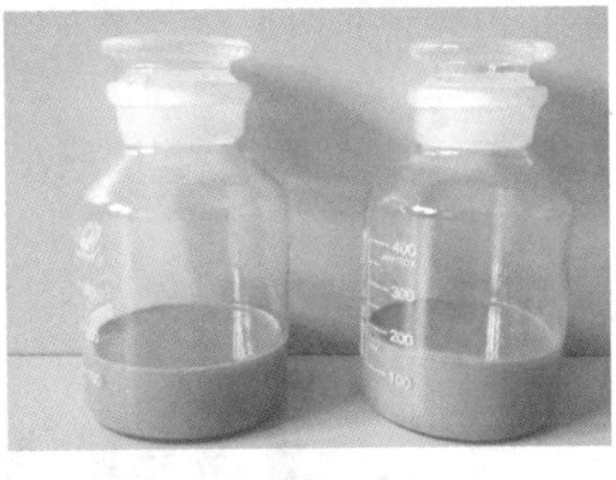

图 10.2　两种不同浓度黏弹性磨料

因此对磨粒流加工后其内表面的检测采取破坏性检测[8]，采用线切割的方法对已加工的喷油嘴零件进行切割，对线切割获得的喷油嘴内部通道表面采用相应的检测手段获得表面粗糙度数值以及表面形貌。线切割后的喷油嘴零件如图 10.3 所示。

图 10.3　喷油嘴线切割后零件图

喷油嘴材料为合金材料，其铁元素含量最高，氧元素次之，第三为碳元素，此外还含有少量的硫、铬等微量元素，其元素含量图如图 10.4 所示。

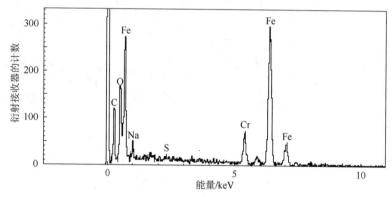

图 10.4　实验中喷油嘴所含元素及成分图谱

电火花加工后的喷油嘴通道的表面有明显的电坑及凹凸不平，经过磨粒流反复作用后，表面形貌明显变好，经检测喷油嘴表面粗糙度可由原来的 $Ra1.64\mu m$ 改善至 $Ra0.6\mu m$ 左右。图 10.5(a)和图 10.5(b)分别是喷油嘴通道表面经磨粒流加工前后的表面粗糙度检测图线。

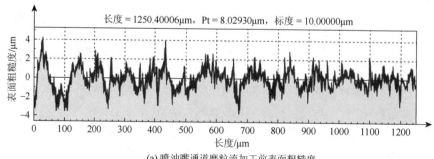

(a) 喷油嘴通道磨粒流加工前表面粗糙度

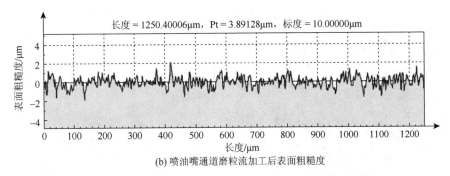

长度 = 1250.40006μm，Pt = 3.89128μm，标度 = 10.00000μm

(b) 喷油嘴通道磨粒流加工后表面粗糙度

图 10.5　喷油嘴通道磨粒流加工前后表面粗糙度检测图线

经磨粒流加工的喷油嘴通道，其表面的高低起伏变得平滑，同时在很大程度上对喷油嘴喷孔与压力室交叉位置起到了倒角的作用，图 10.6(a)和图 10.6(b)为孔口交叉处磨粒流加工前后的 SEM 图。

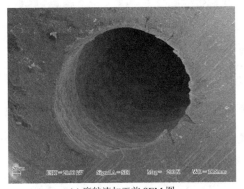

(a) 磨粒流加工前 SEM 图

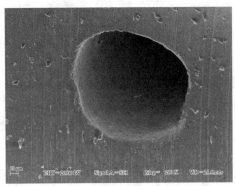

(b) 磨粒流加工后 SEM 图

图 10.6　喷油嘴交叉孔处磨粒流加工前后的 SEM 图

1）磨料浓度对磨粒流加工质量的影响

在磨料黏度等级为 VG68、加工时间为 150s、磨粒粒径为 6μm 的条件下，选用不同浓度的磨料对喷油嘴通道进行加工，综合考虑喷油嘴头部喷孔尺寸，为了保证磨粒流加工的顺畅并获得良好的表面精修效果，选取磨料浓度为 4%、6%、8%与 10%进行对比试验。利用扫描电镜来观测线切割后喷油嘴通道表面结构，磨料浓度为 4%、6%、8%与 10%条件下获得的表面结构扫描电镜图如图 10.7 所示。

从图 10.7 中可以看出，磨粒对喷油嘴通道内表面的刮痕随着磨料浓度的增大明显增多。当磨料浓度为 4%时，磨粒对喷油嘴通道内表面的刮痕仅有几处略微可见，当磨料浓度增加到 10%时，磨粒流加工后在喷油嘴通道内表面所形成的刮痕数量明显增多且分布更趋于均匀。磨粒流对工件表面的精抛加工主要是通过磨粒对被加工

(a) 磨料浓度为 4% 的 SEM 图

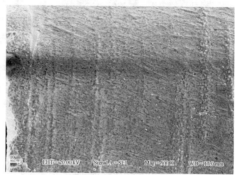

(b) 磨料浓度为 6% 的 SEM 图

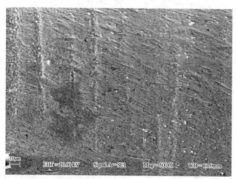

(c) 磨料浓度为 8% 的 SEM 图

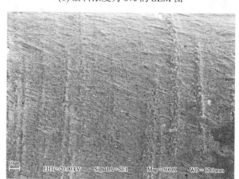

(d) 磨料浓度为 10% 的 SEM 图

图 10.7　不同磨料浓度磨粒流加工喷油嘴通道 SEM 图

表面的切削移除获得的，分析可知，刮削痕迹越多、越均匀，获得的表面质量越好。可见增大磨料浓度可以提高磨粒流加工质量。值得注意的是，对于喷油嘴零件，由于其喷孔尺寸较小，磨料浓度过高可能会造成喷孔的堵塞，反而影响加工效果，因此对喷油嘴零件进行磨粒流加工时应该将磨料浓度限制在相对较低的水平。

由图 10.7 还可以看出，当选用不同浓度的磨料进行加工时，所获得的喷油嘴通道的表面轮廓也有明显差异。当磨料浓度较低时，对喷油嘴通道表面轮廓的高低起伏状况改善并不明显，随着磨料浓度的提高，喷油嘴通道表面轮廓的高低起伏程度明显变小，表面形貌变好。为了更加直观地表达不同磨料浓度磨粒流加工喷油嘴通道后的表面质量改善情况，这里利用光栅扫描仪对喷油嘴通道表面粗糙度 Ra 进行检测，图 10.8(a)～(d)分别给出了磨料浓度为 4%、6%、8% 与 10% 时的磨粒流加工喷油嘴通道后的表面粗糙度检测图线。

从图 10.8 可以看出，当选用不同浓度的磨料进行加工时，所获得的喷油嘴通道的表面轮廓存在显著差异，喷油嘴通道表面的轮廓的起伏程度随磨料浓度的增大逐渐变小。图 10.8(d)所示的表面轮廓的起伏程度与图 10.8(a)相比明显变得平缓。

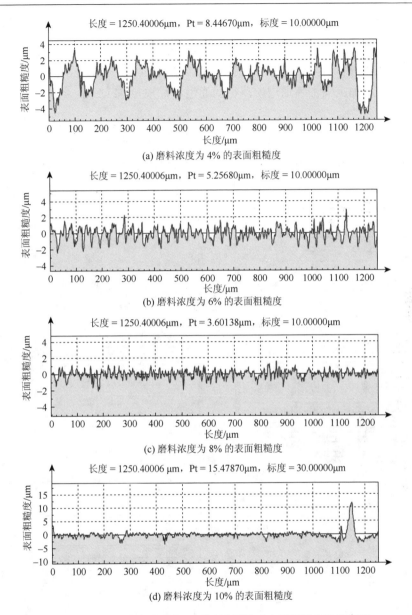

图 10.8　不同浓度的磨料加工喷油嘴通道后表面粗糙度检测图线

通过以上对比分析可见，磨料浓度越高表面轮廓的起伏程度越小。图 10.9 给出了通道初始条件下不同磨料浓度的磨粒流加工后的表面粗糙度检测结果。

从图 10.9 可以直观地看出，经过磨粒流加工后，通道初始表面的质量得到了改善，表面粗糙度 Ra 数值随着磨料浓度的升高而逐渐变小，表面粗糙度 Rz 整体趋势也是随着磨料浓度的升高而逐渐变小。

2）磨粒粒径对磨粒流加工质量的影响

在磨料浓度为 10%、磨料黏度等级为 VG68、加工时间为 150s 的条件下以不同磨粒粒径的磨料对喷油嘴零件进行加工。图 10.10(a)～(d)分别是不同磨粒粒径的碳化硅磨料加工喷油嘴通道所获得的通道表面质量 SEM 图。

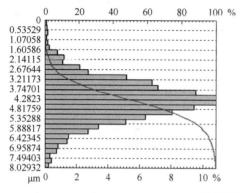

ISO 4287			
振幅参数-粗度轮廓			2015/1/14
Ra	0.76937	μm	高斯滤波器, 0.25mm
Rz	6.03275	μm	高斯滤波器, 0.25mm

轴：X
　　长度： 1250.40006μm
　　大小： 4169 点数
　　间距： 0.30000μm

轴：Z
　　长度： 8.02930μm
　　Z 最小： −3.71160μm
　　Z 最大： 4.31770μm

(a) 原始工件的表面粗糙度

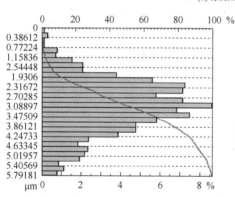

ISO 4287			
振幅参数-粗度轮廓			2015/1/14
Ra	0.76461	μm	高斯滤波器, 0.25mm
Rz	4.30630	μm	高斯滤波器, 0.25mm

轴：X
　　长度： 1250.40006μm
　　大小： 1043 点数
　　间距： 1.20000μm

轴：Z
　　长度： 5.79180μm
　　Z 最小： −2.67550μm
　　Z 最大： 3.11630μm

(b) 磨料浓度为 4% 的表面粗糙度

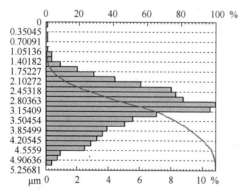

ISO 4287			
振幅参数-粗度轮廓			2015/1/14
Ra	0.55341	μm	高斯滤波器, 0.25mm
Rz	3.36000	μm	高斯滤波器, 0.25mm

轴：X
　　长度： 1250.40006μm
　　大小： 1043 点数
　　间距： 1.20000μm

轴：Z
　　长度： 5.25680μm
　　Z 最小： −2.28930μm
　　Z 最大： 2.96750μm

(c) 磨料浓度为 6% 的表面粗糙度

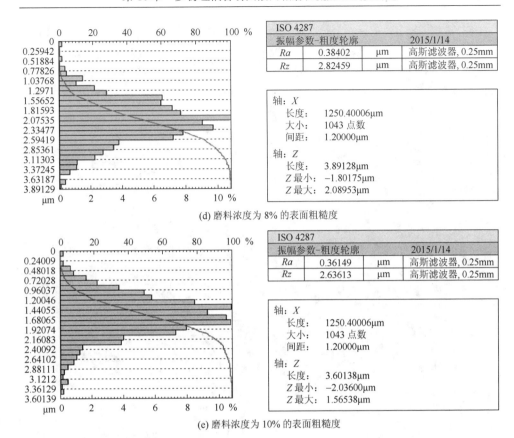

(d) 磨料浓度为 8% 的表面粗糙度

(e) 磨料浓度为 10% 的表面粗糙度

图 10.9　喷油嘴通道初始条件下不同磨料浓度的磨粒流加工后的表面粗糙度检测结果

从图 10.10 中可以看出，选用粒径较小的碳化硅磨粒可有效改善喷油嘴通道的表面形貌，其表面粗糙度明显随磨粒粒径的减小而降低，可有效地改善喷油嘴通道的表面精度。说明在相同的磨料浓度、磨料黏度和加工时间条件下，磨粒粒径越小，所获得的表面质量越好，本次试验在磨粒粒径为 6μm 时获得的表面质量最好。

3）磨料黏度对磨粒流加工质量的影响

在磨料浓度为 10%、磨粒粒径为 6μm、加工时间为 150s 的情况下，选择不同黏度等级的磨料进行加工。不同黏度等级的液相载体对固体颗粒的携带作用也不一样，因此磨料的黏度也会直接影响固体颗粒在喷油嘴通道内的运动情况。液相载体的黏度越大对固体颗粒的携带作用也越大，就会在更大程度上削弱颗粒的沉降效果，使更多的磨粒悬浮于介质中，同时高黏度液体的流动带动颗粒的运动，使颗粒的移动性增大，对工件的切削加工增强，因此在较高的黏度条件下加工效果更明显。这里所说的较高黏度指在合理的范围内，黏度过高的同时会导致磨粒

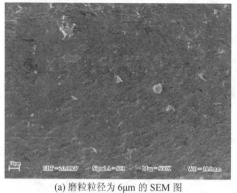

(a) 磨粒粒径为 6μm 的 SEM 图

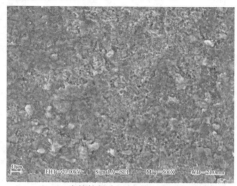

(b) 磨粒粒径为 8μm 的 SEM 图

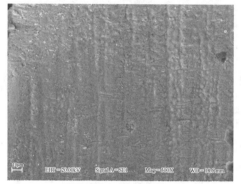

(c) 磨粒粒径为 10μm 的 SEM 图

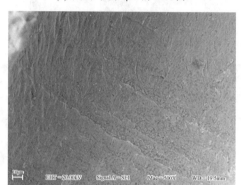

(d) 磨粒粒径为 12μm 的 SEM 图

图 10.10　不同磨粒粒径下磨粒流加工喷油嘴通道的 SEM 图

流流动性变差，而喷油嘴零件的喷孔孔径又非常小，反而可能影响正常的加工过程。图 10.11(a)～(d)分别给出了不同黏度条件下磨粒流加工后的喷油嘴通道表面结构 SEM 图。

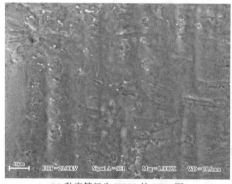

(a) 黏度等级为 VG22 的 SEM 图

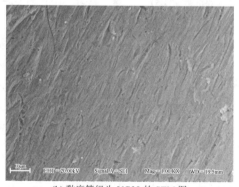

(b) 黏度等级为 VG32 的 SEM 图

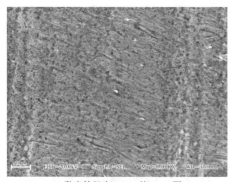
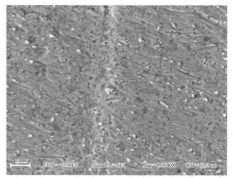

(c) 黏度等级为 VG46 的 SEM 图　　　　　　　(d) 黏度等级为 VG68 的SEM图

图 10.11　不同黏度条件下磨粒流加工喷油嘴通道后的 SEM 图

图 10.11 所示是喷油嘴通道在扫描电镜下放大 1000 倍观察的检测结果，从图中可以清晰地看到固体颗粒对被加工面的刮痕。图 10.11(a)中喷油嘴通道表面有较少的刮痕，分布不均匀且不那么明显，在图 10.11(b)～(d)中，随着黏度的增大，颗粒在壁面上的刮痕增多，且刮痕分布呈逐渐均匀状态，尤其是在图 10.11(d)中，表面变得平缓细密。说明磨粒流在加工喷油嘴的过程中，当黏度较小时，颗粒对壁面的切削作用较弱，且随机性较大，对喷油嘴壁面的加工作用不明显，随着磨粒流黏度的增大，颗粒对壁面的刮痕增多，切削作用增强，说明随着黏度的增大磨粒流对喷油嘴通道的加工作用变得更明显。值得注意的是，喷油嘴通道经磨粒流加工后，磨粒对壁面的刮痕的多少意味着切削作用的强弱，并不能完全代表加工后表面质量的好坏。为获得较好的表面质量、较低的表面粗糙度数值，还要考虑颗粒粒径、加工时间、磨料浓度等多方面因素的影响。

4）加工时间对磨粒流加工质量的影响

表面粗糙度可随着加工时间的增加而获得良好的改善，图 10.12(a)～(d)分别给出了磨料黏度等级为 VG68、磨料浓度为 10%、磨粒粒径为 6μm 条件下加工时间分别为 60s、90s、120s 和 150s 时的磨粒流加工喷油嘴通道的 SEM 图。

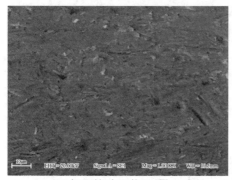
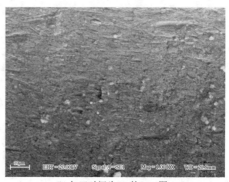

(a) 加工时间为60s的SEM图　　　　　　　　(b) 加工时间为90s的SEM图

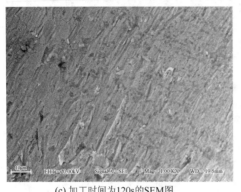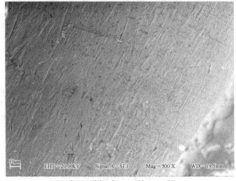

(c) 加工时间为120s的SEM图   (d) 加工时间为150s的SEM图

图 10.12   不同加工时间条件下磨粒流加工喷油嘴通道的 SEM 图

从图 10.12 的检测结果来看，随着时间的增加，喷油嘴通道表面的质量逐步得到改善，刮痕越来越细密均匀，通道表面越来越光滑。在加工时间为 150s 时，获得了最佳的表面形貌。磨粒对喷油嘴通道内表面的刮痕随着加工时间的延长明显增多。当加工时间为 60s 时，磨粒对喷油嘴通道内表面的刮痕仅有几处略微可见，当加工时间增加至 150s 时，磨粒流加工后在喷油嘴通道内表面所形成的刮痕数量明显增多，且分布更趋于均匀。因此可以认为加工时间为 150s 时，喷油嘴通道表面质量得到了明显改善。

为了更加准确地表述不同加工时间下喷油嘴通道的表面质量改善情况，对喷油嘴通道表面粗糙度 Ra 进行检测，图 10.13(a)～(d)分别给出了加工时间为 60s、90s、120s 和 150s 时的磨粒流加工喷油嘴通道表面粗糙度检测图线。

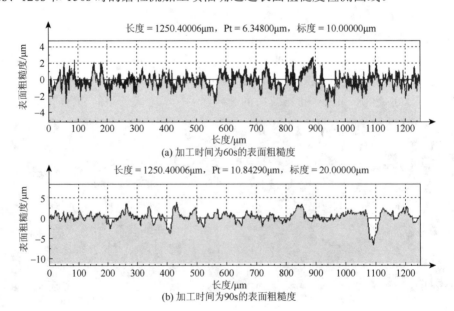

(a) 加工时间为60s的表面粗糙度

(b) 加工时间为90s的表面粗糙度

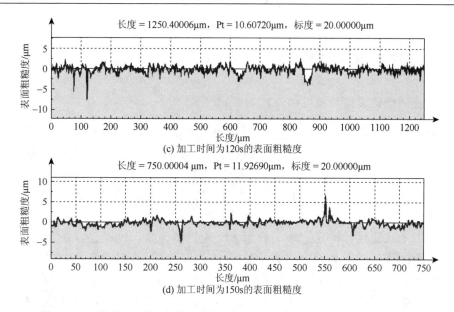

图 10.13　不同加工时间条件下磨粒流加工喷油嘴通道表面粗糙度检测图线

从图 10.13 中可以直观地看出，经过磨粒流加工后，表面粗糙度起伏程度也是随着加工时间的变长而逐渐变小。

综上分析，以喷油嘴为对象，采用自行研制的磨粒流研磨液，选取磨料浓度、磨粒粒径、磨料黏度及加工时间四个关键参数，对非直线管磨粒流精密加工技术进行试验研究。试验结果表明，自行研制的磨粒流研磨液适用于非直线管磨粒流精密加工，可有效地改善电火花加工后通道表面的凹凸不平状况，并对孔口交叉处进行去毛刺、倒圆角，明显地改善了通道表面粗糙度和表面形貌，使喷油嘴零件在品质上有显著提升。

通过试验可以发现，应用磨粒流精密加工技术对非直线管零件进行加工时，加工参数的设置直接影响加工质量。当选择高浓度、小粒径、高黏度的磨料对非直线管通道进行磨粒流加工时获得了较好的表面质量。这是由于较高浓度和较细粒径的磨料的黏滞性较好，液相载体的黏度越大对固体颗粒的携带作用也越大，同时高黏度液体的流动带动颗粒的运动，使颗粒的移动性增大，对工件的切削加工增强，通过这类磨料对非直线管通道进行一定时间的磨粒流加工后，可获得较佳的通道表面质量。随着磨粒流加工时间的增加，非直线管通道表面粗糙度逐渐下降。在试验条件下获得的最佳参数组合是磨料浓度为 10%、磨粒粒径为 6μm、磨料黏度等级为 VG68、加工时间为 150s，在最佳参数组合条件下能够获得较好的加工质量，表面粗糙度 Ra 可由原始的 1.64μm 降至 0.6μm。

10.1.2　喷油嘴磨粒流加工全因子试验研究

1. 全因子试验设计概述

全因子试验设计是指对全部因子的全部水平进行组合，并对每一种组合安排至少一次试验的试验设计方法。因为包含了全部的组合，全因子试验的试验次数通常比较多，试验次数随因子个数的增加呈指数增长。全因子试验的优势是能够分析全部因子的主效应及交互效应。当考察的因子个数不多并且需要分析因子之间交互作用时，通常选择全因子试验设计方法[12]。

全因子试验设计的思想表面看起来比较简单，操作过程也容易实现，但全因子试验法强调的是如何使用统计分析工具获得更多有用的信息。实际上，不使用统计分析工具，即使是用全面组合的方法来安排试验，在拿到试验结果后，也只是从中挑选出那个最优值就结束，那么就浪费了大量的有用信息。将统计分析工具应用于全因子试验的分析过程，可以对因子效应以及因子间的交互效应的显著性进行判断，并可以获得响应输出变量的最优值、输出值的预测范围等信息。

应用全因子试验设计时，因子水平的增加会使试验次数呈指数增长，因此全因子试验通常做二水平试验，在工程实践领域通常加上中心点的二水平的全因子试验可以代替三水平的试验来指导生产。所谓中心点，通常取高水平与低水平的平均值，安排试验时取高低两个水平加上中心点，构成了完整的全因子试验设计。全因子试验简明易行且可以通过统计分析获得更多有用的信息，因此成为被工程师广泛使用的一种试验方法。

全因子试验分析过程一般包括五大步骤，分析流程如图 10.14 所示。

第 1 步：拟合选定模型。

拟合选定模型是指根据试验目的，选定一个数学模型，这个数学模型通常包括试验过程中包含的全部因子及各因子之间的交互作用，即"全模型"。但通常情况下，三阶及以上的交互作用不需要考虑。

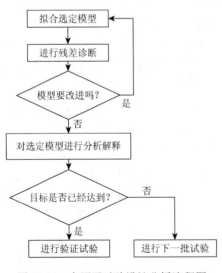

图 10.14　全因子试验设计分析流程图

这里所说的"全模型"主要是指包含各因子主效应及各因子间的二阶交互效应的

模型。通过分析选定的模型，可以得出哪些因子效果显著，哪些因子效果不显著，当进行下一次拟合选定模型时，只考虑效应显著因子。

计算机的计算全部是自动进行的，会通过软件输出一些计算结果，在此重点指出分析的要点。

（1）看 ANOVA 表中的总效果。

本项所检验的假设是：H_0 模型无效 $\leftrightarrow H_1$ 模型有效。

如果对应的回归项的 p 值小于 0.05，则表明应拒绝原假设，即可以判定本模型总体来说是有效的，如果对应的回归项 p 值大于 0.05，则表明无法拒绝原假设，即可以判定模型总的来说是无效的。通常造成模型无效的原因有以下几方面。

①试验误差太大。为分析试验误差太大的原因，首先介绍一下 F 统计量的概念，在进行 ANOVA 检验时，要将各项的离差平方与随机误差平方和相比较，二者的比值即 F 统计量。如果分母太大，则将使 F 变小，即随机误差平方和太大会导致得不到"效应显著"的结论。当然，测量系统不够精确也会造成误差过大，这时要提高测量系统的精度，对测量系统进行改进。

②试验设计漏掉了关键因子。

③所选定模型本身存在问题，如模型存在失拟现象或数据有较强的弯曲，这时也会造成模型没有意义。下面针对失拟和弯曲这两个问题进行具体分析解释。

（2）看 ANOVA 表中的失拟现象。

本项所检验的假设是：H_0 无失拟 $\leftrightarrow H_1$ 有失拟。

在 ANOVA 分析结果中，如果失拟项对应的 p 值大于 0.05，即可以判定本模型并不存在失拟现象；反之，说明所选模型可能漏掉了关键项，应该考虑重新建立模型。将分析结果中判断为不显著的项都归为随机误差项，重新计算失拟项是否显著。

（3）看 ANOVA 表中的弯曲项。

本项所检验的假设是：H_0 无弯曲 $\leftrightarrow H_1$ 有弯曲。

在 ANOVA 分析结果中，如果弯曲项对应的 p 值大于 0.05，则表明本模型并没有弯曲现象，反之说明数据呈弯曲状态，应该将平方项重新选入模型。弯曲项计算的依据是计算重复试验间的差异，将其作为试验误差的估计，首先对自变量取三个观测值，分别取高水平、低水平及中心点对应的实验数据，然后去除线性项，获得二次项的平方和。二次项的平方和与试验误差进行比较，通过 F 检验判断模型是否呈弯曲。

（4）拟合的总效果相关系数 R^2（即 $R\text{-Sq}$）以及修正的总效果相关系数 $R\text{-Sq}$ 即（$R\text{-Sq}$（adj））。

通过回归分析结果可得

$$SS_{Total} = SS_{Model} + SS_{Error} \tag{10.1}$$

通过考虑 SS_{Model} 在 SS_{Total} 中所占的比例，来定义 R 平方项（R-Square，即 R-Sq）：

$$R^2 = \frac{SS_{Model}}{SS_{Total}} \tag{10.2}$$

显然，此数值越接近 1 就越好。容易看出，它有另一种写法：

$$R^2 = 1 - \frac{SS_{Error}}{SS_{Total}} \tag{10.3}$$

如果将自变量也看作随机变量，可以推导出它们之间的相关系数。而 R-Sq 恰好就是相关系数的平方。对于自变量较多的情况，用相同的办法进行定义，可以将其理解为"多元决定系数"，仍然表示 SS_{Model} 在 SS_{Total} 中的比例。但也有一个缺点：当自变量个数增加时，例如，只增加一个新的自变量，不管增加的这个自变量的效应是否显著，R^2（R-Sq）都会增加一些，因而在评价是否应该增加此自变量进入回归方程时，使用 R^2 就没有价值了。为此，引入修正的 R^2 即 R_{adj}^2，它的定义是

$$R_{adj}^2 = 1 - \frac{SS_{Error}/(n-p)}{SS_{Total}/(n-1)} \tag{10.4}$$

式中，n 为试验总次数；p 为回归方程中的所有效应项（包含常数项在内）。相关系数 R_{adj}^2（R-Sq（adj））是不考虑回归方程中项数多少的影响，因而可以更准确地判断模型的优劣，R_{adj}^2 数值越接近 1 说明模型越好。实际应用过程中，由于模型中所包含项数 p 通常至少大于 1，所以很容易得出，R_{adj}^2 总比 R^2 小一些。所以通过比较 R-Sq（adj）与 R-Sq 的接近程度可以判断模型是否得到了改进，二者越接近，代表模型越好。在分析过程中，起初选定的模型通常包含全部因子，即"全模型"，对模型进行修改后通常删减掉那些不显著的因子，将其称为"删减模型"，如果删除效应不显著的因子之后，R-Sq（adj）与 R-Sq 的值更接近，说明删减模型比最初的全模型得到了改进。

（5）对 s 值或 s^2 的分析。

在 ANOVA 表中，残差误差对应的平均离差平方和（adj MS）的数值是 σ^2 的无偏估计量，将其记为均方误差 MSE，而有些软件在计算后会将其平方根 s 一并输出，可以认为 s 值是 σ 的估计。一般情况下，将预测值加减两倍 s，即是预测值的 95%的置信区间，s 值越小说明模型越好。

（6）各项效应的显著性。

在计算结果的最开始部分，估计回归系数 y 中，列出了各项的效应及检验结果。通过对每一项分别检验，可以得出有些项是显著的而有些项是不显著的，这里要注

意的是：对于一个效应显著的高阶项，其包含的低阶项必然是效应显著项。例如，如果二阶交互作用项 AC 是效应显著项，则主效应项 A 和主效应项 C 也应该包含在模型中。对于各项效应的显著性的分析，主要是 Pareto 效应图及正态效应图。

用 Pareto 效应图来判断因子效应的显著性是非常直观的，但它有一个重要的缺点，那就是进行各效应的 t 检验时，首先要用 s^2 估计出 σ^2，而通常 s^2 不一定可靠。对各因子的效应大小排序，并标在正态概率图中，形成正态效应图。通常可以认为，在多数因子中只有少数因子是效应显著因子，即所谓的效应稀疏原则。因此，将那些位于中间的效应的点群拟合成一条直线后，以该直线作为观测标准来判断哪些因子是效应显著的因子，观测原则是远离该直线的因子被判定为效应显著项，靠近该直线的因子被判定为效应不显著项。

以上完成了对数据的初步分析，即完成第一步"拟合选定模型"的任务。

第 2 步：残差诊断。

具体地说，残差诊断包括四个步骤，分别观察计算机自动输出的四个图形。

（1）观察残差对观测值的散点图，观察各散点是否在横轴上下随机分布。

（2）观察残差对响应变量拟合值散点图，观察残差是否呈等方差分布，如果残差没有保持等方差性，此图会出现"漏斗状"或"喇叭状"。

（3）观察残差的正态性检验图，判断残差是否按正态分布规律分布。

（4）观察残差对自变量的散点图，主要观察是否存在弯曲趋势。当散点明显呈 U 型或反 U 型弯曲时，说明对响应变量 y 而言，对该自变量 x 仅取线性项不能满足要求，模型中还缺少平方项或者立方项，应增加 x 的平方项或立方项，将会使模型拟合效果更好。

残差诊断的四个图均是正常的则代表模型是正常的。

第 3 步：判断模型是否需要改进。

该步骤的主要任务是依据第 1 步和第 2 步的结果，通过数值分析和残差图两个方面判断模型是否需要改进，以及模型应该如何改进。如果模型需要改进应依据残差图进行平方项或立方项的增加。另外，根据各个效应的显著性，对模型中的不显著项进行删减，发现模型中有需要修改的地方，就返回最初的第 1 步。

经过前三步的反复修改完善（有时只经一次修改即可获得满意的模型），最终确定一个满意模型，选定该模型进行下一步分析。

第 4 步：分析解释模型。

主要有下列三方面的内容。

（1）各因子主效应图和交互效应图。从主效应图和交互效应图中进一步确认所选的那些因子和交互作用项是否真的显著以及未选中的那些因子的主效应及交互效应是否真的不显著，从而更具体、更直观地确认选定的模型。

（2）输出等高线图、响应曲面图。等高线图和响应曲面图能够帮助我们进一步确认各个自变量以及它们之间的交互项是如何影响响应变量结果的。如果目标是望小（望大或望目），那么自变量应该如何设置，会使得响应变量最小（最大或与目标最接近）？在 Minitab 软件中，每两个自变量组合的等高线图和曲面图都会通过软件自动给出。

（3）实现最优化。求出在整个实验范围内的最佳值，这个数值可以通过 Minitab 软件自动给出。虽然在因子设计阶段实验设计的目的是筛选变量，但实际上，在试验设计分析的第 1 步中就可以判定哪些变量是显著的，哪些变量是不显著的，可以在使用这些信息的基础上，获得最佳值。计算机提供的"响应变量优化器"可以自动给出最优设置。通常只要在选定响应变量后再对最优目标进行设定即可。

第 5 步：判断目标是否已经达到。

主要是将分析预测的目标值与原实验目标相比较。如果离目标尚远，则应考虑安排新一轮实验，如果已基本达到目标，则应该进行验证试验来预测效果是否有效，即确定按照优化后的模型进行生产是否能达到预期的效果。

2. 非直线管磨粒流加工全因子试验设计

试验中所用研磨液为自行配置的磨料，影响磨粒流研磨液性能的主要因素有磨料浓度、磨粒粒径和磨料黏度三个物理属性。试验以磨料浓度、磨粒粒径和磨料黏度为参数，以喷油嘴为加工对象，进行全因子试验研究，主要是为了研究磨料浓度、磨粒粒径、磨料黏度是如何影响喷油嘴通道磨粒流加工质量的，进而指导配置出更具有工程价值的磨料，将其用于非直线管的磨粒流加工，为非直线管磨粒流加工的质量控制提供理论依据。

在理论分析和试验研究的基础上，对以上三个参数的水平进行选取，具体情况如表 10.2 所示。

表 10.2　喷油嘴 AFM 加工参数及不同水平取值

代号	参数	水平	
		低	高
A	磨粒浓度/%	6	10
B	循环粒径/μm	6	10
C	黏度等级	VG22	VG68

首先选取喷油嘴小孔通道的表面粗糙度 Ra 为响应变量，按照表 10.2 给定的因子及水平进行全因子试验设计，通过软件生成全因子试验设计表，为了便于表示，黏度等级水平分别用数字 22、46、68 来表示。然后根据试验设计表选取 12 个喷油嘴零件，并按照试验方案完成磨粒流加工试验，将获得的试验数据（表面

粗糙度 Ra）填入试验设计表中，喷油嘴磨粒流加工的全因子试验设计及试验结果如表 10.3 所示。

表 10.3　喷油嘴 AFM 全因子试验设计表

标准序	运行序	中心点	区组	磨料浓度/%	磨粒粒径/μm	黏度等级	表面粗糙度 Ra/μm
10	1	0	1	8	8	46	0.602
3	2	1	1	6	10	22	0.891
6	3	1	1	10	6	68	0.496
1	4	1	1	6	6	22	0.618
8	5	1	1	10	10	68	0.613
12	6	0	1	8	8	46	0.591
11	7	0	1	8	8	46	0.695
7	8	1	1	6	10	68	0.948
5	9	1	1	6	6	68	0.552
4	10	1	1	10	10	22	0.535
9	11	0	1	8	8	46	0.733
2	12	1	1	10	6	22	0.553

表 10.3 中的前 7 列为自动生成的表格，后一列是按照全因子试验设计表进行试验后获得的 12 个喷油嘴的小孔的表面粗糙度 Ra 的数值，并将其填入试验设计表格中，接下来按照全因子试验分析方法对试验数据进行统计分析。

3. 试验结果 ANOVA 分析

第 1 步：拟合选定模型。

首先将磨料浓度、磨粒粒径、磨料黏度以及它们之间的二阶交互作用项磨料浓度×磨粒粒径、磨料浓度×磨料黏度、磨粒粒径×磨料黏度全部列入模型，需指出的是，本次分析并不包含磨料浓度×磨粒粒径×磨料黏度三阶交互作用项。对所选定的模型进行分析计算，其计算结果如表 10.4 和表 10.5 所示。

表 10.4　表面粗糙度的估计效应和系数表

项	效应	系数	系数标准误差	T	p
常量		0.6508	0.02136	30.46	0.000
磨料浓度	−0.2030	−0.1015	0.02136	−4.75	0.009
磨粒粒径	0.1920	0.0960	0.02136	4.49	0.011
磨料黏度	0.0030	0.0015	0.02136	0.07	0.947
磨料浓度×磨粒粒径	−0.1425	−0.0712	0.02136	−3.33	0.029
磨料浓度×磨料黏度	0.0075	0.0037	0.02136	0.18	0.869
磨粒粒径×磨料黏度	0.0645	0.0322	0.02136	1.51	0.206

项	效应	系数	系数标准误差	T	p
中心点检验		0.0045	0.03701	0.12	0.909

$S = 0.0604292$　　PRESS $= 0.0203125$

R-Sq $= 93.36\%$　　R-Sq（预测）$= 90.76\%$　　R-Sq（调整）$= 81.73\%$

表 10.5　表面粗糙度的方差分析表

来源	自由度	seq SS	adj SS	adj MS	F	p
主效应	3	0.156164	0.156164	0.0520547	14.25	0.013
磨料浓度	1	0.082418	0.082418	0.0824180	22.57	0.009
磨粒粒径	1	0.073728	0.073728	0.0737280	20.19	0.011
磨料黏度	1	0.000018	0.000018	0.0000180	0.00	0.947
因子交互作用	3	0.049045	0.049045	0.0163485	4.48	0.091
磨料浓度×磨粒粒径	1	0.040612	0.040612	0.0406125	11.12	0.029
磨料浓度×磨料黏度	1	0.000112	0.000112	0.0001125	0.03	0.869
磨粒粒径×磨料黏度	1	0.008320	0.008320	0.0083205	2.28	0.206
弯曲	1	0.000054	0.000054	0.0000540	0.01	0.909
残差误差	4	0.014607	0.014607	0.0036517		
失拟	1	0.000018	0.000018	0.0000180	0.00	0.955
纯误差	3	0.014589	0.014589	0.0048629		
合计	11	0.219870				

方差分析表主要考察的目标是 p 值，p 值以 0.05 为临界值，对于主效应，p 值小于 0.05 说明模型总的效果是显著的，对于弯曲项，p 值大于 0.05 说明模型不存在弯曲趋势，对于失拟项，p 值大于 0.05 说明模型不存在失拟。

从表 10.5 表面粗糙度 ANOVA 表中可以清楚地看出，主效应项中，p 值为 0.013 小于 0.05，在弯曲一栏中 p 值为 0.909，其值明显大于 0.05，在失拟一栏中 p 值为 0.955，其值明显大于 0.05。因此可以得出，选定的模型总的效果是显著的、有效的，响应变量没有明显的弯曲趋势和失拟现象。

在表面粗糙度 ANOVA 表中还可以看到，磨料浓度对应的 p 值为 0.009，磨粒粒径的 p 值为 0.011，这两者对应的 p 值均小于 0.05；磨料黏度对应的 p 值为 0.947，其值远远大于 0.05；磨料浓度与磨粒粒径的交互作用对应的 p 值为 0.029，其值小于 0.05；磨料浓度与磨料黏度的交互作用对应的 p 值为 0.869，磨粒粒径与磨料黏度的交互作用对应的 p 值为 0.206，这两者对应的 p 值明显大于 0.05。通过以上各项对应的 p 值可以判断，磨料浓度与磨粒粒径以及二者的交互作用为影响喷油嘴磨粒流加工的效果显著项。下面通过 Pareto 图和正态效应图对上述结论进行进一步验证，Pareto 图和正态效应图如图 10.15 和图 10.16 所示。

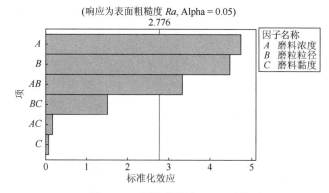

图 10.15　标准化效应 Pareto 图

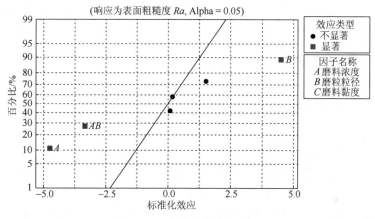

图 10.16　标准化效应正态图

观察图 10.15 所示的因子效应 Pareto 图，因子 A、因子 B 及二者的交互作用项 AB 显著性水平的绝对值大于给定的临界值，因子 C 及交互作用项 AC、BC 的显著性水平的绝对值没有超过临界值，因此因子 A、因子 B 及二者的交互作用项 AB 为效果显著项。从图 10.16 所示的因子正态效应图可以得到同样的结论，进一步验证了上述结论。

第 2 步：残差诊断。

计算输出表面粗糙度的残差图，并对其进行观察分析，表面粗糙度的残差图如图 10.17 所示。

（1）观察残差对于观测值散点图是否正常。通过观察图 10.17(d)，各点随机在水平轴上下无规则波动，无不正常升降趋势，此图正常。

（2）观察残差对于响应变量拟合值散点图是否正常。通过观察图 10.17(b)，残差保持等方差，此图正常。如果残差没有保持等方差，此图会出现"漏斗状"或"喇叭状"。

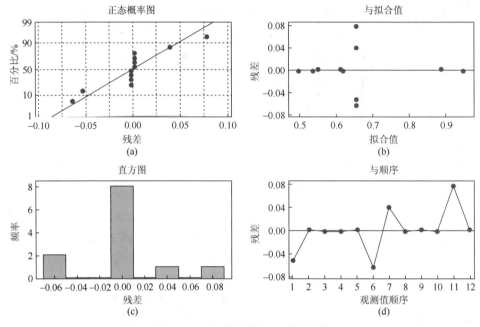

图 10.17 　表面粗糙度 Ra 的残差图

（3）观察残差的正态检验图是否正常。通过观察图 10.17(a)，可以看出残差服从正态分布。相比较而言，散点图显示的结果比较粗糙，可以直接对残差进行正态性检验，进而得到更准确的检验结果。

（4）观察残差对于各自变量的散点图是否正常，重点考察是否有弯曲趋势。图 10.18 为残差对于磨料浓度的散点图，图 10.19 为残差对于磨粒粒径的散点图，图 10.20 为残差对于磨料黏度的散点图。通过观察，这三个图均正常，没有弯曲趋势。

第 3 步：判断模型是否要改进。

从残差诊断中看出，模型是有效的，只是在检验各项效应中发现，并不是所有的自变量都是显著效应项。三个自变量主效应中，因子 A（磨料浓度）、因子 B

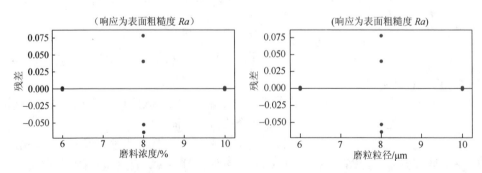

图 10.18 　残差对于磨料浓度的散点图　　　　图 10.19 　残差对于磨粒粒径的散点图

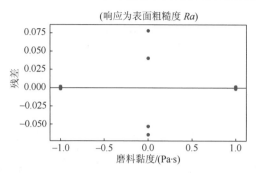

图 10.20　残差对于磨料黏度的散点图

（磨粒粒径）作用显著，因子 C（磨料黏度）作用不显著，它们之间的三个二阶交互作用项中，仅 AB（磨粒浓度×磨粒粒径）显著，二阶交互作用 AC（磨料浓度×磨料黏度）和 BC（磨粒粒径×磨料黏度）不显著。因此，对拟合模型进行修改，选定诊断结果中的显著项，重新选定拟合模型。

新第 1 步：拟合选定模型。

对于原始模型删除效应不显著的项，重新进行计算分析。本次重新选定的模型包括因子 A（磨料浓度）、因子 B（磨粒粒径）及二者的交互作用项 AB（磨料浓度×磨粒粒径）。对于这次选定的模型，仍用前面介绍过的方法和步骤来进行分析计算，得到如表 10.6 和表 10.7 所示的数据。

表 10.6　表面粗糙度 Ra 的估计效应和系数表

项	效应	系数	系数标准误差	T	p
常量		0.6508	0.02029	32.07	0.000
磨料浓度	−0.2030	−0.1015	0.02029	−5.00	0.002
磨粒粒径	0.1920	0.0960	0.02029	4.73	0.002
磨料浓度×磨粒粒径	−0.1425	−0.0712	0.02029	−3.51	0.010
中心点检验		0.0045	0.03515	0.13	0.902

$S = 0.0573931$　　PRESS = 0.0530365

$R\text{-Sq} = 89.51\%$　　$R\text{-Sq}$（预测）$= 75.88\%$　　$R\text{-Sq}$（调整）$= 83.52\%$

表 10.7　表面粗糙度 Ra 的方差分析表

来源	自由度	seq SS	adj SS	adj MS	F	p
主效应	2	0.156146	0.156146	0.0780730	23.70	0.001
磨料浓度	1	0.082418	0.082418	0.0824180	25.02	0.002
磨粒粒径	1	0.073728	0.073728	0.0737280	22.38	0.002
二因子交互作用	1	0.040612	0.040612	0.0406125	12.33	0.010
磨料浓度×磨粒粒径	1	0.040612	0.040612	0.0406125	12.33	0.010
弯曲	1	0.000054	0.000054	0.0000540	0.02	0.902

续表

来源	自由度	seq SS	adj SS	adj MS	F	p
残差误差	7	0.023058	0.023058	0.0032940		
纯误差	7	0.023058	0.023058	0.0032940		
合计	11	0.219870				

通过 ANOVA 方差分析表可得，主效应项及二阶交互项的 p 值 0.001 和 0.010，其值小于 0.05，可以判断模型有效，并且数值小于原模型中的主效应项的 p 值 0.013。在本试验中，曲性误差的 p 值为 0.902，其值远比临界值 0.05 大，说明模型符合线性假设条件。接下来比较模型删减前后是否有所改进。把两个模型计算所得到的 R-Sq 和 R-Sq（adj）以及标准差的估计量汇总成表，模型改进前后数值的对比如表 10.8 所示。

表 10.8   全模型与改进模型效果比较表

指标	全模型	删减模型
R-Sq	0.9336	0.8951
R-Sq（adj）	0.8173	0.8352
S	0.0604	0.05739

由表 10.8 可以看出，进行模型优化后，R-Sq 对应的数值有小幅度降低，本试验中，由 0.9336 降低到 0.8951，再看 R-Sq（adj）是否有所提高，本试验中 R-Sq（adj）由 0.8173 提高到 0.8352，由此可知，模型删减后 R-Sq 与 R-Sq（adj）的数值更接近了，说明删去那些效应不显著项后模型确实得到了改进。而 S 的降低也说明模型得到了优化，系统的回归效果更好了。

新第 2 步：残差诊断。

残差诊断仍按照规定的四个步骤进行。表面粗糙度的残差图如图 10.21 所示。

（1）观察残差对于观测值顺序的散点图，如图 10.21(d)所示，此图正常。

（2）观察残差对于响应变量拟合值的散点图，如图 10.21(b)所示，通过此图

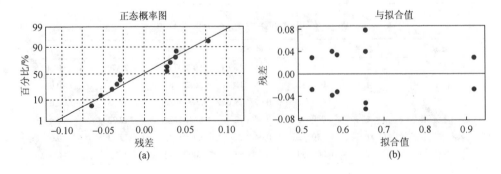

正态概率图 (a)　　与拟合值 (b)

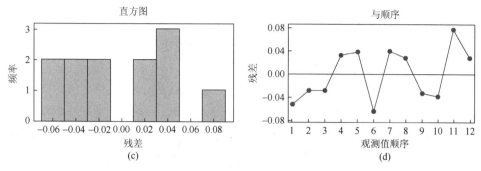

图 10.21　表面粗糙度 Ra 的残差图

可以看出残差保持着等方差，此图正常。

（3）观察残差的标准正态效应图，如图 10.21(a)所示，可见残差符合正态分布规律。

（4）观察残差对各自变量的散点图，观察是否呈现弯曲趋势。

图 10.22 为残差对磨料浓度的散点图，图 10.23 为残差对磨粒粒径的散点图，图 10.24 为残差对磨料黏度的散点图。通过观察，这三幅图均不存在弯曲趋势。可以判定残差对各自变量的散点图正常。

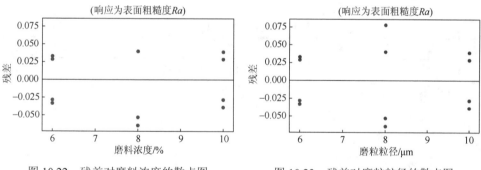

图 10.22　残差对磨料浓度的散点图　　　图 10.23　残差对磨粒粒径的散点图

新第 3 步：判断模型是否需要改进。

由上述分析，认定模型不需要再进行优化，根据计算结果提供的数值，可以写出代码化回归方程。

根据表 10.9 表面粗糙度 Ra 给出的估计效应和系数可以写出表面粗糙度的代码化回归方程，如式（10.5）所示。

$$Ra = 0.6508 - 0.1015\left(\frac{A-8}{2}\right) + 0.096\left(\frac{B-8}{2}\right)$$
$$- 0.0712\left(\frac{A-8}{2}\right)\cdot\left(\frac{B-8}{2}\right) \tag{10.5}$$

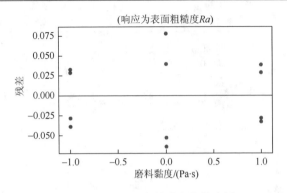

图 10.24　残差对磨料黏度的散点图

式中，系数均由表 10.9 所得，0.6508、–0.1015、0.0960 和–0.0712 分别为常量、A（磨料浓度）、B（磨粒粒径）及 AB（磨料浓度×磨粒粒径）所对应的系数。$\dfrac{A-8}{2}$ 中的 8 代表本试验中所选择的高低两个浓度水平的中心值 8%，2 为不同水平间的差值 2%。在 $\dfrac{B-8}{2}$ 中，8 代表 8μm，为本次试验所选磨粒粒径高低两个水平的中心值，2 为不同水平间的差值 2μm。

表 10.9　表面粗糙度 Ra 的估计效应和系数表（优化后）

项	效应	系数	系数标准误	T	p
常量		0.6508	0.02029	32.07	0.000
磨料浓度	–0.2030	–0.1015	0.02029	–5.00	0.002
磨粒粒径	0.1920	0.0960	0.02029	4.73	0.002
磨料浓度×磨粒粒径	–0.1425	–0.0712	0.02029	–3.51	0.010
Ct Pt		0.0045	0.03515	0.13	0.902

　　$S = 0.0573931$　　PRESS $= 0.0530365$

　　R-Sq $= 89.51\%$　　R-Sq（预测）$= 75.88\%$　　R-Sq（调整）$= 83.52\%$

　　通过这个回归方程可以算出不同磨料浓度和不同磨粒粒径在本试验条件下的表面粗糙度。

　　新第 4 步：分析解释模型。

　　对于选定的模型，通过图形信息，进行详细的分析解释。

　　（1）输出各因子的主效应图、因子间交互效应图，如图 10.25 和图 10.26 所示，并给出有意义的解释。

　　从图 10.25 中可以看出，因子 A（磨料浓度）和因子 B（磨粒粒径），对于响应变量（表面粗糙度 Ra）的影响确实是显著的，而因子 C（磨料黏度）对响应变

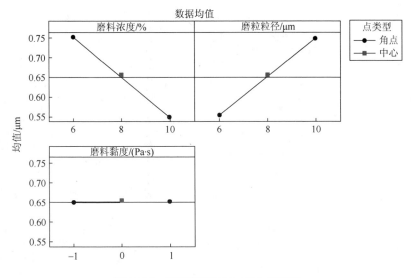

图 10.25　表面粗糙度 Ra 的主效应图

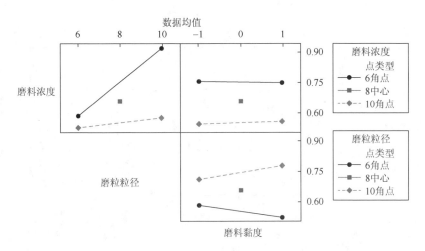

图 10.26　表面粗糙度 Ra 的交互效应图

量的影响确实是不显著的。从图 10.25 中还可以看出，为使表面粗糙度 Ra 的取值更小，应使磨料浓度尽可能大，磨粒粒径尽可能小。

图 10.26 所示为磨料浓度、磨粒粒径、磨料黏度三个因素二阶交互效应图，因子 A（磨料浓度）和因子 B（磨粒粒径）的交互作用对响应变量（表面粗糙度 Ra）的影响确实是显著的（两条线非常不平行），而其他交互作用对响应变量（表面粗糙度 Ra）的影响确实是不显著的（两条线几乎平行）。

（2）输出等高线图。从等高线图上进一步确认响应变量是如何受所选的那些

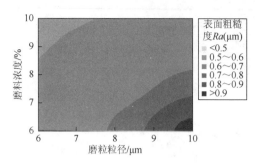

图 10.27　响应变量的等高线图

主因子和交互效应影响的，它的变化规律如何。从等高线图（图 10.27）上可以直观地看出整个试验范围内的最佳值的位置。

从图 10.27 中可以看出，磨料浓度和磨粒粒径的主效应及交互效应对于响应变量的影响确实是很显著的（等高线很弯曲），为使表面粗糙度取值更小，应该让磨粒粒径减小，磨料浓度尽可能大一些。

（3）实现最优化。本试验中响应变量是表面粗糙度，属于对"望小"特性模型的优化。在对最优的目标（goal）设定上，取最小化，在设定窗口中只需填写"上端"及"目标"两项，而"下端"留为空白即可。取"上端" = 0.8μm（这个值是在做过的试验中已经实现了的），取"目标" = 0.4μm，得到表面粗糙度最小值计算结果，如图 10.28 所示。

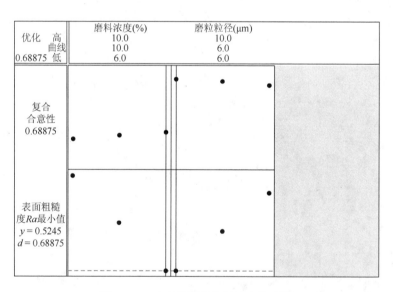

图 10.28　响应变量优化器输出结果图

通常把求解响应变量 Y 达到最优的问题转化为求解一个渴求函数的合意度 d（$0 \leq d \leq 1$）达到最大的问题。

当因子 A（磨料浓度）取 10%（最大值），因子 B（磨粒粒径）取 6μm（最小值），表面粗糙度将会达到平均最小值 0.5345μm。这里还输出了 d 值，d 值代表渴求函数数值，当结果越接近设定目标，d 值就越趋近于 1，本试验结果 $d = 0.68875$，这是按照最小值理想是 4μm 而言，最小值的设定不相同时，d 的结果也会不同。

观察最初的试验结果可以看到，在第 6 次实验中（磨料浓度为 10%，磨粒粒径是 6μm），表面粗糙度已经达到了 0.496μm，为什么计算出的最优值还不如已经得到的结果呢？这是因为实验总是会有误差的，在试件 6 的试验结果有偶然性，数值偏小。

新第 5 步：判断目标是否已经达到。

通过分析结果可以判断粗糙度已经达到目标，试验分析过程结束。接下来要在分析得到的最佳参数水平组合基础上做验证试验，确保这样的参数组合能够在实际加工中获得最小的表面粗糙度，确保其可以用于指导生产实践。

4. 磨粒流加工验证试验

1）预测值和预测区间的计算

在做验证试验之前，首要的任务是要计算出将来的每一次试验结果应该落在什么样的范围内，如果所做的 m 次验证试验结果的平均值落入计算好的范围内，则说明模型正确、预测结果可信。

通过在"因子"一栏中依次输入主因子的取值，就可以获得预测值和预测区间。可得到拟合值、预测值处的拟合值标准差，预测值处的回归结果的置信区间，预测值处的单个预测值的置信区间，通过计算机分析计算得出以下数值，如表 10.10 所示。

表 10.10　回归分析预测值和预测区间表

拟合值（$\hat{y}$）	拟合值准误（SEs of Fits）	95%置信区间	95%预测区间
0.5245	0.040583	（0.428536，0.620464）	（0.358286，0.690714）

95%置信区间表明的是回归方程上点的置信区间，对此区间可以理解为，按照此自变量的设置无限多次地重复运行下去将会获得的理论均值的 95%的置信范围。

95%预测区间是对一次验证试验而言的，是指按照最佳水平组合进行一次验证试验时响应变量的变化范围，可供做验证试验时使用。

通过回归分析计算出的 95%置信区间和 95%预测区间分别是针对无数多次验证试验和一次验证试验而言的，如果要求出任意次数（m 次，如 $m = 3$ 或 $m = 5$）观测值的 95%置信区间，则只能编写宏指令，或直接用手算。通常用优化后的预测值加减变动半径来表示，给出 m 个观测值的平均值的 95%置信区间的计算式：

$$\hat{y} \pm t_{1-\frac{\alpha}{2}}(n-p)\sqrt{(\text{SEs of Fits})^2 + \frac{\text{MSE}}{m}} \tag{10.6}$$

式中，$\hat{y}$ 为表面粗糙度预测值（其数值见表 10.10）；$t_{1-\frac{\alpha}{2}}(n-p)\sqrt{(\text{SEs of Fits})^2 + \frac{\text{MSE}}{m}}$ 为变动半径的计算式（常用 δ 表示）。这里 n 是试验的总次数；p 是最终模型中所包含的项数（本试验最终所获模型包含磨料浓度、磨粒粒径及磨料浓度与磨粒粒径交互作用三项）；m 是验证试验的次数；SEs of Fits 是在回归方程预测值时输出的拟合值的标准误差；MSE 数值可以通过查找方差分析表获得，是方差分析表中对应的 MS 项。当 $m=1$ 时，此置信区间就是 95%预测区间；当 m 无穷大时就是 95%置信区间；当需要求出 m 个（如 $m=3$ 或 $m=5$）观测值的 95%置信区间时，只要代入相应的 m 的数值即可。

通常验证试验的次数要大于或等于 3，针对本次试验做四次验证试验，则式（10.6）中 $n=12$，$p=3$，$m=4$，SEs of Fits = 0.040583（表 10.10），MSE = 0.0032940。

变动半径的公式如下：

$$\delta = t_{1-\frac{\alpha}{2}}(n-p)\sqrt{(\text{SEs of Fits})^2 + \frac{\text{MSE}}{m}} = t_{1-\frac{\alpha}{2}}(8) \times \sqrt{0.040583^2 + \frac{0.003294}{4}} \tag{10.7}$$

式中，$t_{1-\frac{\alpha}{2}}(8)$ 可以通过查表获得，查 8 个自由度的 t 分位数可得

$$t_{1-\frac{\alpha}{2}}(8) = 2.306 \tag{10.8}$$

经计算，变动半径 $\delta = 0.1146$。

由此可知，四次验证试验结果的平均值的 95%置信区间为

$$\hat{y} \pm \delta = 0.5245 \pm 0.1146 = (0.4099, 0.6391) \tag{10.9}$$

即做四次验证试验所得结果的平均值落在（0.4099，0.6391）范围内，表示模型正确，预测结果可信，反之模型不正确，则预测结果不可信。

2）验证试验

选取四个试验所用喷油嘴零件，按照图 10.16 响应变量优化器输出的参数组合进行参数设置，在磨料浓度为 10%、磨粒粒径为 6.0μm 的条件下进行四次验证试验。试验结果如图 10.29 所示。

从图 10.29 中可以看出，四次验证试验所获表面粗糙度 Ra 检测结果分别为 0.73630μm、0.71335μm、0.51471μm、0.50745μm，经计算四次试验的表面粗糙度 Ra 的平均水平为 0.6178μm，在事先计算好的预测区间内，说明预测结果可信。

综上所述，采用自行研制的磨料，选取磨料浓度、磨粒粒径、磨料黏度及加工时间四个关键工艺参数，以六西格玛试验方法对磨粒流加工非直线管进行试验

(a) 工件1表面粗糙度　　　　　　　　　　　　(b) 工件2表面粗糙度

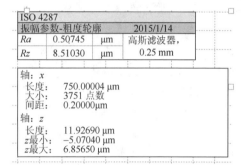

(c) 工件3表面粗糙度　　　　　　　　　　　　(d) 工件4表面粗糙度

图 10.29　验证试验喷油嘴通道表面粗糙度检测结果

研究。试验结果表明自行研制的磨料适用于非直线管通道表面精抛加工,可实现非直线管通道的去毛刺、交叉孔处倒圆角,并且能够有效降低通道的表面粗糙度,改善轮廓表面的高低起伏。

通过对磨料浓度、磨粒粒径、磨料黏度三个影响磨粒流加工性能的主要因素进行全因子试验研究,深入探讨了研磨介质物理属性对磨粒流加工非直线管表面质量的影响,在本试验条件下得到一组最佳参数组合。通过对试验数据进行收集、整理、统计分析,探索数据内在规律,完善了磨粒流加工数学模型,推导出以磨料物理属性为主的回归方程,但该方程的准确性需进一步的试验验证,该回归方程为磨粒流加工质量的定量控制技术的研究提供了理论基础。

10.1.3　喷油嘴磨粒流加工均匀试验设计研究

1. 均匀试验设计概述

均匀设计是由数学家方开泰与王元创立,它是基于"伪蒙特卡罗方法"的应用扩展而来的,其试验点的选取是基于总的试验范围,并从均匀性角度提出了均匀散布的试验设计思路。

1）均匀设计理论

均匀设计理论是在试验范围的试验点中挑选部分具有代表性的试验点进行设计，其在试验点的挑选上符合均匀分散、整齐可比性。

（1）"均匀分散"让每个有充分代表性的试验点都能均衡地分布在试验范围内，最终得到正确的指标。

（2）"整齐可比"性易于估计各因素的主效应和部分交互效应，对试验结果分析更为方便，能够分析出各因素对指标影响的大小及指标的变化规律。

在正交试验设计中，为了能够达到"整齐可比"，其试验点并未充分"均匀分散"，只能选取较多的试验点，至少要做 q^2 次试验（q 为因素的水平数），而均匀设计思路的优势就是在试验范围大、水平数多的情形下，仍然能够极大地降低试验次数，只需要与因素水平数相等，进行 2 次试验即可达到，但其达不到整齐可比性，其试验数据采用回归分析方法来处理。

均匀试验设计方法一般需进行两到三轮次试验，首轮试验选择的条件范围较大，建立起描述指标与各因素间的数学模型，计算出模型在一定试验范围内的最优值与试验条件最优组合，试验范围可选取为适当扩大的参数范围进行试验验证。均匀试验的最优条件为试验边界条件，当超出试验条件范围后进行最优值和最优化条件预测，这样以便检验和修正模型。随后，缩小试验参数范围进行第二轮的试验，并进行回归模型修正。通过修正之后的试验参数，即可求出最优试验条件组合，并建立可定量描述指标与因素间关系的数学模型。均匀设计方法还可以进行试验点的均匀公布，通过直接观察法选取出可获得最佳指标的试验条件组合，进而结束试验设计；或者选取出最好的试验条件进行小范围的试验测试，直到完成试验目标，从而结束试验。通过以上分析可知，使用均匀试验设计法进行试验设计，通过采用建模和试验优化分析方法能够了解整个试验过程，从而实现加工参数的优化选择。

2）均匀设计中的关键因素分析

均匀设计方法中，影响试验结果的因素很多，而对试验起到决定性作用的因素往往是研究的重点，选取对试验结果影响较大的因素作为关键因素，它们常常能够影响试验的进程及试验的难易程度，并对试验结果有着直接的影响。关键因素包含试验指标的选取，关键因素可以是一个或多个指标，这些指标能够反映出试验所要表示的目的及试验研究的意义，而能否从众多的因素中挑出关键因素往往决定试验的成功与否。选出关键因素，再结合磨粒流加工试验，利用均匀设计表格进行试验设计，进而完成试验优化，获得磨粒流加工最佳工艺参数。

2. 磨粒流加工试验及参数设计

磨粒流加工质量受多种因素影响，如磨粒的选取（磨粒种类、磨粒粒径、磨粒浓度等）、加工时间、进口压力、液压缸初始温度等。在众多影响因素中，能够明显影响加工效果的有加工时间、磨料浓度（即关键因素），本章在均匀试验部分引入 pH 作为研究对象，探讨 pH 对磨粒流加工质量的影响。在电解加工方法中，液体 pH 对工件的加工质量产生明显的影响，而在磨粒流加工中还未发现有文献把 pH 作为影响研磨特性参数来选取，本试验选取 pH 作为影响因素来进行分析，选取磨料浓度、磨粒粒径、pH 和加工时间作为研究对象进行磨粒流加工试验[13]。

在均匀试验设计中，指标是检验试验加工质量的标准，作为磨粒流加工目标，要实现零件内表面的去毛刺和倒圆角的目的，以表面粗糙度作为检验加工效果的指标。最终选取的四组因素数据为磨料浓度为 2%、4%、6%、8%、10%、12%、14%、16%、18%和20%，磨粒粒径为 2.5μm、3.5μm、5.5μm、6.5μm、7μm、8μm、10μm、14μm、28μm 和40μm，pH 选取为 3、4、5、6、7、8、9、10、11 和 12，加工时间为 30s、60s、90s、120s、150s、180s、210s、240s、270s 和300s，参数数据选取比较均匀，水平数较多，能够合理地反映试验，均匀试验设计参数表如表 10.11 所示。

表 10.11　均匀试验设计表

序号	磨料浓度（因素 1）/%	磨粒粒径（因素 2）/μm	磨料 pH（因素 3）	加工时间（因素 4）/s
1	2	2.5	3	30
2	4	3.5	4	60
3	6	5.5	5	90
4	8	6.5	6	120
5	10	7	7	150
6	12	8	8	180
7	14	10	9	210
8	16	14	10	240
9	18	28	11	270
10	20	40	12	300

3. 磨粒流加工试验结果分析

在进行磨粒流加工试验前，根据所选取的加工因素进行浓度比例的调配，碳化硅颗粒用托盘天平进行磨粒重量的称量，磨料的 pH 通过 pH 调制仪进行调配，试验结果对应表如表 10.12 所示。

表 10.12　磨粒流加工试验结果表

序号	磨料浓度(因素1)/%	磨粒粒径(因素2)/μm	磨料 pH (因素3)	加工时间(因素4)/s	表面粗糙度/μm
1	2	5.5	6	150	0.882
2	4	8	10	300	0.713
3	6	28	3	120	0.724
4	8	2.5	7	270	0.646
5	10	6.5	11	90	0.654
6	12	10	4	240	0.592
7	14	40	8	60	0.710
8	16	3.5	12	210	0.609
9	18	7	5	30	0.545
10	20	14	9	180	0.616

　　以上均匀试验共需进行 10 组试验,10 组工件分别记作 1#、2#、3#、4#、5#、6#、7#、8#、9#及 10#,每组试验完成后需对磨料缸进行清洗,去除磨料缸内壁的颗粒黏结及消除此组试验 pH 对下一组试验 pH 的影响。

　　工件在进行检测前需清洗,具体方法是超声波振荡清洗,清洗后利用氧化锌、酒精对工件表面进行去除污渍及防氧化保护,然后对工件进行破坏性检测,喷油嘴工件切割前后的工件形貌如图 10.30 所示。

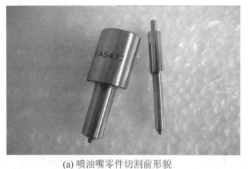 

(a) 喷油嘴零件切割前形貌　　　　　　　　　　　　(b) 喷油嘴零件切割后形貌

图 10.30　喷油嘴工件切割前后形貌

　　为了获得更加准确的检测结果,对喷油嘴工件进行表面粗糙度和表面形貌的检测,具体检测结果如下。

　　1) 表面粗糙度检测

　　利用 Mahr 探针测量仪可以对喷油嘴小孔进行检测,通过探针对喷油嘴原件和被加工件的小孔表面划痕进行测量,能够实现对小孔表面粗糙度的精确测量,测量结果如图 10.31 所示。

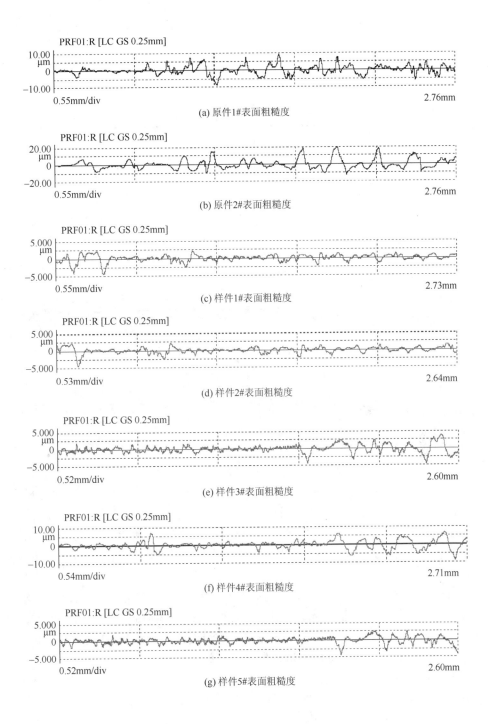

(a) 原件1#表面粗糙度

(b) 原件2#表面粗糙度

(c) 样件1#表面粗糙度

(d) 样件2#表面粗糙度

(e) 样件3#表面粗糙度

(f) 样件4#表面粗糙度

(g) 样件5#表面粗糙度

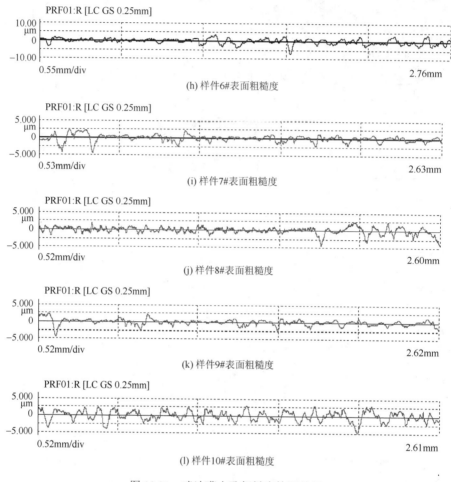

(h) 样件6#表面粗糙度

(i) 样件7#表面粗糙度

(j) 样件8#表面粗糙度

(k) 样件9#表面粗糙度

(l) 样件10#表面粗糙度

图 10.31　喷油嘴小孔粗糙度检测结果

由图 10.31 可知，原件和样件的采样长度都约为 2.6mm，原件 1#和原件 2#的表面粗糙度为 1.959μm 和 1.875μm，经磨粒流加工后的小孔表面粗糙度都有所降低。其中，样件 6#和样件 9#的粗糙度图波动平稳，检测结果分别为 0.592μm 和 0.545μm，表面粗糙度值有较大的提高。

通过探针接触式测量喷油嘴小孔的表面粗糙度可以实现精确的测量，但该方法容易损伤被测工件表面，所以项目组还选取了变焦非接触三维形貌测量设备进行工件三维图像扫描。变焦非接触三维形貌测量的优点是测量精度高，适用于具有大倾角的斜面表面粗糙度的检测，检测结果如图 10.32 所示。

图 10.32 中的红色箭头表示喷油嘴小孔的测量方向，喷油嘴工件经过变焦非接触三维形貌测量可清晰地看到喷油嘴小孔处的表面形貌，原件 1#和原件 2#小孔处的表面形貌比较粗糙，经磨粒流加工后的喷油嘴工件小孔的表面形貌较好，样

件 6#和样件 9#的表面形貌更好，这与所测的表面粗糙度数据一致。

项目组还利用光栅表面粗糙度测量仪对喷油嘴小孔进行了表面粗糙度测试，经对比分析，磨粒流精密加工技术确实可有效改善喷油嘴小孔的表面形貌、提高小孔的表面质量。喷油嘴工件经磨粒流加工前后表面粗糙度对比如图 10.33 和图 10.34 所示。

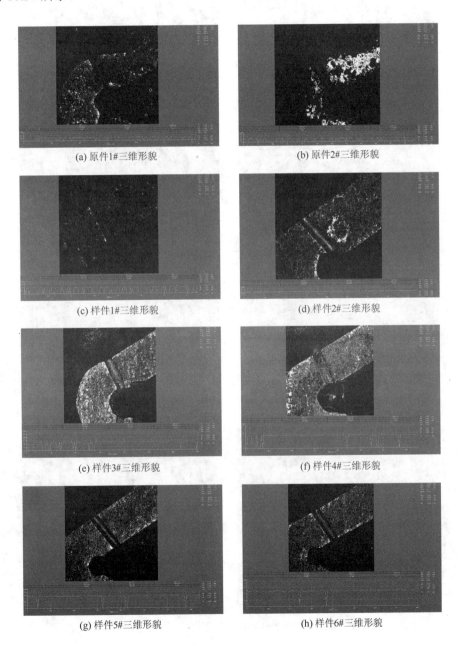

(a) 原件1#三维形貌

(b) 原件2#三维形貌

(c) 样件1#三维形貌

(d) 样件2#三维形貌

(e) 样件3#三维形貌

(f) 样件4#三维形貌

(g) 样件5#三维形貌

(h) 样件6#三维形貌

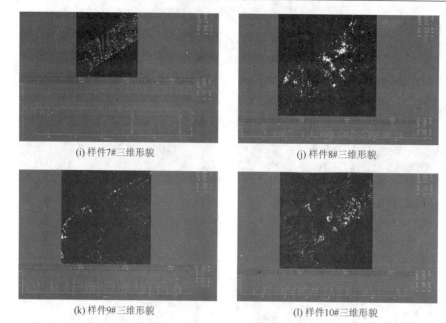

(i) 样件7#三维形貌

(j) 样件8#三维形貌

(k) 样件9#三维形貌

(l) 样件10#三维形貌

图 10.32　变焦非接触三维形貌测量结果图

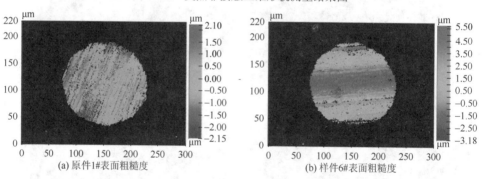

(a) 原件1#表面粗糙度

(b) 样件6#表面粗糙度

图 10.33　喷油嘴小孔磨粒流加工前后二维表面粗糙度

(a) 原件1#表面粗糙度

(b) 样件6#表面粗糙度

图 10.34　喷油嘴小孔磨粒流加工前后三维表面粗糙度

2）表面形貌检测

通过表面粗糙度的检测，可以获得喷油嘴工件经磨粒流加工前后的表面粗糙度值。为了能更好地分析磨粒流加工前后小孔的表面形貌的改善情况，还需要进行进一步的检测。通常的做法是利用扫描电镜进行工件表面形貌的检测。喷油嘴工件经磨粒流加工前后的表面形貌对比如图 10.35 所示。

(a) 原件1#表面形貌　　　　　　　　　　　　　(b) 样件6#表面形貌

图 10.35　喷油嘴工件经磨粒流加工前后的表面形貌

由图 10.35 可以看出，喷油嘴工件经磨粒流加工前表面不光整，较为粗糙，小孔入口边缘有毛刺，经加工之后的工件表面形貌清晰，大孔腔体轮廓整齐，小孔入口边缘整洁，实现了去毛刺的加工效果，达到了光整加工目的。

经磨粒流加工前后的交叉孔处的孔道表面形貌如图 10.36 所示，其中图 10.36（a）和图 10.36（b）是原件 1#和原件 2#的表面形貌，图 10.36（c）和图 10.36（d）是经磨粒流加工后的样件 2#和样件 6#的表面形貌。

由图 10.36 可以看出，原件 1#的交叉孔边缘粗糙，毛刺较多；原件 2#的交叉

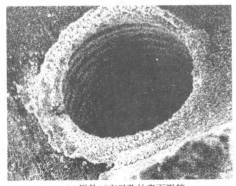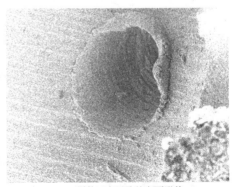

(a) 原件1#交叉孔处表面形貌　　　　　　　　　　(b) 原件2#交叉孔处表面形貌

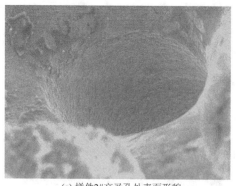

(c) 样件2#交叉孔处表面形貌　　　　　　　(d) 样件6#交叉孔处表面形貌

图 10.36　喷油嘴交叉孔处的表面形貌图

孔边缘部分加工不完善，有毛刺。经磨粒流加工后的样件 2#的交叉孔边缘处毛刺去除较多，但仍留有少许毛刺，小孔内部表面较光整，基本达到了加工效果。经磨粒流加工后的样件 6#的交叉孔处毛刺已全部去除，小孔内部表面光整，加工效果较理想。小孔内表面形貌如图 10.37 所示。

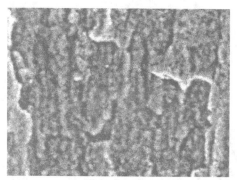
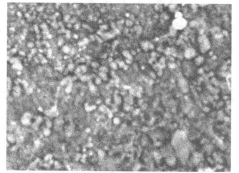

(a) 原件1#的表面形貌　　　　　　　　　(b) 原件2#的表面形貌

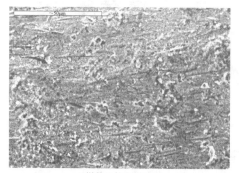
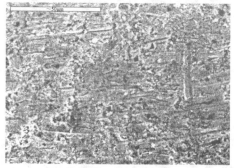

(c) 样件1#的表面形貌　　　　　　　　　(d) 样件2#的表面形貌

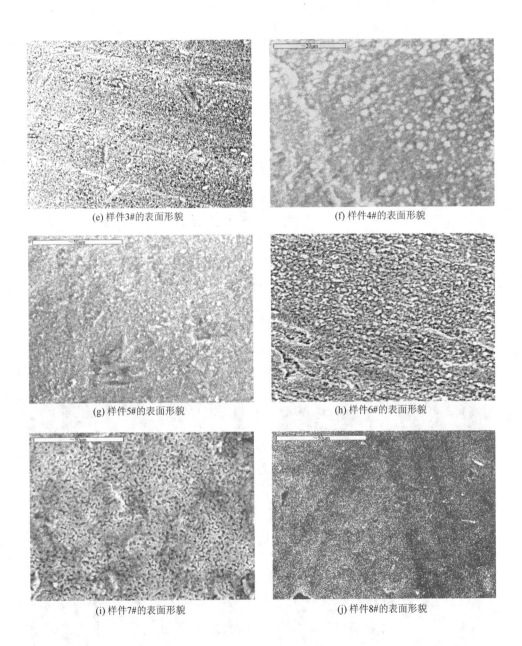

(e) 样件3#的表面形貌

(f) 样件4#的表面形貌

(g) 样件5#的表面形貌

(h) 样件6#的表面形貌

(i) 样件7#的表面形貌

(j) 样件8#的表面形貌

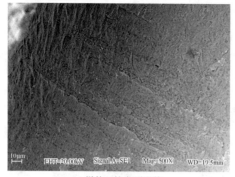
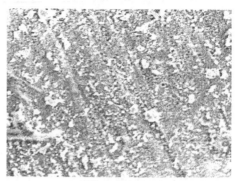

(k) 样件9#的表面形貌　　　　　　　　　　　　　(l) 样件10#的表面形貌

图 10.37　喷油嘴小孔磨粒流加工前后内表面形貌

通过观察可以发现，经磨粒流加工后的喷油嘴小孔内表面的表面形貌较磨粒流加工前有所改善，在不同的加工条件下获得的表面质量有所不同。接下来利用高倍显微镜来观察喷油嘴小孔及交叉孔在磨粒流加工前后的表面形貌，磨粒流加工前后的喷油嘴工件小孔和交叉孔处的表面形貌如图 10.38 和图 10.39 所示。

(a)　　　　　　　　　　　　　　　　　　　　(b)

图 10.38　磨粒流加工前后的喷油嘴工件小孔的表面形貌图

(a)　　　　　　　　　　　　　　　　　　　　(b)

图 10.39　磨粒流加工前后的喷油嘴工件交叉孔处的表面形貌

通过高倍显微镜观察，能够发现磨粒流加工前小孔较粗糙，经磨粒流加工后小孔表面变得光滑平整。在磨粒流加工前，喷油嘴交叉孔处有毛刺，经磨粒流加工后的喷油嘴交叉孔处的毛刺都被去除，圆角情况较好。从试验检测图片中可以看出，磨粒流精密加工技术对工件的内部通道的去毛刺、倒圆角作用明显，可有效提高具有内部通道的工件的表面质量。

4. 磨粒流加工表面粗糙度数学模型的建立

均匀试验设计法所获得的试验结果具有均匀分散性，但不具备整齐可比性，故不能直接判断因素水平参数的优劣并做出分析，因此采用多元回归分析方法来构建磨粒流加工表面粗糙度模型。回归分析是处理变量的一种有效的数理统计方法，即使自变量与因变量间的函数关系不能严格确定，仍可以计算出能够代表两者之间关系的数学表达式，即数学模型，进而做出有效的分析判断。回归分析方法一般需解决以下问题：

（1）确定某几个变量间是否存在相关关系，如果存在，找出变量之间相关的数学表达式；

（2）根据一个或者几个变量结果，预判另一个变量的取值，进而确定其预测结果的精准度；

（3）进行因素间的判断，对于某些共同影响一个变量的众多因素，查找关键因素及次要因素，并建立数学模型。

回归分析采用全回归法，显著性水平为 $\alpha = 0.05$，试验的四个因素分别为磨料浓度、磨粒粒径、磨料 pH 和加工时间，分别用 $X(1)$、$X(2)$、$X(3)$ 和 $X(4)$ 表示；表面粗糙度是预测指标，用 Ra 表示。试验基本信息表如表 10.13 所示。

表 10.13　试验基本信息表

项目栏	名称	单位
指标	粗糙度	μm
因素 1	磨料浓度	%
因素 2	磨粒粒径	μm
因素 3	pH	—
因素 4	加工时间	s

由表 10.13 可以看出，试验的指标数为 1、因素为 4 个、进行 10 次运行，试验设计采用均匀设计表 $U10$（$10 \times 10 \times 10 \times 10$），因素水平组合为 $10 \times 10 \times 10 \times 10$。根据均匀法的设计理论，模型的回归分析选用全回归法设计，拟建立表面粗糙度和试验因素之间的回归方程为

$$Ra = b(0) + b(1) \cdot \log X(1) + b(2) \cdot X(2) + b(3) \cdot X(3) + b(4) \cdot X(4) \quad （10.10）$$

式中，Ra 代表指标量，为表面粗糙度；$X(1)$、$X(2)$、$X(3)$ 和 $X(4)$ 分别表示因素 1、因素 2、因素 3 和因素 4；经计算回归系数 $b(i)$ 为

$$b(0) = 0.9137, \ b(1) = -0.3054, \ b(2) = 1.701e-3, \ b(3) = 6.833e-3, \ b(4) = -2.406e-4$$
$$（10.11）$$

由回归系数 $b(i)$ 的结果（图 10.40），可以得到标准回归系数 $B(i)$ 如图 10.41 所示。

$$B(1) = -1.028, \ B(2) = 0.2269, \ B(3) = 0.2188, \ B(4) = -0.2311 \quad （10.12）$$

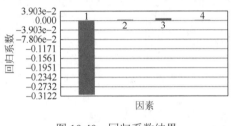
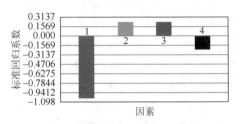

图 10.40　回归系数结果　　　　　　图 10.41　标准回归系数结果

联立式（10.10）和式（10.11），由回归方程及系数 $b(i)$ 的值，进一步简化，即得到表面粗糙度数学与材料物性及加工时间的数学模型（式（10.13）），该数学模型为非线性模型。

$$Ra = 0.9137 - 0.3054 \log X(1) + (1.701e-3) \cdot X(2)$$
$$+ (6.833e-3) \cdot X(3) - (2.406e-4) \cdot X(4) \quad （10.13）$$

式（10.13）即磨粒流加工中的工件表面粗糙度和磨料浓度、磨粒粒径、磨料 pH 及加工时间的数学模型，此模型可为磨粒流加工质量控制技术提供理论支持。

5. 表面粗糙度数学模型的回归显著性检验

建立磨粒流加工中的工件表面粗糙度和磨料浓度、磨粒粒径、磨料 pH 及加工时间的数学模型后，可通过回归方程显著性检验来进一步确定表面粗糙度 Ra 与磨粒流加工参数的显著关系。通过回归方程的显著性检验，可得表 10.14 所示的变量分析表。

表 10.14　变量分析表

变异来源	平方和	自由度	均方	均方比
回归	$U = 7.007e-2$	$K = 4$	$U/K = 1.752e-2$	$F = 8.411$
剩余	$Q = 1.041e-2$	$N-1-K = 5$	$Q/(N-1-K) = 2.083e-3$	
总和	$L = 8.048e-2$	$N-1 = 9$		

由表 10.14 可以得到均方比为 $F = 8.411$，即检验值 $F_t = 8.411$，当检验值大于临界值时，此时的回归方程显著，此时的显著性水平为 $\alpha = 0.05$，得到临界值 $F(0.05, 4, 5) = 5.192$，那么易得 $F_t > F(0.05, 4, 5)$，即回归方程显著。

同样可由多元回归分析结果进行回归方程的显著性检验，此时的回归系数检验值、t 检验值（$d_f = 5$）、F 检验值（$d_{f1} = 1$，$d_{f2} = 2$）、偏回归平方和 $U(i)$ 及偏相关系数 $\rho(i)$ 见式（10.14）。

$$
\begin{cases}
t(1) = -5.761, \ t(2) = 1.239, \ t(3) = 1.210, \ t(4) = -1.298 \\
F(1) = 33.19, \ F(2) = 1.535, \ F(3) = 1.465, \ F(4) = 1.685 \\
U(1) = 6.912\mathrm{e}-2, \ U(2) = 3.197\mathrm{e}-3, \ U(3) = 3.051\mathrm{e}-3, \ U(4) = 3.509\mathrm{e}-3 \\
\rho1,234 = -0.9322, \ \rho2,134 = 0.4847, \ \rho3,124 = 0.4760, \ \rho4,123 = -0.5021
\end{cases}
\tag{10.14}
$$

偏回归平方和及偏相关系数结果如图 10.42 所示。

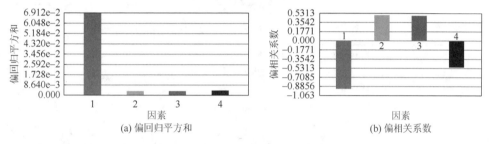

图 10.42　多元回归分析结果图

以上分析了四个自变量对回归方程总体回归效果，从回归方程的全部自变量的总体回归效果可以看出，总体回归效果显著，但并不能确认每个自变量 $X(1)$、$X(2)$、$X(3)$ 和 $X(4)$ 对表面粗糙度 Ra 都是重要的，即可能有某个自变量对表面粗糙度 Ra 并不起作用或者能被其他的变量所替代，这样的自变量可以从表面粗糙度数学模型中剔除，以便获得更简单有效的表面粗糙度数学模型。计算各方程项对回归结果的贡献值，从高到低排序，结果如式（10.15）。

$$
\begin{cases}
U(1) = 6.912\mathrm{e}-2, & U(1)/U = 98.65\% \\
U(4) = 3.509\mathrm{e}-3, & U(4)/U = 5.009\% \\
U(2) = 3.197\mathrm{e}-3, & U(2)/U = 4.563\% \\
U(3) = 3.051\mathrm{e}-3, & U(3)/U = 4.335\%
\end{cases}
\tag{10.15}
$$

式中，$U(1)$ 对回归的贡献最大，即磨料浓度对加工质量影响最大；其次是加工时间 $U(4)$；再次是磨粒粒径 $U(2)$；而研磨液 pH $U(3)$ 对回归的贡献最小。对 $U(3)$ 进行显著性检验。检验值 $F(3) = 1.465$，临界值 $F(0.05, 1, 5) = 6.608$，因此 $F(3) \leqslant F(0.05, 1, 5)$，即检验值小于临界值，此因素（方程项）不显著。通过以上对回归方程显著性检验，其结果显著。对回归系数进行显著性检验，其第三项因素不显著，故 $X(3)$ 因素不显著，可忽略不计，由此可得表面粗糙度与磨料浓度、磨粒粒径及加工时间的数学表达模型：

$$Ra = 0.9137 - 0.3054 \log X(1) + (1.701e-3) \cdot X(2) - (2.406e-4) \cdot X(4) \quad (10.16)$$

通过对磨粒流加工表面粗糙度与材料物性的数学模型的优化，得到关于表面粗糙度与磨料浓度、磨粒粒径和加工时间的最优因素组合，从而实现均匀试验设计的目的。

6. 目标优化及模型验证

通过以上均匀试验设计及试验因素分析并进行磨粒流加工参数优化后，进而对优化模型进行残差分析，残差分析表如表 10.15 所示。

表 10.15　残差分析表

序号	观测值	回归值	观测值－回归值	$\dfrac{回归值 - 观测值}{观测值} \times 100\%$
1	0.8820	0.8451	3.690e-2	−4.184%
2	0.7130	0.7656	−5.250e-2	7.377%
3	0.7240	0.7286	−4.600e-3	0.6354%
4	0.6460	0.6250	2.100e-2	−3.251%
5	0.6540	0.6873	−3.330e-2	5.092%
6	0.5920	0.6005	−8.500e-3	1.436%
7	0.7100	0.6719	3.810e-2	−5.366%
8	0.6090	0.5888	2.020e-2	−3.317%
9	0.5450	0.5899	−4.490e-2	8.239%
10	0.6160	0.5884	2.760e-2	−4.481%

由表 10.15 能够看出观测值及回归值的数据，进而求得残差率。试验选取网格尝试法进行数据分析，此方法通过选取各因素的所有水平组合，进而求得试验结果，由此可分析出各因素的最优试验条件组合，表 10.16 给出了条件优化设置及最佳试验条件表。

表 10.16　条件优化设置及最佳试验条件表

因素	上界	下界	最优条件	预期指标最大值
1	20.00	2.00	18.00	
2	40.00	2.50	2.50	0.988（±0.540）
3	12.0	3.0	6.0	
4	300	30	270	

　　根据表 10.16 所得的最佳优化结果,选取该参数组合代入数学模型式(10.16)进行分析,可得表面粗糙度值为 0.469μm,远低于 0.545μm 的试际测量的最小值,证实了模型优化的有效性。但是仍需通过试验来验证模型的有效性,选取磨料浓度为 18%、磨粒粒径为 2.5μm、磨料 pH 为 6、加工时间为 270s 来进行磨粒流加工试验。经磨粒流加工后的喷油嘴工件的表面粗糙度及表面形貌图如图 10.43 所示。

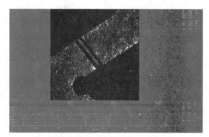

　　　(a) 变焦非接触三维形貌测试　　　　　　　(b) 光栅扫描表面粗糙度三维测试

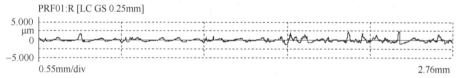

(c) 探针测量表面粗糙度波动曲线

图 10.43　粗糙度测量结果

　　由图 10.43 结果能够看出,喷油嘴小孔表面粗糙度测试结果为 0.470μm,探针测量表面粗糙度波动曲线近乎平缓,波峰和波谷值都很低,光栅扫描三维测试的小孔内壁光滑,毛刺去除干净,证实了经过优化的表面粗糙度与磨料物性及加工时间的数学模型的预测结果 0.469μm 与实际检测值 0.470 非常接近,证实了优化模型的精确性和数学模型的正确性及均匀试验设计方法的准确性,证实了试验测试结果与理论计算完全相符合,能够为实际生产加工提供理论指导,验证喷油嘴小孔经扫描电镜检测的结果,如图 10.44 所示。

　　由图 10.44 可以看出,按表面粗糙度的优化模型选取的加工参数进行磨粒流加工试验后,喷油嘴小孔的内表面光滑,小孔交叉口处无毛刺,完全实现了磨粒流加工喷嘴内通道的去毛刺、倒圆角的作用,获得了理想的加工质量,证实了实验的合理性和表面粗糙度与物料属性及加工时间的预测模型的可信性。

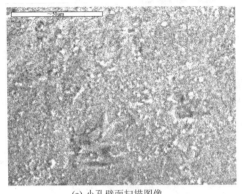
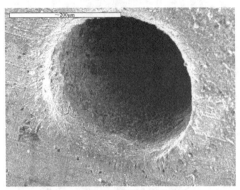

(a) 小孔壁面扫描图像　　　　　　　　　(b) 小孔交叉口处扫描图像

图 10.44　扫描电镜测试结果

10.1.4　伺服阀阀芯喷嘴的磨粒流加工试验研究

阀芯喷嘴是伺服阀前置级的重要零件，它可以和挡板结构构成可变节流孔，可以实现对阀芯的位移控制。伺服阀阀芯喷嘴是一种小型的精密回转体零件，外圆尺寸为 $\phi 3.5\text{mm}$，内孔尺寸为 $\phi 1.5\text{mm}$，射流小孔直径为 $\phi 0.1\text{mm}$，小孔的长度为 0.3mm，总长度为 10mm，阀芯喷嘴有很高的尺寸精度、形位精度以及表面粗糙度要求，其实物示意图如图 10.45 所示。

图 10.45　阀芯喷嘴示意图

阀芯喷嘴要求在一定的压力条件下，喷嘴小孔在 70mm 范围内的射流液流成柱状，无散射、螺旋等缺陷，成对使用的喷嘴的小孔流量差值要控制在 ±2% 以内。这决定了小孔尺寸的一致性、孔内微小毛刺的去除、内孔粗糙度以及圆度等要满足很高的精度要求。

阀芯喷嘴零件材料属于难加工材料，如今对喷嘴小孔的加工主要采用精密车床钻铰方法，但是由于小孔直径小、材料难加工、小孔尺寸及形位公差要求高，加工不易保证。射流小孔与通油孔相交处毛刺难以去除干净，容易造成喷嘴射流散射和螺旋。且小孔尺寸和通油孔尺寸过小，没有适合的工具对其相交处进行毛刺去除。综上所述，阀芯喷嘴小孔的加工合格率低，加工效率低，依据磨粒流加工技术的加工特点，可以对阀芯喷嘴加工出现的问题进行有效改善。

1. 试验结果与讨论

试验主要是利用磨粒流加工技术对伺服阀阀芯喷嘴进行微小孔径通道内表面光整加工，为了验证分析磨粒流加工技术的有效性和可行性，需要利用相关检测手段来获得喷嘴内表面的检测数据，观察磨粒流加工流道的内表面质量。因伺服阀阀芯喷嘴的内部流道狭小细长，尤其是喷嘴小孔区域，现有的检测手段无法进行有效测量，因此试验结束后需要利用线切割机床进行零件的切割剖面，零件清洗之后才能对切割后的零件进行内表面检测。线切割后的喷嘴零件图以及零件局部放大图如图 10.46～图 10.48 所示。

(a) 　　　　　　　　　　　　(b)

图 10.46　切割后的零件图

(a) 全貌图　　　　　　　　　　　　(b) 喷嘴小孔放大图

图 10.47　未经磨粒流加工喷嘴零件图

(a) 全貌图　　　　　　　　　　　　(b) 喷嘴小孔放大图

图 10.48　经磨粒流加工的喷嘴零件图

通过分析发现，抛光前的阀芯喷嘴零件内表面粗糙，尤其是喷嘴小孔区域，抛光后的阀芯喷嘴零件内表面有所改善。为了能更好地对比分析抛光前后喷嘴内表面的质量，采用不同的检测手段对其加工内表面进行检测。使用高倍显微镜对喷嘴小孔区域进行检测，使用 NT1100 光栅表面粗糙度测量仪检测内流道表面的表面粗糙度，使用 JOEL JXA-840 电子探针显微分析仪检测阀芯喷嘴零件表面的表面形貌。

2. 高倍显微镜的检测分析

采用 Nikon SMZ 745T 显微镜对伺服阀阀芯喷嘴小孔区域的表面进行检测,在不同的放大倍数下观察伺服阀阀芯喷嘴抛光前后小孔区域的成形样貌,通过观察对比小孔区域的表面形貌来判断磨粒流加工技术的加工效果。这里选取磨粒流加工前后的检测结果,阀芯喷嘴原件、样件 1#和样件 2#的小孔检测结果如图 10.49~图 10.51 所示。

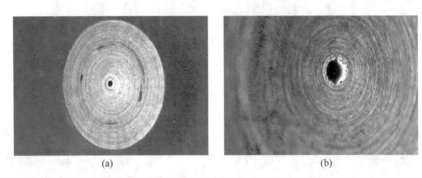

(a)　　　　　　　　　　　(b)

图 10.49　未经磨粒流加工的喷嘴原件样貌图

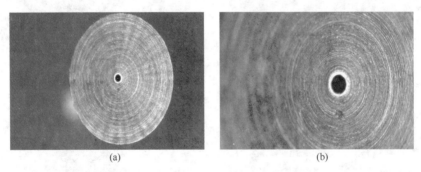

(a)　　　　　　　　　　　(b)

图 10.50　经磨粒流加工后的喷嘴样件 1#样貌图

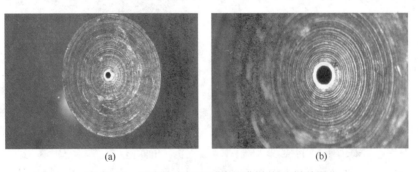

(a)　　　　　　　　　　　(b)

图 10.51　经磨粒流加工后的喷嘴样件 2#样貌图

从未经磨粒流加工的喷嘴小孔样貌图中可以看出,喷嘴小孔区域的内表面凹凸不平,从经过磨粒流加工后的样件 1#和样件 2#样貌图中可以看出,喷嘴小孔区域的内表面光滑平整。喷嘴喷孔孔型及环带样貌如图 10.52 和图 10.53 所示。

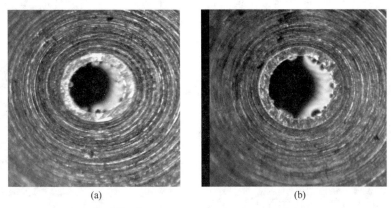

(a)　　　　　　　　　　　　　　(b)

图 10.52　未经磨粒流加工的孔型及环带样貌图

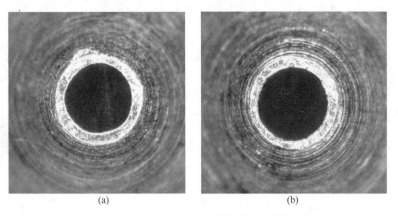

(a)　　　　　　　　　　　　　　(b)

图 10.53　经磨粒流加工的孔型及环带样貌图

从图 10.52 和图 10.53 磨粒流加工前后的孔型及环带示意图中看出,未经磨粒流加工的喷嘴孔型及环带粗糙、不光洁,存在毛刺现象,经磨粒流加工后的喷嘴孔型及环带变得平整光洁。通过对比分析喷嘴小孔区域抛光前后的样貌图和孔型及环带示意图可知,磨粒流加工技术可以去除小孔区域的毛刺,可以对其凹凸不平的表面进行光整加工,可以有效改善阀芯喷嘴的内表面质量。在高倍显微镜下对喷嘴小孔区域进行检测分析,只可以观察出喷嘴区域的大体样貌,还不能准确地分析磨粒流加工技术的加工效果,尤其是对喷嘴流道内表面的加工效果,还需要进行进一步的检测。

3. 表面粗糙度的检测分析

阀芯喷嘴经线切割后进行表面粗糙度检测,利用 NT1100 光栅表面粗糙度测量仪对抛光表面进行多位置点测量，分别选取伺服阀阀芯喷嘴零件的主干通道、交叉孔以及小孔区域进行表面粗糙度的检测，获得零件表面粗糙度检测数据。磨粒流加工前后喷嘴零件的主干通道测量结果如图 10.54～图 10.56 所示。

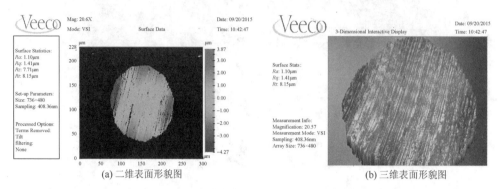

(a) 二维表面形貌图　　　　　　　　　　　　(b) 三维表面形貌图

图 10.54　未经磨粒流加工的喷嘴主干通道检测结果

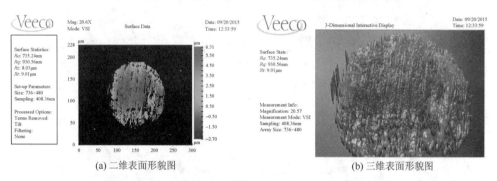

(a) 二维表面形貌图　　　　　　　　　　　　(b) 三维表面形貌图

图 10.55　经磨粒流加工的样件 1#喷嘴主干通道检测结果

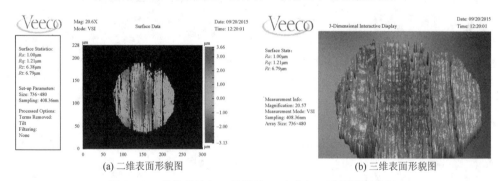

(a) 二维表面形貌图　　　　　　　　　　　　(b) 三维表面形貌图

图 10.56　经磨粒流加工的样件 2#喷嘴主干通道检测结果

从图 10.54～图 10.56 中可以看出，初始原件主干通道的表面粗糙度为 1.1μm，经磨粒流加工后的样件 1#主干通道表面粗糙度为 0.735μm，样件 2#主干通道表面粗糙度为 1μm。磨粒流加工前后喷嘴零件的交叉孔区域的测量结果如图 10.57～图 10.59 所示。

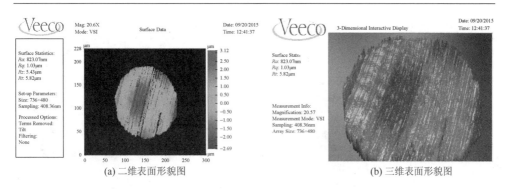

(a) 二维表面形貌图　　　　　　　　　　　　(b) 三维表面形貌图

图 10.57　未经磨粒流加工的喷嘴交叉孔检测结果

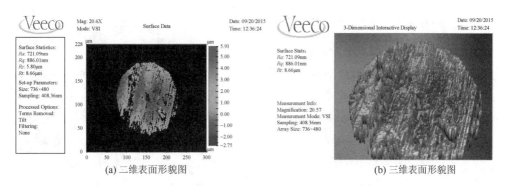

(a) 二维表面形貌图　　　　　　　　　　　　(b) 三维表面形貌图

图 10.58　经磨粒流加工的样件 1#喷嘴交叉孔检测结果

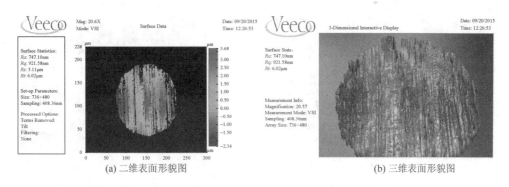

(a) 二维表面形貌图　　　　　　　　　　　　(b) 三维表面形貌图

图 10.59　经磨粒流加工的样件 2#喷嘴交叉孔检测结果

　　从图 10.57~图 10.59 中可以看出,初始原件交叉孔处的表面粗糙度为 0.823μm,经磨粒流加工后的样件 1#交叉孔处表面粗糙度为 0.721μm,样件 2#交叉孔处表面粗糙度为 0.747μm。磨粒流加工前后喷嘴零件的小孔区域的测量结果如图 10.60~图 10.62 所示。

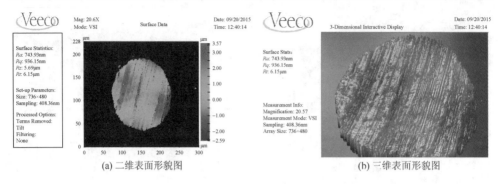

图 10.60　未经磨粒流加工的喷嘴小孔检测结果

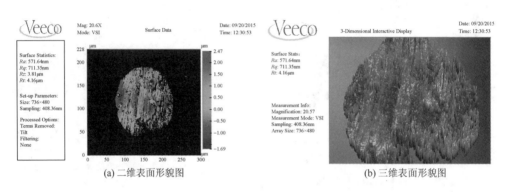

图 10.61　经磨粒流加工的样件 1#喷嘴小孔检测结果

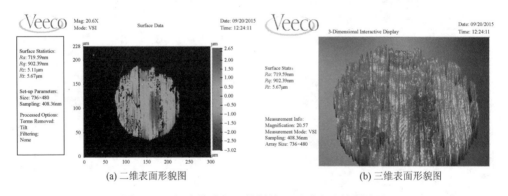

图 10.62　经磨粒流加工的样件 2#喷嘴小孔检测结果

从图 10.60～图 10.62 中可以看出，原件小孔处的表面粗糙度为 0.743μm，经磨粒流加工后的样件 1#小孔处表面粗糙度为 0.571μm，样件 2#小孔处表面粗糙度为 0.719μm。

从喷嘴抛光前后的表面粗糙度数值可知，初始原件的表面质量较差，经过磨粒流加工后，喷嘴零件表面的粗糙度数值变小，这说明磨粒流加工阀芯喷嘴是可行和有效的, 阀芯喷嘴流道的表面质量变好, 尤其是样件 1#表面质量得到有效改善。在三维表面形貌图中, 通过对比阀芯喷嘴在磨粒流加工前后的三维表面形貌图, 可以看出未经磨粒流加工的喷嘴零件表面凸起峰值小的蓝色区域较少, 而经过磨粒流加工后的零件表面凸起峰值小的蓝色区域增多, 这也表明了喷嘴零件表面经过磨粒流加工后, 表面凸起的部分材料被去除, 表面凸起峰值减小, 喷嘴零件的表面质量得到改善。

综上所述, 经过磨粒流加工, 伺服阀阀芯喷嘴的表面质量得到改善, 其内表面光洁度有所提高。

4. 表面形貌的检测分析

表面形貌的检测采用日本电子株式会社生产的 JXA-840 仪器, 对磨粒流加工前后阀芯喷嘴主通道和小孔区域的微观表面形貌进行检测, 观察抛光前后阀芯喷嘴主通道和小孔区域微观表面形貌的变化情况。

1) 主干通道的表面形貌分析

通过检测获得了磨粒流加工前后阀芯喷嘴主干通道的微观形貌图, 初始原件以及磨粒流加工后的样件 1#和样件 2#的主干通道微观形貌图如图 10.63～图 10.65 所示。

(a)　　　　　　　　　　　　　　　　　(b)

图 10.63　原件的主干通道微观形貌图

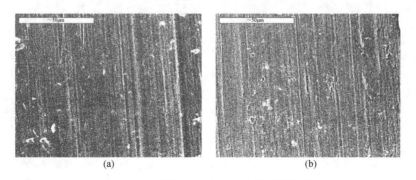

(a)　　　　　　　　　　　　　　　　　(b)

图 10.64　样件 1#的主干通道微观形貌图

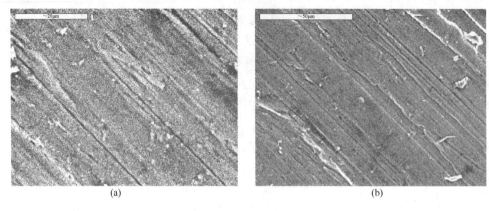

(a)　　　　　　　　　　　　　　　　　　　(b)

图 10.65　样件 2#的主干通道微观形貌图

观察阀芯喷嘴磨粒流加工前后主干通道的微观表面形貌图，经对比发现，经过磨粒流加工的零件内表面形貌发生改变。图 10.63 所示的是未经磨粒流加工的阀芯喷嘴零件的主干通道微观表面形貌，从图中看出，主干通道表面粗糙、峰谷高低起伏、表面不平整，表面带有深浅不一的划痕和一定数量的夹杂碎屑。图 10.64 和图 10.65 所示的是经磨粒流加工的阀芯喷嘴零件的主干通道微观表面形貌，从图中可以看出，磨粒流加工技术实现了加工表面材料的去除，抛光之后的内表面纹理清晰、平缓而致密，原本存在的划痕消失不见，表面质量得到改善。

2）小孔区域的表面形貌分析

基于磨粒流加工技术的理论基础和数值模拟分析，预测小孔及交叉孔处的抛光效果比其他部位的抛光效果好，故对小孔及交叉孔处进行微观表面形貌的检测，分析小孔及交叉孔处的抛光效果。初始原件以及磨粒流加工后的样件 1#和样件 2#的主干通道微观形貌图如图 10.66～图 10.68 所示。

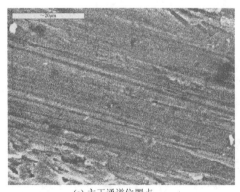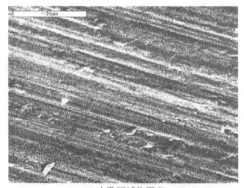

(a) 主干通道位置点　　　　　　　　　　　　　(b) 小孔区域位置点

图 10.66　未经磨粒流加工的喷嘴表面形貌图

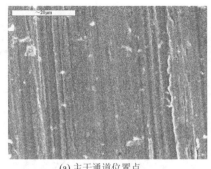

(a) 主干通道位置点　　　　　　　　　　(b) 小孔区域位置点

图 10.67　经磨粒流加工的样件 1#表面形貌图

(a) 主干通道位置点　　　　　　　　　　(b) 小孔区域位置点

图 10.68　经磨粒流加工的样件 2#表面形貌图

从图 10.66 中看出，小孔区域的表面和主干通道的表面粗糙、不光滑，小孔区域的加工质量较差，这是因为小孔尺寸太小，无法实现对小孔区域的精加工。从图 10.67 和图 10.68 中看出，无论是喷嘴主干通道表面还是喷嘴小孔区域表面都有改善，但是小孔区域的抛光效果比主干通道的抛光效果更好，小孔区域的表面变得更加平整、致密，这与数值模拟分析得到的抛光预测效果是一致的。

通过分析阀芯喷嘴经磨粒流加工前后的主干通道和小孔区域微观表面形貌图可知，磨粒流加工技术确实可以改善阀芯喷嘴的内表面质量，且阀芯喷嘴小孔区域的抛光效果比主干通道的抛光效果更好。

5. 射流质量检测分析

射流质量检测选用小孔射流及流量检测设备，在 6MPa 压力下检测小孔射流质量，经磨粒流加工前后的射流具体情况如图 10.69 和图 10.70 所示。

图 10.69　未经磨粒流加工的
原件射流检测图

(a) 样件1#射流检测图　　　　　　　　　　　　　　(b) 样件2#射流检测图

图 10.70　经磨粒流加工的样件射流检测图

经分析可知，经磨粒流加工后的伺服阀阀芯喷嘴的射流质量改善良好，无散射和斜射现象发生，达到预期的技术要求。

10.1.5　变口径管磨粒流加工试验小结

采用自行研制的磨料、试验装备和相关夹具[14-41]，选取磨料浓度、磨粒粒径、磨料黏度、磨料 pH 及加工时间等关键参数，以六西格玛试验方法对磨粒流加工非直线管（喷油嘴和伺服阀阀芯喷嘴）进行试验研究。试验结果表明，自行研制的磨料适用于非直线管通道表面精抛加工，可实现非直线管通道的去毛刺、交叉孔处倒圆角，并且能够有效降低通道的表面粗糙度，改善轮廓表面的高低起伏状况。

通过试验可以发现，当选择高浓度、小粒径、高黏度的磨料对非直线管通道进行磨粒流加工时获得了较好的表面质量，这是由于较高浓度和较小粒径的磨料的黏滞性较好，液相载体的黏度越大对固体颗粒的携带作用也越大，同时高黏度液体的流动带动颗粒的运动，使颗粒的移动性增大，对工件的切削加工增强，通过这类磨料对非直线管通道进行一定时间的磨粒流加工后，可获得较好的通道表面质量。随着磨粒流加工时间的增加，非直线管通道表面粗糙度逐渐下降。在考虑黏度的试验条件下获得的最佳参数组合是磨料浓度为 10%、磨粒粒径为 6μm、磨料黏度等级为 VG68、加工时间为 150s；在考虑磨料 pH 的试验条件下获得的最佳参数组合是磨料浓度为 18%、磨粒粒径为 2.5μm、磨料 pH 为 6，加工时间为 150s。在最佳参数组合条件下能够获得较好的加工质量。

通过对磨料浓度、磨粒粒径、磨料黏度三个影响磨粒流研磨液性能的主要因素进行全因子试验研究，深入探讨研磨介质物理属性对磨粒流加工非直线表面质量的作用规律，并得到一组最佳参数组合；通过对实验数据进行收集、整理、统计分析，探索数据内在规律，完善了拟分析磨粒流加工数学模型，推导出以磨料物理属性为主的回归方程和表面粗糙度与材料物性及加工时间的数学模型，为实现对磨粒流加工质量的定量控制提供理论依据。

10.2　非直线管的磨粒流加工试验研究

在磨粒流加工试验中，考虑实际加工的环境以及磨料的流动性，所以在磨粒流加工试验中的磨料的选取对试验的结果有很大的影响。试验过程中主要从流体磨料和加工条件的角度进行试验分析。涉及的主要参数有压力、磨料中碳化硅的体积分数（浓度）和磨料中碳化硅颗粒的目数（颗粒粒径）。

在实际试验过程中，参数的改变是不可避免的，而在实际实践过程中，需要研究的参数一般比较多，而且参数的水平数一般多于两个，如果合理地选择试验方法来进行试验的设计，不仅可以减少试验的工作量，也可以在一定程度上保证试验的合理性。由于正交试验具有以上特性，所以本章试验参数的设计选择了正交试验设计法[42, 43]。

本试验研究的主要目的是探讨磨粒流加工非直线管（共轨管和三通管）过程中的加工条件（压力）和流体磨料本身的性质（流体磨料中碳化硅的体积分数和目数）对加工质量的影响，从磨粒流黏温特性的角度进行分析讨论。通过试验参数的改变，探讨固液两相磨粒流黏温特性的变化情况，进而探讨黏温特性的变化对磨粒流加工质量的影响，最终通过对加工前后共轨管和三通管管道内表面粗糙度的检测进行数据分析，寻求磨粒流加工试验过程中对试验结果影响的显著性因素，根据显著性因素进行数学模型的拟合以及方差分析的显著性检验，建立科学合理的数学模型。

正交试验研究的试验参数选择为共轨管和三通管的出口压力、固液两相磨粒流中固相碳化硅颗粒的目数和体积分数三个关键参数，其中，出口压力的水平因素有 5MPa、7MPa 和 9MPa，固相碳化硅颗粒的目数为 80、100 和 120（目数越大颗粒的粒径越小），体积分数为 0.25、0.3 和 0.35，为三因素三水平的正交试验。如果一一进行试验（全面试验），需要进行 27 次加工试验，对于磨粒流加工共轨管和三通管两种管件而言，进行 54 次磨粒流加工是繁杂而低效的。所以，通过正交试验可以省去较多的试验次数，而从全面试验中选出试验的均匀分布，合理可行，对结果的正确性和合理性都有很强的代表性。

在磨粒流加工共轨管和三通管的试验中，需要对整个磨粒流加工试验进行科学合理的试验设计，由于正交试验的特性，所以本章中选用正交试验进行试验方案的设计，其共轨管和三通管的具体试验加工方案设计如表 10.17 所示。

表 10.17 试验加工方案

项目	出口压力/MPa	碳化硅的体积分数	碳化硅的目数
试验 1	5	0.25	80
试验 2	5	0.30	100
试验 3	5	0.35	120
试验 4	7	0.25	100
试验 5	7	0.30	120
试验 6	7	0.35	80
试验 7	9	0.25	120
试验 8	9	0.30	80
试验 9	9	0.35	100

　　试验完成后对共轨管和三通管的内表面进行粗糙度的测量,在测量管件内表面的粗糙度之前,为了测量的准确性需要对所加工的管件进行清洗和切割,以便使测量数据真实有效。

10.2.1 共轨管的磨粒流加工试验研究

　　试验中所使用的共轨管零件是经电火花机床加工的,在加工过程中难免会对管件表面造成损伤,导致微裂纹和微气孔等加工缺陷,使得加工件表面的粗糙度较大[9]。试验利用磨粒流加工进行微小孔流道表面精抛,为研究改善共轨管表面质量的有效工艺规程,对共轨管零件进行磨粒流加工试验研究。图 10.71 是共轨管三维实物图。

图 10.71 共轨管三维实体

　　通过电子显微镜观察磨粒流加工前后的通道内壁表面形貌,磨粒流加工前后表面粗糙度的效果图如图 10.72 和图 10.73 所示。从图中可以明显地看出,加工前管内壁表面有许多由电火花加工造成的凹

图 10.72 磨粒流加工前表面粗糙度

图 10.73 磨粒流加工后表面粗糙度

坑和微裂纹，而经过磨粒流加工后这些缺陷有明显的改善，所以本试验有着科学合理的加工可行性和现实意义。

而最终经过磨粒流加工完成的共轨管将通过线切割的方式切开，图 10.74 为切割完成的共轨管零件的组合图，图 10.75 为共轨管样件的剖切图。其中，经过线切割的共轨管由于切割过程中冷却液以及加工过程中管内壁表面存在航空机油和碳化硅磨粒，所以切割完的共轨管都要经过超声波清洗机进行清洗，清洗中主要利用丙酮溶液，经过一段时间的超声波清洗，清除了共轨管内壁表面的各种可能影响到最终检测效果的杂质，为后续检测结果的准确性做好准备。

图 10.74　共轨管的内部剖切图　　　　　图 10.75　共轨管加工支路的加工件

根据正交试验设计方案，在其他条件相同的情况下，对三种因素（保持入口压力一定的情况下改变出口的压力、固液两相磨粒流中固相碳化硅的体积分数和碳化硅的目数）进行 9 次磨粒流加工试验，加工时间均为 1h。根据不同的加工参数组合，分别利用磨粒流对共轨管和三通管进行加工试验，然后对磨粒流加工后所测得的共轨管和三通管流道表面粗糙度进行检测并记录。

其中，粗糙度的检测方式是接触式检测。接触式检测粗糙度的方法主要有比较法、印模法和触针法，但是比较法和印模法精确度比较低，并且误差较大，而且烦琐，所以本试验选用 Mahr 粗糙度检测仪测量表面粗糙度，这种检测仪的测量方式是触针式，测量相对准确。对工件一定长度的加工区域进行表面粗糙度测量，再把得到表面粗糙度的平均值作为表面粗糙度的评估指标，这样可以最大程度减小测量误差，以保证试验结果分析的合理性和科学性。图 10.76 为共轨管原件以及样件在 Mahr 粗糙度检测仪中检测的结果，表 10.18 为共轨管表面粗糙度的检测结果表。

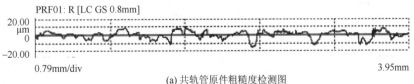

(a) 共轨管原件粗糙度检测图

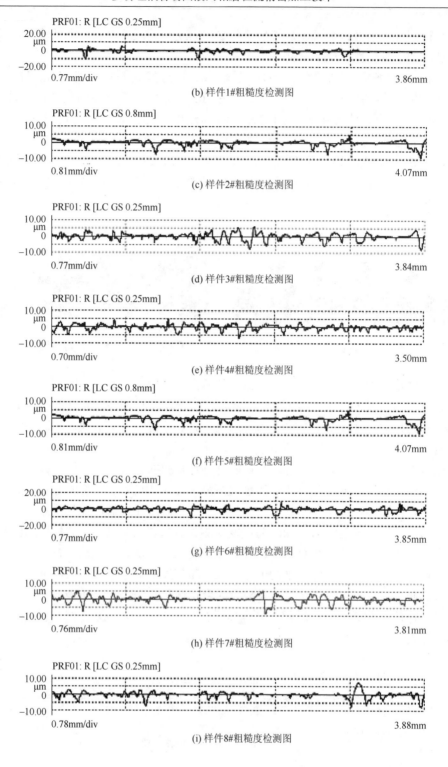

(b) 样件1#粗糙度检测图

(c) 样件2#粗糙度检测图

(d) 样件3#粗糙度检测图

(e) 样件4#粗糙度检测图

(f) 样件5#粗糙度检测图

(g) 样件6#粗糙度检测图

(h) 样件7#粗糙度检测图

(i) 样件8#粗糙度检测图

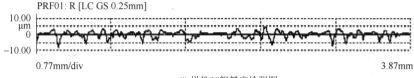

(j) 样件9#粗糙度检测图

图 10.76　磨粒流加工共轨管通道表面粗糙度检测图

表 **10.18**　共轨管粗糙度试验结果记录表

共轨管	试验结果/μm
原件	3.653
样件 1#	1.201
样件 2#	1.117
样件 3#	1.562
样件 4#	1.273
样件 5#	1.138
样件 6#	1.981
样件 7#	1.499
样件 8#	1.172
样件 9#	1.581

通过表 10.18 可以看出，加工前共轨管内壁表面粗糙度为 3.653μm，经过磨粒流加工试验后，共轨管内壁表面粗糙度明显降低了很多，由此看出磨粒流加工共轨管零件通道的有效性。

1. 试验检测数据分析

通过对磨粒流加工试验过程中所得到的黏温特性数据进行分析，将黏温特性和粗糙度结合分析磨粒流加工共轨管中各因素对通道内表面质量的影响及确定在本试验条件下的最佳加工工艺。

通过自行研发的磨粒流加工温度采集系统，采集磨粒流加工共轨管过程中，磨粒流（碳化硅颗粒和航空机油的混合物）温度的实时变化数据，由于设定的磨粒流试验的加工时间为 1h，所以采取每隔 3min 采集一次数据，即一次加工过程中共采集 20 个数据，磨粒流加工共轨管共进行 9 组试验，为了便于分析，将共轨管中采集的温度的变化曲线分别在同一个坐标系中表现出来。表 10.19 为采集的温度变化数据。

表 10.19　共轨管温度采集数据表　　　　（单位：K）

样件 1#温度	样件 2#温度	样件 3#温度	样件 4#温度	样件 5#温度	样件 6#温度	样件 7#温度	样件 8#温度	样件 9#温度
16.85	16.82	16.46	16.58	16.72	16.61	16.82	16.79	16.85
19.03	18.14	17.87	17.69	17.39	17.59	18.01	17.85	17.34
20.21	19.72	18.56	19.08	18.96	18.77	19.42	18.94	18.39
21.34	20.31	19.99	20.92	20.33	20.11	21.05	21.11	20.85
23.09	21.67	22.34	21.71	21.82	21.95	22.36	22.02	21.78
24.59	22.85	23.72	22.69	22.35	23.78	23.85	23.35	22.93
26.41	24.1	25.63	24.06	23.68	25.03	24.92	24.78	24.09
27.82	25.49	27.37	26.13	25.07	26.23	26.12	25.97	25.77
28.47	27.81	28.76	27.77	26.92	27.88	27.59	27.32	27.85
29.95	28.39	30.26	29.43	28.67	30.25	29.45	29.01	28.79
31.29	30.92	31.07	30.85	31.03	31.49	30.68	31.16	30.05
33.16	32.04	32.79	31.39	32.19	33.29	31.33	32.09	31.27
34.53	33.89	34.16	33.08	33.38	34.11	32.86	33.27	32.26
35.28	35.03	35.68	34.52	35.11	35.25	33.43	33.95	33.56
35.98	36.38	36.85	35.27	35.48	35.76	33.91	34.23	34.12
36.47	37.41	37.21	35.69	36.04	35.99	34.89	34.89	34.76
37.23	37.91	37.55	36.26	36.67	36.07	35.44	35.31	35.25
37.51	38.14	37.94	36.92	37.11	36.49	35.59	35.63	35.78
37.85	38.22	38.26	37.08	37.46	37.22	35.82	35.91	35.97
38.42	38.39	38.29	37.47	37.58	37.61	36.07	35.99	36.01

在磨粒流加工共轨管的过程中，样件 1#～9#的温度变化曲线虽有差异，但整体上差异不大，分析原因可能是由于交叉孔位置，孔径突然变小，导致压力的变化影响开始减弱。总的来说，改变出口压力、固液两相磨粒流中碳化硅的目数和体积分数，温度的影响没有相对突出的因素，因此三个参数对最终的影响效果比较均衡。磨料的黏弹性导致生热散热现象，在经过一定时间的加工后，共轨管中固液两相磨料的温度趋于平缓，生热散热达到了一种动态平衡，本试验可认为温度基本保持不变。随着温度的升高，固液两相磨粒流的黏度开始下降，当温度达到一定的临界值时，固液两相磨粒流的黏度下降到临界值，对整个加工过程来说，碳化硅磨粒对共轨管内壁表面的冲击和碰撞减弱，加工效果变差，因此，传热和生热基本很小并达到动态平衡状态，因此温度达到了临界值，基本开始保持不变。

以上是从温度的角度来简单地分析共轨管改变出口压力、固液两相磨粒流中碳化硅的目数和体积分数对最终加工质量的影响。下面从黏温特性的角度对磨粒流加工共轨管零件内壁表面进行分析。根据表 10.19 共轨管的温度数据表，通过黏度测量仪（包括 DV-79 型数字式黏度测量仪和 DCN 系列黏度计专用低温恒温槽）测得对应温度下的磨料的黏度，表 10.20 所示为共轨管的黏度数据表。

表 10.20　共轨管黏度数据表　　　　　　　（单位：Pa·s）

样件 1#黏度	样件 2#黏度	样件 3#黏度	样件 4#黏度	样件 5#黏度	样件 6#黏度	样件 7#黏度	样件 8#黏度	样件 9#黏度
103.5	103.7	104.5	104.1	103.9	104.3	104.1	104.2	104.1
93.4	94.1	95.2	95.7	96.1	95.8	94.4	96.1	97.2
86.1	86.5	90.6	91.1	91.4	91.7	92.6	93.4	93.8
82.7	83.5	85.5	86.3	87.2	87.7	88.2	89.1	90.2
77.9	82.4	79.3	82.3	82.1	82.9	84.3	85.3	86.1
74.5	78.1	76.4	78.4	76.4	77.1	80.7	81.7	82.4
70.1	74.8	69.9	74.9	71	73.4	76.1	75.9	76.2
67.2	71.2	67.6	70.5	67.2	70.9	72.4	73.5	73.1
66.1	67.3	65.5	66.7	64.1	65.3	66.9	67.8	67.4
62.5	66.2	63.2	63.4	61.1	60.9	62.2	63.1	62.9
59.3	61.9	59.5	62	58.4	57.9	58.3	58.9	57.7
53.3	58.1	57.4	59.1	56.8	54.6	55.9	56.2	55.8
50.1	52.9	51.6	54.1	53.3	52.7	53.1	53.8	52.9
48.3	49.7	48.8	51.1	49.5	50.1	50.4	51.4	50.7
46.7	45.5	44.7	48.3	48.7	49	49.1	48.9	49.3
44.6	43.1	43.5	46.8	46.2	48.3	48.7	49.7	48.4
42.8	42.2	42.7	44.5	43.7	45.5	45.9	46.3	46.8
42.1	41.3	41.5	42.2	42.3	43.2	44.7	45.1	44.3
41.5	40.8	40.7	41.4	41.1	41.8	42.6	43.2	42.5
40.3	40.5	40.6	40.9	40.8	40.6	41.1	41.3	40.9

对共轨管的黏温特性曲线变化图进行观察和分析，可以发现，随着温度的升高，液体磨料的黏度逐渐降低，这和黏温特性的理论是一致的，从而证实了试验数据的合理性和科学性。经过仔细分析发现，在磨粒流加工共轨管的过程中，黏温特性曲线变化图与温度变化图在曲线拟合程度上是一致的，即通过改变试验加工的参数（出口压力、固液两相磨粒流中碳化硅的目数和体积分数）无法找到这三个参数的改变对整个加工过程的影响程度的大小关系，只能定性地分析以上三个参数的改变对试验加工的影响，具体的影响关系需要根据磨粒流加工试验完成后对共轨管表面粗糙度的检测结果进行对比分析。

下面结合 Mahr 粗糙度检测仪测得的共轨管加工件的表面粗糙度的数据，来分析各参数对磨粒流加工质量结果的影响。通过六西格玛理论，可以得到关于表面粗糙度的三个因子的望小型均值响应表，如表 10.21 所示。

表 10.21　均值响应表

水平	出口压力/MPa	碳化硅的体积分数	碳化硅的目数
1	1.293	1.324	1.348
2	1.361	1.142	1.324
3	1.417	1.605	1.400
Delta	0.124	0.463	0.076
排秩	2	1	3

通过对均值响应表的分析，可以得到各因子各水平均值的平均值和均值极差（Delta）。从极差大小排秩中可以得到这样的结论：在磨粒流加工共轨管过程中对最终的加工质量影响显著性最大的是碳化硅的体积分数，其次是出口压力，最后是碳化硅的目数。经过计算，得到了共轨管粗糙度的主效应图，如图 10.77 所示。

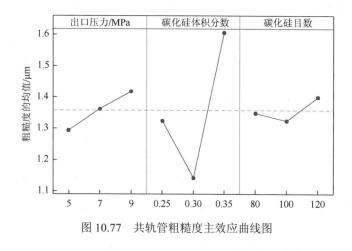

图 10.77　共轨管粗糙度主效应曲线图

通过主效应图可以直观形象地看出在磨粒流加工共轨管过程中，共轨管出口压力的改变、固液两相磨粒流中碳化硅目数的改变以及碳化硅体积分数的改变对共轨管表面粗糙度的影响程度。其中，随着出口压力的增加，共轨管内壁表面粗糙度逐渐增大，当碳化硅的体积分数为 0.3 时，共轨管的内壁表面粗糙度最小，而碳化硅的目数对于共轨管最终的加工质量的影响相比另外两个因素不是很突出。初步分析，磨粒流加工共轨管过程中，碳化硅的体积分数对最终的加工效果影响最大，出口压力次之，碳化硅的目数影响最小。

下面从共轨管内壁表面的粗糙度与出口压力、碳化硅体积分数和碳化硅目数的曲面图和等值线图来讨论磨粒流加工的最佳加工工艺参数，如图 10.78～图 10.80 所示。

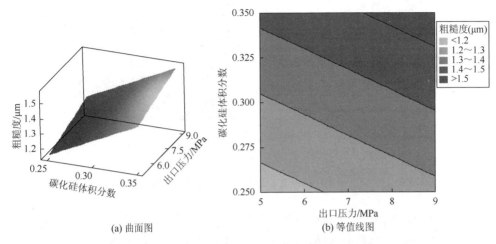

(a) 曲面图　　　　　　　　　　(b) 等值线图

图 10.78　粗糙度与出口压力、碳化硅体积分数间的曲面图和等值线图

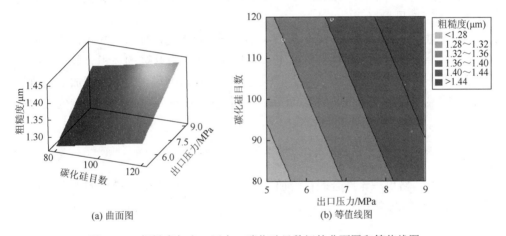

(a) 曲面图　　　　　　　　　　(b) 等值线图

图 10.79　粗糙度与出口压力、碳化硅目数间的曲面图和等值线图

　　通过图 10.78 粗糙度与出口压力、碳化硅体积分数间的曲面图和等值线图中可以看出，出口压力越小，碳化硅的体积分数越小，最终的粗糙度越小，即加工质量越高。从图中看出压力为 5～6MPa、碳化硅的体积分数为 0.25 左右，加工效果最好。

　　从图 10.79 粗糙度与出口压力、碳化硅目数间的曲面图和等值线图中可以看出，出口压力越小，碳化硅的目数越小，最终的表面粗糙度越小，加工质量越好。从图中可以看出，当出口压力为 5MPa、碳化硅目数为 80 左右时，加工效果最好。

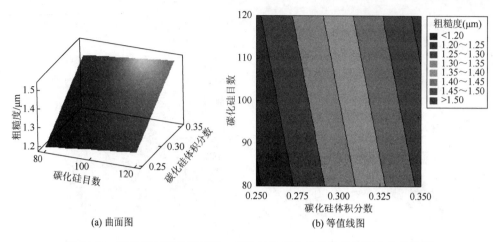

(a) 曲面图　　　　　　　　　　　　　(b) 等值线图

图 10.80　粗糙度与碳化硅目数、碳化硅体积分数间的曲面图和等值线图

从图 10.80 粗糙度与碳化硅目数、碳化硅体积分数间的曲面图和等值线图中可以看出，碳化硅的体积分数越小，碳化硅的目数越小，最终的粗糙度越小，即加工质量越好。从图中还可以看出，当碳化硅的体积分数为 0.25、碳化硅的目数为 80 时，加工效果最好。

通过对图 10.78～图 10.80 粗糙度与出口压力、碳化硅体积分数和目数的曲面图进行综合分析得到，在磨粒流加工共轨管过程中，碳化硅的体积分数对最终的加工效果影响最大，出口压力次之，碳化硅的目数影响最小。磨粒流加工共轨管过程中的最佳工艺是出口压力为 5MPa、碳化硅的体积分数为 0.25、碳化硅的目数为 80。

2. 表面粗糙度预测模型的建立

利用六西格玛理论结合磨粒流加工试验数据进行回归方程模型的拟合，得到表 10.22 所示的回归分析表。

表 10.22　回归分析：粗糙度与出口压力、碳化硅的体积分数、碳化硅的目数

来源	自由度	adj SS	adj MS	F	p
回归	3	0.145177	0.048392	1.02	0.458
出口压力/MPa	1	0.023064	0.023064	0.49	0.517
碳化硅的体积分数	1	0.118161	0.118161	2.49	0.176
碳化硅的目数	1	0.003953	0.003953	0.08	0.785
误差	5	0.237590	0.047518		
合计	10				

由表 10.22 得到模型的相关系数和 S 的值：$S = 0.217986$，$R\text{-Sq} = 37.93\%$，$R\text{-Sq}$（预测）$= 0.00\%$，$R\text{-Sq}$（调整）$= 0.69\%$。

其中，$R\text{-Sq}$ 是拟合的总效果多元全相关系数。$R\text{-Sq}$（调整）是经过优化后的相关系数。这两个值越接近且越接近 1 越好，S 值越小越好。$R\text{-Sq}$ 和 S 值是判断模型优劣的关键。在实际应用中通常通过 $R\text{-Sq}$ 和 $R\text{-Sq}$（调整）的接近程度来判断模型的优劣。根据 $R\text{-Sq} = 37.93\%$ 说明通过回归方程拟合模型误差较大，根据 p 值发现，出口压力和碳化硅的目数远大于 0.05，显著性较差，而碳化硅的体积分数相对而言更接近于 0.05，更可能是影响加工质量的主要原因。因此，通过三元回归拟合共轨管的加工质量的模型误差大，不合理。由于三个因素之间没有交互作用，所以下面将通过单因子均值分析进行拟合得到最合理的数学模型。

下面分别对三个因子进行多项式（线性和二次）回归分析，得到各个因子的线性和二次回归方差分析表，如表 10.23～表 10.28 所示。

表 10.23　线性回归分析：粗糙度与出口压力方差分析

来源	自由度	SS	MS	F	p
回归	1	0.023064	0.0230640	0.45	0.524
误差	7	0.359704	0.0513862		
合计	8	0.382768			

表 10.24　二次回归分析：粗糙度与出口压力方差分析

来源	自由度	SS	MS	F	p
回归	2	0.023128	0.0115641	0.19	0.829
误差	6	0.359639	0.0599399		
合计	8	0.382768			

表 10.25　线性回归分析：粗糙度与碳化硅的体积分数方差分析

来源	自由度	SS	MS	F	p
回归	1	0.118161	0.118161	3.13	0.120
误差	7	0.264607	0.037801		
合计	8	0.382768			

表 10.26　二次回归分析：粗糙度与碳化硅的体积分数方差分析

来源	自由度	SS	MS	F	p
回归	2	0.325958	0.162979	17.21	0.003
误差	6	0.056809	0.009468		
合计	8	0.382768			

表 10.27　线性回归分析：粗糙度与碳化硅的目数方差分析

来源	自由度	SS	MS	F	p
回归	1	0.003953	0.0039527	0.07	0.795
误差	7	0.378815	0.0541164		
合计	8	0.382768			

表 10.28　二次回归分析：粗糙度与碳化硅的目数方差分析

来源	自由度	SS	MS	F	p
回归	2	0.009020	0.0045098	0.07	0.931
误差	6	0.373748	0.0622913		
合计	8	0.382768			

由表 10.23 得到模型的相关系数和 S 的值：$S = 0.226685$，$R\text{-}Sq = 6\%$。

由表 10.24 得到模型的相关系数和 S 的值：$S = 0.244826$，$R\text{-}Sq = 6\%$。

通过表 10.23 和表 10.24 可以直观地看出两种模型的 p 值均远大于 0.05，而且 $R\text{-}Sq$ 的值太小，说明出口压力的线性和二次回归拟合模型的误差较大，模型不合理。

由表 10.25 得到模型的相关系数和 S 的值：$S = 0.194425$，$R\text{-}Sq = 30.9\%$。

由表 10.26 得到模型的相关系数和 S 的值：$S = 0.0973048$，$R\text{-}Sq = 85.2\%$。

通过表 10.25 和表 10.26 的粗糙度与碳化硅体积分数的线性和二次回归拟合模型分析看，二次回归模型的 p 值明显远远小于 0.05，而且 $R\text{-}Sq$ 的值较合理，误差小，所以二次回归拟合模型比较合理。

由表 10.27 得到模型的相关系数和 S 的值：$S = 0.232629$，$R\text{-}Sq = 1.0\%$。

由表 10.28 得到模型的相关系数和 S 的值：$S = 0.249582$，$R\text{-}Sq = 2.4\%$。

通过表 10.27 和表 10.28 的粗糙度与碳化硅目数的线性和二次回归拟合模型的方差分析得知，其中，线性和二次回归拟合模型的 p 值均远远大于 0.05，而且 $R\text{-}Sq$ 的值太小，导致误差太大，因此，回归拟合模型不合理。

现对合理的数学模型（粗糙度与碳化硅体积分数的二次模型）进行残差诊断，共轨管粗糙度的残差图如图 10.81 所示。

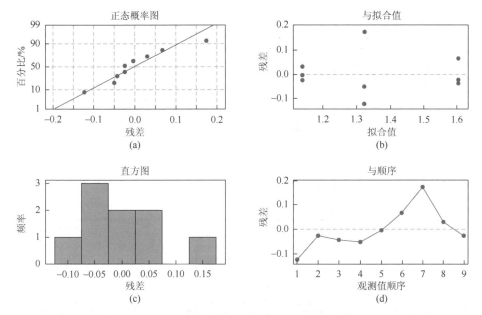

图 10.81　共轨管粗糙度残差图

从图 10.81 中可以看出，残差图均正常，经过残差诊断，所建立的模型比较合理。

综上所述，经过共轨管内壁表面的粗糙度分别与出口压力、碳化硅的体积分数和碳化硅的目数进行线性和二次多项式的回归拟合模型的方差分析，发现只有粗糙度与碳化硅体积分数的二次回归拟合模型比较合理。通过六西格玛理论，可得到表面粗糙度与碳化硅体积分数的拟合模型如式（10.17）所示。

$$Ra = 11.90 - 74.55V + 128.9V^2 \tag{10.17}$$

式中，Ra 为共轨管加工件的表面粗糙度；V 为碳化硅的体积分数。

10.2.2　三通管的磨粒流加工试验研究

试验中所使用的三通管零件也是经电火花机床加工的，利用磨粒流加工进行三通管孔流道表面精抛，进行磨粒流加工试验研究。图 10.82 和图 10.83 是三通管的三维实物图和剖切图。

图 10.82　三通管工件实物图

图 10.83　三通管工件剖切图

根据正交试验设计方案，在其他条件均相同的情况下，对三种因素（保持入口压力一定的情况下改变出口压力、固液两相磨粒流中固相碳化硅的体积分数和碳化硅的目数）进行 9 次磨粒流加工试验，加工时间均为 1h。根据不同的加工参数组合，分别利用磨粒流对三通管进行加工试验，然后对磨粒流加工后所测得的三通管流道表面粗糙度进行检测并记录。图 10.84 为三通管原件以及样件在 Mahr 粗糙度检测仪中检测的粗糙度的结果，表 10.29 为三通管表面粗糙度的检测结果记录表。

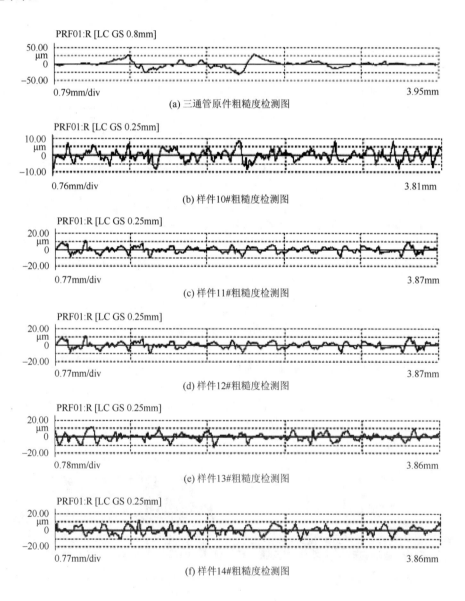

(a) 三通管原件粗糙度检测图

(b) 样件10#粗糙度检测图

(c) 样件11#粗糙度检测图

(d) 样件12#粗糙度检测图

(e) 样件13#粗糙度检测图

(f) 样件14#粗糙度检测图

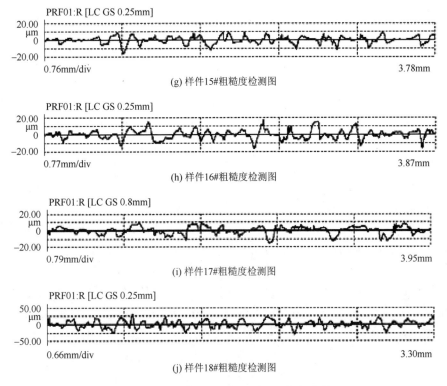

图 10.84　磨粒流加工三通管通道表面粗糙度检测图

表 10.29　三通管粗糙度检测结果记录表

三通管	试验结果/μm
原件	6.603
样件 10#	3.102
样件 11#	2.104
样件 12#	3.401
样件 13#	3.114
样件 14#	2.844
样件 15#	3.653
样件 16#	4.035
样件 17#	2.470
样件 18#	3.657

通过表 10.29 可以看出,磨粒流加工前的三通管的内壁表面粗糙度为 6.603μm,经过磨粒流加工后,三通管的内壁表面粗糙度明显得到改善。

1. 试验检测数据分析

为寻求磨粒流加工三通管的最佳加工参数组合，获得了样件 10#～18#的温度变化数据及温度变化曲线和在此温度条件下的黏度值。在磨粒流加工三通管过程中，在同一出口压力条件下，改变磨料中碳化硅颗粒的体积分数和碳化硅的目数，温度曲线逐渐接近，在不同的出口压力条件下，改变磨料中碳化硅颗粒的体积分数和碳化硅的目数，对于三通管中磨粒流的温度变化有明显的差异。而由于温度与黏度密不可分，所以在一定程度上会影响三通管内壁表面的加工质量。因此，从试验结果上看，在磨粒流加工两种非直线管过程中温度的变化对三通管的影响比共轨管影响程度要大。

通过改变试验加工的参数（出口压力、固液两相磨粒流中碳化硅的目数和体积分数），发现在磨粒流加工三通管的过程中，出口压力的改变对于试验的结果影响比固液两相磨粒流中碳化硅的目数和体积分数两个参数要大一些，但固液两相磨粒流中碳化硅的目数和体积分数的具体影响关系无法判断，需要最终检测三通管表面粗糙度来进一步验证，三个参数的改变对于最终加工质量的影响需进一步分析。

通过六西格玛理论分析，可以得到表面粗糙度望小型均值响应表，如表 10.30 所示。

表 10.30　均值响应表

水平	出口压力/MPa	碳化硅的体积分数	碳化硅的目数
1	2.869	3.507	3.075
2	3.204	2.473	2.958
3	3.477	3.570	3.517
Delta	0.608	1.098	0.558
排秩	2	1	3

通过对均值响应表的分析，可以看到各因子各水平均值的平均值和均值极差。从极差大小排秩中可以得到这样的结论：在加工三通管过程中对最终的加工质量影响程度最大的是碳化硅的体积分数，其次是出口压力，最后是碳化硅的目数。经过计算，得到了三通管粗糙度的主效应曲线图，如图 10.85 所示。

通过观察图 10.85 可知在加工三通管的过程中，三通管的出口压力的改变、固液两相磨粒流中碳化硅的体积分数和碳化硅的目数对三通管的表面粗糙度的影响。其中可以看出，对三通管最终的加工质量影响程度最大的是碳化硅的体积分数，其次是出口压力，最后是固液两相中磨粒流中碳化硅的目数。

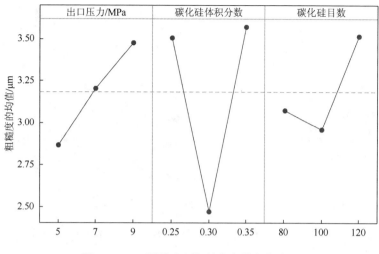

图 10.85　三通管表面粗糙度主效应曲线图

接下来根据表面粗糙度、出口压力、碳化硅的体积分数和目数的曲面图和等值线图来讨论最佳的加工工艺参数，如图 10.86～图 10.88 所示。

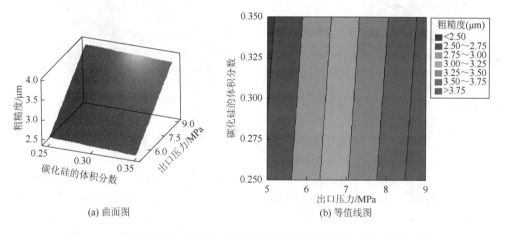

(a) 曲面图　　　　　　　　　　　(b) 等值线图

图 10.86　粗糙度与出口压力、碳化硅的体积分数间的曲面图和等值线图

从图 10.86 中看出，随着出口压力的增大，表面粗糙度越来越大，加工效果越来越差。而随着碳化硅体积分数的增加，粗糙度越来越小，当碳化硅的体积分数为 0.35 时，加工效果最好。

从图 10.87 中看出，随着出口压力的增加，表面粗糙度增大，加工效果越来越差。随着碳化硅目数的增加，粗糙度增加，当碳化硅的目数为 80 时，加工效果最好。

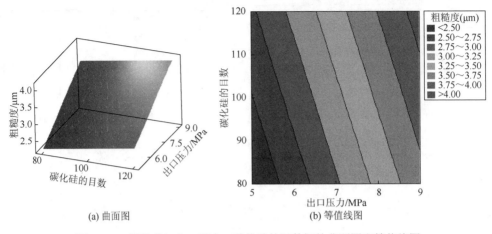

(a) 曲面图　　　　　　　　(b) 等值线图

图 10.87　粗糙度与出口压力、碳化硅的目数间的曲面图和等值线图

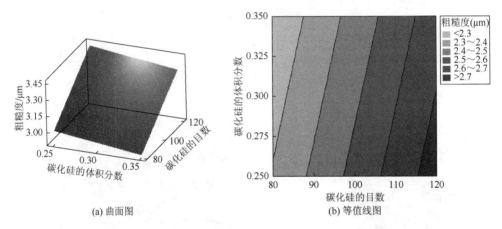

(a) 曲面图　　　　　　　　(b) 等值线图

图 10.88　粗糙度与碳化硅的目数、碳化硅的体积分数间的曲面图和等值线图

从图 10.88 中看出，随着碳化硅目数的增加，粗糙度越来越大，加工效果越来越差。而随着碳化硅体积分数的增加，粗糙度越来越小，当碳化硅的体积分数为 0.35 时，加工效果最好。

通过对图 10.86～图 10.88 粗糙度与出口压力、碳化硅的体积分数和目数的曲面图和等值线图进行对比分析、综合分析，在磨粒流加工三通管过程中，对最终加工质量效果影响最大的是碳化硅的体积分数，其次是出口压力，最后是碳化硅的目数。并且发现磨粒流加工三通管过程中最佳工艺是出口压力为 5MPa、碳化硅的体积分数为 0.35、碳化硅的目数为 80。

2. 表面粗糙度预测模型的建立

由于选择研究的三个因素（出口压力、碳化硅的体积分数、碳化硅的目数）

不具有交互作用，所以在进行试验结果分析中选择了方差分析时不需要进行交互作用的因素进行分析，从而来研究三个因素对最终结果的贡献度的大小。下面针对三个因素进行多项式的回归拟合，如表 10.31 所示的多项式回归分析表。

表 10.31　回归分析：粗糙度与出口压力、碳化硅的体积分数、碳化硅的目数

来源	自由度	adj SS	adj MS	F	p
回归	3	0.85372	0.284575	0.53	0.682
出口压力/MPa	1	0.55510	0.555104	1.03	0.357
碳化硅的体积分数	1	0.00602	0.006017	0.01	0.920
碳化硅的目数	1	0.29260	0.292604	0.54	0.495
误差	5	2.69711	0.539422		
合计	10	3.55084			

由表 10.31 得到模型的相关系数和 S 值：$S = 0.734454$，$R\text{-Sq} = 24.04\%$，$R\text{-Sq}$（预测）$= 0\%$，$R\text{-Sq}$（调整）$= 0\%$。

其中，$R\text{-Sq}$ 是拟合的总效果多元全相关系数，$R\text{-Sq}$（调整）是经过优化后的相关系数。这两个值越接近且越接近 1 越好。实际过程中主要通过二者之间的接近程度来判断。根据 $R\text{-Sq} = 24.04\%$ 说明多项式的回归拟合模型误差较大，而且表 10.31 中的 p 值均大于 0.05，显著性较差，因此通过三元多项式的拟合模型不能很好地表现出三通管试验结果。所以，下面将通过单因子均值分析进行拟合寻找最合理的数学模型。

下面分别对三个因子进行多项式（线性和二次）回归分析，得到各个因子的线性和二次回归方差分析表，如表 10.32～表 10.37 所示。

表 10.32　线性回归分析：粗糙度与出口压力方差分析

来源	自由度	SS	MS	F	p
回归	1	0.55510	0.555104	1.30	0.292
误差	7	2.99573	0.427962		
合计	8	3.55084			

表 10.33　二次回归分析：粗糙度与出口压力方差分析

来源	自由度	SS	MS	F	p
回归	2	0.55696	0.278482	0.56	0.599
误差	6	2.99387	0.498979		
合计	8	3.55084			

表 10.34　线性回归分析：粗糙度与碳化硅的体积分数方差分析

来源	自由度	SS	MS	F	p
回归	1	0.00602	0.006017	0.01	0.916
误差	7	3.54482	0.506403		
合计	8	3.55084			

表 10.35　二次回归分析：粗糙度与碳化硅的体积分数方差分析

来源	自由度	SS	MS	F	p
回归	2	2.27873	1.13936	5.37	0.046
误差	6	1.27211	0.21202		
合计	8	3.55084			

表 10.36　线性回归分析：粗糙度与碳化硅的目数方差分析

来源	自由度	SS	MS	F	p
回归	1	0.29260	0.292604	0.63	0.454
误差	7	3.25823	0.465462		
合计	8	3.55084			

表 10.37　二次回归分析：粗糙度与碳化硅的目数方差分析

来源	自由度	SS	MS	F	p
回归	2	0.52042	0.260208	0.52	0.622
误差	6	3.03042	0.505070		
合计	8	3.55084			

由表 10.32 得到模型的相关系数和 S 值：$S = 0.654188$，$R\text{-}Sq = 15.6\%$。

由表 10.33 得到模型的相关系数和 S 值：$S = 0.706384$，$R\text{-}Sq = 15.7\%$。

通过表 10.32 和表 10.33 直观地看出，两种模型的 p 值均远大于 0.05，而且 $R\text{-}Sq$ 的值太小，说明出口压力的线性和二次回归拟合模型的误差较大，模型不合理。

由表 10.34 得到模型的相关系数和 S 值：$S = 0.711620$，$R\text{-}Sq = 0.2\%$。

由表 10.35 得到模型的相关系数和 S 值：$S = 0.460454$，$R\text{-}Sq = 74.2\%$，$R\text{-}Sq$（调整）$= 62.4\%$。

通过表 10.34 和表 10.35 的粗糙度与碳化硅体积分数的线性和二次回归拟合模型分析来看，二次回归模型的 p 值小于 0.05，而且 $R\text{-}Sq$ 的值较合理，误差小，所以二次回归拟合模型比较合理。

由表 10.36 得到模型的相关系数和 S 值：$S = 0.682248$，$R\text{-}Sq = 8.2\%$。

由表 10.37 得到模型的相关系数和 S 值：$S = 0.710683$，$R\text{-}Sq = 14.7\%$。

通过对表 10.36 和表 10.37 的粗糙度与碳化硅目数的线性和二次回归拟合模型的方差分析得知，线性和二次回归拟合模型的 p 值均远大于 0.05，而且 $R\text{-}Sq$ 的值太小，导致误差太大，因此，回归拟合模型不合理。

通过以上的线性和二次回归分析可知，只有粗糙度与碳化硅的体积分数的二次回归比较合理，现通过残差诊断来验证模型是否可靠。图 10.89 所示为三通管表面粗糙度的残差图。

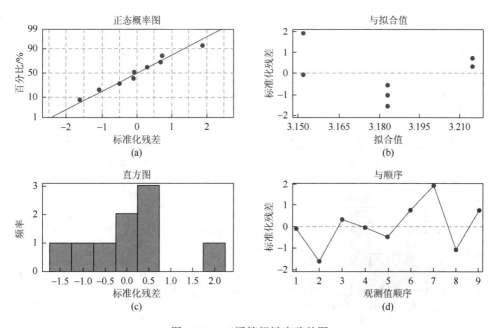

图 10.89　三通管粗糙度残差图

从图 10.89 表面粗糙度的残差图中可以看出，在残差与拟合值的散点图中，残差未保持等方差，各点的分布呈漏斗状，这说明残差对粗糙度作某种变换后才会与模型拟合得更好。所以取 $Ra^* = \ln Ra$ 作为新的响应变量，可能会好很多，因此进行 Box-Cox 变换对模型进行优化。得到新的数学模型的方差分析表，如表 10.38 所示。

表 10.38　二次回归分析：粗糙度与碳化硅的体积分数方差分析

来源	自由度	SS	MS	F	p
回归	2	0.0490193	0.245097	6.51	0.031
误差	6	0.0225778	0.0037630		
合计	8	0.715971			

由表 10.38 得到模型的相关系数和 S 值：$S = 0.0613430$，$R\text{-Sq} = 82.5\%$，$R\text{-Sq}$（调整）$= 73.1\%$。

对比表 10.35 和表 10.38 可以看出，经过 Box-Cox 变换后，$R\text{-Sq}$ 的值由 74.2% 变为 82.5%，$R\text{-Sq}$（调整）的值由 62.4% 变为 73.1%，$R\text{-Sq}$ 和 $R\text{-Sq}$（调整）的值均变大且两者越来越接近，说明经过优化的模型得到了改善，从 p 值看，由 0.046 减小到 0.031，拟合效果变好，因此变换后的模型更能表达出试验结果。

下面通过残差诊断来验证所得到的模型是否可靠，图 10.90 所示为变换后三通管表面粗糙度的残差图。

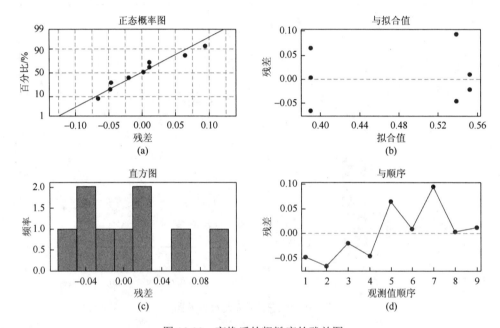

图 10.90　变换后的粗糙度的残差图

从图 10.90 变换后粗糙度的残差图中可以看出，之前残差与拟合值的散点图中的漏斗状消失，残差图一切正常，残差诊断说明经过 Box-Cox 变换后的模型能很好地表达试验结果，数学模型建立得可靠合理。

综上所述，经过三通管内壁表面的粗糙度分别与出口压力、碳化硅的体积分数和碳化硅的目数进行的线性和二次多项式的回归拟合模型的方差分析，发现只有粗糙度与碳化硅的体积分数的二次回归拟合模型比较合理。通过六西格玛理论，可得到表面粗糙度与碳化硅的体积分数的预测模型如式（10.18）所示。

$$Ra^* = 8.707 + 31.36 \ln V + 29.56 \ln V^2 \tag{10.18}$$

式中，Ra^* 为共轨管加工件的表面粗糙度；V 为碳化硅的体积分数。

10.2.3 非直线管磨粒流加工试验小结

在加工三通管和共轨管的过程中改变的参数相同，参数的改变量也相同，对于两种非直线管的最终影响加工质量的各参数的影响程度保持一致性。但是得到的最佳加工工艺略有差异。经过分析，发现在磨粒流加工两种非直线管过程中，磨粒流加工共轨管和三通管加工质量影响程度的大小依次为：碳化硅的体积分数，出口压力，碳化硅的目数。而由于三通管和共轨管本身结构的差异性，最终得到的最优工艺参数也有差异，其中共轨管的最佳加工参数为出口压力为 5MPa，碳化硅的体积分数为 0.25，碳化硅的目数为 80；三通管的最佳加工参数为出口压力为 5MPa，碳化硅的体积分数为 0.35，碳化硅的目数为 80。

通过对试验加工件进行相关数据的检测，包括温度的采集、黏度的检测和加工件表面粗糙度的检测等，然后对试验数据进行分析，归纳试验数据所得到的结果，获得在本试验的条件下加工共轨管和三通管的最优的加工工艺，并建立了相应的数学模型[44-46]。其中，建立了共轨管的数学模型是粗糙度关于碳化硅体积分数的二次多项式，具体拟合的回归方程为：$Ra = 11.90 - 74.55V + 128.9V^2$。式中 Ra 为共轨管加工件的表面粗糙度；V 代表碳化硅的体积分数。建立的三通管的数学模型是粗糙度 Ra^* 关于碳化硅目数的二次多项式，具体拟合的回归方程为：$Ra^* = 8.707 + 31.36\ln V + 29.56\ln V^2$。式中 Ra^* 代表加工件的表面粗糙度；V 代表碳化硅的体积分数。

10.3 弯管磨粒流加工试验研究

应用试验手段对比分析磨粒流加工管件前后管件表面形貌的变化，比较不同加工参数下管件内表面粗糙度数值的变化情况，是检验磨粒流对弯管类零件加工效果的最直接有效的方法，本章主要通过磨粒流加工试验来分析磨粒流对弯管零件的抛光质量的影响[47, 48]。

10.3.1 磨粒流试验材料的选用

不锈钢具有良好的耐腐蚀性及耐热性，广泛应用在食品生产设备、医疗器械、汽车零部件、化学设备等领域中，因此本书选用不锈钢管件作为磨粒流加工的实验对象，管件的尺寸为外径 10mm、内径 8mm，图 10.91 为部分不同弯曲类型的待抛光的管件。

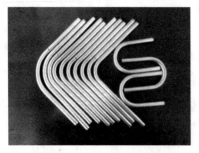

图 10.91　部分待抛光的管件

在磨粒流加工过程中，磨料的选取会在很大程度上影响磨粒流对管件的抛光效果，选用不同粒径、不同硬度、不同规格的研磨颗粒以及不同黏度等级的研磨液载体会配制出不同类型的磨料，其中碳化硅、氮化硼、三氧化二铝为最常用的研磨颗粒，试验选用颗粒粒径为 $8\mu m$ 的碳化硅作为研磨颗粒，研磨液载体为液压油，最终配制成浓度为 40%的磨料试样。

10.3.2　磨粒流试验结果分析

试验主要从磨粒流入口参数以及弯管自身参数两个方面入手来分析其对磨粒流加工弯管类零件时的影响，通过相应的检测手段获得不同抛光状态下的弯管内表面质量参数，并分析管件抛光质量与参数设置之间的关系。

1. 磨粒流对管件抛光效果分析

试验首先选用 5MPa 的压力对管件进行磨粒流加工，通过与原始件进行检测对比分析磨粒流对管件不同位置处的加工效果，在加工过程中磨粒流的入流角度均采用垂直管件入口横截面的角度，设备选用自行研制的磨粒流研抛装置，磨粒流加工完成后需要对管件的内表面进行观察检测，因此要对管件进行线切割。

将线切割后的管件放在电子显微镜上进行观察，对比分析磨粒流加工前后管件内表面的变化，图 10.92 为磨粒流加工前后管件表面效果图，由图 10.92（a）可以发现在被抛光之前管件的内表面附着一层氧化皮及锈斑，表面质量较差，观察图 10.92（b）可以发现，经过磨粒流加工后管件的内表面变得光滑平整，氧化皮等杂质消失，仔细观察可以发现内表面具有少量细小的划痕，通过对比分析可知经过磨粒流加工后的管件内表面质量有所提高。

(a) 磨粒流加工前管件表面效果

(b) 磨粒流加工后管件表面效果

图 10.92　磨粒流加工前后管件表面效果图

　　粗糙度是考量工件表面质量的重要指标，为了能够更加准确直观地分析磨粒流对弯曲管件的抛光效果影响，应用光栅表面粗糙度测量仪对管件加工前后不同区域的粗糙度进行测量。

　　图 10.93 和图 10.94 分别为未加工的原始管件及加工完成后管件不同位置的三维表面粗糙度的测量结果。图中（a）～（c）分别为管件的弯曲段部分、入口

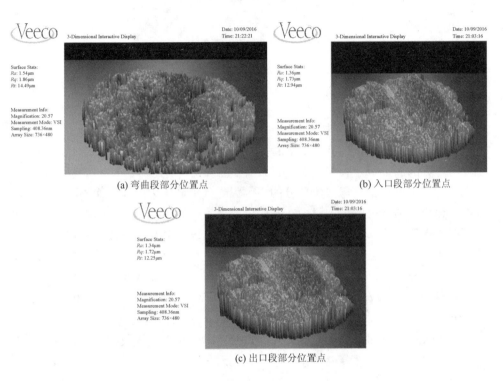

(a) 弯曲段部分位置点　　　　　　　(b) 入口段部分位置点

(c) 出口段部分位置点

图 10.93　原始管件三维表面粗糙度

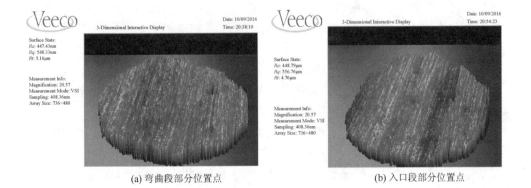

(a) 弯曲段部分位置点　　　　　　　(b) 入口段部分位置点

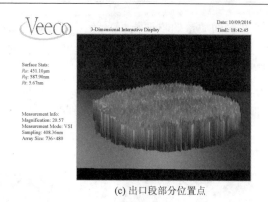

(c) 出口段部分位置点

图 10.94　经磨粒流加工后管件三维表面粗糙度

段部分及出口段部分三个不同区域近外侧壁面处的内表面粗糙度数值, 观察图 10.93 可以发现, 弯曲段部分的粗糙度数值要大于直管段部分的粗糙度数值 1.54μm, 这主要与弯管的加工工艺有关。弯管的加工工艺有拉弯、压弯、推弯、绕弯和滚弯, 在弯管的加工过程中, 弯曲段部分的内侧因受到弯曲压力的作用而不断地增厚, 壁厚变化很容易使内侧因失稳而在某些位置产生褶皱, 从而使得弯曲段部分的粗糙度要大于直管段部分, 对于直管段区域的入口段部分与出口段部分粗糙度数值分别为 1.36μm 和 1.34μm, 数值相差不大, 这主要是由于在弯管的成型加工过程中没有入口与出口之分。观察图 10.94 可以发现, 加工完成后的弯管弯曲段的表面粗糙度变为 0.447μm, 出口段部分与入口段部分的粗糙度分别为 0.448μm 和 0.451μm, 弯曲段的表面粗糙度要略好于直管段的表面粗糙度, 这主要是由于在磨粒流加工过程中弯曲段部分所受到的冲击抛光力要大于直管段部分所受到的冲击抛光力。对于直管段部分抛光完成后入口段部分的粗糙度数值要低于出口段部分的粗糙度数值, 这主要是由于在磨粒流的抛光过程中磨粒流经过弯曲段之后动态压力开始减小, 对管件壁面的抛光作用也有所下降。

　　通过数值分析可知, 在垂直入口的条件下管件同一横截面处的不同位置所受到的磨粒流的动态压力会有差别, 因此还检测了磨粒流加工完成后管件不同位置处的粗糙度数值, 图 10.95 为抛光后管件不同位置处的粗糙度检测结果。从图中可以看出, 经过磨粒流加工后的管件在弯曲段近内侧及近外侧壁面的粗糙度数值分别为 0.452μm、0.447μm。弯曲段近外侧壁面处的粗糙度数值要低于近内侧壁面, 在入口段部分不同位置处的粗糙度数值分别为 0.447μm、0.448μm, 即入口段部分近内侧壁面与近外侧壁面的粗糙度数值相差不大。在出口段部分不同位置的粗糙度数值分别为 0.458μm、0.451μm, 可知在出口段部分近外侧壁面处的粗糙度数值要低于近内侧壁面的粗糙度数值, 这主要是由于在抛光过程中磨粒流经过弯曲段时受到离心力影响。

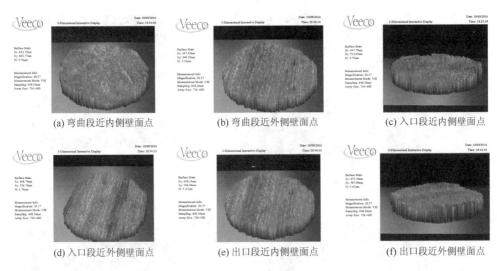

(a) 弯曲段近内侧壁面点　　　　(b) 弯曲段近外侧壁面点　　　　(c) 入口段近内侧壁面点

(d) 入口段近外侧壁面点　　　　(e) 出口段近内侧壁面点　　　　(f) 出口段近外侧壁面点

图 10.95　抛光后管件不同位置粗糙度检测结果

2. 入口压力对管件磨粒流加工效果的影响

在实际的磨粒流加工过程中可通过调节入口压力参数值来获得不同的磨粒流入口速度,选用 3MPa、5MPa、7MPa 三种压力状态对曲率半径为 50mm、内径为 8mm 的管件进行加工对比。通过前面分析可知,经过磨粒流加工后的管件在弯曲段及出口段部分同一横截面处的不同位置粗糙度会有较大差别,因此本节主要对比分析了不同压力条件下弯曲段与出口段部分的粗糙度。图 10.96 和图 10.97 分别为入口压力为 3MPa 与入口压力为 7MPa 时管件不同位置处的粗糙度检测结果。

将不同入口压力状态下的管件不同位置处的粗糙度数值进行整理可得到表 10.39 所示的检测结果。

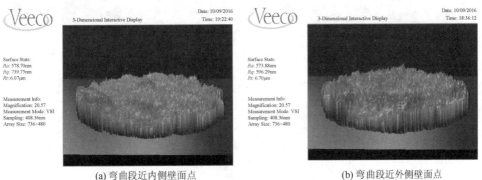

(a) 弯曲段近内侧壁面点　　　　　　　　　　(b) 弯曲段近外侧壁面点

(c) 出口段近内侧壁面点　　　　　　　　　(d) 出口段近外侧壁面点

图 10.96　入口压力为 3MPa 时管件不同位置粗糙度数值

(a) 弯曲段近内侧壁面点　　　　　　　　　(b) 弯曲段近外侧壁面点

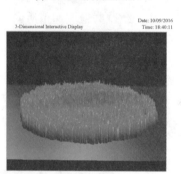

(c) 出口段近内侧壁面点　　　　　　　　　(d) 出口段近外侧壁面点

图 10.97　入口压力为 7MPa 时管件不同位置粗糙度数值

表 10.39　不同入口压力条件下粗糙度检测结果

入口压力/MPa	粗糙度/μm			
	弯曲段区域		出口段区域	
	近内侧壁面	近外侧壁面	近内侧壁面	近外侧壁面
3	0.578	0.573	0.593	0.587
5	0.452	0.447	0.458	0.451
7	0.285	0.274	0.334	0.300

由表 10.39 可以发现，随着入口压力的增大，磨粒流对弯曲管件的抛光性能也逐渐地增强，当入口压力为 7MPa 时，管件弯曲段近外侧壁面的粗糙度值达到 0.274μm，对比分析同一区域处内外侧壁面的粗糙度差值可以发现，随着入口压力的增大，弯曲段区域的内外侧壁面粗糙度差值由 0.005μm 变为 0.011μm，出口段区域的粗糙度差值由 0.006μm 变为 0.034μm，由此可知，随着入口压力的增大，磨粒流对弯曲管件的抛光性能增强，但弯管不同区域处的粗糙度差值也随之增大。

3. 曲率半径对管件磨粒流加工效果的影响

通过对磨粒流加工弯管的数值模拟分析发现，对于不同结构参数的管件，在对其进行抛光时磨料在管件内的结构分布形态也会有所差异。本节主要通过分析相同参数条件下不同曲率半径的弯管经磨粒流加工后内表面粗糙度的变化情况，从试验的角度来探讨管件曲率半径对磨粒流加工效果的影响，试验过程中均采用 5MPa 的抛光压力。图 10.98～图 10.100 分别为曲率半径为 30mm、40mm 以及 60mm 的管件经磨粒流加工后检测到的内表面粗糙度结果。

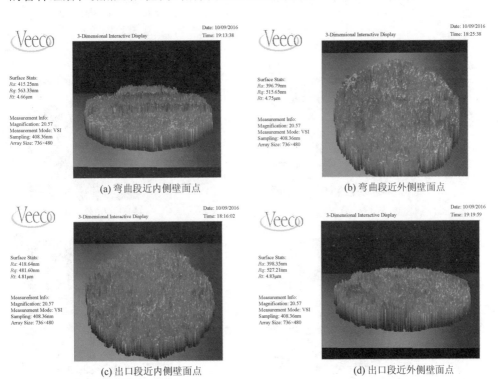

(a) 弯曲段近内侧壁面点

(b) 弯曲段近外侧壁面点

(c) 出口段近内侧壁面点

(d) 出口段近外侧壁面点

图 10.98　曲率半径为 30mm 弯管内表面粗糙度

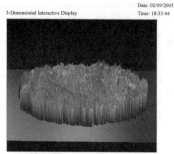

(a) 弯曲段近内侧壁面点

(b) 弯曲段近外侧壁面点

(c) 出口段近内侧壁面点

(d) 出口段近外侧壁面点

图 10.99　曲率半径为 40mm 弯管内表面粗糙度

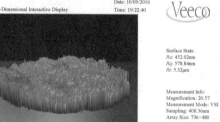
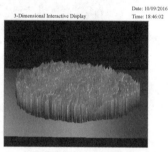

(a) 弯曲段近内侧壁面点

(b) 弯曲段近外侧壁面点

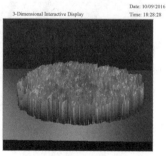

(c) 出口段近内侧壁面点

(d) 出口段近外侧壁面点

图 10.100　曲率半径为 60mm 弯管内表面粗糙度

将曲率半径为 50mm 的弯管经磨粒流加工后所得到的内表面粗糙度数值以及图 10.98～图 10.100 中的弯管内表面粗糙度数值重新整理,得到如表 10.40 所示的磨粒流加工不同曲率半径弯管的粗糙度检测结果。

表 10.40　不同曲率半径弯管内表面粗糙度检测结果

曲率半径/mm	粗糙度/μm			
	弯曲段区域		出口段区域	
	近内侧壁面	近外侧壁面	近内侧壁面	近外侧壁面
30	0.415	0.396	0.418	0.398
40	0.439	0.428	0.445	0.429
50	0.452	0.447	0.458	0.451
60	0.456	0.452	0.460	0.455

通过表 10.40 不同曲率半径弯管的内表面粗糙度检测结果可以发现,虽然在抛光过程中所选择的抛光参数相同,但因弯管自身的结构参数的不同会得到不同的抛光效果。在相同管径下管件的曲率半径越小经磨粒流加工后所得到的内表面粗糙度越小,当弯管的曲率半径为 30mm 时,弯管内表面的粗糙度在弯曲段部分可达到 0.396μm。根据前面的分析可知,曲率半径越小,因管件弯曲部分结构变化较急促,磨粒流在弯管内的流动也趋于湍急,磨粒对管壁的冲击也就越大,且更容易产生旋涡流动,同时也使得磨粒对管壁的撞击次数增多。为了能够更好地比较磨粒流对不同曲率半径的弯管的抛光均匀性,将同一横截面处不同曲率半径管件的近内外侧壁面处的差值整理成折线图如图 10.101 所示。

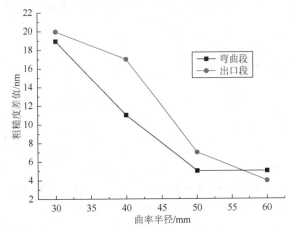

图 10.101　不同曲率半径管件近内侧壁面与近外侧壁面粗糙度差值

通过图 10.101 可以看出,曲率半径越大,在同一横截面处近内侧壁面与近外侧壁面的粗糙度差值越小，这说明在相同参数设置条件下管件变化越平缓磨粒流对其抛光的均匀性越好。但由表 10.40 可知，在弯曲段区域以及出口段区域变化越急促，对管壁的抛光力度也就越大，因此在应用磨粒流对弯曲类管件进行抛光时应根据实际需要来进行不同参数的选择。

10.3.3　弯管磨粒流加工试验小结

本节主要通过试验的手段研究了磨粒流对弯曲类管件的抛光效果，通过显微镜观察对比抛光前后管件内壁的表面效果图发现，经磨粒流加工后的管件内表面变得光滑平整，通过测量粗糙度数值发现未抛光前弯管弯曲段附近的粗糙度较大，为 1.54μm，在 7MPa 的压力条件下，经磨粒流加工后管件的弯曲部分近外侧壁面处粗糙度数值可达到 0.274μm，通过对比不同压力条件下以及不同曲率半径的管件抛光效果发现，提高压力可增强磨粒流对弯曲管件的抛光效果，但同时抛光的均匀性有所下降即弯管不同位置处的粗糙度差值会增大，曲率半径越小，磨粒流对其的抛光力度越大，得到的粗糙度数值越小，但抛光的均匀性也同样会下降。

10.4　异形曲面——多边形螺旋曲面磨粒流加工试验研究

通过对异形曲面流道中的数值模拟研究，得出了工件待加工表面近壁面的流场状态，为验证各参数对抛光效果的有效性，需要通过磨粒流加工进行试验验证。本章选用多边形螺旋曲面的膛线管为试验样件，在不同入口压力条件下进行磨粒流加工试验，再通过相关手段对磨粒流加工前后的膛线管内表面的表面质量进行检测与分析[45]。

10.4.1　磨粒流加工材料准备

在进行磨粒流加工试验之前，应选取试验用的工件，对工件进行预处理。本试验采用具有异形曲面的膛线管为试验样件，对其内部的多边形螺旋曲面通道进行磨粒流加工，试验选用的磨料为自行配置的研磨液。

膛线管作为枪械中的核心部件，其内表面质量对于射击精度有着极其重要的影响，由于其内部为多边形螺旋曲面，当子弹头被给予一定的初速度之后，会受到管内螺旋形状的影响，除在轴向前运动外还会产生一定的旋转运动，使得子弹头在出膛后仍可以保持平稳的直线运动。利用磨粒流加工方法对其内部曲面通道进行抛光，可以很好地去除多边形螺旋曲面上的毛刺，并对多边形的边棱进行倒角，减少子弹前进中的阻力，使子弹头在通道内运行更加顺畅，提高枪械的射击精度与射程。本章选取内孔直径为 ϕ 5.5mm、内接十二边形的螺旋曲面管为试验样件，膛线管实物如图 10.102 所示。

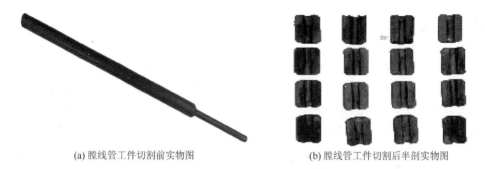

(a) 膛线管工件切割前实物图　　　　　　　　(b) 膛线管工件切割后半剖实物图

图 10.102　膛线管工件切割前后实物图

10.4.2　磨粒流加工试验选用的方案

综合考虑磨粒流加工特性及当前试验条件，采用正交试验法设计该试验。选取不同入口压力、不同加工时间及不同磨粒体积分数三个因素，其中入口压力水平选取 6MPa、7MPa、8MPa，加工时间水平为 5min、10min、15min，磨粒体积分数为 15%、20%、25%，试验方案如表 10.41 所示。

表 10.41　磨粒流加工试验方案

试验号	入口压力/MPa	加工时间/min	磨粒体积分数/%
01	6	5	15
02	6	10	20
03	6	15	25
04	7	5	20
05	7	10	25
06	7	15	15
07	8	5	25
08	8	10	15
09	8	15	20

10.4.3　磨粒流加工试验结果分析

多边形螺旋曲面膛线管经磨粒流加工之后，为便于精准检测，首先对膛线管利用线切割机床进行切割，然后运用超声波清洗机加入丙酮对加工过程中的磨粒与油性物质进行清洗，然后用烘干机对工件进行烘干，再利用相应检测仪器对工件表面进行测量。

1. 多边形螺旋曲面粗糙度的检测分析

对表面质量进行评价时，一般选取粗糙度作为评价指标之一，通过对表面粗糙度的测量来判断工件抗疲劳强度、振动和噪声等，粗糙度与产品的工作性能、可靠性、寿命、耐磨性等息息相关，因此对曲面的粗糙度检测是非常重要的。为更加准确地评价磨粒流加工技术对粗糙度的影响，去除加工效果较好的入口处及抛光质量较差的出口部位，选取样件流道中间部位进行测量，得到的粗糙度检测结果如图 10.103 所示。

工件表面粗糙度结果如表 10.42 所示。

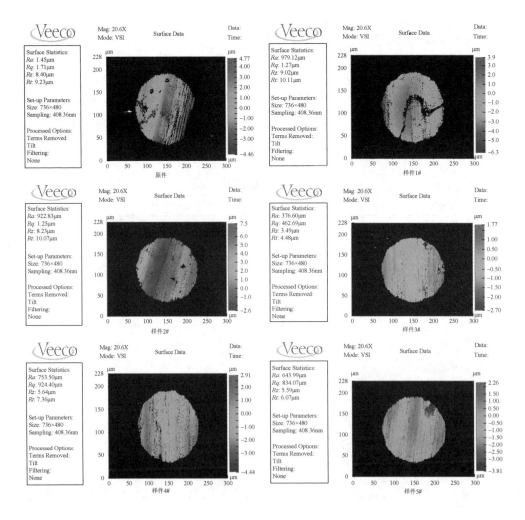

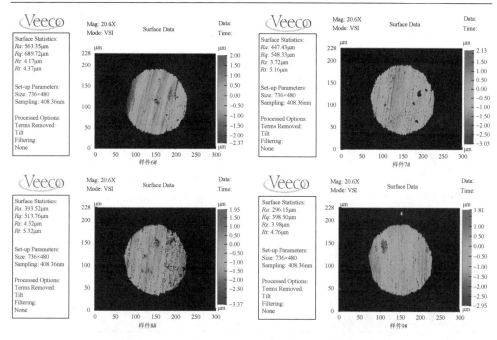

图 10.103　试验工件表面粗糙度检测结果

表 10.42　原件及样件粗糙度测量结果

测试试样	原件	样件								
		1#	2#	3#	4#	5#	6#	7#	8#	9#
测试结果/μm	1.45	0.979	0.923	0.376	0.753	0.644	0.563	0.447	0.393	0.296

　　通过对在不同加工条件下得到的粗糙度值进行处理，得到的标准化效应正态图如图 10.104 所示。

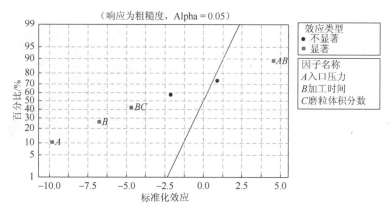

图 10.104　标准化效应正态图

由图 10.104 所示的标准化效应正态图可以看出，对粗糙度影响较大的主要是入口压力和加工时间及加工时间和磨粒体积分数的交互效应，粗糙度的估计效应分析如表 10.43 所示。

表 10.43　粗糙度的估计效应和系数（已编码单位）

项	效应	系数	系数标准	T	p
常量		0.5971	0.01631	36.61	0.001
入口压力	−0.5932	−0.2966	0.03020	−9.82	0.010
加工时间	−0.4098	−0.2049	0.03020	−6.78	0.021
磨粒体积分数	0.0543	0.0271	0.03020	0.90	0.464
入口压力×加工时间	0.4206	0.2103	0.04531	4.64	0.043
入口压力×磨粒体积分数	−0.1903	−0.0951	0.04531	−2.10	0.171
加工时间×磨粒体积分数	−0.4251	−0.2126	0.04531	−4.69	0.043

$S = 0.0489365$　　PRESS $= 0.297027$

R-Sq $= 99.01\%$　　R-Sq（预测）$= 38.56\%$　　R-Sq（调整）$= 96.04\%$

由表 10.43 粗糙度估计效应和系数表可以看出，当 $p < 0.05$ 时，所符合的因子项有入口压力、加工时间、入口压力×加工时间、加工时间×磨粒体积分数四项，调整后的 R-Sq 为 96.04%，说明粗糙度与这些因子之间存在很强的相关性，回归效果显著。

根据前面得到的入口压力、加工时间、入口压力×加工时间、加工时间×磨粒体积分数对粗糙度影响是显著的，因此对不同加工条件下测得的粗糙度值进行汇总，得出了粗糙度与入口压力、加工时间的等值线图和粗糙度与磨粒体积分数、加工时间的等值线图，分别如图 10.105 和图 10.106 所示。

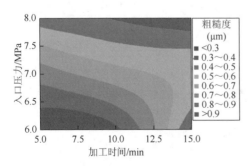

图 10.105　粗糙度与入口压力、加工时间的等值线图

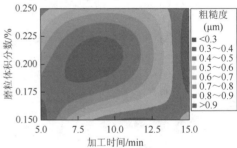

图 10.106　粗糙度与磨粒体积分数、加工时间的等值线图

　　由表 10.42 原件及加工样件粗糙度测试结果可以看出，在工件中间部位加工之前的粗糙度为 1.45μm，经磨粒流加工之后粗糙度最好可达到 0.296μm。由图 10.105 所示的粗糙度与入口压力、加工时间的等值线图可以看出，在加工时间一定条件下，入口压力越大，表面粗糙度越小，因为入口压力越大，磨粒流体的湍流性能也会增强，磨粒变得更加活跃，切削能力也随之增强，随加工时间的增加，粗糙度也会逐渐降低。但实际加工过程中粗糙度并不会一直降低，受磨粒粒径、硬度等其他因素影响达到一定值后，粗糙度就不会再降低。

　　由图 10.106 所示的表面粗糙度与磨粒体积分数和加工时间等值线图可以看出，表面粗糙度与二者中的单独变量并没有显著的相关关系，二者共同作用时才会对粗糙度有较为显著的影响。这是因为随磨粒体积分数增加，单位体积内磨料粒子的百分含量增加，与壁面碰撞的机会也会增加，加工时间就越短。但并不是磨粒体积分数越大，表面质量就越好，因为随磨粒体积分数增加，磨粒流体本身的湍流状态就会变差，磨粒的脉动性能就会降低，粒子活跃性降低导致抛光效果变差，因此在兼顾提高抛光效率的同时，应选择合理的磨粒体积分数，保证流体的运动状态。

　　2. 多边形螺旋曲面形貌的检测分析

　　为了对磨粒流加工效果进行验证，采用扫描电子显微镜对膛线管内曲面的表面形貌进行检测，分析不同入口压力加工条件下中间部分表面形貌的变化情况，如图 10.107 所示。

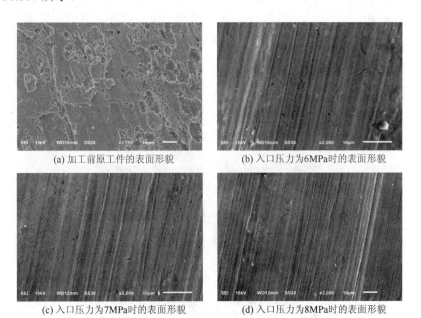

(a) 加工前原工件的表面形貌　　　　　　(b) 入口压力为6MPa时的表面形貌

(c) 入口压力为7MPa时的表面形貌　　　　　　(d) 入口压力为8MPa时的表面形貌

图 10.107　不同入口压力加工条件下中间部分的表面形貌图

　　图 10.107 所示为在不同加工压力条件下工件表面形貌图，其中图 10.107（a）为工件未加工之前的表面形貌图，图 10.107（b）～（d）分别是经加工之后的表面形貌图，且加工时的入口压力分别为 6MPa、7MPa、8MPa。从图 10.107（a）中可以看出，加工前曲面的表面上分布着许多凹凸不平的气孔状的毛刺，且分布较为杂乱，质量较差。在磨粒流加工过程中，磨粒流体在外界压力推动下流经曲面流道，介质中的碳化硅颗粒不断在工件壁面上产生相对滑移，颗粒的棱角作为刀具对工件表面材料进行微切削，从而达到去除材料的目的。从图 10.107（b）～（d）中可以看出，膛线管的内表面经磨粒流加工之后，表面上毛刺基本消失，出现了很多条纹状的划痕，工件表面变得更加平滑，表面质量明显改善。通过对比不同加工压力条件下的表面形貌图可以看出，在 6MPa 时划痕较弱并伴有少许毛刺，到 8MPa 时可以看出毛刺已基本去除，划痕更加细密，工件表面更加光整，即随着加工压力的增加毛刺去除效果更加明显，与前面的仿真结果预测基本相符。增大抛光时入口处压力，曲面流道内的动压、湍动能、湍流强度等参数都随之增加，磨料粒子与壁面碰撞的机会大大增加，因此表面质量随加工压力的增大而变好。

　　图 10.108 所示为在同一加工条件下同一流道内工件不同部位的表面形貌图，由图 10.108（a）可以看出，在入口处表面比较平滑，且划痕较深，一致性较为均匀，图 10.108（b）中间部位的表面形貌中划痕相比于图 10.108（a）入口处显得较乱一些，但表面较为光整也没有太多的毛刺，图 10.108（c）中出口处的表面形貌可以看出仅有少量的粒子划痕，表面不如入口与中间部位光整，且还存有少许毛刺。这是由于在入口处压力较大，能量较为充足，流体在流道中各项湍流参数相对较大，磨料粒子较为活跃，与壁面碰撞接触机会较多，加工效果最为明显。随磨粒流体在曲面流道中不断前行，与壁面碰撞摩擦产生一定的能量损失，并以热能的形式散发出去，流体的动能也随之降低，其所负载的磨料粒子与壁面碰撞机会减少，所以划痕逐渐较少，在出口处流体的湍流状态最弱，加工效果也呈现下降趋势。

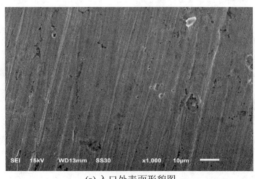

(a) 入口处表面形貌图

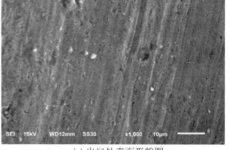

(b) 中间部位表面形貌图　　　　　　　　　　(c) 出口处表面形貌图

图 10.108　同一样件不同部位的表面形貌图

图 10.109 为有无仿形约束装置加工条件下的入口处表面形貌图，可以看出，加入仿形约束装置后的表面纹理比未加入仿形约束装置采用直接加工方法时更加细密，毛刺也有一定减少，表面更加光整，纹理更加细密均匀，质量更高，与前面的仿真结果相符。通过在流道中加入仿形约束装置来改变流道结构，减少流道截面积。由于流道截面积的减小，磨料粒子脉动速度增加，湍流强度增强，在近壁区粒子更加活跃，对壁面的无序性运动更加剧烈，从而使得表面纹理更加光整均匀。

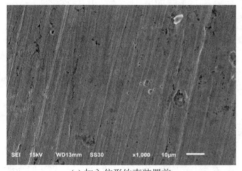

(a) 加入仿形约束装置前　　　　　　　　　　(b) 加入仿形约束装置后

图 10.109　有无仿形约束装置加工条件下的入口处表面形貌图

本节主要是对磨粒流加工异形曲面的仿真结果进行试验验证，主要进行以下工作。

（1）根据多边形螺旋曲面膛线管仿真分析结果，选取不同入口压力、不同加工时间及不同磨粒体积分数作为磨粒流加工工艺参数，每个因素选取三水平，然后采用正交试验设计方法对该试验进行设计，得出了本试验的试验方案。

（2）对多边形螺旋曲面的膛线管进行磨粒流加工试验之后，为更加准确地衡量磨粒流加工曲面时的抛光效果，利用线切割机床对抛光后的工件进行切割，再利用超声波清洗机对工件中的残留颗粒及表面杂质进行清洗，之后利用光栅表面粗糙度测量仪对腔线管流道中间部位进行表面粗糙度测量，得出了不同加工条件下工件表面的粗糙度。经检测发现，在加工前工件表面的粗糙度为 1.45μm，在磨粒流加工后变为 0.296μm，这充分证实了磨粒流加工异形曲面的有效性。通过对以上粗糙度进行数据处理，得到对粗糙度影响最明显的为入口压力和加工时间两个因子，压力越大，加工时间越长粗糙度值越小，但实际抛光过程中并非随压力和加工时间的增加，粗糙度就越来越低，受其他因素的影响，当表面粗糙度降低到一定程度后就保持不变。

（3）通过扫描电镜对不同入口压力条件下经磨粒流加工的异形曲面进行表面形貌检测发现，在加工之前工件表面有许多凹坑、斑点及毛刺，表面质量较差，经磨粒流加工之后，毛刺被基本去除，表面质量明显改善。通过对比在 6MPa、7MPa、8MPa 加工压力条件下曲面的表面形貌发现，随着入口压力的增加，表面纹理更加细密，磨粒流加工效果更好，与之前的仿真结果相符。在同一加工条件、同一样件的不同部位进行表面形貌检测，发现在入口处表面形貌较为光整，纹理较为细密，随着流道不断深入，在中间部位表面出现了少量的毛刺，且表面纹理较为粗糙，而在出口处表面磨粒划痕甚少，且表面依然残留很多毛刺，加工效果较差。通过放置仿形约束装置与未放置仿形约束装置的加工效果对比发现，未放入仿形约束装置时抛光表面的磨粒划痕分布不均匀，加入仿形约束装置之后，表面纹理更加细密，且分布非常均匀，表面变得更加光整，表面质量均匀性明显提高。

10.5　固液两相磨粒流加工质量控制策略

通过检测结果可知，以多物理耦合场固液两相磨粒流精密加工方法与自行研制的磨粒流抛光液对微小孔、特殊通道、异形曲面进行光整加工，可有效去除微小孔、特殊通道、异形曲面通道毛刺及电火花加工后所生成的再铸层，可使微小孔、特殊通道、异形曲面通道表面变得细致且光滑，可明显改善微小孔、特殊通道、异形曲面通道表面粗糙度和表面质量，使工件在品质上和使用性能上有显著提升。经过分析和研究，总结固液两相磨粒流加工质量控制策略如下[49-58]。

1. 固液两相磨粒流加工质量的提高

磨粒流加工质量的好坏与磨粒流流体材料的制备工艺、磨粒流加工工艺、工件材质和工件原始表面质量有关，若要获得良好的表面质量需要配制出合适的固液两相磨粒流流体材料即磨粒流抛光液。一般硬度的被加工工件材料采用碳化硅磨料、三氧化二铝磨料及氮化硼磨料即可，超硬材料或经表面热处理的材料需采用钻石级研磨材料进行加工。另外，由于固液两相磨粒流加工属于微量去除加工，若想获得优质的磨粒流加工表面质量，需提高原始工件的表面质量。

2. 固液两相磨粒流加工数值工艺分析

经过分析可知，磨粒流入口湍流动能的增大会导致通道近壁处的动态压强逐渐变小，且通道各个区域之间动态压强的差值也是先减小后增大。而随着温度的增加，通道近壁处的湍流动能和湍流强度呈下降趋势，二者的降低幅度随着温度的进一步升高表现为越来越小。通道内的湍流黏度随着磨料温度的升高逐渐减小，且其减小的幅度先降低后升高。磨粒流温度的变化对通道动态压强的影响较小。随着速度的增大，通道近壁处的湍流动能和湍流强度也逐渐增大，且速度越大，通道内二者分布越不均匀，对加工效果不利。随着加工速度的增加，通道内的湍流黏度也逐渐增大，且通道内各个区域间湍流黏度的差值是先减小后增大。当磨粒流速度升高时，通道动态压强同时也增大，速度越大，通道动态压强的分布越均匀，当磨粒流速度达到一定程度后，通道动态压强的分布均匀程度不再提升。通过对磨粒流加工过程中磨粒的力学特性和运动特性分析可知，磨粒流加工以微量切削达到光整加工的目标，磨粒所受的挤压压力与流速越大，对提升微小孔、特殊通道和异形曲面表面质量越有利。

3. 固液两相磨粒流加工试验工艺分析

自行研制的固液两相磨粒流抛光液适用于微小孔、特殊通道和异形曲面表面精抛加工，可实现微小孔、特殊通道和异形曲面的去毛刺、交叉孔处倒圆角，并且能够有效降低通道的表面粗糙度，改善轮廓表面的高低起伏状况。在本书的实验条件下，磨料浓度高且磨粒粒径细的磨料，在较高挤压压力的作用下，对非直线管通道表面进行光整加工获得了理想的表面质量。随着加工时间增加，非直线管通道表面粗糙度逐渐降低，但当磨粒流加工超过一定的时间，微小孔、特殊通道和异形曲面表面改善状况并不明显。通过试验可以发现，当选择高浓度、细粒径、高黏度的磨料对微小孔、特殊通道和异形曲面进行磨粒流加工时能获得较好的表面质量。这是由于较高浓度和较细粒径的磨料的黏滞性较好，液相载体的黏度越大对固体颗粒的携带作用也越大，同时高黏度液体的流动带动颗粒的运动，使颗粒的移动性增大，对工件的切削加工增强，通过这类磨料对微小孔、特殊通道和异形曲面进行一定时间的磨粒流加工后，可获得较佳的通道表面质量。通过相关的试验设计和试验验证，确定固液两相磨粒流精密加工最佳核心工艺，为多物理耦合场固液两相磨粒流加工质量控制技术的提出提供技术支持。

4. 生热传热对固液两相磨粒流加工质量的影响

磨粒流加工过程中，磨粒流在外界压力作用下往复流经工件表面，颗粒与颗粒、颗粒与流体、颗粒和壁面及流体与表面互相作用，在此过程中的部分动能转换成热能，磨粒流加工过程伴随着生热和传热的发生。随着加工的进行，磨粒流的温度会随之升高，同时磨料黏度会随之降低，当一定时间后，温度基本维持在一定的平衡状态。经数值分析和试验验证，磨粒流加工过程中温度在300～310K 时加工质量最好，故在磨粒流加工过程中要引入温度控制方法实现对温度的实时监测控制以便获得最佳的加工质量。

5. 固液两相磨粒流加工质量预测模型

通过对影响固液两相磨粒流加工的磨料浓度、磨粒粒径、磨料黏度、磨料 pH 和加工时间因素进行试验研究，探讨研磨介质物理属性对磨粒流加工微小孔、特殊通道和异形曲面表面质量的作用规律，得到磨粒流加工最佳参数组合。通过对试验数据进行收集、整理、统计分析，探索数据内在规律，完善了磨粒流加工数学模型，推导出以磨料物理属性为主的回归方程和表面粗糙度与材料物性及加工时间的数学模型，为实现对磨粒流加工质量的定量控制提供理论依据。

以上给出了本课题组研究总结的固液两相磨粒流加工质量控制策略，同时也发现了深入研究固液两相磨粒流加工工艺和理论研究的突破口，为我国磨粒流精密加工技术发展和固液两相磨粒流加工质量控制技术的发展奠定了基础。

参 考 文 献

[1] Li J Y, Sun F Y, Wu S J, et al. An analysis of velocity-temperature characteristics of liquid-solid two-phase abrasive flow machining of non-linear tubes[C]. 2015 5th International Conference on Applied Mechanics and Mechanical Engineering（ICAMME），2015（6）：36-39.

[2] Lin Y C, Lee H S. Optimization of machining parameters using magnetic-force-assisted EDM based on gray relational analysis[J]. The International Journal of Advanced Manufacturing Technology，2009，42（11-12）：1052-1064.

[3] 李俊烨，侯吉坤，吴桂玲，等. 喷油嘴磨粒流加工单因子试验分析方法：201510227296.5[P]. 2015-08-12.

[4] Sankar M R, Jain V K, Ramkumar J. Experimental investigations into rotating workpiece abrasive flow finishing[J]. Wear，2009，267（1）：43-51.

[5] Sankar M R, Jain V K, Ramkumar J. Rotational abrasive flow finishing（R-AFF）process and its effects on finished surface topography[J]. International Journal of Machine Tools and Manufacture，2010，50（7）：637-650.

[6] 李俊烨，刘薇娜，杨立峰. 喷油嘴小孔磨粒流三维数值模拟研究[J]. 制造业自动化，2012，34（3）：27-29.

[7] Li J Y, Yang J D, Liu W N. A variable speed control scheme for plan surface high-speed[J]. International Review on Computers and Software，2011，6（7）：1329-1333.

[8] Li J Y, Liu W N, Yang L F, et al. The development of nozzle micro-hole abrasive flow machining equipment[C].

Applied Mechanics and Material，2011（44-47）：251-255.

[9]　　李俊烨，刘薇娜，杨立峰，等. 喷油嘴微小孔磨粒流加工特性的数值模拟[J]. 煤矿机械，2010，31（10）：56-58.

[10]　李俊烨，刘薇娜，杨立峰，等. 共轨管微小孔磨粒流加工装备的设计与数值模拟[J]. 机械设计与制造，2010（10）：54-56.

[11]　孙凤雨. 非直线管磨粒流加工质量控制技术研究[D]. 长春：长春理工大学，2015.

[12]　李俊烨，吴桂玲，侯吉坤，等. 喷油嘴磨粒流加工全因子试验分析方法：201510226907.4[P]. 2015-07-22.

[13]　乔泽民. 介观尺度下固液两相磨粒流加工数值模拟与试验研究[D]. 长春：长春理工大学，2016.

[14]　李俊烨，李学光，王淑坤，等. 一种强度可调的超声波辅助磨粒流加工装置：201510467814.0[P]. 2017.

[15]　李俊烨，朱立峰，刘建河，等. 一种变口径管磨粒流超精密抛光测控系统：201410122312.X [P]. 2016.

[16]　李俊烨，胡敬磊，周曾炜，等. 固液两相磨粒流微小孔超精密抛光孔机床：201730024005.2[P]. 2017.

[17]　李俊烨，刘薇娜，杨立峰，等. 固液两相磨粒流超精密抛光机床：201430072881.9 [P]. 2017.

[18]　李俊烨，王淑坤，徐成宇，等. 一种脉冲式磨粒流抛光加工装置：201510467815.5[P]. 2017.

[19]　李俊烨，王淑坤，许颖，等. 一种气液固三相磨粒流供给装置：201510467931.7[P]. 2017.

[20]　李俊烨，吴桂玲，张心明，等. 一种高压喷射磨粒流精密抛光加工装置：201510467932.1[P]. 2017.

[21]　李俊烨，张若妍，张心明，等. 一种模具加工用磨粒流抛光装置：201510434669.6[P]. 2017.

[22]　李俊烨，王德民，张若妍，等. 一种磨粒流去毛刺精密加工装置：201510433770.X[P]. 2017.

[23]　李俊烨，张若妍，张心明，等. 一种磨粒流微孔抛光加工装置：201510433762.5[P]. 2017.

[24]　李俊烨，张若妍，张心明，等. 一种软性磨粒流湍流加工装置：201510434458.2[P]. 2017.

[25]　李俊烨，胡敬磊，周立宾，等. 一种固液两相流研抛内齿轮的加工装置：201620552251.5[P]. 2016.

[26]　李俊烨，周立宾，尹延路，等. 一种基于软性磨粒流抛光叶轮的装置：201521018871.2[P]. 2016.

[27]　李俊烨，王淑坤，许颖，等. 一种抛光磨粒流搅拌装置.：201510467933.6[P]. 2017.

[28]　李俊烨，胡敬磊，周立宾，等. 一种固液两相流研抛共轨管的加工装置：201620968155.9[P]. 2017.

[29]　李俊烨，卫丽丽，张心明，等. 一种固液两相流研抛不同曲率弯管类零件的夹具：CN201710173705.7[P]. 2017.

[30]　李俊烨，卫丽丽，张心明，等. 一种坦克柴油发动机喷油嘴磨粒流抛光夹具：201620845196.9[P]. 2017.

[31]　李俊烨，卫丽丽，周曾炜，等. 一种磨粒流抛光圆柱内孔表面的夹具：201620552253.4[P]. 2016.

[32]　李俊烨，尹延路，张心明，等. 一种直齿锥齿轮齿面磨粒流抛光夹具：201610155962.3[P]. 2017.

[33]　李俊烨，周立宾，张心明，等. 一种磨粒流抛光膛线管的夹具：201620175039.1[P]. 2016.

[34]　李俊烨，周立宾，张心明. 一种伺服阀阀芯喷嘴磨粒流抛光夹具：201620064178.7[P]. 2016.

[35]　李俊烨，胡敬磊，周曾炜，等. 一种固液两相抛光内小孔的夹具：201720060388.3[P]. 2017.

[36]　李俊烨，胡敬磊，卫丽丽，等. 一种固液两相流研抛皮带轮的加工夹具：201720060387.9[P]. 2017.

[37]　李俊烨，卫丽丽，胡敬磊，等. 一种磨粒流抛光多阶变口径内孔的夹具：201720060386.4[P]. 2017.

[38]　李俊烨，胡敬磊，周立宾，等. 一种固液两相流加工轴承保持架的夹具装置：201620760280.0[P]. 2017.

[39]　李俊烨，胡敬磊，周立宾，等. 固液两相流研抛轴承内外圈的夹具：201620760279.8[P]. 2017.

[40]　李俊烨，周增炜，胡敬磊，等. 一种开式叶轮叶片的磨粒流抛光夹具：201620967832.5[P]. 2017.

[41]　李俊烨，张心明，张若妍，等. 一种磨粒流超精密加工装置：201510434756.1[P]. 2017.

[42]　王震. 磨粒流加工非直线管的黏温特性的研究与试验[D]. 长春：长春理工大学，2016.

[43]　李俊烨，许颖，杨立峰，等. 非直线管零件的磨粒流加工实验研究[J]. 中国机械工程，2014，25（13）：1729-1733.

[44]　Li J Y，Liu W N，Yang L F，et al. Study of abrasive flow machining parameter optimization based on Taguchi method[J]. Journal of Computational and Theoretical Nanoscience，2013，10（12）：2949-2954.

[45]　Liu W N，Li J Y，Yang L F. Design analysis and experimental study of common rail abrasive flow machining

equipment[J]. Advanced Science Letters，2012（2）：576-580.

[46] Li J Y，Liu W N，Yang L F, et al. A method of motion control about micro-hole abrasive flow machining based on Delphi language[C]. The IEEE International Conference on Mechatronics and Automation，2009（8）：1444-1448.

[47] 周立宾. 固液两相磨粒流加工异形内曲面数值模拟研究[D]. 长春：长春理工大学，2017.

[48] 尹延路. 基于大涡模拟的磨粒流加工弯管表面创成机理研究[D]. 长春：长春理工大学，2017.

[49] 李俊烨. 微小孔磨粒流加工装置的研制与工艺研究[D]. 长春：长春理工大学，2011.

[50] 李俊烨，刘建河，张心明，等. 磨粒流加工的在线温度修正补偿方法：201410184444.5[P]. 2016.

[51] 李俊烨，杨兆军，王震，等. 一种磨粒流加工对质量控制的模拟方法：201610047983.3[P]. 2016-06-29.

[52] 李俊烨，王兴华，张心明，等. 基于分子动力学的磨粒流加工数值模拟研究方法：201510112567.2 [P]. 2017.

[53] 李俊烨，杨兆军，吴绍菊，等. 一种伺服阀阀芯喷嘴的数值模拟分析方法：201610047944.3[P]. 2016-06-29.

[54] 李俊烨，杨兆军，王震，等. 一种伺服阀阀芯喷嘴的磨粒流加工实验验证方法：201610048006.5[P]. 2016-6-15.

[55] 董坤. 基于分子动力学的固液两相磨粒流加工机制数值模拟研究[D]. 长春：长春理工大学，2017.

[56] 李俊烨，吴桂玲，侯吉坤，等. 喷油嘴磨粒流加工颗粒运动数值模拟方法：201510227337.0[P]. 2017.

[57] Li J Y，Yang L F，Liu W N，et al. Experimental research into technology of abrasive flow machining non-linear tube runner[J]. Advances in Mechanical Engineering，2014：752353.

[58] 李俊烨，胡敬磊，董坤，等. 固液两相磨粒流研抛工艺优化及质量影响[J]. 光学精密工程，2017，25（6）：1534-1546.

编 后 记

《博士后文库》（以下简称《文库》）是汇集自然科学领域博士后研究人员优秀学术成果的系列丛书。《文库》致力于打造专属于博士后学术创新的旗舰品牌，营造博士后百花齐放的学术氛围，提升博士后优秀成果的学术和社会影响力。

《文库》出版资助工作开展以来，得到了全国博士后管委会办公室、中国博士后科学基金会、中国科学院、科学出版社等有关单位领导的大力支持，众多热心博士后事业的专家学者给予积极的建议，工作人员做了大量艰苦细致的工作。在此，我们一并表示感谢！

《博士后文库》编委会